AUTOMOTIVE INSPECTION

NCS를 활용한

자동차 검사기준 실무

STANDARD PRACTICE

구민사

저자 약력

신동명 오토테크컨설팅 대표
前] 가톨릭상지대학교 하이브리드자동차과 교수

김운회 現] 대덕대학교 자동차학과 교수

유재복 現] 한국폴리텍대학 자동차과 교수

NCS를 활용한 **자동차 검사기준 실무**

초판 발행 2022년 8월 31일
초판 2쇄 발행 2023년 9월 10일
초판 3쇄 발행 2025년 9월 30일

지 은 이 신동명 김운회 유재복
발 행 인 조규백
발 행 처 도서출판 구민사
(07299) 서울시 영등포구 문래북로 116, 604호(트리플렉스 604호)
전 화 (02)701-7421
팩 스 (02)3273-9642
홈페이지 www.kuhminsa.co.kr
신고번호 제2012-000055호(1980년 2월4일)
I S B N 979-11-6875-078-4 (93550)
정 가 27,000원

preface

노동부와 한국산업인력공단은 산업현장의 변화와 요구에 부응할 수 있는 인력을 체계적으로 양성하기 위하여 2002년부터 직무능력표준을 개발하고 있다. 이를 통하여 일과 직업교육훈련 및 자격을 연계하고 직업교육훈련과 자격체제를 능력중심으로 전환하여 인적자원개발의 실효성을 제고하고, 궁극적으로는 인적자원개발체계를 내실화하고자 한다.

직무능력표준(National Competency Standard) 이란 한 개인이 산업현장에서 자신의 업무를 성공적으로 수행하기 위해 요구되는 직업능력(지식, 기술, 태도)을 과학적이고 체계적으로 도출하여 표준화한 것이다. 여기서 직업능력은 직무수행능력과 직업기초능력으로 구분할 수 있다. 이 중에서 직무수행능력은 다수의 능력단위로 구성되어 있으며 이들 능력단위의 조합, 연계를 통해 훈련과 자격의 내용을 설계할 수 있다.

따라서 본 필자는 2014년에 새로 개발되어진 자동차정비분야 중 자동차정비검사의 직무로 개발되어진 10가지(동일성확인, 관능검사, 기기검사, 검사기기 관리, 검사결과판정, 배출가스 검사, 소규모 제작사 차량 안전검사, 구조변경업무, 중고차성능·상태점검, 자동차 정비검사 작업환경관리) 능력단위 중에서 전문대학 2년 과정에서 자동차검사관련 교과목 교재로 집필함에 있어 6가지(동일성확인, 관능검사, 기기검사, 검사기기 관리, 검사결과판정, 배출가스 검사) 능력단위를 활용한 교재를 집필하였다.

책의 구성을 보면 각 능력단위별로 교재 사용 안내, 자기진단, 학습모듈로 구성되어 있다.

교재 사용안내는 교재의 전체적인 개요와 구성을 설명하고, 학습자에게 교재의 효과적인 활용방법 및 학습방법을 안내하는 역할을 한다. 자기진단은 학습모듈을 학습하기 전에 동일성확인 능력에 대한 학습자의 현재 수준을 진단하고, 학습자에게 필요한 학습활동을 안내하는 역할을 한다. 학습 모듈은 학습목표, 주요용어, 학습활동, 학습정리, 총괄평가, 보충학습, 심화학습, 참고자료로 구성되어 있다. 나름대로 최선을 다하여 엮어 보았지만 미흡한 부분이 많다고 생각되어 독자 여러분의 기탄없는 질책과 조언을 주신다면 계속적으로 수정 · 보완해 나갈 것을 약속한다.

끝으로 이 책의 출판에 도움을 아끼지 않으신 도서출판 구민사 조규백 대표님과 편집부 여러분께 깊은 감사를 드리는 바이다.

저자 씀

01 동일성확인

02 관능검사

contents

03 기기검사

04 검사기기 관리

contents

06 배출가스검사

자동차정비검사 모듈교재	
분류번호	1506030601_17v3

CHAPTER 1

동일성 확인

1 교재 사용안내

교재소개

본 교재는 자동차정비 검사 분야로 자동차등록증에 기재된 내용과 자동차의 일치여부를 판단하는 동일성확인 작업을 위한 훈련교재이다.

본 교재에서는 등록번호판·봉인 확인하기, 차대번호·원동기형식 실차확인하기, 자동차제원·구조변경사항 확인하기, 표기관련 업무수행하기 등에 대한 내용을 포괄하고 있다.

교재구성

본 교재는 교재 사용안내, 자기진단, 학습모듈로 구성되어 있다. 교재 사용안내는 교재의 전체적인 개요와 구성을 설명하고, 학습자에게 교재의 효과적인 활용방법 및 학습방법을 안내하는 역할을 한다.

• 자기진단

학습모듈을 학습하기 전에 동일성확인 능력에 대한 학습자의 현재 수준을 진단하고, 학습자에게 필요한 학습활동을 안내하는 역할을 한다.

• 학습모듈

A-1 등록번호판·봉인 확인하기, A-2 차대번호·원동기형식 실차확인하기, A-3 자동차제원·튜닝사항 확인하기, A-4 표기관련 업무수행하기로 구성되어 있다.

구체적으로 각각의 학습모듈은 학습목표, 주요용어, 학습활동, 학습정리, 총괄평가, 보충학습, 심화학습, 참고자료로 구성되어 있다.

• 학습목표

각 학습모듈의 일반목표와 세부목표가 제시되어 있으며, 주요 용어에는 각 학습모듈에 사용되는 중요한 용어가 제시되어 있다. 학습활동은 각 기본학습과 심화학습으로 구분되며, 학습의 주요한 내용이 제시되어 있으며, 학습정리에는 각 학습모듈의 주요 내용이 정리되어 제시되어 있다.

• 총괄평가

각 학습모듈의 학습을 마친 후 학습자들의 성취수준을 평가하고, 부족한 부분을 피드백 받을 수 있도록 하기 위한 체크리스트가 제시되어 있다. 마지막으로 참고자료에는 학습자들의 학습에 도움을 줄 수 있는 참고도서 및 인터넷사이트가 제시되어 있다.

활용방법

본 동일성확인 교재는 훈련을 수강하는 학습자를 대상으로 구성되어 있으며, 보조교재를 활용 시 혹은 스스로 자신의 동일성확인 능력을 향상시키려는 학습자에게 모두 활용될 수 있다. 이를 위해 본 교재는 집단적인 교수 상황과 개별학습에서 동시에 사용될 수 있도록 개발되었다. 이 교재를 사용하는 학습자는 우선 자기진단을 통해서 현재 자신의 수준을 진단할 필요가 있다.

• 자기진단

학습 모듈별로 구성되어 있으며, 진단결과 자신의 수준이 충분한 부분은 점검만 하고, 다음 학습활동으로 넘어가고, 자신의 수준이 부족한 부분은 진단 문항별로 제시된 관련 학습모듈 및 페이지를 참고하여 해당 학습활동을 학습한다.

• 학습평가

자신의 성취수준을 점검하기 위한 것으로 평가수준에 따라 미흡한 경우 모듈 전체를 다시 복습하고, 보통인 경우 부족한 부분을 복습해야 하며, 우수인 경우 다음 학습모듈을 학습한다.

2 진단평가서

담당교수		교과목명	
학　번		능력단위명 (능력단위코드)	동일성확인 (1506030601_17v3)
이　름			
평가일자			

다음은 자동차정비 검사업무를 수행하는데 요구되는 능력수준을 스스로 알아볼 수 있는 체크리스트입니다. 본인의 평소 행동을 잘 생각해 보고, 일치하는 정도에 ✓표 해 주십시오.

영역(능력단위요소)	진단 문항	자가진단		
		우수	보통	미흡
1506030601_17v3.1 등록번호판·봉인 확인하기	1.1 자동차 등록번호판의 기준에 관한 고시에 따라 자동차 등록번호판·봉인 관련 검사업무를 적용할 수 있다.			
	1.2 자동차 등록번호판의 기준에 관한 고시에 따라 자동차 등록번호판과 봉인이 규정에 적합한지 구별할 수 있다.			
	1.3 자동차 검사기준 및 방법에 따라 등록번호판·봉인을 자동차등록증에 기재된 등록번호의 일치여부·상태를 확인할 수 있다.			
	1.4 자동차 등록번호판·봉인검사 결과에 따라 적합여부를 판정할 수 있다.			
1506030601_17v3.2 차대번호·원동기 형식 실차 확인하기	2.5 자동차 차대번호 등의 운영에 관한 규정에 따라 자동차 차대번호·원동기형식의 표기내용·방법·위치를 설명할 수 있다.			
	2.6 자동차 차대번호 등의 운영에 관한 규정에 따라 표기시행자가 시행한 표기가 규정에 적합한지 구별할 수 있다.			
	2.7 자동차 검사기준 및 방법에 따라 자동차에 표기된 차대번호와 원동기형식이 자동차등록증에 기재된 차대번호와 원동기형식의 일치여부·상태를 확인할 수 있다.			
	2.8 차대번호·원동기형식 일치 여부 결과에 따라 적합여부를 판정할 수 있다.			
1506030601_17v3.3 자동차 제원·튜닝 사항 확인하기	3.1 자동차 검사기준 및 방법에 따라 제원허용오차 측정방법을 적용할 수 있다.			
	3.2 자동차 제원표에 따라 자동차 구조변경사항 일치 여부를 확인할 수 있다.			
	3.3 자동차 제원표에 따라 길이, 너비, 높이, 최저 지상고, 차량중량을 계측기로 측정할 수 있다			
	3.4 자동차 제원표에 따라 자동차의 제원과 제원표에 기재된 제원의 일치여부·상태를 확인할 수 있다.			
	3.5 자동차 제원·튜닝사항 검사결과에 따라 적합여부를 판정할 수 있다.			

<table>
<tr><th rowspan="2">영역(능력단위요소)</th><th rowspan="2">진단 문항</th><th colspan="3">자가진단</th></tr>
<tr><th>우수</th><th>보통</th><th>미흡</th></tr>
<tr><td rowspan="3">1506030601_17v3.4
표기관련 업무
수행하기</td><td>4.1 자동차 차대번호 등의 운영에 관한 규정에 따라 자동차 차대번호, 원동기형식 표기업무를 설명할 수 있다.</td><td></td><td></td><td></td></tr>
<tr><td>4.2 자동차 차대번호 등의 운영에 관한 규정에 따라 자동차 차대번호·원동기형식 표기 관련 업무를 수행할 수 있다.</td><td></td><td></td><td></td></tr>
<tr><td>4.3 차대번호는 운전석에서 전방을 향하여 우측의 차대에 표기하여야 하며, 원동기형식은 실린더블록에 표기할 수 있다.</td><td></td><td></td><td></td></tr>
</table>

진단 결과

능력단위요소	문항수	합계점수	평균점수
등록번호판·봉인 확인하기	4		
차대번호·원동기형식 실차확인하기	4		
자동차제원·튜닝사항 확인하기	5		
표기관련업무수행하기	3		

※ 우수는 3점, 보통은 2점, 미흡은 1점으로 계산

3 학습모듈 목차

4 학습모듈

A-1 등록번호판·봉인 확인하기(1506030601_17v3.1)

학/습/목/표

일반목표

자동차관리법 등의 자동차등록번호판의 규격, 부착 및 봉인에 대해 학습하여 표기시행자 등이 시행한 표기가 규정에 적합한지 구별하는 것과 등록번호판의 훼손·상이 또는 망실 및 봉인훼손 상태를 파악하고 또한 자동차등록증에 기재된 등록번호의 일치 여부를 확인 판정할 수 있도록 한다.

세부목표

1. 자동차 등록번호판의 기준에 관한 고시에 따라 자동차 등록번호판·봉인 관련 검사업무를 적용할 수 있다.
2. 자동차 등록번호판의 기준에 관한 고시에 따라 자동차 등록번호판과 봉인이 규정에 적합한지 구별할 수 있다.
3. 자동차 검사기준 및 방법에 따라 등록번호판·봉인을 자동차등록증에 기재된 등록번호의 일치여부·상태를 확인할 수 있다.
4. 자동차 등록번호판·봉인 검사결과에 따라 적합 여부를 판정할 수 있다.

주요 용어

자동차등록번호판, 차대번호, 원동기형식, 자동차등록증

학습활동

기본학습 01 자동차등록번호판의 부착 및 봉인

관련근거 자동차관리법

제10조 [자동차등록번호판]

① 시·도지사는 국토교통부령으로 정하는 바에 따라 자동차등록번호판(이하 "등록번호판"이라 한다)을 붙이고 봉인을 하여야 한다. 다만, 자동차 소유자 또는 제8조제3항 본문 및 제12조제2항 본문에 따라 자동차 소유자를 갈음하여 등록을 신청하는 자가 직접 등록번호판의 부착 및 봉인을 하려는 경우에는 국토교통부령으로 정하는 바에 따라 등록번호판의 부착 및 봉인을 직접 하게 할 수 있다.

② 제1항에 따라 붙인 등록번호판 및 봉인은 시·도지사의 허가를 받은 경우와 다른 법률에 특별한 규정이 있는 경우를 제외하고는 떼지 못한다.

③ 자동차 소유자는 등록번호판이나 봉인이 떨어지거나 알아보기 어렵게 된 경우에는 시·도지사에게 제1항에 따른 등록번호판의 부착 및 봉인을 다시 신청하여야 한다.

④ 제1항과 제3항에 따른 등록번호판의 부착 또는 봉인을 하지 아니한 자동차는 운행하지 못한다. 다만, 제27조제2항에 따른 임시운행허가번호판을 붙인 경우에는 그러하지 아니하다.

⑤ 누구든지 등록번호판을 가리거나 알아보기 곤란하게 하여서는 아니 되며, 그러한 자동차를 운행하여서도 아니 된다.

⑥ 누구든지 등록번호판을 가리거나 알아보기 곤란하게 하기 위한 장치를 제조·수입하거나 판매·공여하여서는 아니 된다.

⑦ 자동차 소유자는 자전거 운반용 부착장치 등 국토교통부령으로 정하는 외부장치를 자동차에 부착하여 등록번호판이 가려지게 되는 경우에는 시·도지사에게 국토교통부령으로 정하는 바에 따라 외부장치용 등록번호판의 부착을 신청하여야 한다. 외부장치용 등록번호판에 대하여는 제1항부터 제6항까지를 준용한다.

⑧ 시·도지사는 등록번호판 및 그 봉인을 회수한 경우에는 다시 사용할 수 없는 상태로 폐기하여야 한다.

⑨ 누구든지 등록번호판 영치업무를 방해할 목적으로 제1항에 따른 등록번호판의 부착 및 봉인 이외의 방법으로 등록번호판을 부착하거나 봉인하여서는 아니 되며, 그러한 자동차를 운행하여서도 아니 된다.

제19조 [등록번호판의 발급 등]

제10조에 따른 등록번호판의 제작·발급 및 봉인방법 등은 국토교통부령으로 정한다.

관련근거 자동차관리법 시행규칙 - 제2장 제1절 자동차 등록번호판의 부착·봉인 등

제3조 [자동차 등록번호판의 부착방법]

법 제10조제1항 본문의 규정에 의한 자동차등록번호판(이하 "등록번호판"이라 한다)은 자동차의 앞쪽과 뒷쪽에 다음 각 호의 기준에 적합하게 부착하여야 한다. 다만, 피견인자동차의 앞쪽에는 등록번호판을 부착하지 아니할 수 있다.

1. 차량중심선을 기준으로 등록번호판의 좌우가 대칭이 될 것. 다만, 자동차의 구조 및 성능상 차량중심선에 부착하는 것이 곤란한 경우에는 그러하지 아니하다.
2. 자동차의 앞쪽과 뒷쪽에서 볼 때에 차체의 다른 부분이나 장치 등에 의하여 등록번호판이 가리워지지 아니할 것
3. 뒷쪽 등록번호판의 부착위치는 차체의 뒷쪽 끝으로부터 65cm 이내일 것. 다만, 자동차의 구조 및 성능상 차체의 뒷쪽 끝으로부터 65cm 이내로 부착하는 것이 곤란한 경우에는 그러하지 아니하다.
4. 그 밖에 국토교통부장관이 정하여 고시하는 부착 방법

제4조 [봉인의 위치 등]

① 법 제10조제1항 본문의 규정에 의한 봉인(이하 "봉인"이라 한다)은 자동차의 뒷면에 붙인 등록번호판 왼쪽의 접합부분에 하여야 한다.

② 삭제<2010.2.18.>

③ 봉인의 구조 및 규격 등에 관하여 필요한 세부사항은 국토교통부장관이 정하여 고시한다.

제5조 [등록번호판의 부착 및 봉인]

① 법 제10조 제1항에 따라 등록번호판의 부착 및 봉인을 신청하려는 자는 특별시장·광역시장·특별자치시장·도지사·특별자치도지사{특별시장·광역시장·특별자치시장·도지사·특별자치도지사(이하 "시·도지사"라 한다)가 법 제20조 제1항에 따른 등록번호판발급대행자(이하 "등록번호판발급대행자"라 한다)를 지정한 경우에는 등록번호판발급대행자를 말한다. 이하 이 조 및 제5조의2에서 같다}에게 자동차등록증을 제출하고 해당 자동차를 제시하여야 한다. 다만, 법 제10조 제1항 단서에 따라 자동차소유자 또는 자동차소유자에 갈음하여 등록을

신청하는 자가 직접 등록번호판의 부착 및 봉인을 하려는 경우에는 자동차를 제시하지 아니할 수 있다.

② 시·도지사는 제1항의 신청을 받은 경우 제시된 자동차가 자동차등록증에 기재된 자동차와 동일하다고 인정하는 때에는 신청인에게 해당 자동차의 등록번호(이하 "등록번호"라 한다)를 부여하여 이에 따른 등록번호판을 부착·봉인하고 그 날짜를 자동차등록증에 기재·날인하여야 한다. 다만, 제1항 단서에 해당하는 경우에는 신청인에게 등록번호판 및 봉인을 발급하여야 한다.

③ 법 제10조제3항에 따라 다시 등록번호판의 부착 및 봉인을 신청하려는 자는 별지 제1호서식의 등록번호판재발급등 신청서에 다음 각 호의 서류를 첨부하여 시·도지사에게 제출하여야 한다.

1. 삭제<2006.6.9.>
2. 삭제<2003.1.2.>
3. 헐어서 못쓰게 된 등록번호판 또는 봉인(헐어서 못쓰게 되어 신청하는 경우에 한한다)
4. 자동차등록증

④ 제2항의 규정은 제3항에 따라 다시 등록번호판을 부착하고 봉인하는 경우에 이를 준용한다.

⑤ 제3항에 따른 신청을 받은 시·도지사는 다음 각 호의 서류의 내용을 「전자정부법」 제36조제1항에 따른 행정정보의 공동이용을 통하여 확인하여야 한다. 다만, 신청인이 확인에 동의하지 아니하는 경우에는 해당서류(법인 등기사항증명서는 제외한다)를 첨부하게 하여야 한다.

1. 주민등록표초본(개인인 경우에 한하며, 주민등록증 또는 운전면허증의 제시로 이에 갈음할 수 있다)
2. 법인등기부등본이나 사업자등록증 사본(법인인 경우에 한한다)

⑥ 시·도지사는 등록번호판 및 봉인의 제작·수불·발급 및 봉인시행현황을 기록·관리하여야 한다.

제6조 [등록번호판의 규격 등]

① 등록번호판의 규격·재질 및 색상은 자동차의 종류 및 용도(자동차운수사업용·비사업용 및 외교용을 말한다)에 따라 각각 구분하여야 한다.

② 자동차운수사업용자동차의 등록번호판에는 관할관청을 기호로 표시하여야 한다. 다만, 「여객자동차 운수사업법」 제28조에 따른 자동차대여사업에 사용하는 자동차는 그러하지 아니하다.

③ 등록번호판의 규격·재질·색상 그 밖의 필요한 세부적인 사항은 국토교통부장관이 정하여 고시한다. 이 경우 국토교통부장관은 미리 경찰청장과 협의하여야 한다.

관련근거 자동차등록번호판 등의 기준에 관한 고시

제1조 [목적]

이 규정은 자동차관리법시행규칙 제3조 내지 제6조 및 자동차 등록령 제21조에서 국토교통부장관이 정하도록 위임한 세부사항을 규정함을 목적으로 한다.

제1조의 2 [정의]

이 고시에서 사용하는 용어의 뜻은 다음과 같다.

1. 페인트방식 번호판 : 번호판 전면바탕을 페인트로 도색한 번호판
2. 필름부착방식 번호판 : 번호판 전면바탕에 채색된 필름을 부착한 번호판
3. 번호판 보조대 : 번호판과 일체로 구성되어 번호판을 지지하거나 탈착을 보조하도록 만들어진 것
4. 전기자동차 : 환경 친화적 자동차의 개발 및 보급촉진에 관한 법률 제2조 제3호 및 제6호에 규정된 자동차

제1조의 3 [번호판의 종류]

번호판은 자동차관리법의 규정에 따라 다음 각 호와 같이 구분한다.

1. 등록번호판 : 자동차관리법 제10조에 따른 번호판으로서 다음 각목의 어느 하나에 해당하는 번호판
   가. 대형 등록번호판 : 길이 6m 이상의 버스, 최대적재량 4톤 이상의 화물 및 총중량 4톤 이상의 특수자동차에 부착하는 번호판
   나. 보통 등록번호판 : 가목 이외의 자동차에 부착하는 번호판
2. 이륜자동차 번호판 : 자동차관리법 제49조의 규정에 따라 이륜자동차에 부착하는 번호판
3. 임시운행허가번호판 : 자동차관리법 제27조의 규정에 따라 임시운행허가를 받은 자동차에 부착하는 번호판

제2조 [번호판의 재질 및 규격]

① 번호판의 재질은 알루미늄 제판으로 하되 그 규격은 두께 1mm의 KS D6701 A1050P “0”에 표면막의 두께가 10±1 ㎛가 되도록 산화처리 하여야 한다. 다만, 임시운행의 허가기간이 10일 이내인 임시운행허가번호판(이하 “단기 임시운행허가번호판”이라 한다)의 경우에는 두께 2.5mm 이상의 목재판으로 한다.

② 번호판에는 관할관청, 용도, 차종 및 일련번호를 표시하고 그 규격과 문자의 배열, 글자체

등은 [별표 제1, 2, 2-1, 2-2, 3, 4, 5, 6, 7, 8, 13, 14, 15, 18]과 같이 하되 아래와 같이 예외를 둘 수 있다.

1. 대형 등록번호판규격을 부착하여야 하는 자동차 중 첨단안전장치 등과 앞쪽 번호판의 간섭으로 대형 등록번호판부착이 어렵다고 인정되는 경우에는 앞쪽 번호판에 한하여 보통 등록번호판 규격을 적용할 수 있다.
2. 전기자동차 번호판을 부착하여야 하는 자동차 중 자동차 설계상 전기자동차 번호판부착이 곤란한 경우에는 대형 등록번호판 또는 [별표 1] 번호판 규격을 적용할 수 있다.

③ 임시운행허가번호판에는 임시운행임을 나타내는 표시 또는 기간, 발행 관청명 등을 [별표 제9, 10, 11, 12, 16]과 같이 표시한다.

④ 번호판에 표시하는 관할관청, 용도, 차종 및 일련번호 등 모든 문자는 1.3mm~1.6mm로 양각되어야 하며, 세부기준으로 정한 문자 획의 너비는 +1mm 이내의 허용차를 인정한다. 다만, 단기 임시운행허가번호판의 경우에는 양각되지 아니할 수 있다.

⑤ 등록번호판 및 이륜자동차 번호판은 페인트방식 또는 필름부착방식으로 제작할 수 있으며, 전기자동차 번호판은 필름부착방식으로 제작하여야 한다.

제3조 [번호판의 내구성능 등]

① 페인트방식 번호판은 다음 각호의 내구 성능기준에 적합하여야 한다.

1. 색상 내후성 : 등록번호판의 색상은 다음 각목의 방법에 따라 720시간 시험을 할 경우 변색되지 않아야 한다.
   가. 방사조도 : 0.35 W/m^2
   나. 파장범위 : 340 nm(제논 아크 등)
   다. 시험주기 : 빛에 노출/물분사(18분), 빛에 노출(102분)
   라. 시험온도 : 63±3℃
   마. 습도 : 50±5%
2. 내마모성 : 등록번호판의 문자 색상은 다음 각목의 방법에 따라 시험을 할 경우 벗겨지지 않아야 한다.
   가. 등록번호판과 모래 분사장치 노즐 분사거리 : 380±10mm
   나. 모래 분사노즐 직경 : 1.3mm
   다. 물과 모래 혼합액 : 물 1ℓ당 0.4mm 크기 표준 모래 25g
   라. 노즐을 0.1 m/sec 속도로 이동하면서 등록번호판에 작동압력 6.0±0.5bar, 유동율 0.24±0.02ℓ/min로 혼합액을 10회 분사시킨다.

마. 분사가 완료된 후 부드러운 헝겊으로 등록번호판 표면의 물기를 닦고 등록번호판의 표면을 육안으로 관찰한다.

3. 방수성 : 다음 각목의 방법에 따라 시험을 하는 경우 등록번호판의 표면에 물이 침투하지 않아야 한다.

가. 등록번호판을 챔버 안에 넣고 챔버 안의 온도를 상온에서 65℃까지 올리고 65℃에서 10분 동안 유지한다.

나. 등록번호판을 챔버에서 꺼내 21℃의 물에 10분 동안 담근 다음 부드러운 헝겊으로 등록번호판 표면의 물기를 닦고 등록번호판의 표면을 육안으로 관찰한다.

② 필름방식 번호판은 다음 각호의 성능기준에 적합하여야 한다.

1. 반사성능 : 다음 반사성능에 적합하여야 한다.

관측각도(도)	색번호표(cd.lx · m^2)			
	±5°	±30°	±40°	최대값
0.2°	3 이상	1.5 이상	0.7 이상	12 이하
0.33°	2 이상	1 이상	0.5 이상	
1.5°	1 이상	0.5 이상	0.3 이상	

2. 색상 내후성 : 필름 및 문자는 제3조제1항제1호에 따라 변색되지 않아야 한다.

3. 내마모성 : 제3조제1항제2호에 따른다.

4. 내온도 : 필름은 다음 각목의 방법에 따라 시험을 할 경우 갈라짐, 기포, 변색이 발생되지 않아야 한다.

가. 온도 65±2℃, 상대습도 10±5%에서 연속하여 7시간

나. 온도 23±5℃, 상대습도 50±10%에서 연속하여 1시간

다. 온도 -20℃에서 연속하여 15시간 유지한다.

5. 접착력 : 다음 각목의 방법에 따라 시험할 경우 필름은 알루미늄판에서 분리되지 않아야 한다.

가. 온도 -20℃에서 연속하여 1시간 유지한다.

나. 필름을 알루미늄판의 접점에서 물리적으로 분리한다.

6. 내충격성 : 다음 각목의 방법에 따라 시험할 경우 필름은 갈라짐 또는 충격부위의 5mm 밖으로 분리되지 않아야 한다.

가. 온도 -20℃에서 연속하여 1시간 유지한다.

나. 번호판을 콘크리트 또는 12.5mm 강판과 같은 단단한 지지대 위에 놓는다.

다. 지름 25mm 강구를 2m 높이에서 번호판 위의 평평한 부분 위로 낙하한다.

7. 내굽힘성 : 다음 각목의 방법에 따라 시험할 경우 필름은 갈라짐이 발생하지 않아야 한다.
   가. 온도 23±5℃에서 지름 50mm 심봉에 필름이 바깥으로 향하도록 한다.
   나. 2초 안에 심봉을 중심으로 90° 구부린다.
8. 방수성 : 다음 각목의 방법에 따라 시험할 경우 필름은 손상이 발생하지 않아야 한다.
   가. 온도 23±5℃에서 24시간 동안 탈 이온수에 담근다.
   나. 탈 이온수에서 꺼낸 후 48시간동안 상온에서 방치한다.
9. 청정성 : 다음 각목의 방법에 따라 시험할 경우 필름은 손상이 발생되지 않고 세척할 수 있어야 한다.
   가. 윤활유와 흑연 혼합물을 필름표면에 바른다.
   나. 헵탄과 같은 지방성 용액으로 닦은 후 중성세제로 세척한다.
10. 연료 저항성 : 다음 각목의 방법에 따라 시험할 경우 시각적 손상이 발생하지 않아야한다.
   가. n-헵탄 70%와 톨루엔 30% 혼합물에 등록번호판을 1분간 담근다.
   나. 혼합물에서 꺼낸 후 상온에서 방치한다.
11. 내부식성 : 다음 각 목의 방법에 따라 시험할 경우 부식이 발생하지 않아야 한다.
   가. 온도 35±2℃에서 탈 이온수 95%와 염화나트륨 5%가 섞인 분무액을 만든다.
   나. 22시간 동안 분무액을 1회 분사하고, 2시간 상온에서 방치한 후 1회를 더 반복한다.

④ 자동차등록번호판은 국가 또는 지방자치단체에서 설치·운용중인 무인단속 장비시스템에 식별 및 인식이 가능하도록 제작·관리 되어야 한다.

제4조 [번호판의 색상]

① 등록번호판의 색상을 다음과 같이 한다.
1. 비사업용
   가. 일반용(SOFA자동차, 대여사업용 자동차 포함) : 페인트방식 또는 분홍빛 흰색바탕에 보라빛 검정색 문자, 필름부착방식 번호판은 흰색바탕에 검은색 문자.
   나. 외교용(외교, 영사, 준외, 준영, 국기, 협정, 대표) : 감청색바탕에 흰색문자
2. 자동차운수사업용 : 황색바탕에 검은색 문자

② 이륜자동차번호판은 흰색바탕에 청색문자로 한다.

③ 임시운행허가번호판은 흰색바탕에 검은색 문자로 하고 3mm 폭의 적색사선을 긋는다.

④ 제1항 내지 제3항의 규정에 의한 색상은 다음과 같다.
   가. 페인트방식 번호판 : 국가기술표준원의 한국색 표준분류기준 및 CIE L*a*b* 표색계에 의한다. 단, CIE L*a*b* 표색계의 허용오차는 $\Delta E^*ab \leq 3$으로 한다.

색상명칭	색번호표	색상명칭	색번호표
분홍빛 흰색	L* = 89.10 a* = 0.58 b* = 3.95	보라빛 검정색	L* = 25.70 a* =0.10 b* = -5.48
녹색	2.5G 4/10	적색	5R 4/14
황색	2.5Y 8/16	청색	2.5PB 3/13
남색	59B 3/10	감청색	7.5PB 2/8
흰색	N9.5	검은색	N1.5

나. 필름부착방식 번호판 : 필름 바탕색은 다음 국가기술표준원의 KS T 3507에 적합하여야 하며, 태극문양 및 국가 축약문자 등의 세부기준은 [별표 2-2]에 의한다.

색상	색도 좌표의 범위							
	1		2		3		4	
	x	y	x	y	x	y	x	y
흰색	0.303	0.300	0.368	0.366	0.340	0.393	0.274	0.329

⑤ 전기자동차번호판은 파란색바탕에 검은색 문자로 하며, 색상 및 문양 등은 [별표 제18]에의 한다.

제5조 [차종 및 용도구분 등의 기호]

① 등록번호판의 차종 및 용도별 분류기호를 다음과 같이 한다. 다만, 제2조제2항 [별표 1] 및 [별표 18]의 등록번호판을 사용하는 승용자동차에 대한 차종별 분류기호는 01-69로 한다.

구분	분류		기호
차종별	승용자동차	비사업용	100-699
		대여사업용	
		일반사업용	1-69
	승합자동차		70-79
	화물자동차		80-97
	특수자동차		98, 99

구분		분류	기호
용도별	비사업용 (SOFA자동차 포함)	자가용(관용포함)	가,나,다,라,마,거,너,더,러,머,버,서,어,저,고,노,도,로,모,보,소,오,조,구,누,두,루,무,부,수,우,주
	자동차운수 사업용	일반용	바, 사, 아, 자
		대여사업용	허, 하, 호
	외교용	외교관용	외교
		영사용	영사
		준외교관용	준외
		준영사용	준영
		국제기구용	국기
		기타외교용	협정, 대표

② 이륜자동차번호판은 가·나·다·라·라·마·바·사·아·자·차·카·타·파·하를 용도별 기호로서 표시한다.

제6조 [관할관청 기호표시]

관할관청의 기호표시는 다음과 같이 한다. 다만, 비사업용 및 대여사업용 자동차에 부착하는 등록번호판에는 관할관청의 기호표시를 하지 아니하며, 이륜자동차번호판에는 관할 시·군 또는 구의 명칭을 함께 표시한다.

- 서울특별시 : 서울
- 부산광역시 : 부산
- 대구광역시 : 대구
- 인천광역시 : 인천
- 광주광역시 : 광주
- 대전광역시 : 대전
- 울산광역시 : 울산
- 세종특별자치시 : 세종
- 경기도 : 경기
- 강원도 : 강원
- 충청북도 : 충북
- 충청남도 : 충남
- 전라북도 : 전북
- 전라남도 : 전남
- 경상북도 : 경북
- 경상남도 : 경남
- 제주도 : 제주

제6조의 2 [등록번호판 부착방법 등]

① 앞쪽 등록번호판의 체결은 아래기준에 적합하여야 한다.

1. 등록번호판의 접합부분은 볼트로 체결하거나, 번호판 보조대를 이용하여 체결할 것.
2. 제1호의 번호판 보조대는 간단한 공구를 이용하여 등록번호판을 떼어낼 수 있는 구조이어야 하고, 손만으로는 번호판과 분리가 어려워야 하며, 등록번호판을 결합한 상태에서 제3조

제2항제6호의 시험방법으로 각 결합부위를 충격하였을 때 파손이 없을 것

② 등록번호판은 자동차의 구조 및 장치 등에 의하여 가리워지지 않도록 아래기준에 따라 부착하여야 한다.

1. 자동차의 전면과 후면 끝으로부터 중심선을 따라 각각 20m의 거리를 기준으로, 전면의 높이는 0.5~7m, 후면의 높이는 0.5~3m의 범위와 좌우측의 각각 11.5m의 범위에서 관측하였을 때 가리워지는 부분이 없을 것.
2. 자동차의 구조 및 장치로 인하여 제1호의 관측에서 가리워지는 부분이 발생하거나 발생할 우려가 높은 경우에는 등록번호판을 가장 잘 보이는 위치로 이동하여 설치하거나 등록번호판 1개를 추가 부착하여 번호판이 잘 보이도록 할 것
3. 등록번호판의 외곽 테두리선 내의 바탕면은 임의의 부착물이나 장식물 등에 의하여 가리워지지 않을 것

③ 등록번호판은 아래기준에 적합한 위치에 부착하여야한다.

1. 자동차의 중심선을 기준으로 등록번호판의 중심이 10cm 이상 벗어나지 않아야 함. 다만, 자동차의 구조 및 성능상 차량중심선에 부착하는 것이 곤란한 경우에는 차량중심선에 가까운 위치에 부착할 것
2. 번호판의 상단부를 기준으로 지면에서 1.2m 이내의 높이. 다만, 1.2m 이내의 설치가곤란한 경우에는 가능한 잘보이는 위치에 부착할 것

④ 등록번호판의 부착각도는 아래 기준에 적합하여야 한다.

1. 자동차의 진행방향 중심선을 기준하여 직각으로 부착하고, 지면과 수평되어야 하며, 각각의 기울기 허용오차는 ±5° 이내일 것
2. 등록번호판의 수직방향 기울기는 등록번호판 상단의 높이가 지상으로부터 1.2m 이하인 경우에는 아래쪽방향(등록번호판이 지면을 바라보는 방향)으로 5° 이내, 위쪽방향으로 30° 이내이어야 하며, 지상으로부터 1.2m를 초과하는 경우에는 아래쪽방향으로 15° 이내, 위쪽방향으로 5° 이내로 부착할 것

⑤ 등록번호판은 아래의 허용기준 내에서 편평도를 유지하여야 한다.

1. 등록번호판의 면기준으로 곡율반경이 3m 이상일 것
2. 등록번호판에 꺽인 부위가 없을 것

제7조 [봉인의 기준 등]

① 등록번호판의 봉인장치는 다음 각 호의 기준에 적합한 것을 사용하여야 한다.

1. 봉인은 [별표 17]과 같이 표시한다.

[별표 17] 봉인의 표시

1. 봉인의 규격

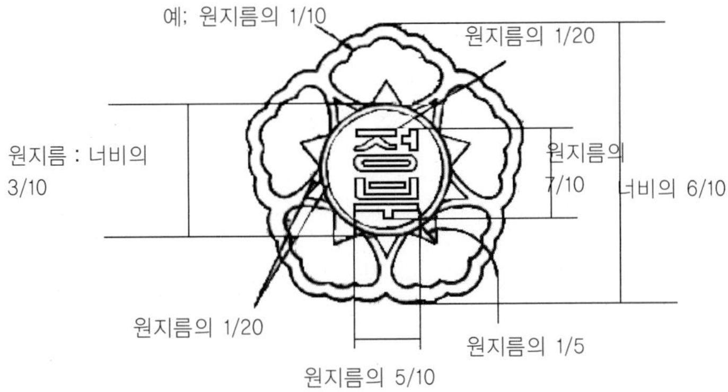

2. 봉인장치는 봉인 후 이를 떼어낼 경우 재사용할 수 없도록 만들어진 구조이어야 한다.
3. 봉인장치는 다음의 규격 중에 어느 하나를 선택할 수 있다.

구분	봉인장치의 규격	
	소형	대형
봉인의 지름	10mm 내지 12mm	20mm 내지 25mm
봉인의 높이	6mm 내지 8mm	7mm 내지 10mm

4. 봉인장치의 볼트 또는 축의 재질은 강재(한국공업규격 일반구조용 압연강재 SS34 또는 SS41)이어야 한다.

② 시·도지사는 봉인장치의 기준적합여부, 사용·관리실태 등을 연 1회 이상 점검하여야 한다.

제8조 [재검토기한]

국토교통부장관은 이 고시에 대하여 2019년 1월 1일을 기준으로 매 3년이 되는 시점(매 3년째의 12월 31일까지를 말한다)마다 그 타당성을 검토하여 개선 등의 조치를 하여야 한다.

부 칙

이 고시는 2019년 9월 1일부터 시행한다.

기본학습 02 등록번호판·봉인의 동일성 확인검사 및 판정기준

관련근거 자동차관리법시행규칙 - 제73조 [자동차의 검사기준 및 방법]

[별표 15] 자동차검사기준 및 방법(제73조 관련)

1. 검사기준 및 방법

항목	검사기준	검사방법
1) 동일성확인	자동차의 표기와 등록번호판이 자동차등록증에 기재된 차대번호·원동기형식 및 등록번호가 일치하고, 등록번호판 및 봉인의 상태가 양호한 것	자동차의 차대번호 및 원동기형식의 표기 확인 등록번호판 및 봉인상태 확인

2. 판정기준

자동차검사대행자 또는 지정정비사업자가 실시한 검사결과가 "자동차관리법시행규칙 제80조 [검사의 실시 등]"에 의거 정기검사 항목 중 동일성 확인을 실시한 결과 적합하지 아니한 사항이 있는 경우 해당 사항이 다음 각 호의 어느 하나에 해당하지 않으면 적합 판정을 하고 해당 자동차소유자에게 그 시정을 권고할 수 있다.

가. 자동차의 차대번호 및 원동기형식이 등록원부와 다른 경우(자형등의 위조·변조 및 식별할 수 없을 정도의 훼손을 포함한다)

나. 등록번호가 등록원부와 다르거나 등록번호판이 망실된 경우, 등록번호판 또는 봉인의 문자나 문양이 식별할 수 없을 정도로 훼손된 경우(적법한 등록번호판이 아닌 경우를 포함한다)

다. 영 제8조 제1항에 따른 구조의 제원허용오차 초과 또는 안전기준 부적합

기본학습 03 실습지시서 및 실습보고서

실습지시서

<table>
<tr><td>학과</td><td>과</td><td>학기</td><td colspan="3">20 학년도 학기</td></tr>
<tr><td>교과목명</td><td>자동차정비검사</td><td>시간</td><td colspan="3">20 년 월 일(~교시)</td></tr>
<tr><td>실험 · 실습명</td><td colspan="5">등록번호판 및 봉인상태 동일성 확인 검사</td></tr>
<tr><td>실습목표</td><td colspan="5">(1) 자동차 등록번호판 등의 기준에 관한 고시에 따라 자동차 등록번호판 · 봉인 관련 검사업무를 적용할 수 있다.
(2) 자동차등록번호판 등의 기준에 관한 고시에 따라 자동차등록번호판과 봉인이 규정에 적합한지 구별할 수 있다.
(3) 자동차 검사기준 및 방법에 따라 등록번호판 · 봉인을 자동차등록증에 기재된 등록번호의 일치여부 · 상태를 확인할 수 있다.
(4) 등록번호판 · 봉인 검사 결과에 따라 적합 여부를 판정할 수 있다.</td></tr>
<tr><td rowspan="3">사용재료
(공구/기구 등)</td><td>품명(재료명)</td><td>규격</td><td>수량</td><td colspan="2">비고</td></tr>
<tr><td>자동차등록증</td><td></td><td>1</td><td colspan="2"></td></tr>
<tr><td>자동차</td><td></td><td>1</td><td colspan="2"></td></tr>
<tr><td>실험 · 실습순서
및 관련지식</td><td colspan="5">[검사방법 및 검사]
• 자동차 자동차등록번호판 확인하기
(1) 자동차 등록번호판을 통하여 차량종류 및 용도별 기준을 확인한다.
(2) 자동차 등록번호판의 부착위치가 자동차관리법 시행규칙 제3조에 적합한지 점검한다.
(3) 자동차 등록번호판이 자동차 등록증과 상이한지 확인한다. 그리고 훼손 또는 망실되었는지 점검한다.
(4) 자동차 등록번호판이 위조, 변조, 고의적인 가림 등 부적합 사례를 검사한다.

자동차등록번호판 일치여부 확인하기
<table><tr><td>구분</td><td>자동차등록번호판 일치여부 확인</td><td>판정</td></tr><tr><td>자동차등록증</td><td></td><td rowspan="2"></td></tr><tr><td>자동차등록번호판</td><td></td></tr></table></td></tr>
</table>

실험·실습순서 및 관련지식

• 자동차등록번호판 봉인검사

(1) 자동차의 뒷면에 붙인 자동차 등록번호판의 봉인은 왼쪽의 접합부분에 되어 있는지 검사한다.

(2) 자동차 등록번호판의 봉인장치가 자동차 등록번호판 등의 기준에 대한 고시 제7조에 적합한지 검사한다.

자동차등록번호판 봉인상태 확인하기

구분	봉인의 위치 (자동차관리법 시행규칙 제4조1항)	봉인장치 (자동차 등록번호판 등의 기준에 관한 고시 제7조)	판정
규정			
검사 차량의 자동차등록 번호판의 봉인 상태			

[판정기준]

자동차검사대행자 또는 지정정비사업자가 실시한 검사결과가 "자동차관리법시행규칙 제80조 [검사의 실시 등]"에 의거 정기검사 항목 중 동일성 확인을 실시한 결과 적합하지 아니한 사항이 있는 경우 해당 사항이 다음 각 호의 어느 하나에 해당하지 않으면 적합 판정을 하고 해당 자동차소유자에게 그 시정을 권고할 수 있다.

(1) 자동차의 차대번호 및 원동기형식이 등록원부와 다른 경우(자형등의 위조·변조 및 식별할 수 없을 정도의 훼손을 포함한다)

(2) 등록번호가 등록원부와 다르거나 등록번호판이 망실된 경우, 등록번호판 또는 봉인의 문자나 문양이 식별할 수 없을 정도로 훼손된 경우(적법한 등록번호판이 아닌 경우를 포함한다)

(3) 영 제8조 제1항에 따른 구조의 제원허용오차 초과 또는 안전기준 부적합

실습보고서

실험제목	등록번호판 및 봉인상태 동일성 확인검사		
실험일자		반 및 실험조	
학번		성명	

■ 과제 내용

주어진 자동차에서 등록번호판 및 봉인상태 동일성 확인검사를 실시한 후 기록표에 기록하시오.

1. 사용기기 및 부품
   (1) 차종

   (2) 사용기기

2. 실습결과

자동차등록번호판 일치여부 확인하기

구분	자동차등록번호판 일치여부 확인하기	판정
자동차등록증		
자동차등록번호판		

자동차등록번호판 봉인상태 확인하기

구분	봉인의 위치	봉인장치	판정
규정			
검사 차량의 자동차등록번호판의 봉인 상태			

3. 실험 결과에 대한 검토 및 고찰

학습정리

이 장에서는 자동차등록번호판의 규격·재질 및 색상이 자동차의 종류 및 용도에 따라 각각 구분과 동일성 확인판정에 대하여 학습하였다. 또한 등록번호판을 자동차에 부착할 때의 부착위치 및 봉인방법에 대하여 이해하고 자동차검사에서 등록번호판에 대한 검사에서 판정할 수가 있도록 구성하였다. 그리고 자동차등록증에 기재된 원동기형식의 일치여부 및 상태를 확인하여 판정할 수 있도록 하였다.

총괄평가

1. 자동차등록번호판의 부착위치에 대하여 서술하시오.
2. 자동차등록번호판의 봉인방법에 대하여 서술하시오.

참고자료

1. 자동차관리법, 자동차관리법 시행령, 자동차관리법 시행규칙
2. 자동차등록번호판 등의 기준에 관한 고시

A-2 차대번호·원동기형식 실차 확인하기(1506030601_17v3.2)

학/습/목/표

일반목표

자동차 차대번호 등의 운영에 관한 규정을 이해하고 차대번호·원동기형식의 표기방법 및 위치가 적합한 지를 구별하고, 자동차 검사기준 및 방법에 따라 자동차에 표기된 차대번호와 원동기형식이 자동차등록증에 기재된 차대번호와 원동기형식의 일치여부·상태를 확인하여 판정할 수 있도록 한다.

세부목표

1. 자동차 차대번호 등의 운영에 관한 규정에 따라 자동차 차대번호·원동기형식의 표기내용·방법·위치를 설명할 수 있다.
2. 자동차 차대번호 등의 운영에 관한 규정에 따라 표기시행자가 시행한 표기가 규정에 적합한지 구별할 수 있다.
3. 자동차 검사기준 및 방법에 따라 자동차에 표기된 차대번호와 원동기형식이 자동차등록증에 기재된 차대번호와 원동기형식의 일치여부·상태를 확인할 수 있다.
4. 차대번호·원동기형식 일치 여부 결과에 따라 적합 여부를 판정할 수 있다.

주요 용어

자동차등록번호판, 차대번호, 원동기형식, 국제 제작자 식별부호, WMI

학습활동

기본학습 01 차대번호 및 원동기형식의 표기방법

관련근거 자동차관리법

제22조 [차대번호 등의 표기]

① 자동차에는 국토교통부령으로 정하는 바에 따라 차대번호와 원동기형식의 표기를 하여야 한다.

② 자동차나 원동기를 제작·조립하는 것을 업으로 하는 자와 국토교통부장관이 지정하는 자가 아니면 자동차의 차대번호 또는 원동기형식의 표기를 하여서는 아니 된다.

제23조 [표기를 지우는 행위 등의 금지 등]

① 누구든지 자동차의 차대번호 또는 원동기형식의 표기를 지우거나 그 밖에 이를 알아보기 곤란하게 하는 행위를 하여서는 아니 된다. 다만, 부득이한 사유로 국토교통부장관의 인정을 받은 경우와 제2항에 따른 명령을 받은 경우에는 그러하지 아니하다.

② 국토교통부장관은 자동차가 다음 각 호의 어느 하나에 해당되는 경우에는 그 소유자에게 차대번호 또는 원동기형식의 표기를 지우거나 표기를 받을 것을 명할 수 있다.

1. 자동차에 차대번호 또는 원동기형식의 표기가 없거나 그 표기방법 및 체계 등이 제22조제1항에 적합하지 아니한 경우
2. 자동차의 차대번호 또는 원동기형식의 표기가 다른 자동차와 유사한 경우
3. 차대번호 또는 원동기형식의 표기가 지워져 있거나 알아보기 곤란한 경우

③ 제1항 단서와 제2항에 따라 표기를 지우거나 표기를 받으려는 자는 국토교통부령으로 정하는 바에 따라 자동차 또는 원동기의 제작·조립을 업으로 하는 자 또는 국토교통부장관이 지정하는 자에게 신청을 하여야 한다. 이 경우 이에 들어간 비용은 국토교통부령으로 정하는 바에 따라 자동차의 소유자로부터 징수할 수 있다.

④ 제1항 단서와 제2항에 따른 인정 및 명령에 관하여 필요한 절차 등은 국토교통부령으로 정한다.

관련근거 자동차관리법시행규칙 - 제3장 자동차 차대번호의 표기 등

제14조 [차대번호등의 표기]

① 법 제22조제1항의 규정에 의하여 자동차의 차대번호 및 원동기형식을 표기하는 때에는 다음 각 호의 기준에 적합하여야 한다. 다만, 국제표준화기구(ISO)에서 정한 표기방식에 따라 자동차의 차대번호 또는 원동기형식을 표기한 때에는 이 규칙에 적합하게 표기한 것으로 본다.

1. 제15조제3항에 따라 차대번호표기부호를 배정받은 자는 배정받은 차대번호표기부호를 포함하여 그가 제작·조립하는 자동차의 특성 및 제작일련번호가 나타나도록 표기할 것
2. 제38조의 규정에 의한 안전검사시설을 갖춘 자 및 법 제22조제2항의 규정에 의하여 국토교통부장관이 지정한 자(이하 "지정표기시행자"라 한다)는 국토교통부장관이 고시하는 국가공통 차대번호표기 부호(이하 "국가공통부호"라 한다)를 포함하여 자동차의 특성 및 제33조제1항의 규정에 의한 제작자등록번호, 제작일련번호가 나타나도록 표기할 것
3. 원동기의 경우에는 그 형식이 나타나도록 표기할 것
4. 차대번호 또는 원동기형식은 순차적으로 연결된 숫자 또는 알파벳으로 표기하되, 누구든지 쉽게 알아 볼 수 있는 위치에 표기하고 쉽게 지우거나 고칠 수 없게 할 것. 다만, 지정표기시행자가 이륜자동차에 차대번호 또는 원동기형식을 표기하는 경우에는 차대 또는 차체에 명판 등 적절한 방법으로 표기할 수 있다.

② 자동차 또는 원동기의 제작·조립을 업으로 하는 자(이하 "표기시행자"라 한다)가 차대번호 및 원동기형식의 표기를 하는 때에는 표기위치를 자동차취급설명서에 기재하여야 한다.

③ 차대번호 또는 원동기형식의 세부내용 및 표기방법 등 표기시행(법 제23조의 규정에 의하여 다시 표기하는 경우를 포함한다)에 관하여 필요한 사항은 국토교통부장관이 정하여 고시한다.

제15조 [표기부호의 배정]

① 표기시행자는 그가 사용할 표기부호를 배정받고자 하는 때에는 별지 제7호서식의 차대번호표기부호배정신청서(전자문서로 된 신청서를 포함한다)에 다음 각 호의 서류(전자문서를 포함한다)를 첨부하여 국토교통부장관에게 제출하여야 한다.

1. 삭제<2006.6.9.>
2. 연간 2500대 이상 또는 동일한 형식의 자동차를 연간 500대 이상 제작·조립한 실적(신규제작·조립자의 경우에는 연간 제작·조립계획대수를 말한다). 다만, 제38조에 따른 안전검사시설을 갖춘 경우에는 안전검사시설확인서로 갈음할 수 있다.
3. 표기시행계획서(표기의 배열·위치·각인관리요령·표기 시행 장소 및 방법 등이 포함되어야 한다)

② 제1항에 따른 신청을 받은 국토교통부장관은 주민등록표 초본(법인인 경우에는 법인 등기사항 증명서)의 내용을 「전자정부법」 제36조제1항에 따른 행정정보의 공동이용을 통하여 확인하여야 한다. 다만, 신청인이 주민등록표 초본의 확인에 동의하지 아니하는 경우에는 그 서류를 첨부하게 하거나 주민등록증 등 신분증명서를 제시하게 할 수 있다.

③ 국토교통부장관은 제1항에 따른 신청이 적합하다고 인정되는 때에는 별지 제8호서식의 차대번호표기부호배정서를 발급하고, 그 내용을 지정표기시행자에게 통보하여야 한다.

④ 국토교통부장관은 제3항에 따라 차대번호의 표기부호를 배정받은 표기시행자가 법령에 부합되지 아니하게 차대번호 또는 원동기형식의 표기를 하거나 기타 표기를 계속하게 함이 적합하지 아니하다고 인정되는 때에는 표기부호의 배정을 취소할 수 있다.

제16조 [지정표기시행자의 지정]

국토교통부장관은 「한국교통안전공단법」에 따른 한국교통안전공단(이하 "한국교통안전공단"이라 한다)을 지정표기시행자로 지정하여 법 제22조 제2항의 규정에 의한 차대번호 또는 원동기형식의 표기를 하게 할 수 있다.

제17조 [차대번호등의 표기신고]

① 표기시행자가 차대번호 또는 원동기형식의 표기를 하고자 하는 때에는 별지 제9호서식의 차대번호(원동기형식)표기시행통보서에 17자리로 된 표기내용설명서를 첨부하여 한국교통안전공단에 제출하여야 한다. 통보한 내용을 변경하고자 하는 때에도 또한 같다.

② 한국교통안전공단은 필요하다고 인정하는 때에는 제1항의 경우 그 사실을 증명하는 서류의 제출을 요구할 수 있다.

제18조 [표기를 지우는 행위등]

① 법 제23조제1항 단서에서 "부득이한 사유"라 함은 다음 각호의 1에 해당하는 경우를 말한다.

1. 다음 각목의 사유로 인하여 표기부분의 식별이 곤란하거나, 표기부분의 정비가 불가피하게 된 경우. 다만, 차대(차대가 없는 경우에는 차체를 말한다. 이하 같다)를 교환하는 경우를 제외한다.
   가. 자동차의 파손 또는 부식
   나. 법 제34조의 규정에 의한 승인을 얻어 행하는 튜닝
2. 표기시행자가 차대번호 또는 원동기형식을 잘못 표기한 자동차를 판매한 경우
3. 법 제23조제2항 각호의 1에 해당하는 경우
4. 법원의 판결 또는 결정 등에 의하여 공매된 자동차의 차대번호가 손상되어 있는 경우

② 법 제23조 제1항 단서의 규정에 의하여 표기를 지우거나 표기를 받고자 하는 자는 별지 제10호서식의 차대번호(원동기형식)재표기등 인정신청서에 그 사유를 증명하는 서류를 첨부하여 한국교통안전공단에 제출하고 한국교통안전공단이 지정하는 일시 및 장소에 당해자동차를 제시하여야 한다.

③ 한국교통안전공단은 법 제23조 제2항의 규정에 의하여 표기를 지우게 하거나 표기를 받게 하는 때에는 당해자동차를 제시하여야 할 일시 및 장소를 지정하여 별지 제11호서식의 차대번호(원동기형식)표기등 명령서를 자동차소유자에게 서면으로 통지하여야 한다. 이 경우 자동차소유자는 지정된 일시 및 장소에 당해자동차를 제시하여야 한다.

④ 지정표기시행자는 차대번호의 재표기를 하는 과정에서 당해자동차의 동일성 확인을 위하여 차대번호를 차대 또는 차체의 적정한 위치에 임시로 표기할 수 있다.

관련근거 자동차 차대번호 등의 운영에 관한 규정

제1조 [목적]

이 규정은 자동차관리법시행규칙(이하 "규칙"이라 한다) 제14조제3항의 규정에 의하여 차대번호 및 원동기형식의 표기 내용·방법·위치 등에 필요한 세부적인 사항에 대해 규정함을 목적으로 한다.

제2조 [정의]

이 규정에서 사용하는 용어의 정의는 다음과 같다.

1. "차체형상"이라 함은 문짝 또는 창문의 수, 화물운반 특성, 지붕형상(세단, 해치백) 등으로 특징지어지는 자동차의 일반적인 형상 또는 형태를 말한다.
2. "차대번호"란 자동차의 동일성 확인을 목적으로 규칙 제14조에 규정된 방법에 따라 차대 또는 차체가 일체구조인 경우에는 차체(이하 "차대"라 한다)에 표기한 아라비아숫자 및 알파벳 글자를 말한다.
3. "원동기형식"이라 함은 연료의 종류, 배기량, 기통 수, 출력 등과 같은 특징으로 정의된 동력원의 형식을 말한다.
4. "모델년도"라 함은 자동차가 실제 생산된 년도와 관계없이, 24개월 이하의 생산기간 내에 각각의 자동차 모델을 구별하여 지정하기 위해 사용되는 년도를 말한다.
5. "표기시행"이란 자동차의 차대번호 또는 원동기형식을 자동차의 차대 또는 원동기의 실린더 블록에 표기하는 행위를 말한다.

6. “고유 각인”이란 규칙 제14조제2항의 규정에 의한 표기시행자(이하 “표기시행자”라 한다) 또는 규칙 제16조의 규정에 의한 지정표기시행자(이하 “교통안전공단”이라 한다)가 차대번호 또는 원동기형식을 정정한 때 사용하는 각인으로서 각인대장에 등록된 것을 말한다. 다만, 교통안전공단의 경우에는 제8호의 종부호 각인을 말한다.
7. “지움 각인”이란 잘못 표기되었거나 교통안전공단이 차대 등에 표기된 각인을 지우고자 하는 경우에 사용하는 각인(각인대장에 등록된)으로 알파벳 X와는 구분이 되어야 한다.
8. “종부호”란 교통안전공단이 표기시행 장소의 구분 등을 위해 사용하는 한글로 된 부호를 말한다.
9. 국제 제작자 식별부호(WMI : world manufacturer identification)는 차대번호 중 자동차 제작자의 구분을 위해 첫째자리 내지 셋째자리에 표기하는 부호(이하 “WMI”라 한다)로서 규칙 제15조제2항의 규정에 의하여 국토교통부장관이 제작자에 배정한 차대번호 표기부호를 말한다.

제3조 [WMI 배정]

① 국토교통부장관은 규칙 제15조제2항의 규정에 의하여 WMI를 배정하고자 할 때에는 승용자동차·승합자동차·화물자동차·특수자동차·이륜자동차 중 당해 제작자가 제작·조립하는 차종에 한하여 배정하여야 한다. 다만 수출용 자동차에 표기하기 위한 WMI는 별도로 구분하여 배정하여야 한다.

② 국토교통부장관은 제1항의 규정에 의하여 WMI를 배정받은 제작자가 폐업 등으로 반납한 WMI는 당해 WMI를 마지막으로 사용한 날부터 30년이 경과하지 아니하고는 당해 WMI를 다른 제작사 등에 배정할 수 없다.

③ 규칙 제33조의 규정에 의하여 등록된 자동차제작자는 국토교통부장관으로부터 배정받지 아니한 WMI를 자동차(수출용 자동차를 포함한다)에 표기할 수 없다.

제4조 [국가공통부호 등]

규칙 제14조제1항 제2호의 규정에 의한 국가 공통부호는 다음과 같다.

표기 내용	표기 부호		
	첫째자리	둘째자리	셋째자리
승용자동차	K	L	9
승합자동차	K	M	9
화물자동차	K	N	9
특수자동차	K	P	9
이륜자동차	K	R	9

제5조 [표기내용 및 방법]

① 규칙 제14조에 의한 표기시행자가 표기하는 자동차의 차대번호는 제작회사군·자동차특성군 및 제작일련번호군의 총 17자리로 구성하며, 각 군별 표기방식은 다음 각호와 같다.

1. 규칙 제14조제1항제1호에 해당하는 자는 [별표 1]의 표기내용에 따른다.
2. 규칙 제14조제1항제2호에 해당하는 자는 [별표 2]의 표기내용에 따른다.

② 제작자 등이 차대번호 등을 표기할 경우에는 각 자리 사이에 공백이 없도록 한 줄 또는 두 줄로 표시하되 처음과 끝이 명확히 구분 되도록 하여야 하며, 이를 위하여 고유 각인을 표기할 수 있다.

③ 표기시행자가 시행하는 원동기형식의 표기방식은 알파벳 또는 아라비아숫자로 정하되 18자를 초과할 수 없다.

④ 지정표기시행자는 당해 표기시행자가 기통 수 및 총배기량이 동일한 실린더블록을 연료의 종류가 다른 원동기에 사용한 것으로 인정한 경우에는 표기시행자가 인정한 형식을 표기할 수 있다.

[별표 1] 표기시행자의 표기내용(제5조제1항1호에 관련)

1. 군별, 자리별 표기부호

표기 군별	자리 번호	사용 부호	표시 내용	세부 내용
제작 회사군	1	B	자동차 제작사 및 자동차 종별구분	국토교통부장관이 자동차의 종별 등에 따라 제작자에게 배정한 부호
	2	B		
	3	B		
자동차 특성군	4	B	차종(차량의 기본형식 기준)	제작자가 일괄하여 표기신고시에 선택한 각 자리 세부부호를 표시 * 제작자는 생산차량관리에 필요한 경우 6개 자리 상호간에 그 표시내용을 변경하여 표기할 수 있음
	5	B	차체 형상	
	6	B	세부차종(승용차는 등급, 기타는 용도별로 구분)	
	7	B	• 안전벨트의 고정개소(승용차의 경우) • 제동장치의 형식(공기식, 유압식 등) : 승용차 이외의 경우 • 기타 특성	
	8	B	원동기(배기량별로 구분)	
	9	B	타각의 이상유무 확인 표시	

표기 군별	자리 번호	사용 부호	표시 내용	세부 내용
제작 일련 번호	10	B	모델연도	별표 1의 제2호에 규정된 부호를 표시
	11	B	제작공장의 위치	제작자가 표기신고시에 선택한 세부부호를 표시
	12 13 14 15 16 17	B B N N N N	제작일련번호	차종별, 형식일련번호를 표시

주 : 1. 사용부호란의 B는 I,O,Q를 제외한 알파벳 또는 아라비아숫자를, N은 아라비아숫자를 표시한다.
2. 국내에 수입된 자동차인 경우 모델연도 부호가 없는 경우 수입면장·모델형식 등을 확인하여 연도를 표기하여야 한다.
3. 국내에서 생산된 자동차의 경우 10자리 모델연도 부호는 1월 1일을 한 번 포함한 2년 이내에 한하여 동일 모델연도 부호를 표시할 수 있다.

2. 모델 년도별 표기부호

년도	부호	년도	부호	년도	부호
1980	A	1994	R	2008	8
1981	B	1995	S	2009	9
1982	C	1996	T	2010	A
1983	D	1997	V	2011	B
1984	E	1998	W	2012	C
1985	F	1999	X	2013	D
1986	G	2000	Y	2014	E
1987	H	2001	1	2015	F
1988	J	2002	2	2016	G
1989	K	2003	3	2017	H
1990	L	2004	4	2018	J
1991	M	2005	5	2019	K
1992	N	2006	6	2020	L
1993	P	2007	7		

주 : 연도별 표기부호는 1980년 이전 또는 2010년 이후에 제작된 경우에는 순차적으로 환산하여 적용한다.

[별표 2] WMI 미배정자 및 교통안전공단 표기내용(제5조제1항2호 관련)

1. 군별, 자리별 표기부호

<table>
<tr><th>표기 군별</th><th>자리 번호</th><th>사용 부호</th><th>표시 내용</th><th colspan="3">세부 내용</th></tr>
<tr><td rowspan="3">제작 회사군</td><td>1</td><td>B</td><td rowspan="3">자동차의 종별</td><td colspan="3" rowspan="3">제4조에 의하여 국토교통부장관이 자동차 종별 등에 따라 정하는 부호
승용자동차 : KL9, 특수자동차 : KP9
승합자동차 : KM9 이륜자동차 : KR9
화물자동차 : KN9</td></tr>
<tr><td>2</td><td>B</td></tr>
<tr><td>3</td><td>B</td></tr>
<tr><td rowspan="8">자동차 특성군</td><td>4</td><td>B</td><td>자동차 용도별 분류</td><td colspan="3">별표2의 제2호에 규정된 부호를 표기</td></tr>
<tr><td>5</td><td>B</td><td>차체 형상별 분류</td><td colspan="3">별표2의 제3호에 규정된 부호를 표기</td></tr>
<tr><td>6</td><td>B</td><td>차량총중량별 분류</td><td colspan="3">별표2의 제4호에 규정된 부호를 표기</td></tr>
<tr><td>7</td><td>B</td><td>변속기별 분류</td><td colspan="3">별표2의 제5호에 규정된 부호를 표기</td></tr>
<tr><td>8</td><td>B</td><td>원동기 총배기량별 분류</td><td colspan="3">별표2의 제6호에 규정된 부호를 표기</td></tr>
<tr><td rowspan="3">9</td><td rowspan="3">B</td><td rowspan="3">사용연료별 분류</td><td colspan="3">별표2의 제7호에 규정된 부호를 표기</td></tr>
<tr><td colspan="2">WMI 미배정자</td><td rowspan="2">교통안전공단(이삿짐 등 제작자등록번호가 없는 경우 시행)</td></tr>
<tr><td>안전검사시설을 갖춘 자(제작자가 표기)</td><td>안전검사시설을 갖추지 못한 자(교통안전공단이 표기)</td></tr>
<tr><td rowspan="6">제작 일련 번호</td><td>10</td><td>B</td><td>모델연도</td><td colspan="3">모델연도에 해당하는 별표 1의 제2호에 규정된 부호를 표시</td></tr>
<tr><td>11</td><td>B</td><td>제작공장 또는 표기시행 검사소 위치 부호</td><td colspan="2">제작공장 위치에 해당하는 제8호에 규정된 부호 표기</td><td>교통안전공단 검사소 위치에 해당하는 별표2의 제8호에 규정된 부호 표기</td></tr>
<tr><td>12</td><td>B</td><td>제작자등록번호 또는 지정표기시행자 고유부호</td><td colspan="2" rowspan="3">국토교통부장관이 부여한 ‘제작자 등록번호’ 표기</td><td>지정표기시행자 고유부호 ‘Z’ 표기</td></tr>
<tr><td>13</td><td>B</td><td rowspan="2">제작자등록번호 또는 각자시행 일련번호</td><td rowspan="3">각자시행 연도별 일련번호</td></tr>
<tr><td>14</td><td>B</td></tr>
<tr><td>15
16
17</td><td>N
N
N</td><td>각자시행 연도별 일련번호</td><td>각자시행 연도별 일련번호</td><td>각자시행 일련번호</td></tr>
</table>

주 : 1. 사용부호란의 B는 I,O,Q를 제외한 알파벳 또는 아라비아숫자를, N은 아라비아숫자를 표시한다.
2. 국내에 수입된 자동차인 경우 모델연도 부호가 없는 경우 수입면장·모델형식 등을 확인하여 연도를 표기하여야 한다.
3. 국내에서 생산된 자동차의 경우 10자리 모델연도 부호는 1월 1일을 한 번 포함한 2년 이내에 한하여 동일 모델연도 부호를 표시할 수 있다.

2. 자동차 용도별 표기부호

부호	용도	예시
1	전문수송용 자동차류	차량수송 트럭류 셀프로더류 세이프티로더류 보틀케리어 원목수송용차 장의차 기타 전문수송용자동차
2	환경 관련 자동차류	압축 진개차류 암롤 트럭류 롤온 트럭류 진개 덤프류 바큠 탱크로리류 도로 청소차류 진공 흡입차 하수도청소차 기타 환경관련차
3	사다리, 구급 및 소방관련 자동차류	물탱크 소방차류 소방펌프 자동차류 화학 소방자동차류 내폭화학 소방차류 배연차류 고가사다리차류 굴절사다리 소방차류 조명차류 구조공작차류 구급차류 기타 소방차류
4	탑차류	냉동탑차류 냉장탑차류 보냉탑차류 내장탑차류 윙바디 트럭류 자동하역탑차 이삿짐운반탑차 기타 탑차류
5	크레인 자동차류	렉커트럭류 직진식 카고크레인류 굴절식 카고크레인류 고소작업차 절연고소작업차 기타 크레인자동차류

부호	용도	예시
7	통신, 광고 관련 자동차류	방송중계차류 무선중계차류 촬영 및 촬영보조차류 광고용 자동차류 기타 통신관련 자동차류
8	일반수송용 자동차류	일반 카고트럭 풀 카고 트럭류 풀카고 트레일러류 파워게이트류 덤프트럭류 기타 일반수송용 자동차류
9	레저, 사무용 자동차류	캠핑용 자동차류 이동집무차류 이동검진차류 기타
0	일반자동차	일반 승용자동차 일반 승합자동차 일반 화물자동차 이륜자동차
A	탱크 트레일러류	각종 탱크트레일러
B	벌크 트레일러류	각종 벌크트레일러
C	평판 트레일러류	각종 평판트레일러
D	컨테이너섀시 트레일러류	각종 컨테이너 섀시류
E	저상식 트레일러류	각종 저상식 트레일러 류
F	덤프 트레일러류	각종 덤프 트레일러류
G	특수 트레일러류	기타 특수 트레일러류

부호	용도	예시	부호	용도	예시
6	탱크로리류	유류 탱크로리류 급수차류 이동주유차류 알루미늄 탱크로리류 가스수송용 탱크로리류 벌크트럭 벌크 탱크차류 써스탱크로리류 기타 탱크로리류	Z	기타 자동차	위 분류에 포함되지 않는 자동차

3. 차체 형상별 표기부호

구분		부호	구분		부호
승용자동차	세단형	A	화물, 특수자동차	캡오버형	J
	해치백형	B		본닛형	K
	쿠페형	C		픽업형	L
	리무진형	D		밴형	M
	왜건형	E		특수형	N
	기타형	F			
승합자동차	일반형	G	이륜자동차	일반형	P
	특수형	H		특수형	R

4. 차량 총중량별 표기부호

부호	차량총중량	부호	차량총중량	부호	차량총중량
1	500kg 이하	7	10,000kg 초과 12,500kg 이하	C	25,000kg 초과 27,500kg 이하
2	500kg 초과 1,000kg 이하	8	12,500kg 초과 15,000kg 이하	D	27,500kg 초과 30,000kg 이하
3	1,000kg 초과 2,500kg 이하	9	15,000kg 초과 17,500kg 이하	E	30,000kg 초과 32,500kg 이하
4	2,500kg 초과 5,000kg 이하	0	17,500kg 초과 20,000kg 이하	F	32,500kg 초과 35,000kg 이하
5	5,000kg 초과 7,500kg 이하	A	20,000kg 초과 22,500kg 이하	G	35,000kg 초과 37,500kg 이하
6	7,500kg 초과 10,000kg 이하	B	22,500kg 초과 25,000kg 이하	H	37,500kg 초과 40,000kg 이하

5. 변속기 종류별 표기부호

부호	M	A	S	C	X	Z
변속기분류	수동변속기	자동변속기	반자동변속기	무단변속기	기타	변속기 없음

6. 원동기 총배기량별 표기부호

부호	배기량	전동기 정격출력	부호	배기량	전동기 정격출력
1	50cc 이하	1kW 이하	E	3,000cc 초과 3,500cc 이하	150kW 초과 200kW 이하
2	50cc 초과 125cc 이하	1kW 초과 1.5kW 이하	F	3,500cc 초과 4,000cc 이하	200kW 초과 250kW 이하
3	125cc 초과 250cc 이하	1.5kW 초과 5kW 이하	G	4,000cc 초과 5,000cc 이하	250kW 초과 300kW 이하
4	250cc 초과 400cc 이하	5kW 초과 10kW 이하	H	5,000cc 초과 6,000cc 이하	300kW 초과 350kW 이하
5	400cc 초과 600cc 이하	10kW 초과 20kW 이하	J	6,000cc 초과 7,000cc 이하	350kW 초과 400kW 이하
6	600cc 초과 750cc 이하	20kW 초과 30kW 이하	K	7,000cc 초과 8,000cc 이하	400kW 초과 450kW 이하
7	750cc 초과 900cc 이하	30kW 초과 40kW 이하	L	8,000cc 초과 9,000cc 이하	450kW 초과 500kW 이하
8	900cc 초과 1,100cc 이하	40kW 초과 50kW 이하	M	9,000cc 초과 10,000cc 이하	500kW 초과 550kW 이하
9	1,100cc 초과 1,300cc 이하	50kW 초과 60kW 이하	N	10,000cc 초과 12,000cc 이하	550kW 초과 600kW 이하
0	1,300cc 초과 1,500cc 이하	60kW 초과 70kW 이하	P	12,000cc 초과 13,000cc 이하	600kW 초과 650kW 이하
A	1,500cc 초과 1,800cc 이하	70kW 초과 80kW 이하	R	13,000cc 초과 15,000cc 이하	650kW 초과 700kW 이하
B	1,800cc 초과 2,000cc 이하	80kW 초과 90kW 이하	S	15,000cc 초과	700kW 초과
C	2,000cc 초과 2,500cc 이하	90kW 초과 100kW 이하	T	원동기 없음	전동기 없음
D	2,500cc 초과 3,000cc 이하	100kW 초과 150kW 이하			

7. 사용연료 종류별 표기부호

부호	A	B	C	D	E	G	H	L	S	Z
사용연료	LNG	연료전지	CNG	경유	전기	휘발유	하이브리드	LPG	태양열	기타

8. 제작공장(지정표기시행자 검사소) 위치별 표기부호

부호	지역	부호	지역	부호	지역
S	서울	U	울산	P	경북
B	부산	K	경기	N	경남
H	인천	E	충북	M	강원
T	대구	C	충남	L	제주
G	광주	A	전북	Z	기타
D	대전	J	전남		

제6조 [표기인정 및 표기명령 등]

① 교통안전공단은 규칙 제18조제2항 및 제3항의 규정에 의하여 차대번호 또는 원동기형식의 동일성 인정 및 재 표기신청을 받은 때에는 그 신청서 및 구비서류 등을 확인하여 동일한 경우에 한하여 인정하거나 재 표기 명령을 하여야 한다.

② 제1항의 규정에 의한 차대번호표기명령은 다음 각호의 기준에 적합한 경우에 한한다.

1. 표기가 없거나 지워져 있는 경우, 알아보기 곤란한 때(부식에 의해 일부 표기의 식별이 곤란한 경우를 제외한다) 또는 표기내용이 별표 1의 규정과 다른 경우에는 별표 2의 표기부호를 정하여 명령하여야 한다.
2. 제1호에 해당하지 아니하는 경우에는 기존의 표기를 그대로 하여 명령하여야 한다.

③ 제1항의 규정에 의한 원동기형식 표기를 명령하는 때에는 당해 원동기의 제작자가 부여한 표기부호를 인정하여 명령하여야 한다.

제7조 [표기의 위치]

① 차대번호 및 원동기형식의 표기 위치는 다음과 같다.

1. 차대번호의 표기는 운전석에서 전방을 향하여 우측의 차대
2. 원동기형식의 표기는 실린더블록

② 표기시행자는 자동차의 특수한 구조로 인하여 제1항에서 정한 위치가 부적합할 경우 교통안전공단과 협의하여 표기위치를 정하여야 한다.

제8조 [표기의 정정 등]

① 교통안전공단은 규칙 제18조제2항 및 제3항의 규정에 의한 표기의 인정 또는 명령에 의하여 재 표기 등을 하고자 할 때는 종전의 표기를 지움 각인으로 지우고 그 상부 또는 하부의 적절한 곳에 명령된 표기부호를 표기하여야 한다.

② 교통안전공단 및 표기시행자가 잘못된 표기를 정정할 경우에는 반드시 지움 각인으로 지우고 그 상부 또는 하부의 적절한 곳에 적정한 표기를 하고 그 표기 전·후에 표기시행자의 고유 각인 또는 종부호를 표기하여야 한다.

제9조 [각인대장의 관리 등]

① 교통안전공단 및 표기시행자는 별지 제1호서식의 각인대장을 비치하고 새로운 각인을 구입(점자 등 글자의 크기 및 형태 등이 변경된 경우를 포함한다) 또는 폐기할 때에는 각인의 압형(탁본)을 기록·관리하여야 한다. 각인대장은 30년까지 보관하여야 한다. 다만, 각인대장

을 10년까지 보관하고, 이후 20년까지는 전산데이터로 보관할 수 있다.

② 교통안전공단 및 표기시행자는 제1항의 규정에 의한 각인관리를 위해 각인관리책임자를 지정하여 각인이 부정하게 사용되지 않도록 각인을 철저히 관리하여야 한다.

③ 교통안전공단 및 표기시행자는 제1항의 규정에 의하여 신규로 동일 각인을 2별 이상 구입하는 때에는 별지 1호서식의 각인사용·폐기대장에 각각 기록 관리하여야 한다.

제10조 [각인의 회수 및 폐기]

표기시행자가 그 업무를 폐지한 때 및 교통안전공단의 표기시행자 지정이 취소된 때에는 국토교통부장관은 각인을 회수하여 폐기하여야 한다.

제11조 [표기시행대장의 관리]

① 교통안전공단 또는 표기시행자가 제8조의 규정에 의하여 차대번호 또는 원동기형식의 표기를 정정하는 경우에는 규칙 별책 1의 차대번호·원동기형식 표기시행대장[교통안전공단은 차대번호(원동기형식)표기등 명령서]에 표기한 압형 탁본을 부착하여야 한다.

② 제1항의 규정에 의한 차대번호·원동기형식 표기시행대장은 최소 30년까지 보관하여야 한다. 다만, 표기시행대장을 10년까지 보관하고, 이후 20년까지는 전산데이터로 보관할 수 있다.

제12조 [표기시행자 등에 대한 실태조사]

국토교통부장관은 필요시 교통안전공단 및 표기시행자의 표기실태를 확인할 수 있다.

제 13 조 [재검토기한]

「훈령·예규 등의 발령 및 관리에 관한 규정」(대통령훈령 제248호)에 따라 이 고시 발령 후의 법령이나 현실여건의 변화 등을 검토하여 이 고시의 폐지, 개정 등의 조치를 하여야 하는 기한은 2015년 8월 19일까지로 한다.

부 칙(2015. 9. 25)

이 고시는 발령한 날부터 시행한다.

기본학습 02

차대번호 및 원동기형식의 동일성 확인검사 및 판정기준

관련근거 자동차관리법시행규칙 - 제73조[자동차의 검사기준 및 방법]

[별표 15] 자동차검사기준 및 방법(제73조 관련)

1. 검사기준 및 방법

항목	검사기준	검사방법
가. 동일성확인	자동차의 표기와 등록번호판이 자동차등록증에 기재된 차대번호·원동기형식 및 등록번호가 일치하고, 등록번호판 및 봉인의 상태가 양호한 것	자동차의 차대번호 및 원동기형식의 표기 확인 등록번호판 및 봉인상태 확인

2. 판정기준

자동차검사대행자 또는 지정정비사업자가 실시한 검사결과가 "자동차관리법시행규칙 제80조 [검사의 실시 등]"에 의거 정기검사 항목 중 동일성 확인을 실시한 결과 적합하지 아니한 사항이 있는 경우 해당 사항이 다음 각 호의 어느 하나에 해당하지 않으면 적합 판정을 하고 해당 자동차소유자에게 그 시정을 권고할 수 있다.

(1) 자동차의 차대번호 및 원동기형식이 등록원부와 다른 경우(자형등의 위조·변조 및 식별할 수 없을 정도의 훼손을 포함한다)

(2) 등록번호가 등록원부와 다르거나 등록번호판이 망실된 경우, 등록번호판 또는 봉인의 문자나 문양이 식별할 수 없을 정도로 훼손된 경우(적법한 등록번호판이 아닌 경우를 포함한다)

(3) 영 제8조 제1항에 따른 구조의 제원허용오차 초과 또는 안전기준 부적합

기본학습 03 실습지시서 및 실습보고서

실습지시서

<table>
<tr><td>학과</td><td>과</td><td>학기</td><td colspan="2">20 학년도 학기</td></tr>
<tr><td>교과목명</td><td>자동차정비검사</td><td>시간</td><td colspan="2">20 년 월 일(~교시)</td></tr>
<tr><td>실험·실습명</td><td colspan="4">자동차의 차대번호 및 원동기형식의 동일성 확인 검사</td></tr>
<tr><td>실습목표</td><td colspan="4">(1) 자동차 차대번호 등의 운영에 관한 규정에 따라 자동차 차대번호·원동기형식의 표기내용·방법·위치를 설명할 수 있다.
(2) 자동차 차대번호 등의 운영에 관한 규정에 따라 표기시행자가 시행한 표기가 규정에 적합한지 구별할 수 있다.
(3) 자동차 검사기준 및 방법에 따라 자동차에 표기된 차대번호와 원동기형식이 자동차등록증에 기재된 차대번호와 원동기형식의 일치여부·상태를 확인할 수 있다.
(4) 차대번호·원동기형식 일치 여부 결과에 따라 적합여부를 판정할 수 있다.</td></tr>
<tr><td rowspan="3">사용재료
(공구/기구 등)</td><td>품명(재료명)</td><td>규격</td><td>수량</td><td>비고</td></tr>
<tr><td>자동차등록증</td><td></td><td>1</td><td></td></tr>
<tr><td>자동차</td><td></td><td>1</td><td></td></tr>
<tr><td>실험·실습순서
및 관련지식</td><td colspan="4">[검사방법 및 검사]
• 자동차 차대번호 확인하기
(1) 자동차 차대번호가 타각되어 있는 위치를 확인한 후 차대번호를 확인한다.
(2) 차대번호가 지워지거나 수정한 흔적 여부를 확인한다.
(3) 자동차등록증과 차대번호가 일치여부를 확인한다.

자동차 차대번호 일치여부 확인하기
<table><tr><td rowspan="2">구분</td><td colspan="3">자동차등록번호판 일치여부 확인</td><td rowspan="2">판정</td></tr><tr><td>제작회사군</td><td>자동차특성화군</td><td>제작일련번호</td></tr><tr><td>자동차등록증의 차대번호</td><td></td><td></td><td></td><td rowspan="2"></td></tr><tr><td>차대번호</td><td></td><td></td><td></td></tr></table></td></tr>
</table>

<table>
<tr><td>실험·실습순서
및 관련지식</td><td>

• 원동기형식 확인하기

(1) 실린더블록에 타각되어 있는 원동기형식을 확인한다.

(2) 원동기형식이 지워지거나 수정한 흔적 여부를 확인한다.

(3) 자동차등록증의 원동기형식과 비교하면서 연료의 종류, 배기량, 기통 수, 출력 등과 같은 특징을 나타내는 원동기형식을 이해하고 일치여부를 확인한다.

자동차 원동기형식 이해하기

<table>
<tr><th>구분</th><th>원동기형식</th><th>적합성</th></tr>
<tr><td>자동차등록증</td><td></td><td rowspan="2"></td></tr>
<tr><td>실린더블록</td><td></td></tr>
</table>

[판정기준]

자동차검사대행자 또는 지정정비사업자가 실시한 검사결과가 "자동차관리법시행규칙 제80조 [검사의 실시 등]"에 의거 정기검사 항목 중 동일성 확인을 실시한 결과 적합하지 아니한 사항이 있는 경우 해당 사항이 다음 각 호의 어느 하나에 해당하지 않으면 적합 판정을 하고 해당 자동차소유자에게 그 시정을 권고할 수 있다.

(1) 자동차의 차대번호 및 원동기형식이 등록원부와 다른 경우(자형등의 위조·변조 및 식별할 수 없을 정도의 훼손을 포함한다)

(2) 등록번호가 등록원부와 다르거나 등록번호판이 망실된 경우, 등록번호판 또는 봉인의 문자나 문양이 식별할 수 없을 정도로 훼손된 경우(적법한 등록번호판이 아닌 경우를 포함한다)

(3) 영 제8조 제1항에 따른 구조의 제원허용오차 초과 또는 안전기준 부적합

</td></tr>
</table>

실습보고서

실험제목	자동차의 차대번호 및 원동기형식의 동일성 확인검사		
실험일자		반 및 실험조	
학번		성명	

■ 과제 내용

주어진 자동차에서 자동차의 차대번호 및 원동기형식의 동일성 확인검사를 실시한 후 기록표에 기록하시오.

1. 사용기기 및 부품
   (1) 차종

   (2) 사용기기

2. 실험 결과

자동차 차대번호 표기부호 이해하기

구분	자동차 차대번호 표기			적합성
	제작회사군	자동차특성화군	제작일련번호	
자동차등록증				
자동차등록번호판				

자동차 원동기형식 이해하기

구분	원동기형식	적합성
자동차등록증		
실린더블록		

3. 실험 결과에 대한 검토 및 고찰

학습정리

이 장에서는 차대번호의 표기 체계에 대하여 학습하였다. 또한 자동차 차체에 타각되어진 차대번호가 자동차등록증과 일치여부 및 상태를 확인하여 판정할 수 있도록 하였다.

총괄평가

1. 자동차 차대번호의 표기방법에 대하여 서술하시오.
2. 자동차 차대번호 및 원동기형식의 표기위치에 대하여 서술하시오.

보충학습

1. 차대번호의 표기체계

국제표준화기구(ISO) 기준 생산국가, 생산회사군(3자리), 자동차 특성군(6자리), 생산일련번호(8자리)로 총 17자리로 구성되어지고 제작사별로 표기부호가 상이하다.

• 기아자동차의 예

자리수	구분	표기
첫번째	제작국가	K : 한국, J : 일본, 1 : 미국 등
두번째	제작사	M : 현대, N : 기아, L : 대우, P : 쌍용자동차 등
세번째	종별표시	A : 승용차, C : 화물차, E : 전차종(유럽수출) 등
네번째	차종구분	JC : 쏘렌토, FE : 세라토, MA : 카니발, GD : 옵티마 FC : 카렌스 등
다섯번째	세부차종 및 등급	
여섯번째	차체형상	22 : 4도어 세단, 24 : 5EDJ 해치백, 52 : 5도어 스테인션 웨건, 62 : 5도어 밴
일곱번째		
여덟번째	배기량	1 : 쏘렌토 2500cc 커먼레일 엔진 등
아홉번째	확인란	1 : 4단 수동, 2 : 5단 수동, 3 : A/T, 4 : 4단 수동+4륜구동, 5 : 5단 수동+4륜구동, 6 : 4단 수동+서브 T/M, 7 : 5단 수동+서브 T/M, 8 : A/T+4륜구동, 9 : CVT
열번째	제작년도	
열한번째	생산공장 위치	A : 화성(내수), S : 소하리(내수), K : 광주(내수), 6 : 소하리(수출), 5 : 화성(수출), 7 : 광주(수출) 등
12~17번째	일련번호	ex : 123456

• 현대자동차의 예

자리수	구분	표기
첫번째	제작국가	K : 한국, J : 일본, 1 : 미국 등
두번째	제작사	M : 현대, N : 기아, L : 대우, P : 쌍용자동차 등
세번째	종별표시	H : 승용차, F : 화물트럭, J : 승합차량 등
네번째	차종구분	F : 마이티, E : EF쏘나타, V : 아반떼, J : 엘란트라, D : 아반테 MD 등
다섯번째	세부차종 및 등급	L : 기본, M : 고급, N : 최고급 등
여섯번째	차체형상	1 : 리무진, 2~5 : 도어수, 6 : 쿠페 등

자리수	구분	표기
일곱번째	안전장치	1 : 액티브 벨트(운전석+조수석) 2 : 패시브 벨트(운전석+조수석) 3 : 운전석-액티브 벨트+에어백 4 : 운전석과 조수석-액티브 벨트+에어백, 조수석-액티브 벨트 또는 패시브 벨트
여덟번째	배기량	A : 1500cc 가솔린차량, D : 2000cc 가솔린차량 등
아홉번째	운전석 위치	P : 왼쪽 운전석, R : 오른쪽 운전석
열번째	제작년도	
열한번째	생산 공장위치	A : 아산, C : 전주, U : 울산, M : 인도공장, Z : 터키공장 등
12~17번째	일련번호	ex : 123456

참고자료

1. 자동차관리법, 자동차관리법 시행령, 자동차관리법 시행규칙

2. 자동차 차대번호 등의 운영에 관한 규정

A-3 자동차 제원·튜닝사항 확인하기(1506030601_17v3.3)

학/습/목/표

일반목표

자동차 검사기준 및 방법에 따라 제원허용오차의 측정방법을 적용하고 방법에 따라 각종 제원을 측정하여 할 수 있고 검사 결과에 따라 적합여부를 자동차 및 자동차 부품의 성능과 기준에 관한 규칙에 적합한지를 판정할 수 있도록 한다.

세부목표

1. 자동차 검사기준 및 방법에 따라 제원 허용오차 측정방법을 적용할 수 있다.
2. 자동차 제원표에 따라 자동차 구조변경사항 일치 여부를 확인할 수 있다.
3. 자동차 제원표에 따라 길이, 너비, 높이, 최저 지상고, 차량중량을 계측기로 측정할 수 있다.
4. 자동차 제원표에 따라 자동차의 제원과 제원표에 기재된 제원의 일치여부·상태를 확인할 수 있다.
5. 자동차 제원·튜닝사항 검사결과에 따라 적합여부를 판정할 수 있다.

주요 용어

제원 허용오차, 자동차 제원표, 길이, 너비, 높이, 최저 지상고, 차량중량, 튜닝사항

학습활동

기본학습 01 제원 허용오차 측정

1.1 용어

관련근거 **자동차 및 자동차부품의 성능과 기준에 관한 규칙**

제2조 [정의]

이 규칙에서 사용하는 용어의 뜻은 다음과 같다.

1. "공차상태"란 자동차에 사람이 승차하지 아니하고 물품(예비부분품 및 공구 기타 휴대물품을 포함한다)을 적재하지 아니한 상태로서 연료·냉각수 및 윤활유를 만재하고 예비타이어(예비타이어를 장착한 자동차만 해당한다)를 설치하여 운행할 수 있는 상태를 말한다.
2. "적차상태"라 함은 공차상태의 자동차에 승차정원의 인원이 승차하고 최대적재량의 물품이 적재된 상태를 말한다. 이 경우 승차정원 1인(13세 미만의 자는 1.5인을 승차정원 1인으로 본다)의 중량은 65kg으로 계산하고, 좌석정원의 인원은 정위치에 입석정원의 인원은 입석에 균등하게 승차시키며, 물품은 물품적재장치에 균등하게 적재시킨 상태이어야 한다.
3. "축하중"이라 함은 자동차가 수평상태에 있을 때에 1개의 차축에 연결된 모든 바퀴의 윤중을 합한 것을 말한다.
4. "윤중"이라 함은 자동차가 수평상태에 있을 때에 1개의 바퀴가 수직으로 지면을 누르는 중량을 말한다.
5. 차량중심선"이란 차량좌표계[직진상태인 자동차의 수평상태를 기준으로 x축(앞쪽 '-', 뒤쪽 '+'), y축(오른쪽 '-', 왼쪽 '+') 및 z축(아래쪽 '-', 위쪽 '+')으로 구성되는 좌표계로서 별표 1에 따른 좌표계를 말한다. 이하 같다]에서 가장 앞의 차축의 중심점(앞차축이 설치되지 않은 3륜자동차의 경우에는 앞바퀴의 접지부분 중심점을 앞차축의 중심점으로 본다)과 가장 뒤의 차축의 중심점을 통과하는 직선[이륜자동차(측차를 붙인 이륜자동차를 포함한다)의 경우에는 앞·뒷바퀴(측차를 붙인 이륜자동차의 경우에는 측차를 제외한다)의 타이어접지부분 중심점을 통과하는 직선]을 말한다.

5의2. "수직종단면"이란 차량좌표계에서 x축과 z축을 포함하는 단면(x-z)을 말한다.

5의3. "수직횡단면"이란 차량좌표계에서 y축과 z축을 포함하는 단면(y-z)을 말한다.

5의4. “수평면”이란 차량좌표계에서 x축과 y축을 포함는 단면(x-y)을 말한다.

6. “차량중량”이라 함은 공차상태의 자동차의 중량을 말하며, 미완성자동차의 경우에는 미완성 자동차 제작자가 해당 자동차의 안전 및 성능에 관한 시험 등에 적용하기 위하여 제시하는 자동차의 중량을 말한다.

7. “차량총중량”이라 함은 적차상태의 자동차의 중량을 말하며, 미완성자동차의 경우에는 미완성자동차 제작자가 해당 자동차의 안전 및 성능을 고려하여 제시하는 중량으로서 단계 제작자동차 제작자가 최대로 제작할 수 있는 최대 허용총중량을 말한다.

8. “풀 트레일러”란 자동차 및 적재물 중량의 대부분을 해당 자동차의 차축으로 지지하는 구조의 피견인자동차를 말한다.

8의 2. “저상 트레일러”란 중량물의 운송에 적합하고 세미 트레일러의 구조를 갖춘 것으로서, 대부분의 상면지상고가 1,100mm 이하이며 견인자동차의 커플러 상부높이보다 낮게 제작된 피견인자동차를 말한다.

8의 3. “세미 트레일러”란 그 일부가 견인자동차의 상부에 실리고, 해당 자동차 및 적재물 중량의 상당 부분을 견인자동차에 분담시키는 구조의 피견인자동차를 말한다.

8의 4. “센터 차축 트레일러”란 균등하게 적재한 상태에서의 무게중심이 차량축 중심의 앞쪽에 있고, 견인자동차와의 연결장치가 수직방향으로 굴절되지 아니하며, 차량총중량의 10% 또는 1000kg보다 작은 하중을 견인자동차에 분담시키는 구조로서 1개 이상의 축을 가진 피견인자동차를 말한다.

8의 5. “모듈 트레일러”란 초대형 중량물의 운송을 위하여 단독으로 또는 2대 이상을 조합하여 운행할 수 있도록 되어 있는 구조로서 하중을 골고루 분산하기 위한 장치를 갖춘 피견인자동차를 말한다.

9. “연결자동차”라 함은 견인자동차와 피견인자동차를 연결한 상태의 자동차를 말한다.

10. “접지부분”이라 함은 적정공기압의 상태에서 타이어가 지면과 접촉되는 부분을 말한다.

11. “조향비”라 함은 조향핸들의 회전각도와 조향바퀴의 조향각도와의 비율을 말한다.

12. 삭제 <2001. 4. 28.>

13. “승차정원”이라 함은 자동차에 승차할 수 있도록 허용된 최대인원(운전자를 포함한다)을 말한다.

14. “최대적재량”이라 함은 자동차에 적재할 수 있도록 허용된 물품의 최대중량을 말한다.

15. “유효 조광면적”이라 함은 등화렌즈의 바깥둘레를 기준으로 산정한 면적에서 반사기렌즈의 면적과 등화부착용 나사머리부의 면적 등을 제외한 면적을 말한다.

16. “간접시계장치"란 거울 또는 카메라모니터 시스템을 이용하여 자동차의 앞면, 뒷면 또는

옆면의 시계(視界)범위를 확보하기 위한 장치를 말한다.

16의 2. “카메라모니터 시스템”이란 카메라와 모니터를 결합하여 간접시계확보를 하는 장치를 말한다.

17. “조향기둥”이라 함은 조향핸들축을 둘러싸고 있는 외장부분을 말한다.

18. “조향핸들축”이라 함은 조향회전력을 조향핸들에서 조향기어로 전달하는 축을 말한다.

19. “머리충격부위”라 함은 좌석을 앞뒤로 조절할 수 있는 경우에는 착석기준점 및 착석기준점 앞 127mm의 지점(조절범위가 127mm 이하인 경우에는 그 최대치)에서 위로 19mm지점에서, 좌석을 앞뒤로 조절할 수 없는 경우에는 착석기준점에서 지름이 165 mm인 구형의 머리모형을 지닌 측정장치의 머리모형의 가장 윗부분을 736mm(제98조의 규정에 의한 좌석 등받이 시험의 경우에는 600mm)에서 838mm까지 조절할 때에 그 머리모형이 정적으로 접할 수 있는 표면중 유리면외의 차실안의 표면을 말한다.

20. “착석기준점”이라 함은 좌석(좌석을 앞뒤로 조절할 수 있는 경우에는 가장 뒤의 위치의 좌석을, 좌석을 위·아래로 조절할 수 있는 경우에는 가장 낮은 위치의 좌석을, 좌석의 등받이를 조절할 수 있는 경우에는 표준설계각도로 조절한 상태의 좌석을 말한다)에 착석시킨 인체모형의 상체와 골반사이의 회전중심점 또는 제작자등이 정하는 이에 상당하는 표준설계위치를 말한다.

21. “골반 충격부위”라 함은 착석기준점에서 위로 178mm, 아래로 102mm, 앞으로 204 mm, 뒤로 51mm로 결정되는 지면과 수직인 직사각형을 좌우로 이동할 경우 포함되는 부분을 말한다.

22. 삭제 <1995. 12. 30.>

23. “전방조종자동차”라 함은 자동차의 가장 앞부분과 조향핸들중심점까지의 거리가 자동차길이의 4분의 1 이내인 자동차를 말한다.

24. “어린이보호용 좌석부착장치"란 어린이보호용 좌석을 부착구를 이용하여 자동차의 차체 또는 좌석 등에 고정시킬 수 있도록 되어 있는 장치를 말한다.

25. “바퀴잠김방지식 제동장치”라 함은 바퀴의 회전량을 감지·분석하여 바퀴의 제동력을 조절하여 줌으로써 제동시 바퀴의 미끄러짐량을 자동적으로 조절하여 주는 장치를 말한다.

25의 2. “주제동장치”라 함은 주행 중에 주로 사용하는 제동장치를 말한다.

25의 3. “비상제동장치”라 함은 주행 중에 주제동장치의 계통 중 하나의 계통에서 고장이 발생하는 경우 운전자가 자동차를 정지시키기 위하여 사용할 수 있는 제동장치를 말한다.

25의 4. “자동제어제동”이란 운전자의 제동장치 조작과는 관계 없이 전자제어시스템에 의하여 자동차의 속도를 감소시키는 제동을 말한다.

25의 5. “선택적 제동”이란 운전자의 제동장치 조작과는 관계 없이 전자제어시스템에 의하여 자동차의 균형을 유지시키는 제동을 말한다.

25의 6. “긴급제동 신호장치”란 자동차의 주행 중 급제동 시 제동감속도에 따라 자동으로 경고를 주는 장치 또는 그러한 기능을 갖춘 것을 말한다.

25의 7. “자동차안정성제어장치”란 자동차의 주행 중 각 바퀴의 브레이크 압력과 원동기 출력 등을 자동으로 제어하여 자동차의 자세를 유지시킴으로써 안정된 주행성능을 확보할 수 있도록 하는 장치를 말한다.

25의 8. “제동력 지원장치"란 급제동시 제동페달에 가하여지는 힘이나 속도를 감지하여 제동력을 최대로 증가시키는 장치를 말한다.

26. “천연가스”라 함은 탄화수소가스와 증기의 혼합물로서 주로 메탄이 가스형태로 구성되어 있는 자동차용 연료를 말한다.

27. “천연가스용기”라 함은 자동차에 부착되어 자동차의 연료로 사용되는 천연가스를 저장하는 용기를 말한다.

28. “천연가스 연료장치”라 함은 천연가스를 저장하는 용기와 엔진에 연료를 공급하기 위한 모든 장치를 말한다.

29. 삭제 <2001. 4. 28.>

30. 삭제 <2001. 4. 28.>

31. “천연가스 연료장치의 고압부분”이라 함은 압축천연가스용기부터 첫번째 압력조정기까지의 부분 중 첫번째 압력조정기를 제외한 부분을 말한다.

32. “어린이운송용 승합자동차”란 「유아교육법」 제2조제2호에 따른 유치원, 「초·중등교육법」 제2조제2호 및 제5호에 따른 초등학교 및 특수학교, 「영유아보육법」 제2조제3호에 따른 보육시설, 「학원의 설립·운영 및 과외교습에 관한 법률」 제2조제1호에 따른 학원 및 「체육시설의 설치·이용에 관한 법률」 제2조제1호에 따른 체육시설에서 어린이(13세 미만을 말한다. 이하 같다)를 운송할 목적으로 운행하는 승차정원이 9인 이상인 자동차를 말한다.

33. “하이브리드자동차”라 함은 「환경친화적자동차의 개발 및 보급촉진에 관한 법률」 제2조제5호의 규정에 의한 하이브리드자동차를 말한다.

34. “2층 대형 승합자동차”라 함은 운전자 및 승객을 위하여 제공되는 차실의 전체 또는 일부분을 2층 구조로 하면서 위층에는 입석을 하지 아니하는 대형승합자동차를 말한다.

35. “굴절버스"란 각각 독립적인 차실을 갖춘 견인자동차와 피견인자동차를 연결하여 굴절이 되는 자동차로서 승객이 차실 사이를 자유롭게 이동할 수 있고, 연결부분이 쉽게 분리되지 아니하도록 되어 있는 자동차를 말한다.

36. 삭제 <2014. 6. 10.>

37. "보조 제동장치"란 주제동장치의 부하를 감소시키기 위한 장치로서 장시간에 걸쳐 제동의 효과를 유지할 수 있는 리타더 및 배기제동장치 등을 말한다. 다만, 연동 제동장치를 갖춘 「자동차관리법 시행규칙」 별표 1에 따른 초소형승용자동차(이하 "초소형승용자동차"라 한다), 초소형화물자동차(이하 "초소형 화물자동차"라 한다) 및 이륜자동차의 경우에는 연동 제동장치와 별도로 작동되는 주제동장치를 말한다.

38. "연동 제동장치"란 초소형 승용자동차 및 초소형 화물자동차(이하 "초소형자동차"라 한다)와 이륜자동차의 모든 바퀴의 브레이크가 하나의 조종장치에 의하여 작동되는 주제동장치를 말한다.

39. "분할 제동장치"란 초소형 자동차와 이륜자동차의 주제동장치 내의 둘 이상의 계통 중 하나의 계통에 고장이 발생하더라도 다른 계통의 작동에 영향을 주지 아니하는 주제동장치로서, 하나의 조종장치로 모든 바퀴의 브레이크를 작동시키는 주제동장치를 말한다.

40. "보행자 머리모형"이란 보행자보호를 위한 시험에 사용되는 성인 머리모형 및 어린이머리모형을 말한다.

41. "보행자 다리모형"이란 보행자보호를 위한 시험에 사용되는 상부 다리모형 및 하부다리모형을 말한다.

42. "보행자 머리충격부위"란 횡단경계선 1,000mm부터 1,700mm까지와 좌·우 측면기준선이 경계가 되는 어린이 머리모형 충격부위 및 횡단경계선 1,700mm부터 2,100mm와 좌·우 측면기준선이 경계가 되는 성인 머리모형 충격부위로 구성된 자동차 앞면 구조물 표면(창유리는 제외한다)을 말한다.

43. "보행자 다리 충격부위"란 보행자의 다리가 충격하는 자동차앞면에 설치된 범퍼시험영역을 말한다.

44. "횡단경계선"이란 줄자의 한쪽 끝을 범퍼 앞면에서 수직한 지면에 놓고 다른 한쪽 끝을 자동차 앞면 구조물 표면에 놓은 상태로 후드와 범퍼를 따라 좌우로 움직일 때 앞면 구조물 표면에 발생하는 접점의 연장선을 말한다.

45. "측면기준선"이란 직선자를 자동차의 너비방향면에 평행하고 지면에 수직하게 하여 자동차의 측면방향으로 45도 기울여서 자동차 측면표면과 접촉을 시킨 상태로 자동차의 측면을 따라 앞뒤로 움직일 때 직선자와 자동차구조물간의 가장 높은 접점의 연장선을 말한다.

46. "범퍼모서리"란 자동차의 길이 방향면과 60도의 각도를 이루는 수직면이 범퍼의 외부표면에 접촉하는 지점을 말한다.

47. "범퍼시험영역"이란 양쪽 두개의 범퍼모서리에서 자동차 중심방향으로 자동차 너비방향과

평행하게 66mm 이동한 지점과 자동차 수직종단면이 교차하는 지점에 의하여 경계가 되는 점퍼의 앞면표면을 말한다.

48. “범퍼하부 기준선높이”란 직선자를 자동차 길이방향면에 평행하고 지면에 수직하게 하여 직선자를 자동차길이방향 뒤쪽으로 25도 기울여 지면 및 범퍼표면과 접촉시킨 상태로 자동차의 앞면을 따라 좌우로 움직일 때 직선자와 범퍼간의 가장 낮은 접점의 연장선을 말한다.

49. 삭제 <2011. 10. 6.>

50. “전기자동차"란 「환경친화적자동차의 개발 및 보급촉진에 관한 법률」 제2조제3호에 따른 전기자동차를 말한다.

50의 2. “저속전기자동차”란 「자동차관리법」 제35조의2에 따른 전기자동차를 말한다.

51. “전기회생 제동장치”란 자동차를 감속시킬 때 발생하는 운동에너지를 전기에너지로 변환할 수 있는 제동장치를 말한다.

52. “고전원 전기장치”란 자동차의 구동을 목적으로 하는 구동축전지, 전력변환장치, 구동전동기, 연료전지 등 작동전압이 직류 60V 초과 1,500V 이하이거나 교류(실효치를 말한다) 30볼트 초과 1,000V 이하의 전기장치를 말한다.

53. “구동축 전지”란 자동차의 구동을 목적으로 전기에너지를 저장하는 축전지 또는 이와 유사한 기능을 하는 전기에너지 저장매체를 말한다.

54. “구동전동기”란 자동차의 구동을 목적으로 전기에너지를 회전운동하는 기계적 에너지로 변환하는 장치를 말한다.

55. “활선도체부”란 통상 사용상태에서 전기적으로 통전(通電)되는 도체(導體) 또는 도전성(導電性)부위를 말한다.

56. “타이어공기압 경고장치”란 자동차에 장착된 타이어 공기압의 저하를 감지하여 운전자에게 타이어 공기압의 상태를 알려주는 장치를 말한다.

57. “수륙양용(水陸兩用)자동차"란 「자동차관리법」 제2조제1호에 따른 자동차로서 수상에서 항행할 수 있는 구조와 장치 등을 갖춘 자동차를 말한다.

58. “연료전지자동차”란 수소를 사용하여 발생시킨 전기에너지를 동력원으로 사용하는 자동차를 말한다.

59. “연료전지”란 수소를 사용하여 전기에너지를 발생시키는 장치를 말한다.

60. “차로이탈 경고장치”란 자동차가 주행하는 차로를 운전자의 의도와는 무관하게 벗어나는 것을 운전자에게 경고하는 장치를 말한다.

61. “비상자동 제동장치”란 주행 중 전방충돌 상황을 감지하여 충돌을 완화하거나 회피할 목적으로 자동차를 감속 또는 정지시키기 위하여 자동으로 제동장치를 작동시키는 장치를 말한다.

62. “비상 탈출구”란 비상시 승객이 자동차 바깥으로 탈출하는데 사용하는 천정 또는 바닥의 개구부를 말한다.

63. “비상 탈출장치”란 승강구, 비상문, 비상창문 및 비상탈출구를 말한다.

64. “자율주행시스템”이란 운전자 또는 승객의 조작 없이 주변 상황과 도로 정보 등을 스스로 인지하고 판단하여 자동차를 운행할 수 있게 하는 자동화 장비, 소프트웨어 및 이와 관련한 일체의 장치를 말한다.

제4조 [길이·너비 및 높이]

① 자동차의 길이·너비 및 높이는 다음의 기준을 초과하여서는 아니된다.

1. 길이 : 13m(연결자동차의 경우에는 16.7m를 말한다)
2. 너비 : 2.5m(간접시계장치·환기장치 또는 밖으로 열리는 창의 경우 이들 장치의 너비는 「자동차관리법」 제3조제1항1호에 따른 승용자동차(이하 “승용자동차”라 한다)에 있어서는 25cm, 기타의 자동차에 있어서는 30cm. 다만, 피견인자동차의 너비가 견인자동차의 너비보다 넓은 경우 그 견인자동차의 간접시계장치에 한하여 피견인자동차의 가장 바깥쪽으로 10cm를 초과할 수 없다)
3. 높이 : 4m

② 제1항에 따라 자동차의 길이·너비 및 높이를 측정할 때 다음 각 호의 기준에 따라야 한다.

1. 공차상태일 것
2. 직진상태에서 수평면에 있는 상태일 것
3. 차체 밖에 부착하는 간접시계장치, 안테나, 밖으로 열리는 창, 긴급자동차의 경광등 및 환기장치 등의 바깥 돌출부분은 이를 제거하거나 닫은 상태일 것
4. 적재 물품을 고정하기 위한 장치 등 국토교통부장관이 고시하는 항목은 측정대상에서 제외할 것

제115조 [제원의 허용차]

국토교통부장관은 제작·조립 또는 수입하는 자동차에 대해 제작자등이 제시한 각종 구조 및 장치의 제원이 이 규칙에 의한 기준과 다른 경우 [별표 33]에서 정하는 범위 안에서 이 규칙에 의한 기준에 적합한 것으로 인정할 수 있다.

[별표 33] 제원의 허용차

제원 / 종별	길이 (mm)	너비 (mm)	높이 (mm)	윤간거리 (mm)	축간거리 (mm)	오우버행 (mm)	객실 및 하대(mm)			차량중량 (kg)
							길이	너비	높이	
경형 및 소형자동차	±40	±30	±50	±30	±30	±30	±30	±30	±30	±60
중형 및 대형자동차	±50	±40	±60	±40	±30	±40	±50	±30	±30	중형 : ±100 대형 : ±3%

주 : 1. 제4조, 제6조, 제38조, 제38조의2부터 제38조의5까지, 제39조, 제40조, 제40조의2, 제41조부터 제44조까지, 제44조의2, 제45조, 제46조, 제49조, 제59조, 제60조 및 제75조부터 제80조까지의 규정에 따른 기준을 초과하는 자동차에 적용함에 있어서는 "+"의 허용차를 인정하지 아니한다. 다만, [별표 7의2] 제11호의 순번 제3호에 따른 보조 제동장치를 장착한 승합자동차의 구동축 축하중의 경우에는 3% 이하의 범위에서 "+"의 허용차를 인정한다.

2. 자동차 등화장치의 부착위치 허용차는 제원중 길이·너비 및 높이의 허용차를 준용한다.
3. 승용자동차와 이륜자동차의 제원 및 등화장치의 허용차는 경형 및 소형자동차의 허용차를 적용한다.
4. 초소형자동차의 경우에는 차량중량(kg) 허용치를 ±40을 적용한다.
5. 「자동차관리법 시행규칙」 별표 1제1호에 따른 길이·너비·높이 및 총중량에 대해서는 이 표에 따른 허용차를 적용하지 않는다.

제116조 [시험방법 등의 고시]

국토교통부장관은 이 규칙에서 정하는 기준의 시행에 필요한 세부기준 및 시험방법 등을 정하여 고시할 수 있다.

1.2 제원 측정방법

관련근거 자동차안전기준 시행세칙

[별표 2] 자동차의 안전기준 확인방법(25. 제원측정)

1. 적용범위

본 규정은 자동차의 제원에 대한 안전기준 확인 및 측정 방법에 대한 규정으로, 자동차 안전기준에 따라 제원을 측정하는 모든 자동차에 적용된다.

2. 제원측정 방법

2.1. 측정조건

1) 자동차의 제원측정은 공차상태에서 수평한 수평면(이하 "기준면"이라 한다)에서 시행한다.
2) 타이어의 공기압력은 보통의 주행에 필요한 표준공기압(압력범위가 있는 경우에는 그 중간값, 표준공기압이 없는 경우에는 자동차 제작자등이 제시한 공기압력)으로 한다.

3) 자동차의 고정 탑재장치는 탑재된 상태로 하며 접을 수 있는 장치(사다리, 크레인 등을 말한다)는 접은 상태로 한다.

4) 가변이 되는 구조 및 장치는 최대로 접거나 닫은 상태로, 휨식 안테나, 후사경(브래킷을 포함한다) 등은 제거한 상태로 하며 폴 안테나는 최저의 상태로 한다.

5) 좌석의 위치가 전·후 또는 상·하로 이동할 수 있는 구조의 좌석은 각 좌석의 기준위치에 고정한 상태로 한다. 다만, 좌석을 기준위치에 고정할 수 없는 경우에는 상방 또는 전방으로 고정할 수 있는 가장 가까운 위치로 한다.

6) 좌석등받이의 부착각도를 조정할 수 있는 구조의 경우에는 기준위치에 고정상태로 한다.

7) 견인장치를 부착한 경우에는 드로우아이의 중심축이 연직인 상태에서 측정한다.

8) 측정단위는 mm로 한다.

9) 피견인 자동차의 경우 차대(차대가 없는 경우 물품적재장치의 바닥면)가 수평한 상태로 한다.

10) 분리하여 운반할 수 없는 물품을 운송하기 위하여 트레일러 차체의 길이 및 너비를 조절할 수 있거나 적재화물이 트레일러 차체 역할을 하는 가변차체 트레일러의 경우에는 차체의 길이 및 너비가 가장 짧은 공차상태에서 측정한다.

2.2. 측정방법

1) 길이

자동차의 최전단(세미 트레일러인 경우 연결장치의 연결부위 중심)과 최후단을 기준면에 투영시켜 차량 중심선에 평 방향의 최대거리를 측정한다.

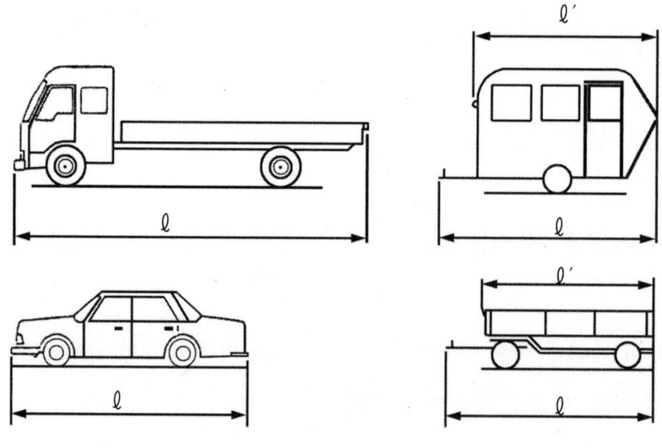

ℓ : 자동차의 길이　　ℓ′ : 견인장치의 길이를 포함하지 아니한 자동차의 길이

자동차의 길이

2) 너비

자동차의 전면 또는 후면을 투영시켜 차량중심선에 직각인 방향의 최대거리를 측정한다. 다만, 측면보조방향지시등 및 옆면표시등은 측정시 제외한다.

3) 높이

자동차의 전면, 후면 또는 측면을 투영시켜 차량중심선에 수직인 방향의 최대거리를 측정한다.

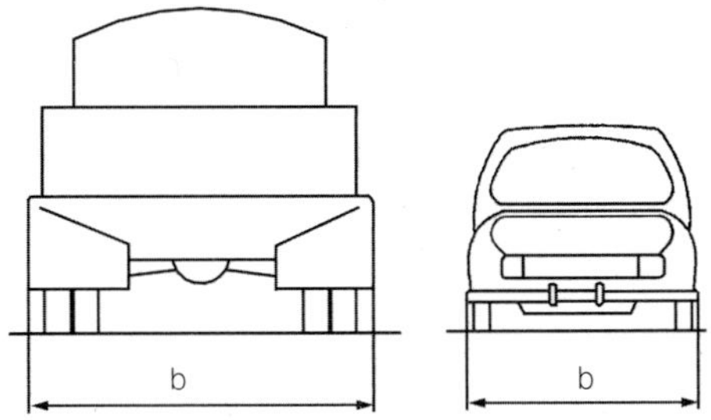

b : 자동차의 너비

자동차의 너비

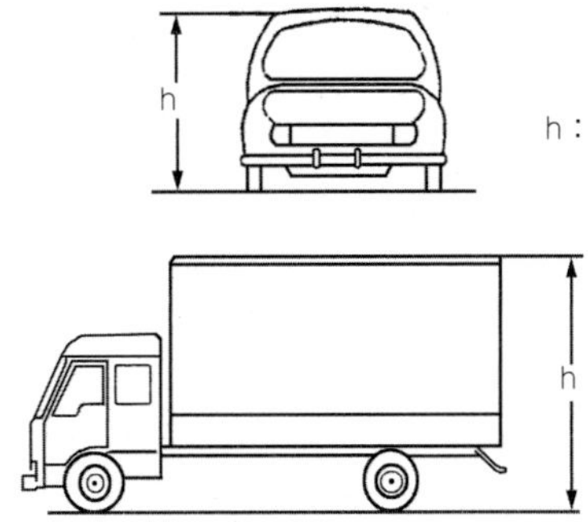

h : 자동차 높이

자동차의 높이

4) 돌출부의 돌출거리

자동차의 길이·너비·높이 이외의 돌출거리는 자동차의 길이·너비·높이의 측정점을 기준으로 측정한다.

5) 차체 및 오버행

가. 차체의 오버행은 제일 앞의 차축의 중심에서 차체전단까지와 제일 뒷차축의 중심에서 차체 후단까지의 거리를 측정한다.

나. 차대의 오버행은 제일 앞의 차축의 중심에서 차대 전단까지와 제일 뒷차축의 중심에서 차대 후단까지의 거리를 측정한다.

다. 차체의 오버행 측정시 범퍼·후크·핀 등은 포함되지 않은 상태로 한다.

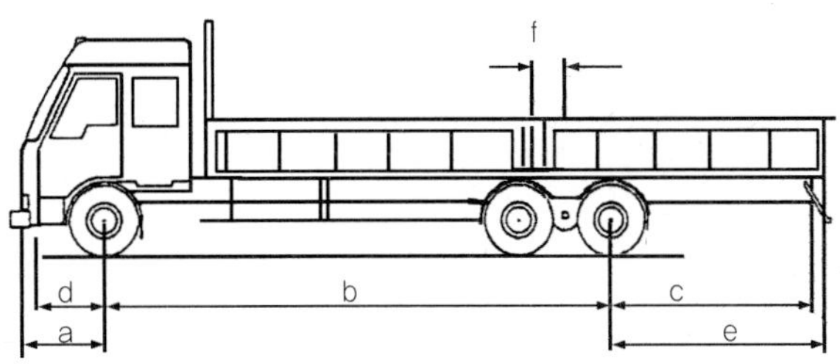

a : 앞 차체 오버행　　b : 축간거리(제1축간거리+제2축간거리)
c : 뒤 차대 오버행　　d : 앞 차대 오버행
e : 뒤 차체 오버행　　f : 하대 오프셋량

자동차의 오버행

라. 자동차의 차체 오버행은 다음 각목의 허용한도 이내이어야 한다.

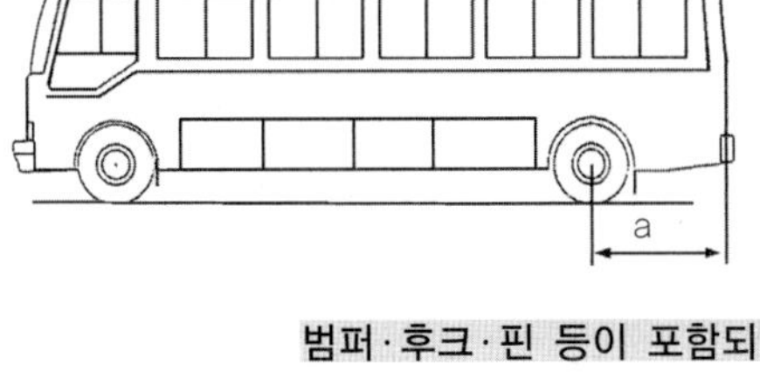

a : 범퍼, 훅 핀 등이 포함되지 아니한 오버행

범퍼·후크·핀 등이 포함되지 아니한 오버행

가) 소형자동차 : C/L ≤ 11/20

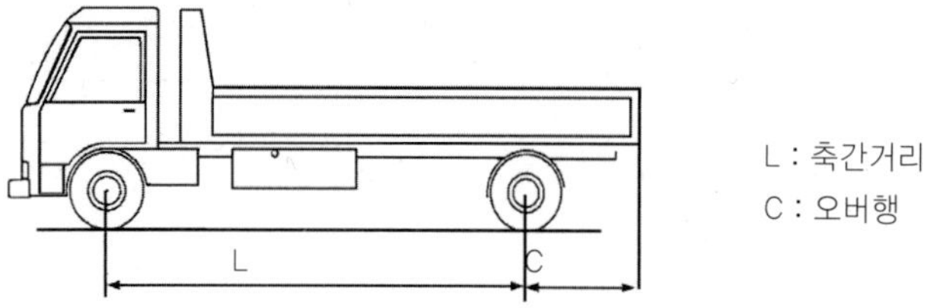

소형자동차의 오버행 허용한도

나) 밴형 화물자동차, 승합자동차 등 화물을 밖으로 적재할 우려가 없는 자동차 : C/L ≤ 2/3

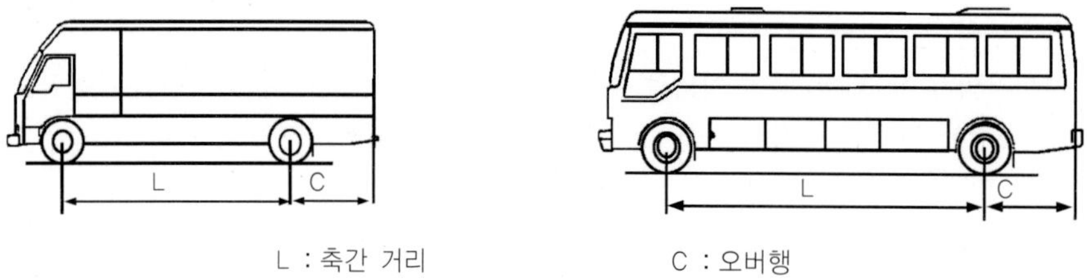

밴형 화물자동차, 승합자동차 등 화물이 밖으로 적재할 우려가 없는 자동차의 오버행 허용한도.

다) 기타의 자동차 : C/L ≤ 1/2

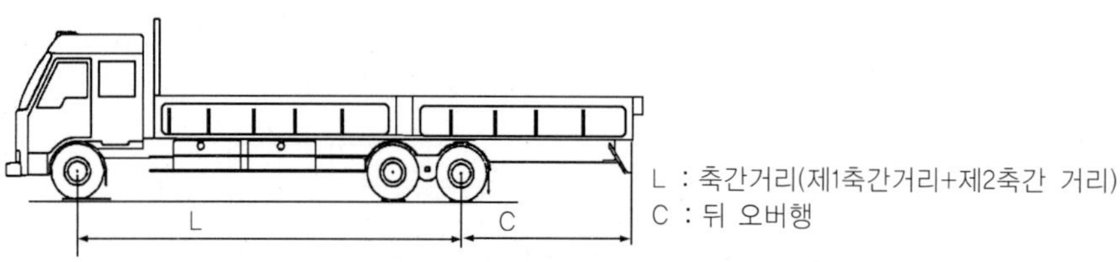

기타 자동차의 오버행 허용한도

6) 축간거리

전·후 차축 중심간의 수평거리를 측정하며 3축 이상의 자동차에 있어서는 앞쪽으로부터 제1·제2축간거리 등으로 분리하여 측정하여야 하며 무한궤도형의 자동차에 있어서는 무한궤도의 접지부 길이를 피견인자동차의 경우에는 연결부(5륜을 말한다)의 중심에서 후차축 중심까지의 수평거리를 측정한다.

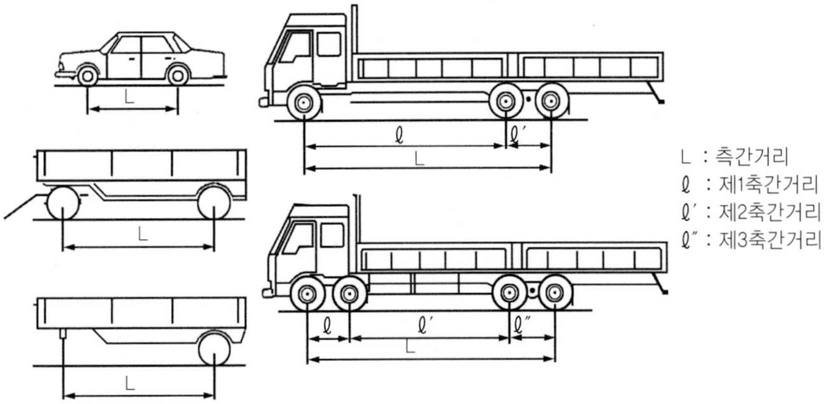

자동차의 축간거리

7) 윤간거리

좌·우의 바퀴가 접하는 수평면에서 바퀴의 중심선과 직각인 바퀴 중심간의 거리를 측정하며 복륜의 자동차의 경우에는 복륜 중심간의 거리를 측정한다.

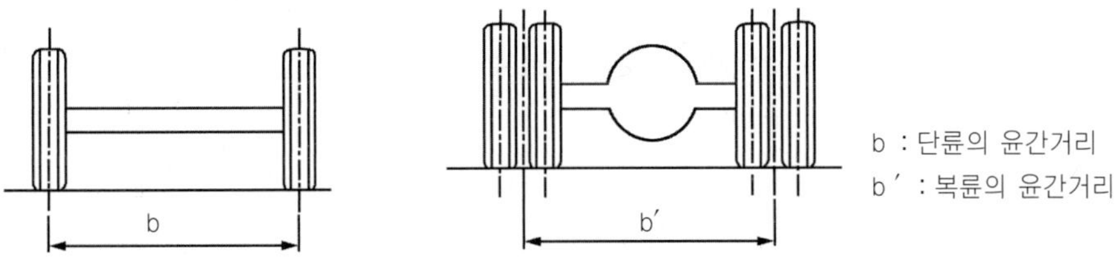

자동차의 윤간거리

8) 하대 옵셋

하대 내측길이의 중심(하중중심이 중앙에 있지 아니한 경우에는 그 하중의 중심점)에서 후차축의 중심(후차축이 2축인 경우에는 전·후 차축의 중앙, 하중중심이 두 차축의 중앙에 있지 않은 경우에는 그 하중중심점)까지의 차량중심선 방향의 수평거리를 측정한다. 다만, 탱크로리 등의 형상이 복잡한 경우에는 용적중심을, 견인자동차의 경우에는 연결부(오륜)의 중심을 하대 바닥면의 중심으로 한다.

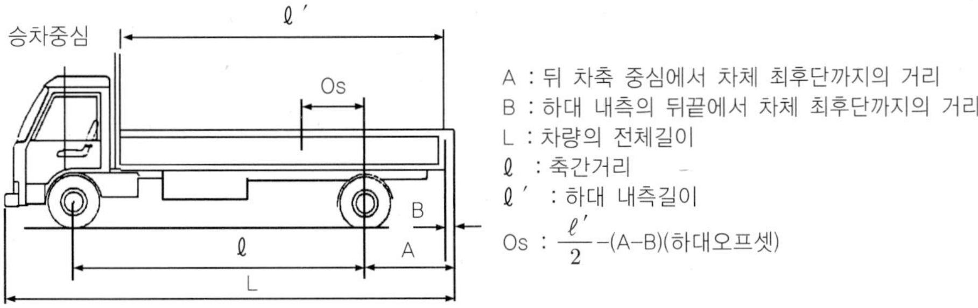

자동차의 하대옵셋

9) 최저 지상고

기준면과 자동차 중앙부분의 최하부와의 거리를 측정한다. 다만, 자동차 하부에 부착된 고무 등 유연한 재질의 에어 디플렉터, 언더커버 등은 측정시 제외한다. 이 경우 중앙부분이란 차륜내측 너비의 80%를 포함하는 너비로서 차량 중심선에 좌·우가 대칭이 되는 너비를 말한다.

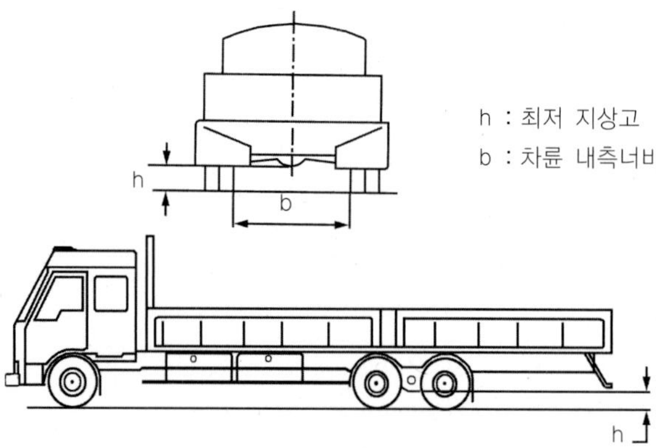

자동차의 최저지상고

> **제5조 [최저지상고] - 자동차 및 자동차부품의 성능과 기준에 관한 규칙**
> 공차상태의 자동차에 있어서 접지부분외의 부분은 지면과의 사이에 10cm 이상의 간격이 있어야 한다. 다만, 특수작업용 자동차, 경주용자동차등 국토교통부장관이 당해 자동차의 제작목적상 필요하다고 인정하는 자동차의 경우에는 그러하지 아니하다.

10) 상면 지상고

기준면에서 적재함 바닥까지의 수직거리를 측정한다. 다만, 작은 돌기물 및 국부적인 요철부분 등은 제외한다.

11) 물품 적재장치의 치수

가. 적재장치의 내측길이

일반형 화물자동차는 차량중심선에 평행한 적재함 내부의 앞·뒤 끝면사이의 최단거리, 밴형 화물자동차의 경우에는 승객실 최후방 좌석 등받이(머리지지대 제외)높이의 격벽에서 적재장치의 최후단 바닥의 좌우 중간점까지의 차량길이 방향 수평거리를 측정한다.

나. 적재장치의 내측너비

적재함의 내측너비는 차량중심선에 직각인 좌우 내측측벽사이의 최단거리를 측정하여야 하며 밴형 및 상자형은 적재장치 내측높이의 2분의 1의 위치에서 차량 중심선에 직각인 수평한 내측직선간의 거리를 측정하여야 한다. 다만, 창유리와 교차할 경우에는 창유리 아래의 가장자리와 연결되는 내측측면 벽간의 거리를 측정한다.

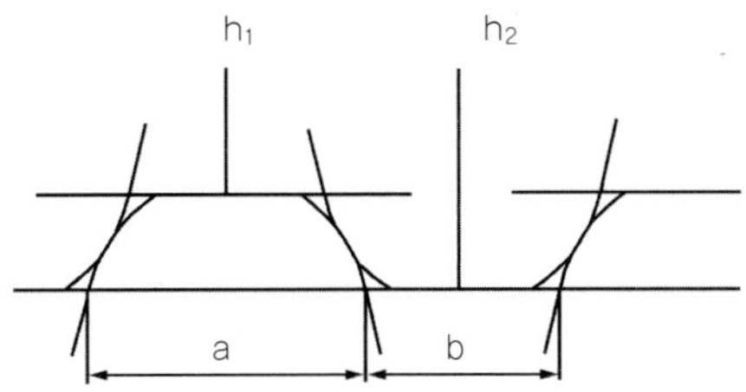

자동차의 적재장치의 높이

다. 적재장치의 내측높이

일반형 화물자동차는 적재함 바닥면으로부터 측벽상단(보조대를 설치하였을 경우에는 보조대의 상단) 밴형 또는 상자형의 자동차는 적재함 천전까지의 최대 수직거리를 측정한다. 다만, 적재함 바닥에 파형의 굴곡이 있는 경우에는 아래 그림에 있어 a부의 총면적이 b부의 총면적보다 적을 때는 파형굴곡 아래면에서 a와 b부의 면적이 같거나, a부의 면적이 b부의 면적보다 클 때에는 파형굴곡 윗면에서 측정한다.

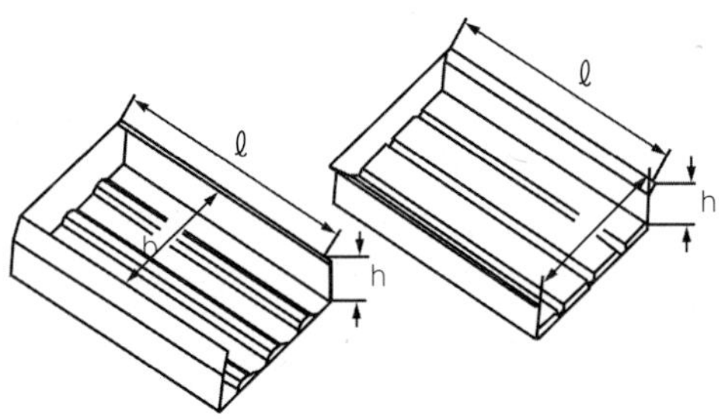

물품적재장치의 길이, 너비, 높이

라. 밴형 화물자동차의 격벽 및 보호봉 설치방법

㉠ 격벽등의 구조 : 승차장치와 물품 적재장치사이의 격벽은 용접, 리벳 및 기타 동등한 기능을 할 수 있는 체결방법으로 폐쇄하되 작업공정상 불가한 부분은 예외로 한다.

㉡ 보호봉 설치방법 및 간격 : 물품적재장치의 창문에 설치되는 보호봉 설치시 격벽 고정방법을 준용하되 설치간격 등은 다음의 표에 따른다.

규격	설치간격	배열
지름 2cm 이상의 강제봉	15cm 이하	가로 또는 세로
지름 1cm 이상 2cm 미만의 강제봉	10cm 이하	가로 또는 세로

12) 객실 내측 치수

가. 객실길이

전열 외측좌석의 좌우 중심점을 지나는 차량길이 방향의 수직 종단면이 계기판넬과 접촉하는 점에서부터 최후방 좌석의 등받이 상단 높이까지의(머리지지대 제외, 밴형 화물자동차의 경우에는 격벽까지) 차량길이 방향 수평거리를 측정한다.

나. 객실 너비

승용자동차 및 밴형 화물자동차는 객실 중앙부분에서 차량중심면에 직각인 방향의 최대거리를, 승합자동차는 창문아래 지점을 기준으로 차량중심면에 직각방향의 최대거리를 측정한다.

다. 객실 높이

차량 중심선 주위의 국부적인 요철면과 좌석전용 부분으로 이용되는 면을 제외한 바닥면(통로 및 입석부분으로 사용되는 부분을 말한다)과 실내 등을 제외한 천정 내장재사이의 최대 수직거리를 측정한다.

13) 승강구

가. 승강구 높이

승강구를 최대로 개방한 상태에서 발판의 기준면에서 상단의 요철부분 등을 포함한 상단의 가장 낮은 부분과의 최대 수직거리를 측정한다.

나. 승강구 너비

승강구를 최대로 개방한 상태에서 승하차용 손잡이를 제외한 상태로 승강구 높이의 중간부분에서 최단 수평거리를 측정한다.

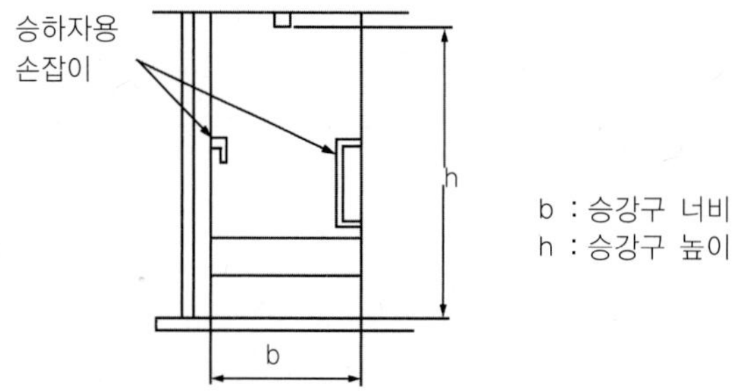

자동차의 승강구의 높이 및 너비

제29조 [승강구] - 자동차 및 자동차부품의 성능과 기준에 관한 규칙

① 자동차의 차실에는 다음 각 호의 기준에 적합한 승강구를 설치하여야 한다.

1. 승차정원 16인 이상의 승합자동차에는 [별표 5의 30]의 기준에 적합한 승강구(승강구를 열고 바로 탑승하도록 좌석이 설치된 구조의 승강구는 제외한다)를 설치할 것
2. 삭제 <2009. 6. 18.>
3. 승차정원 16인 이상의 승합자동차에는 승하차의 편의를 위한 [별표 5의 27]의 기준에 적합한 승하차용 손잡이를 설치할 것
4. 어린이운송용 승합자동차의 어린이 승하차를 위한 승강구는 다음 각 목의 기준에 적합하여야 한다.

가. 제1단의 발판 높이는 30cm 이하이고, 발판 윗면은 가로의 경우 승강구 유효너비(여닫이식 승강구에 보조발판을 설치하는 경우 해당 보조발판 바로 위 발판 윗면의 유효너비)의 80% 이상, 세로의 경우 20cm 이상일 것

나. 제2단 이상 발판의 높이는 20cm 이하일 것. 다만, 15인승 이하의 자동차는 25cm 이하로 할 수 있으며, 각 단(제1단을 포함한다. 이하 같다)의 발판은 높이를 만족시키기 위하여 견고하게 설치된 구조의 보조발판 등을 사용할 수 있다.

다. 승하차 시에만 돌출되도록 작동하는 보조발판은 위에서 보아 두 모서리가 만나는 꼭짓점 부분의 곡률반경이 20mm 이상이고, 나머지 각 모서리 부분은 곡률반경이 2.5mm 이상이 되도록 둥글게 처리하고 고무 등의 부드러운 재료로 마감할 것

라. 보조발판은 자동 돌출 등 작동 시 어린이 등의 신체에 상해를 주지 아니하도록 작동되는 구조일 것

마. 각 단의 발판은 표면을 거친 면으로 하거나 미끄러지지 아니하도록 마감할 것

② 삭제 <2017. 1. 9.>

③ 삭제 <2017. 1. 9.>

④ 중형승합자동차 및 대형승합자동차를 제외한 자동차의 승강구에는 다음 각 호의 기준에 적합하게 잠금장치를 설치하여야 한다.

1. 모든 승강구의 잠금장치는 그 조작장치를 차실 내에 설치할 것
2. 모든 승강구의 잠금장치는 잠김상태에서 바깥쪽 문걸쇠 풀림장치에 의하여 승강구가 열리지 아니하도록 할 것
3. 옆면 뒤쪽 승강구의 잠금장치는 다음 각 목의 기준에 적합할 것. 다만, 옆면 뒤쪽 승강구에 승강구의 잠금장치와 연동되지 아니하고 별도로 작동하는 어린이보호 잠금장치를 갖춘 경우에는 그러하지 아니하다.
   가. 잠김상태에서 안쪽 문걸쇠 풀림장치에 의하여 승강구가 열리지 아니할 것
   나. 잠금장치의 조작장치와 안쪽 문걸쇠 풀림장치는 구별될 것
4. 뒷면 승강구에 안쪽 문걸쇠 풀림장치를 설치한 경우 잠금장치의 조작장치는 안쪽 문걸쇠 풀림장치와 구별될 것

14) 비상구

비상구의 너비 및 높이는 13)의 승강구 측정기준을 준용한다.

제30조 [비상구] – 자동차 및 자동차부품의 성능과 기준에 관한 규칙

승차정원 16인 이상의 승합자동차에는 [별표 5의 31]에 적합한 비상탈출장치를 설치하여야 한다.

15) 통로의 유효너비

통로로 유효하게 이용될 수 있는 최단거리를 측정하되 통로가 좌석사이에 있는 경우에는 좌석(접이식 좌석을 설치한 경우에는 접은 상태)사이의 최단거리를 측정하고 통로가 좌석과 창문사이에 있는 경우에는 창문의 아래지점과 좌석사이의 최단거리를 측정한다.

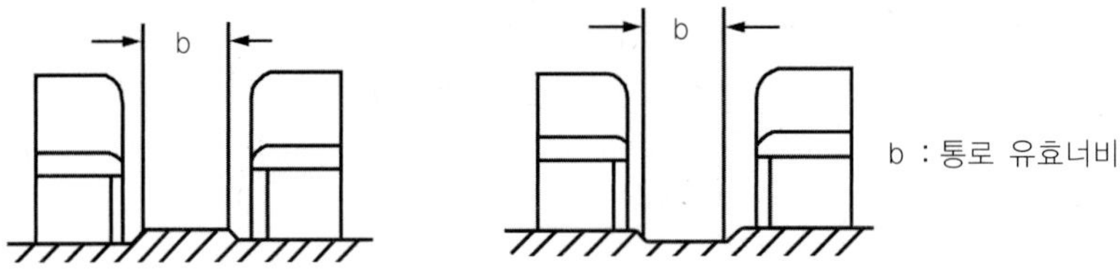

통로와 좌석 상면과의 높이가 다른 경우의 통로 유효너비

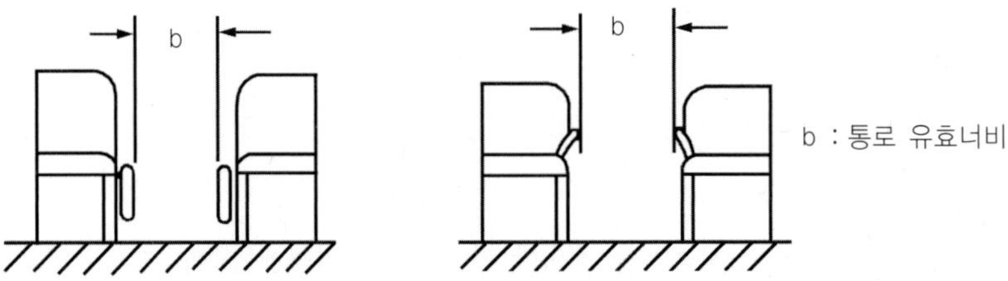

좌석의 일부가 통로상에 노출하여 있는 경우의 통로 유효너비

제31조 [통로] - 자동차 및 자동차부품의 성능과 기준에 관한 규칙
승차정원 16인승 이상의 승합자동차에는 [별표 5의 29]에 따른 통로 측정장치가 통과할 수 있는 통로를 갖추어야 한다. 다만, 승강구를 열고 바로 탑승하도록 좌석이 설치된 구조의 자동차는 제외한다.

16) 제1단 발판높이

기준면에서 승강구 제1단 발판의 가장 높은 부분까지의 최대 수직거리를 측정한다.

17) 운전자 및 승객의 좌석

가) 승용자동차의 좌석규격

자동차 안전기준 [별표5의 32] 제1호 및 제2호의 인체모형이 운전자의 좌석과 승객좌석에 착석이 가능한지 확인한다. 인체모형의 몸통은 좌석등받이에, 대퇴부는 인체모형의 발위치에 허용되는 범위에 따라 좌석 쿠션에 기대어 놓는다. 개별좌석의 쿠션의 중심위에 인체모형을 놓고 좌석 쿠션 중앙선에 수직으로 평행하도록 인체모형의 중앙봉합면을 고정한다.

(1) 운전자 위치설정

(가) 먼저 무릎 선회축 볼트머리의 외면간격을 측정했을 때 왼쪽 볼트머리의 외면은 인체모형의 중앙봉합면으로부터 150mm 떨어지고 볼트머리 외면간격은 368mm 떨어지도록 인체모형의 양 무릎을 놓는다.

(나) 인체모형의 오른발은 뒤꿈치의 가장 뒷부분을 페달면의 바닥판에 놓고 가속페달에 압력을 가하지 않은 상태로 올려놓는다. 가속페달에 발을 놓을 수 없는 경우에는 먼저 하퇴부에 수직이 되도록 발을 고정하고 발뒤꿈치의 가장 뒷부분을 바닥판에 얹어 가속페달 중앙선방향으로 가능한 한 앞쪽으로 멀리 발을 놓는다. 자동차 표면과

의 접촉으로 지장을 받지 않는 한 대퇴부와 하퇴부의 중심선들이 몸통을 움직이지 않으면서 단일한 수직면내에 가능한 한 가깝게 일치하도록 오른쪽 다리를 놓는다.

(다) 왼발은 발뒤꿈치의 가장 뒷부분을 발판 및 바닥판으로 그려지는 면들의 교차점에 가능한 한 가까이 바닥판에 놓은 상태로 발판위에 놓되 타이어 설치를 위하여 오목하게 된 돌출부에는 놓지 않는다. 발판에 발을 놓을 수 없는 경우에는 먼저 하퇴부에 수직이 되도록 발을 고정하고 뒤꿈치를 바닥판에 얹어 가능한 한 앞쪽으로 멀리 발을 놓는다. 브레이크나 클러치 페달과의 접촉을 피해야할 필요가 있을 때는 하퇴부를 축으로 하여 인체 모형의 왼발을 돌린다. 여전히 페달에 간섭될 경우에는 엉덩이를 축으로 하여 페달의 간섭을 피하는데 필요한 최소거리 만큼 왼쪽 다리를 바깥쪽으로 돌려준다. 차량 표면과의 접촉으로 지장을 받지 않는 한 대퇴부와 하퇴부의 중심선들이 단일한 수직면내에 가능한 한 가깝게 일치하도록 왼쪽 다리를 놓는다. 왼쪽 발이 오른쪽 발의 높이 이상으로 올라가지 못하도록 발 받침대가 있는 자동차의 경우에는 다리 상부와 하부의 중심선들이 단일 수직면에 있도록 발받침대에 왼발을 올려놓는다.

(2) 승객위치 설정

(가) 평평한 바닥판/발판으로 된 자동차

① 먼저 무릎선회축의 볼트머리 외면간격을 측정했을 때 298mm 떨어지도록 양 무릎을 놓는다.

② 왼발과 오른발의 발뒤꿈치가 가능한 한 발판과의 교점에 가까운 바닥판에 놓이도록 자동차의 발판에 놓는다. 발이 발판에 평행하게 놓이지 않는 경우에는 하퇴부의 중심선들에 각각 수직이 되도록 발을 고정하고 뒤꿈치를 바닥판에 얹어 가능한 한 앞쪽으로 멀리 발을 놓는다.

③ 대퇴부와 하퇴부의 중심선들이 길이방향 수직면들내에 있도록 왼쪽 및 오른쪽 다리를 놓는다.

(나) 승객 공간 내에 타이어 설치를 위한 돌출부가 있는 자동차

① 먼저 무릎 선회축의 볼트머리 외면간격을 측정했을 때 298mm가 되도록 양 무릎을 놓는다.

② 양발을 바닥판/발판의 오목한 부위에 놓되 타이어 설치를 위하여 오목하게 된 돌출부에는 놓지 않는다. 발이 발판에 평평하게 놓이지 않는 경우에는 먼저 하퇴부 중심선들에 각각 수직이 되도록 양발을 고정하여 뒤꿈치가 바닥판에 놓이도록 양발을 고정하고 나서 발뒤꿈치를 바닥판에 얹어 가능하면 앞쪽으로 멀리 발을 놓는다.

③ 자동차의 길이방향 수직면이 양쪽다리의 대퇴부 및 하퇴부 중심선들을 각기 통과하도록 유지할 수 없는 경우에는 그 중심선들이 단일 길이 방향 수직면내에 가능한 한 가까이 있도록 왼쪽 다리를 놓고 그 중심선들이 단일한 수직면 내에 가능한 한 가까이 있도록 오른쪽 다리를 놓는다.

나) 승합·화물·특수자동차의 좌석규격

(1) 좌석의 가로

좌석의 앞면으로부터 20cm 위치에서 좌석 좌우간의 폭을 측정하며 팔받침이 좌석폭을 침입하는 경우는 해당폭을 좌석폭에서 제외한다. 다만 좌석상면으로부터 팔받침 아래쪽이 10cm 이상, 팔받침 위쪽이 30cm 이하의 높이로 설치된 팔받침이 좌석 내측으로 각각 5cm 이내의 폭으로 설치된 경우에는 팔받침이 없는 것으로 본다.

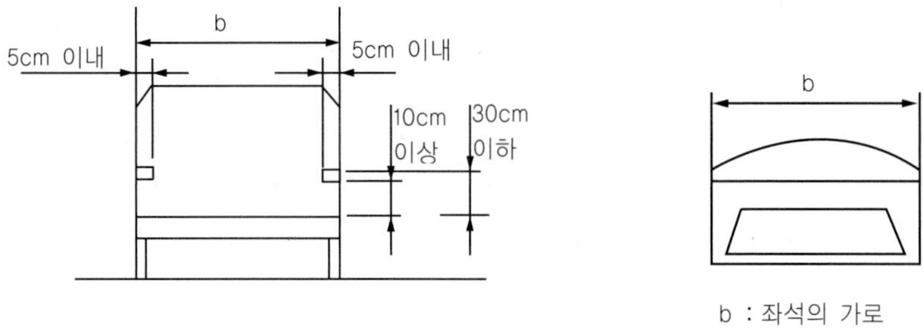

자동차 좌석의 가로

(2) 좌석의 세로

좌석의 가로폭 중앙부의 앞쪽에서부터 뒤쪽까지(좌석 등받이가 있는 경우에는 등받이의 전면)까지의 수평거리를 측정한다.

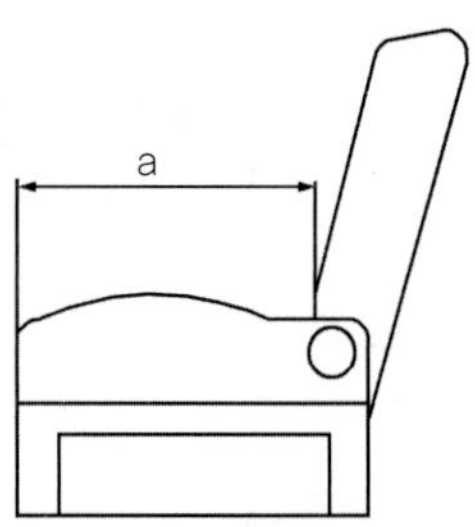

a : 좌석의 세로

자동차 좌석의 세로

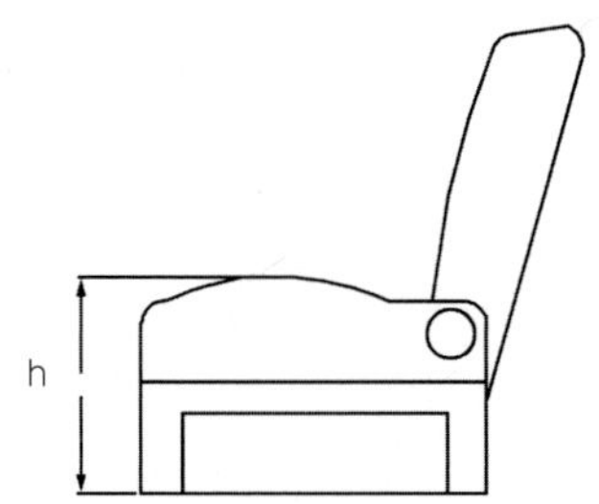

h : 좌석의 높이

자동차 좌석의 높이

(3) 좌석의 높이

실내 상면에서 좌석 가로부 중앙부분의 최고점까지의 수직높이를 측정한다.

(4) 좌석의 설치간격

좌석의 설치간격은 앞좌석 등받침 중앙의 뒷면과 뒷좌석 등받침 앞면 중앙과의 수평거리를 측정하고, 마주보는 좌석의 경우에는 각 좌석의 등받이 중앙앞면에서 두 좌석간 거리의 중앙 부분까지를 측정한다.

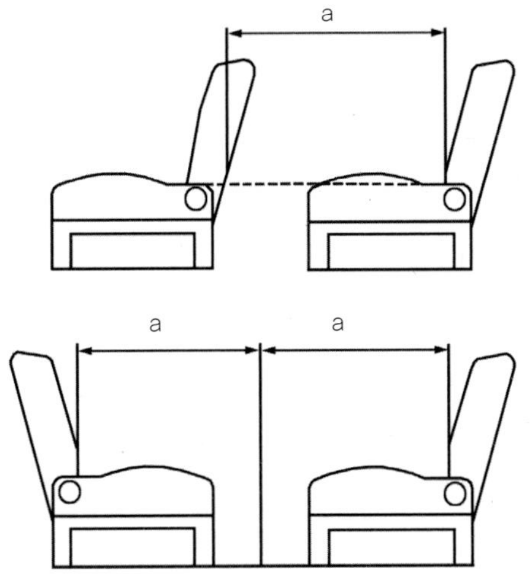

a : 좌석의 설치간격

자동차 좌석의 설치 간격

제25조 [승객좌석의 규격] – 자동차 및 자동차부품의 성능과 기준에 관한 규칙

① 자동차(어린이운송용 승합자동차는 제외한다)의 승객좌석 규격은 다음 각 호의 기준에 적합하여야 한다. 다만, 구급자동차·소방자동차 및 특수구조의 자동차등 국토교통부장관이 해당 자동차의 제작목적상 좌석의 설치가 곤란하다고 인정하는 자동차의 경우에는 그러하지 아니하다.

1. 승용자동차의 경우에는 [별표 5의 32] 제2호에 따른 5% 성인여자 인체모형이 착석 가능할 것
2. 승합·화물·특수자동차의 경우에는 가로·세로 각각 40cm(23인승 이하의 승합자동차와 좌석의 수보다 입석의 수가 많은 23인승을 초과하는 승합자동차의 좌석의 세로는 35cm) 이상일 것
3. 승합·화물·특수자동차의 경우에는 앞좌석 등받이의 뒷면과 뒷좌석 등받이의 앞면간의 거리는 65cm(승합자동차에 설치되는 마주보는 좌석등받이의 앞면 간의 거리는 130cm) 이상일 것

② 어린이운송용 승합자동차의 좌석 규격 및 좌석간 거리는 다음 각 호의 기준에 적합해야 한다.

1. 좌석 규격 : [별표 5의 32] 제2호에 따른 5% 성인여자 인체모형이 착석할 수 있도록 하되, 좌석 등받이(머리지지대를 포함한다)의 높이는 71cm 이상일 것
2. 좌석간 거리 : 앞좌석 등받이의 뒷면으로부터 뒷좌석 등받이의 앞면까지의 거리는 [별표 5의 32] 제2호에 따른 5% 성인여자 인체모형이 착석할 수 있는 거리 이상일 것

③ 승합자동차(15인승 이하의 승합자동차 및 어린이운송용 승합자동차를 제외한다)의 승객좌석의 높이는 40cm 이상 50cm 이하이어야 한다. 다만, 자동차의 원동기부분 및 바퀴부분의 좌석 등 그 구조상 40cm 이상 50cm 이하로 좌석을 설치하기가 곤란한 부분의 좌석을 제외한다.

④ 승용자동차의 경우에는 제1열 좌석(운전석을 포함한다) 외의 좌석에는 공구를 사용하지 아니하고도 탈부착이 가능한 좌석을 설치할 수 있다. 다만, 탈부착으로 인하여 「자동차관리법」

제3조의 규정에 의한 자동차의 종별 구분이 변경되어서는 아니된다.

⑤ 승차정원 15인 이하인 승용자동차 및 승합자동차에는 옆면을 향한 좌석을 설치하여서는 아니 된다. 다만, 긴급자동차 및 제27조제1항 단서에 따라 좌석안전띠를 설치하지 아니하는 자동차는 제외한다.

18) 후사경의 돌출거리

가. 후사경 최외측 끝단에 추를 매달아 기준면과 수직인 점에 측정지점(A)을 정하고 자동차 차체 최외측에 추를 매달아 기준면과 수직인 점을 측정지점(B)을 정한 후 차량 중심면에 수직인 선과 평행하게 A와 B점을 통과하는 직선의 최대거리를 측정한다.

나. 피견인자동차의 너비가 견인자동차의 너비보다 넓은 경우 그 견인자동차의 후사경에 한하여는 피견인자동차의 가장 바깥쪽으로부터 돌출된 최대거리를 측정한다.

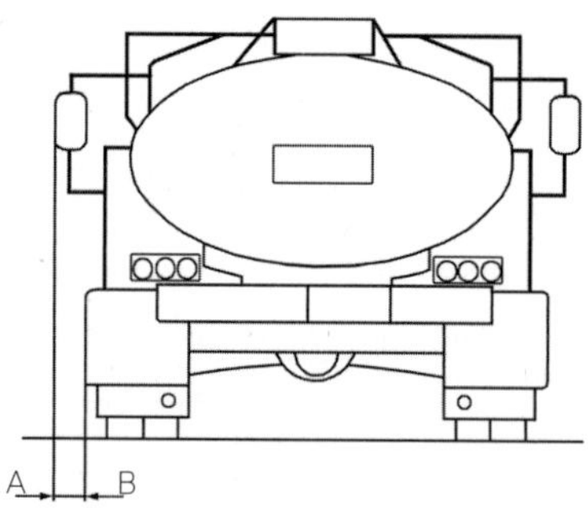

A↔B : 후사경의 돌출거리

자동차의 돌출거리

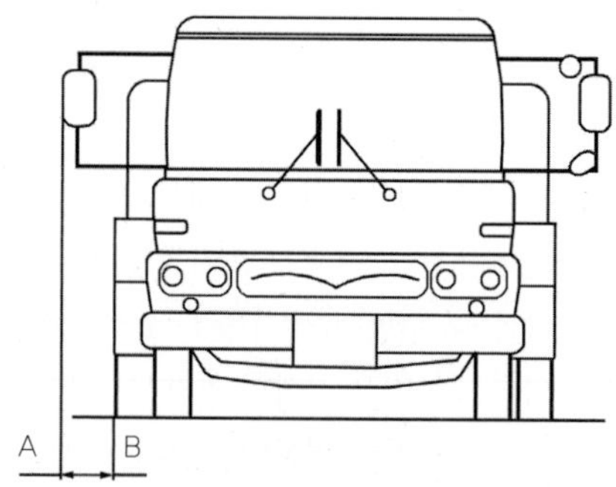

A↔B : 피견인 자동차의 너비가 견인자동차의 너비보다 넓을 경우 후사경의 돌출가능 거리

자동차 후사경의 돌출거리

19) 배기관 개구방향

자동차의 개구부와 차량중심선 또는 기준면과의 각도를 각도게이지 등으로 측정한다.

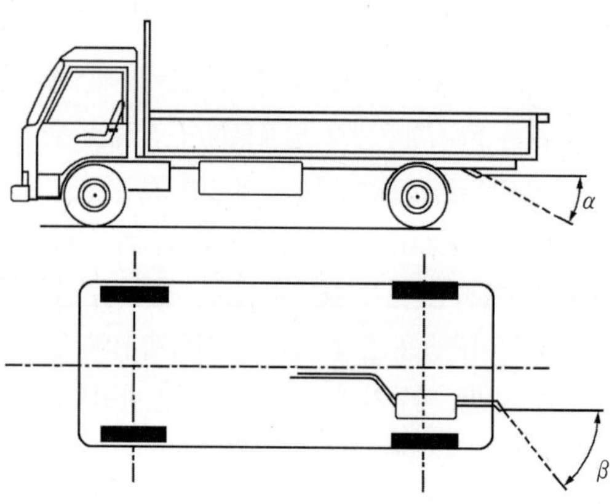

α : 배기관이 하향인 경우의 배기관 개구방향 각도

β : 배기관이 좌향인 경우의 배기관 개구방향 각도

자동차 배기관의 개구방향

제37조 [배기관] -자동차 및 자동차부품의 성능과 기준에 관한 규칙

① 자동차 배기관의 열림방향은 자동차의 길이방향에 대해 왼쪽 또는 오른쪽으로 45도를 초과해 열려 있어서는 안 되며, 배기관의 끝은 차체 외측으로 돌출되지 않도록 설치해야 한다.

② 삭제 <2018. 12. 31.>

③ 배기관은 자동차 또는 적재물을 발화시키거나 자동차의 다른 기능을 저해할 우려가 없어야 하며, 견고하게 설치하여야 한다.

20) 가스용기 후단과 차체 최후부간의 거리

가스용기의 후단과 범퍼 등 차체의 최후단과의 최소거리를 차량중심선에서 평행하게 측정한다.

제19조 [차대 및 차체] - 자동차 및 자동차부품의 성능과 기준에 관한 규칙

⑤ 「고압가스 안전관리법 시행령」 제2조의 규정에 의한 고압가스를 운반하는 자동차의 고압가스운송용기는 그 용기의 뒤쪽 끝(가스충전구에 안전장치를 한 경우에는 그 장치의 뒤쪽 끝을 말한다)이 차체의 뒷 범퍼 안쪽으로 300mm 이상의 간격이 되어야 하며, 차대에 견고하게 고정시켜야 한다.

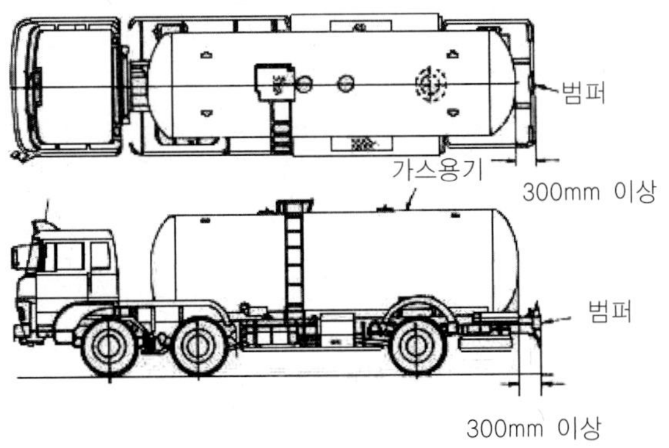

자동차 차대 및 차체

21) 등록번호표의 부착위치

차체 최후단(범퍼 연결장치 등을 포함한다)으로부터 등록번호표 중심사이와의 최대거리를 차량 중심선에 평행하게 측정한다.

22) 조종장치의 배치간격

차량중심선과 평행한 조향핸들 중심면을 기준으로 좌우에 설치되어 있는 조종장치와의 최대거리를 측정한다. 이 경우 모든 조종장치는 중립상태로 한다.

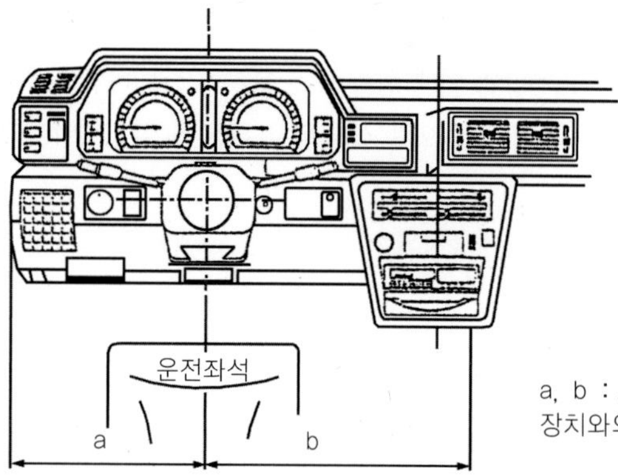

a, b : 조향핸들 중심에서 좌 · 우측에 있는 조향장치와의 간격

자동차 조정장치의 배치간격

제13조 [조종장치 등] – 자동차 및 자동차부품의 성능과 기준에 관한 규칙

① 자동차에 설치된 다음 각호의 조종장치 및 표시장치는 운전자가 좌석안전띠(이하 "안전띠"라 한다)를 착용한 상태에서 쉽게 조작 및 식별할 수 있도록 배치하여야 한다.

1. 주시동장치 · 정지장치 · 가속제어장치 및 기타 원동기의 조작장치
2. 제동장치 및 동력전달장치의 조작장치
3. 변속장치 · 창닦이기 · 세정액분사장치 · 서리제거장치 · 안개제거장치 · 전조등 · 등화점등장치 · 비상경고신호등 · 방향지시등 및 경음기의 조작장치
4. 속도계 · 방향지시등 · 주행빔 · 연료장치 · 원동기냉각수 · 윤활유 · 제동경고등 · 충전장치 및 경제운전의 표시장치

23) 기타 장치의 설치간격

연료주입구, 가스 배출구와 유출구, 전기단자, 전기개폐기 등의 상호 간격은 각 장치의 중심에서 직선거리를 측정한다.

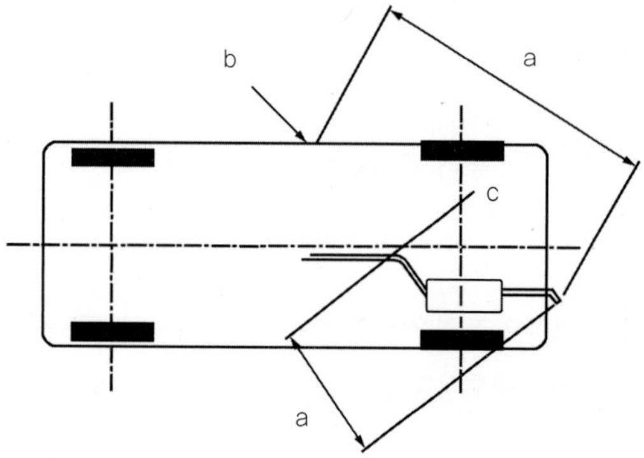

a : 설치간격
b : 주유구
c : 노출된 전기단자 및 전기 개폐기

기타 장치의 측정방법

제17조 [연료장치] – 자동차 및 자동차부품의 성능과 기준에 관한 규칙

① 자동차의 연료탱크·주입구 및 가스배출구는 다음 각호의 기준에 적합하여야 한다.

1. 연료장치는 자동차의 움직임에 의하여 연료가 새지 아니하는 구조일 것
2. 배기관의 끝으로부터 30cm 이상 떨어져 있을 것(연료탱크를 제외한다)
3. 노출된 전기단자 및 전기개폐기로부터 20cm 이상 떨어져 있을 것(연료탱크를 제외한다)
4. 차실 안에 설치하지 아니하여야 하며, 연료탱크는 차실과 벽 또는 보호판 등으로 격리되는 구조일 것

24) 측정기기

금속제자, 줄자, 광선자, 하이트 게이지, 곧은자, SCRIBING, BLOCK, 추 등을 사용하며 또는 이와 동등이상의 정도를 얻을 수 있는 3차원 측정기 등을 사용하여 측정한다.

기본학습 02 승차정원 측정

2.1 승차정원 측정방법

관련근거 자동차안전기준 시행세칙

[별표 2] 자동차의 안전기준 확인방법(14. 자동차의 승차정원)

1. 적용범위

이 규정은 자동차의 승차정원을 산출할 경우에 대하여 규정한다.

2. 측정조건

2.1. 승차정원

승차정원의 산출은 다음 산식에 의한다.

(산식 32-1) 승차정원 = 좌석인원 + 입석인원 + 승무인원

2.2. 연속좌석의 승차정원

2.2.1. 승용자동차

연속좌석의 승차정원은 해당 좌석의 너비를 30.7cm로 나눈 정수값 이하로 산정할 수 있다.

(산식 32-2) $\text{연속좌석정원} = \dfrac{\text{좌석의 너비(cm)}}{\text{30.7(cm)/1인}}$

2.2.2. 승합·화물·특수자동차

연속좌석의 승차정원은 해당 좌석의 너비를 40cm(어린이의 좌석의 경우에는 27cm)로 나눈 정수값 이하로 산정할 수 있다.

(산식 32-3) $\text{연속좌석정원} = \dfrac{\text{좌석의 너비(cm)}}{\text{40(cm)/1인}}$

2.3. 입석인원

2.3.1. 2019년 7월 1일 이전 제작, 조립 또는 수입되는 자동차인 경우

2.3.1.1. 입석인원의 통로유효폭 30cm를 제외한 총 입석 면적을 $0.14m^2$로 나눈 정수값으로 한다. 단, 40×30cm 직사각형 면적이 확보되지 않는 부분의 면적은 입석면적 산출에서 제외한다.

(산식 32-4) $\text{입석정원} = \dfrac{\text{입석면적}(m^2)}{0.14(m^2/\text{1인})}$

2.3.1.2. 입석인원은 여객자동차운수사업법에 의한 운송사업용 자동차와 국토교통부장관이 특별히 인정한 자동차에 한하여 산정할 수 있다.

2.3.2. 2019년 7월 1일 이후 제작, 조립 또는 수입되는 자동차인 경우

2.3.2.1. 입석정원은 3.2.2.1에 따른 공간을 제외한 총 입석면적을 1인의 입석면적으로 나눈 정수값으로 한다.

(산식 32-5) $$\text{입석정원} = \frac{\text{입석면적}(m^2)}{\text{1인의 입석면적}(m^2)}$$

2.3.2.2. 1인의 입석면적

구분	1인당 입석면적
승차정원 23인승 이하 승합자동차	$0.125m^2$
좌석 승객의 수보다 입석 승객의 수가 많은 승차정원 23인승을 초과하는 승합자동차	$0.125m^2$
입석 승객의 수보다 좌석 승객의 수가 많은 승차정원 23인승을 초과하는 승합자동차	$0.15m^2$

2.3.2.3. 입석인원은 여객자동차운수사업법에 의한 운송사업용 자동차와 국토교통부장관이 특별히 인정한 자동차에 한하여 산정할 수 있다.

3. 측정방법

3.1. 좌석정원의 예

연속좌석의 승차인원은 다음 예와 같이 산정한다.

3.1.1. 승용자동차

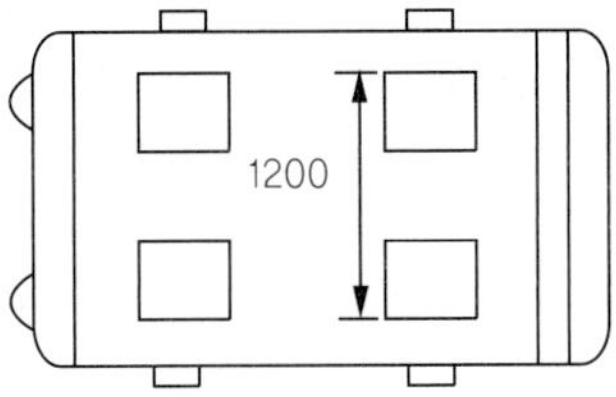

$$\frac{1200}{307} = 18\text{인}$$

승용자동차 연속좌석의 승차정원(단위 : mm)

3.1.2. 승합·화물·특수자동차

연속좌석의 승차인원은 다음 예와 같이 산정한다.

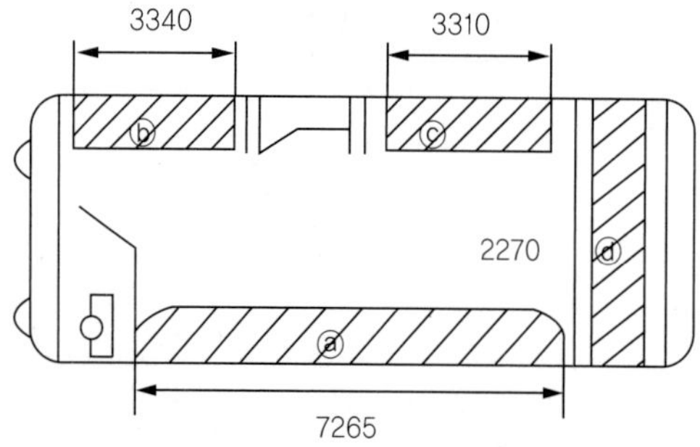

ⓐ $\frac{7265}{400}$ = 18인, ⓑ $\frac{3340}{400}$ = 8인, ⓒ $\frac{3310}{400}$ = 8인, ⓓ $\frac{2270}{400}$ = 5인

∴ 연속 좌석의 승차인원 = 18인 + 8인 + 8인 + 5인 = 39인

연속좌석의 승차정원(단위 : mm)

3.2. 입석정원

입석인원은 다음의 예와 같이 계산한다.

3.2.1. 2019년 7월 1일 이전 제작, 조립 또는 수입되는 자동차

3.2.1.1. 전향좌석의 경우

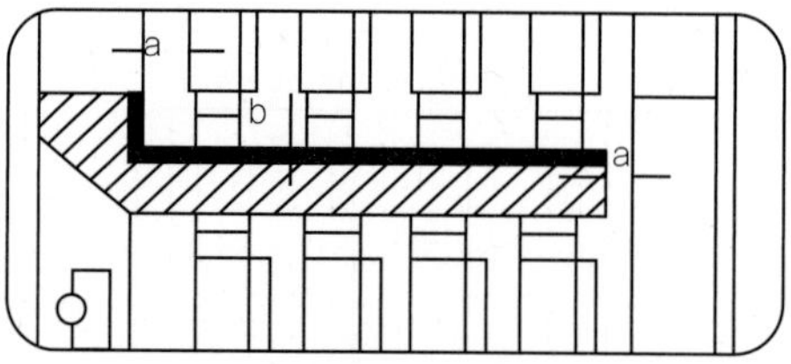

■ 입석산정에서 제외되는 통로

▨ 입석 산정면적

a : 25cm 이상 b : 30cm 이상

전형좌석의 경우 입석인원

3.2.1.1.1. 승강구에서 차실내로 통하는 통로폭(b) 30cm를 제외한다.

3.2.1.1.2. 뒤 연속좌석의 앞부분 25cm를 제외한다.

3.2.1.1.3. 차실의 유효높이가 180cm 이상이고 바닥면이 평탄한 부분으로 한정한다.

3.2.1.2. 연속좌석의 경우

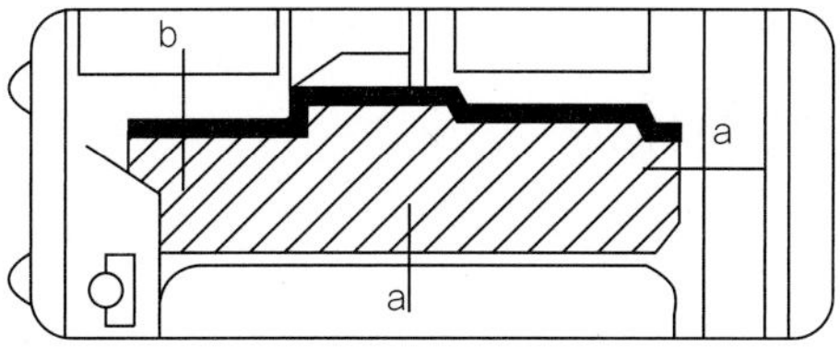

■ 입석산정에서 제외되는 통로
▨ 입석산정면적
a : 25cm 이상　　　b : 30cm 이상

연속좌석의 경우 입석인원

3.2.1.2.1. 승강구에서 차실내로 통하는 통로폭(b) 30cm를 제외한다.

3.2.1.2.2. 뒤 연속좌석의 앞부분 25cm를 제외한다.

3.2.1.2.3. 3.2.1.1.3의 규정을 준용한다.

3.2.2. 2019년 7월 1일 이후 제작, 조립 또는 수입되는 자동차인 경우

3.2.2.1. 자동차 안전기준 [별표 5의 27]에 따라 다음의 경우에 입석 면적에서 제외한다.

가. 운전자 공간

나. 승강구 계단, 깊이 300mm 미만의 계단 및 승강구 작동에 필요한 면적(작동 부속장치를 포함한다)

다. 차실 바닥면으로부터 수직으로 측정한 높이가 1,350mm 이하인 공간(승차정원 23인 이하인 경우에는 1,200mm)

라. 굴절자동차의 연결부분으로서 승객의 접근이 곤란한 공간

마. 수화물 및 탕비실 공간

바. 차실 내 설치하는 계단의 바닥 공간

사. 차실 바닥면의 경사가 자동차 길이방향으로 8%(입석승객의 수보다 좌석승객의 수가 많은 경우에는 12.5%), 자동차 너비방향으로 5%를 초과하는 공간

아. 좌석 공간(접이식 좌석은 제외) 등 입석승객의 접근이 어려운 공간

자. 운전자 좌석의 중심(조절이 가능한 경우 최후단 기준)에서 자동차 길이 방향의 앞면 공간

차. 모든 좌석 앞 300mm 공간(접이식 좌석은 제외하며, 측면을 향한 좌석의 경우 225mm)

카. 400mm와 300mm 규격의 직사각형이 놓일 수 없는 공간

타. 2층 대형승합자동차의 위층 공간

파. 휠체어 사용자 공간(휠체어 사용자만을 위해 별도로 제공되는 공간을 포함한다)

기본학습 03 중량측정

관련근거 자동차안전기준 시행세칙

[별표 2] 자동차의 안전기준 확인방법(25. 제원측정)

1. 중량 측정조건
   1) 자동차는 공차 또는 적차상태로 한다.
   2) 공차상태의 중량분포로서 적차상태의 중량분포를 산출하기가 어려울 때에는 공차상태와 적차상태를 각각 측정한다. 이 경우 좌석정원의 인원은 정위치에 입석정원의 인원은 입석에 균등하게 승차하며, 물품은 물품 적재장치에 균등하게 적재한 것으로 한다.
   3) 연결자동차는 연결한 상태에서 측정한다.
   4) 측정단위는 kg으로 하고 끝 단위는 0 또는 5로 끝맺음한다.

2. 측정방법
   1) 차량중량 및 공차시 축중
      자동차를 수평상태로 하여 각 차축마다 중량을 측정하고 그 합을 차량중량으로 한다.
   2) 차량총중량 및 적차시 축중
      자동차를 수평한 상태로 하여 각 차축마다 중량을 측정하거나 1에 측정한 차량중량 및 공차시 축중을 기초로 하여 다음 산식에 의해 계산한다.
      가. 차량총중량
         차량총중량은 다음 산식에 의한다.

입석정원 = 차량중량 + 최대적재량 + {승차정원×65kg(13세 미만 의자인 경우에는 1.5인을 승차정원 1인으로 계산한다)} 또는 $W = w_f + w_r + P_1 + P_2 + \cdots\cdots\cdots + P_n$

W : 차량총중량
w_f : 공차상태의 전축중
w_r : 공차상태의 후축중
P_1, P_2, P_n : 적재물 또는 승차인원의 하중

      나. 2차축식
         가) 적차상태의 전축중 : 적차상태의 전축중은 다음 산식에 의한다.

$$W_f = w_f + \frac{P_1 a_1 + P_2 a_2 + P_3 a_3 + \cdots + P_n a_n}{L}$$

나) 적차상태의 후축중 : 적차상태의 후축중은 다음 산식에 의한다.

$$W_r = W - W_f \quad W: \text{차량총중량}$$

W_f : 적차상태의 전축중

W_r : 적차상태의 후축중

w_f : 공차상태의 전축중

w_r : 공차상태의 후축중

P_1, P_2, ⋯, P_n : 승차인원의 하중 및 적재하물의 하중

a_1, a_2, a_3, ⋯, a_n : 하중작용점부터 후차축까지의 수평거리(후축에 대하여 전축과 반대방향에 있을 경우에는 마이너스(부)의 값으로 함

L : 축간거리

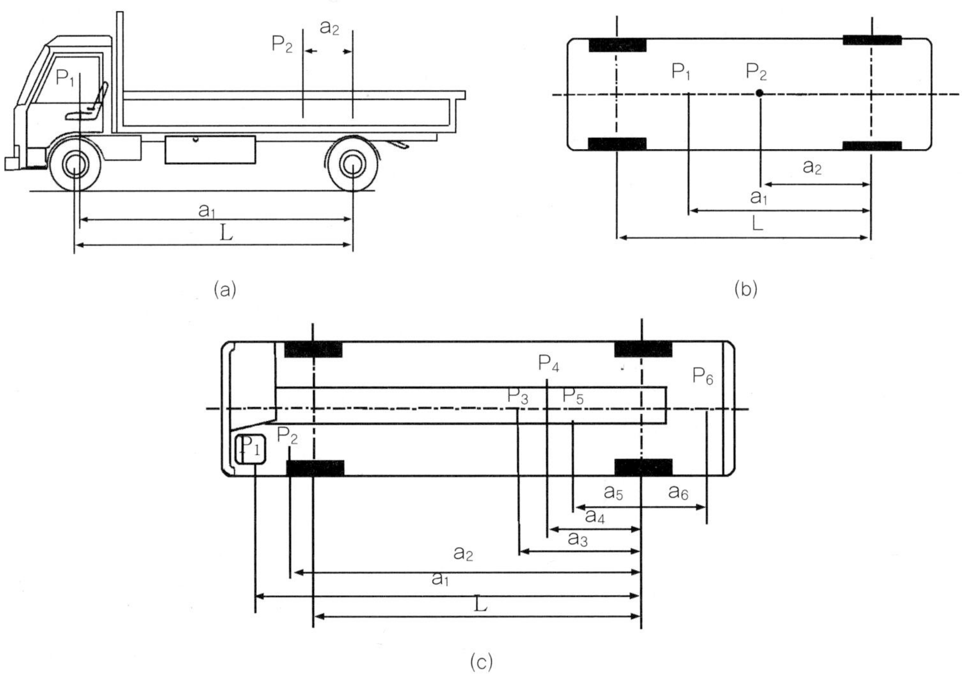

2차축식 예

다. 후 2차축식

가) 적차상태의 전축중 : 적차상태의 전축중은 다음 산식에 의한다.

$$W_f = w_f + \frac{P_1 a_1 + P_2 a_2 + \cdots + P_n a_n}{L - K}$$

나) 적차상태의 후 전축중 : 적차상태의 후 전축중은 다음 산식에 의한다.

$$W_{rf} = w_{rf} + (P_1 + P_2 - P_f) \times \frac{\ell/2 + K}{\ell}$$

다) 적차상태의 후 후축중 : 적차상태의 후 후축중은 다음 산식에 의한다.

$$W_{rr} = W - (W_f + W_{rf})$$

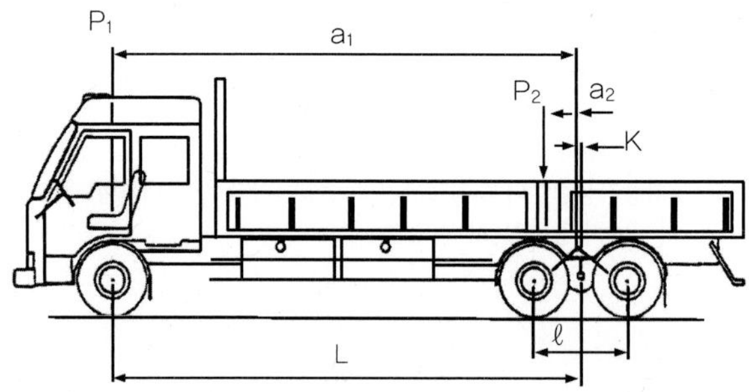

W : 차량 총중량 / Wf : 적차상태의 전 축중 / wf : 공차상태의 전 축중
Wrf : 적차상태의 후 전축중 / Wrr : 적차상태의 후 후축중 / wrf : 공차상태의 후 전축중
p1 : 승차인원 하중 / p_2 : 적재물품 하중
pf : p_1과 p_2의 전축에 걸리는 하중 몫(적차 전축중-공차시 전축중)
L : 축간거리(전축 중심과 뒤 2축 중심간의 수평거리)
K : 트러니언 축과 뒤 2축 중심간의 수평거리
ℓ : 후 2축간의 거리
a_1 : 승차인원 하중의 무게 중심으로부터 트러니언 축 중심에 이르는 수평거리
a_2 : 적재 물품 하중의 무게중심으로부터 트러니언 축 중심에 이르는 수평거리

후 2차축식 예

라. 전 2차축식

가) 적차상태의 전축중 : 적차상태의 전축중은 다음 산식에 의한다.

$$W_f = w_f + \frac{\ell/2 \times (w_{ff} - w_{fr})}{L} + P_f$$

나) 적차상태의 후축중 : 적차상태의 후축중은 다음 산식에 의한다.

$$W_r = W - W_f$$

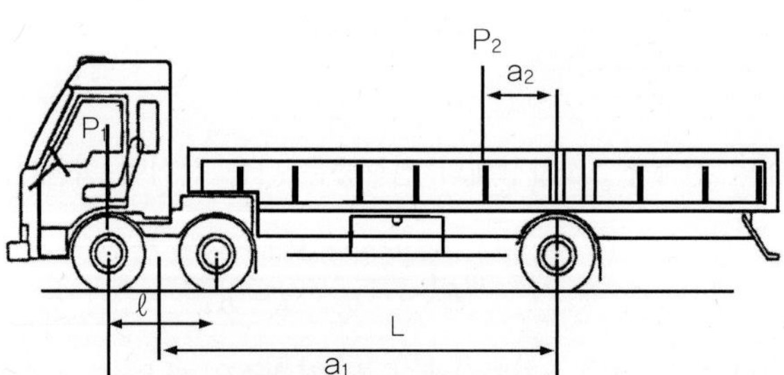

Wf : 적차상태의 전축중 / wf : 공차상태의 전축중 / ℓ : 전 2축간의 축간 거리
wff : 공차상태의 전 전축중 / wfr : 공차상태의 전 후축중 / pf : p_1과 p_2의 전축에 걸리는 몫
Wr : 적차상태의 후축중 / W : 차량 총중량 / p_1 : 승차인원의 하중
p_2 : 적재 물품의 하중 / a_1 : 승차인원 하중의 무게중심으로부터 후축에 이르는 수평거리
a_2 : 적재 물품 하중의 무게중심으로부터 후축에 이르는 수평거리

전 2차축식 예

다) P_1과 P_2의 전축에 걸리는 몫

$$P_f = \frac{P_1 a_1 + P_2 a_2 + \cdots + P_n a_n}{L}$$

마. 연결자동차

가) 견인자동차의 차량총중량 : 견인자동차의 차량총중량은 다음 산식에 의한다.

견인자동차의 차량총중량 = 차량중량 + 적차상태 피견인자동차의 제5륜하중
+ (승차정원×65kg)

나) 피견인자동차의 차량총중량 : 피견인자동차의 차량총중량은 다음 산식에 의한다.

피견인자동차의 차량총중량 = 공차상태의 제5륜하중 + 공차상태의 후륜하중
+최대적재량

3) 피견인자동차의 중량측정방법

가. 공차상태에서 연결자동차와 연결한 상태로 각 축중을 측정한다.

나. 피견인자동차를 분리한 상태에서 견인자동차의 각 축중을 측정한다.

- 연결자동차의 중량= $W_1 + W_2 + W_3$
- 견인자동차의 중량= $W_4 + W_5$
- 피견인자동차의 중량= $(W_1 + W_2 + W_3) - (W_4 + W_5)$

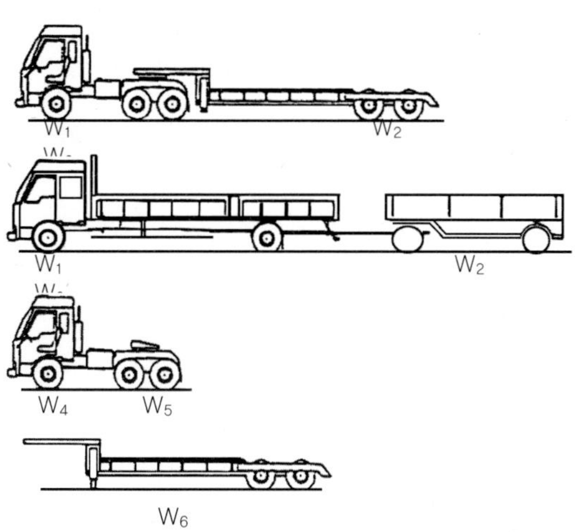

W_1 : 연결시 견인자동차의 전축중 W_2 : 연결시 견인자동차의 후축중
W_3 : 연결시 피견인자동차의 후축중 W_4 : 견인자동차의 전축중
W_5 : 견인자동차의 후축중 W_6 : 피견인자동차의 차량 중량

연결자동차의 중량

제6조 [차량총중량 등] – 자동차 및 자동차부품의 성능과 기준에 관한 규칙

① 자동차의 차량총중량은 20톤(승합자동차의 경우에는 30톤, 화물자동차 및 특수자동차의 경우에는 40톤), 축중은 10톤, 윤중은 5톤을 초과하여서는 아니된다.

② 제1항의 규정에 의한 차량총중량·축중 및 윤중은 연결자동차의 경우에도 또한 같다.

③ 초소형 승용자동차의 경우 차량중량은 600kg을, 초소형화물자동차의 경우 차량중량은 750kg을 초과하여서는 아니 된다.

4) 타이어 부하율

타이어 부하율은 다음 산식에 의한다. 이 경우 타이어의 허용하중은 타이어 제작자가 표시한 최대 허용하중(최대 허용하중이 표시되지 아니한 경우에는 당해 타이어 제작국가의 공업규격에서 정한 최대 허용하중을 말한다)으로 한다.

$$\text{타이어부하율}(\%) = \frac{\text{적차(또는 공차)시 전(또는 후)륜의 분담하중}}{\text{전(또는 후)륜의 타이어 허용하중} \times \text{전(또는 후)타이어의 개수}} \times 100$$

제12조 [주행장치] – 자동차 및 자동차부품의 성능과 기준에 관한 규칙

① 자동차의 공기압 타이어는 [별표 1]의 기준에 적합하여야 한다.

[별표 1] 공기압 고무타이어의 표기·구조 및 성능기준(제12조 제1항 및 제64조 제1항 관련)

Ⅰ. 자동차용 공기압타이어의 표기·구조 및 성능기준

1. 공기압타이어 표기 기준

가. 공기압타이어(이하 이 표에서 “타이어”라 한다) 트레드 부분에는 트레드 깊이가 1.6mm까지 마모된 것을 표시하는 트레드 마모지시기를 표기할 것

나. 타이어 사이드월에는 다음의 사항이 모두 표기되어 있을 것

1) 제작사명 또는 제작사를 표시하는 기호

2) 제작번호 또는 그에 상당하는 기호

3) 타이어의 호칭(다음 사항을 말하며, 세부표기방법은 국토교통부장관이 정하는 방법에 따른다)

가) 타이어 공칭 단면너비

나) 공칭 편평비(타이어 너비에 대한 높이의 비율을 말한다)

다) 타이어를 구성하는 내부구조

라) 공칭 림 지름(인치 단위로 표기할 경우에는 100 이하의 숫자 표기를 사용하며, mm 단위로 표기하는 경우에는 100 이상의 숫자 표기)

마) 하중지수(LI)

(단위 : kg)

LI	최대 허용하중	LI	최대 허용하중	LI	최대 허용하중	LI	최대 허용하중	LI	최대 허용하중	LI	최대 허용하중
0	45	43	155	86	530	129	1,850	172	6,300	215	21,800
1	46.2	44	160	87	545	130	1,900	173	6,500	216	22,400
2	47.5	45	165	88	560	131	1,950	174	6,700	217	23,000
3	48.7	46	170	89	580	132	2,000	175	6,900	218	23,600
4	50	47	175	90	600	133	2,060	176	7,100	219	24,300
5	51.5	48	180	91	615	134	2,120	177	7,300	220	25,000
6	53	49	185	92	630	135	2,180	178	7,500	221	25,750
7	54.5	50	190	93	650	136	2,240	179	7,750	222	26,500
8	56	51	195	94	670	137	2,300	180	8,000	223	27,250
9	58	52	200	95	690	138	2,360	181	8,250	224	28,000
10	60	53	206	96	710	139	2,430	182	8,500	225	29,000
11	61.5	54	212	97	730	140	2,500	183	8,750	226	30,000
12	63	55	218	98	750	141	2,575	184	9,000	227	30,750
13	65	56	224	99	775	142	2,650	185	9,250	228	31,500
14	67	57	230	100	800	143	2,725	186	9,500	229	32,500
15	69	58	236	101	825	144	2,800	187	9,750	230	33,500
16	71	59	243	102	850	145	2,900	188	10,000	231	34,500
17	73	60	250	103	875	146	3,000	189	10,300	232	35,500
18	75	61	257	104	900	147	3,075	190	10,600	233	36,500
19	77.5	62	265	105	925	148	3,150	191	10,900	234	37,500
20	80	63	272	106	950	149	3,250	192	11,200	235	38,750
21	82.5	64	280	107	975	150	3,350	193	11,500	236	40,000
22	85	65	290	108	1,000	151	3,450	194	11,800	237	41,250
23	87.5	66	300	109	1,030	152	3,550	195	12,150	238	42,500
24	90	67	307	110	1,060	153	3,650	196	12,500	239	43,750
25	92.5	68	315	111	1,090	154	3,750	197	12,850	240	45,000
26	95	69	325	112	1,120	155	3,875	198	13,200	241	46,250
27	97.5	70	335	113	1,150	156	4,000	199	13,600	242	47,500
28	100	71	345	114	1,180	157	4,125	200	14,000	243	48,750
29	103	72	355	115	1,215	158	4,250	201	14,500	244	50,000
30	106	73	365	116	1,250	159	4,375	202	15,000	245	51,500
31	109	74	375	117	1,285	160	4,500	203	15,500	246	53,000
32	112	75	387	118	1,320	161	4,625	204	16,000	247	54,500
33	115	76	400	119	1,360	162	4,750	205	16,500	248	56,000
34	118	77	412	120	1,400	163	4,875	206	17,000	249	58,000
35	121	78	425	121	1,450	164	5,000	207	17,500	250	60,000
36	125	79	437	122	1,500	165	5,150	208	18,000	251	61,500

LI	최대 허용하중	LI	최대 허용하중	LI	최대 허용하중	LI	최대 허용하중	LI	최대 허용하중	LI	최대 허용하중
37	128	80	450	123	1,550	166	5,300	209	18,500	252	63,000
38	132	81	462	124	1,600	167	5,450	210	19,000	253	65,000
39	136	82	475	125	1,650	168	5,600	211	19,500	254	67,000
40	140	83	487	126	1,700	169	5,800	212	20,000	255	69,000
41	145	84	500	127	1,750	170	6,000	213	20,600	256	71,000
42	150	85	515	128	1,800	171	6,150	214	21,200	257	73,000

주 : "하중지수(LI : Load Index)"란 타이어의 최대허용하중을 나타내는 지수를 말한다.

바) 속도기호

속도 기호	최대 허용속도(km/h)	속도 기호	최대 허용속도(km/h)
B	50	P	150
C	60	Q	160
D	65	R	170
E	70	S	180
F	80	T	190
G	90	U	200
J	100	H	210
K	110	V	240
L	120	W	270
M	130	Y	300 또는 300 초과속도
N	140		

주 : "속도기호"란 타이어의 최대 허용속도를 나타내는 기호를 말한다.

4) 타이어의 종류

구분	사이드월의 표기	비고
레이디얼 타이어	RADIAL	1. 영문자는 대문자 또는 소문자로 표기할 수 있다. 다만, 응급용 타이어 및 T타입 응급용 타이어의 경우에는 대문자(단위 표기는 제외한다)로 한다. 2. 호칭 또는 제품명 등으로 명확하게 타이어의 종류를 구분할 수 있는 경우에는 표기를 생략할 수 있다.
튜브리스 타이어	TUBELESS	
강화 타이어 (추가하중 타이어)	REINFORCED 또는 EXTRA LOAD	
스노우 타이어	M+S, M.S 또는 M&S	
응급용 타이어	TEMPORARY USE ONLY	
T타입 응급용 타이어	TEMPORARY USE ONLY 및 INFLATE TO 420kPa(60psi)	
경형승합자동차 또는 경형화물자동차 타이어	ULTRA LIGHT TRUCK 또는 그 약칭	
소형승합자동차 또는 소형화물자동차 타이어	LIGHT TRUCK 또는 그 약칭	
중형승합자동차 · 중형화물자동차 또는 대형승합자동차 · 대형화물자동차 타이어	HIGHWAY TREAD-J(HW-J) 또는 EXTRA HEAVY TREAD(EHT). 다만, 스노우 바이어스 타이어는 표기를 생략할 수 있다.	

주 : 1. 타이어를 구성하는 각 부분의 명칭은 다음과 같다.

가. “카카스"란 타이어의 골격을 형성하는 코드층을 말한다.

나. “트레드”란 타이어 접지 부분의 고무층으로 노면과 접촉하는 부분을 말한다.

다. “비드”란 강선에 고무를 피복하여 타이어가 림에 장착될 때 고정되는 부분을 말한다.

라. “벨트”란 레이디얼 타이어의 트레드와 카카스 사이에 위치하여, 카카스를 원둘레 방향으로 강하게 죄어 트레드의 강성을 높이고 노면에 닿는 트레드 부위를 넓게 하여 주행안정성을 높이는 보강대 역할을 하는 부분을 말한다.

마. “코드"란 카카스, 벨트 등의 고무층을 구성하도록 짜여진 섬유선 또는 금속선을 말한다.

바. “사이드월"이란 트레드와 비드 사이 부분의 고무층을 말한다.

사. “이너 라이너”란 튜브리스 타이어의 공기압을 유지하도록 하기 위하여 카카스 내면에 부착된 기밀성이 높은 고무층을 말한다.

2. “레이디얼 타이어”란 카카스 고무층 코드가 비드에 이르기까지 트레드의 중심선에 대하여 90도로 놓여있으며, 그 위로 신장성을 갖지 않는 코드 재질의 벨트가 적층되어 카카스 고무층을 제한하는 구조의 공기압 타이어를 말한다(그림 참조).

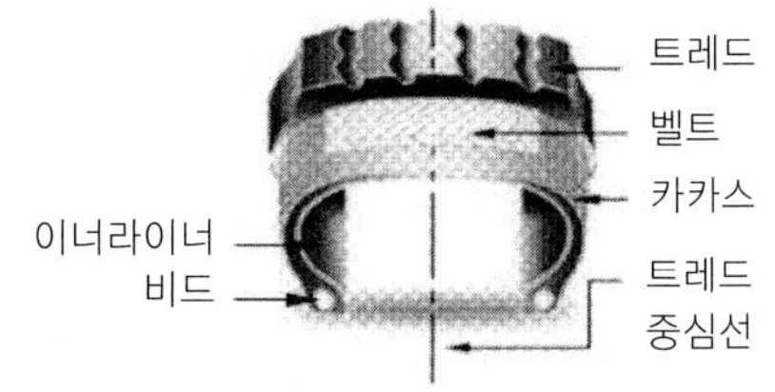

3. “튜브리스 타이어"란 림에 타이어를 조립할 때 튜브를 사용하지 않도록 설계된 타이어 형태를 말한다.

4. “강화 타이어(추가하중 타이어)”란 카카스가 표준하중 타이어의 구조보다 더 높은 공기압으로 더 큰 하중을 견딜 수 있도록 설계된 타이어를 말한다.

5. “스노우 타이어“란 트레드 패턴, 트레드 성분 또는 구조가 눈길에서 자동차의 출발 또는 주행성능이 일반타이어보다 더 우수한 성능을 발휘하도록 설계된 타이어를 말한다.

6. “응급용 타이어”란 자동차에 장착된 타이어가 파손 등의 고장으로 사용할 수 없는 상황에서 일시적으로 사용할 목적으로 제작된 중량, 부피 등이 감소된 타이어로서 꺾어 접은 상태로 보관하는 중첩식 응급용 타이어와 일반용 표준 타이어보다 단면너비가 적고 높은 공기압을 사용하는 T타입 응급용 타이어를 말한다.

7. “HIGHWAY TREAD-J(HW-J)“란 중형 승합자동차·중형 화물자동차·대형 승합자동차 또는 대형 화물자동차의 트레드 깊이가 얕은 타이어를 말한다.

8. “EXTRA HEAVY TREAD(EHT)”란 중형 승합자동차·중형 화물자동차·대형 승합자동차 또는 대형 화물자동차의 트레드 깊이가 깊은 타이어를 말한다.

9. “바이어스 타이어"란 고무층 코드가 비드에 이르기까지 트레드의 중심선에 대하여 90도 미만의 엇각으로 놓여있는 공기압 타이어를 말한다(그림 참조).

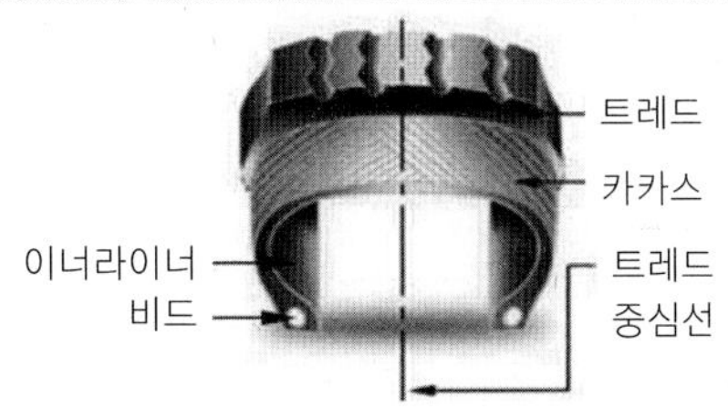

5) 제품명

6) 제작시기[제작하는 주(週)와 년도] : 해당 “주”와 “제작년도”를 각각 두자리의 숫자로 순차적으로 표기한다.

예) 4012 : 2012년 40번째 주

7) 제작국명

2. 타이어 구조 기준

가. 타이어에 작용되는 적차상태의 하중은 해당 타이어의 제작사가 표시하는 최대 허용하중의 범위 이내 일 것

나. 타이어의 최대 허용속도가 표기되어 있을 것

다. 타이어의 최대 허용속도는 해당 자동차의 최고 속도 이상일 것. 다만, 다음 어느 하나에 해당하는 타이어는 그러하지 아니하다.

1) 응급용 타이어
2) 스노우 타이어
3) 험로주행 등 특수한 사용 조건하에서 성능을 발휘할 수 있도록 설계된 트레드 패턴을 가진 타이어

라. 금이 가고 갈라지거나 코드층이 노출될 정도의 손상이 없어야 하며, 트레드 깊이가 1.6mm 이상 유지될 것

마. 타이어의 용도를 알 수 있는 타이어 제원에 대한 정보가 외부에서 보기 쉬운 곳에 지워지지 않도록 양각 또는 음각으로 표기되어 있을 것

3. 타이어 성능 기준

타이어가 장착되는 자동차의 종류별로 아래 표에 따른 성능 기준 A 또는 B 중의 하나를 만족하여야 한다.

<table>
<tr><th colspan="2" rowspan="4">타이어 종류 / 성능기준</th><th colspan="2" rowspan="2">승용자동차</th><th rowspan="4">경형승합자동차 또는 경형화물자동차</th><th colspan="3">소형승합자동차 또는 소형화물자동차</th><th rowspan="4">중형승합자동차, 대형승합자동차, 중형화물자동차 또는 대형화물자동차</th></tr>
<tr><th colspan="2">8PR 이하</th><th rowspan="3">10PR 이상</th></tr>
<tr><th rowspan="2">튜브 타입</th><th rowspan="2">튜브 리스</th><th colspan="2">림지름</th></tr>
<tr><th>15인치 미만</th><th>15인치 이상</th></tr>
<tr><td rowspan="4">성능 기준 A</td><td>트레드 강도</td><td>○</td><td>○</td><td>○</td><td>○</td><td>○</td><td>○</td><td>○</td></tr>
<tr><td>비드이탈 강도</td><td>-</td><td>○</td><td>-</td><td>-</td><td>-</td><td>-</td><td>-</td></tr>
<tr><td>내구성능 a</td><td>○</td><td>○</td><td>○</td><td>○</td><td>○</td><td>○</td><td>○</td></tr>
<tr><td>고속성능 a</td><td>○</td><td>○</td><td>○</td><td>○</td><td>-</td><td>-</td><td>-</td></tr>
<tr><td rowspan="2">성능 기준 B</td><td>내구성능 b</td><td>-</td><td>-</td><td>○</td><td>○</td><td>○</td><td>○</td><td>○</td></tr>
<tr><td>고속성능 b</td><td>○</td><td>○</td><td>-</td><td>-</td><td>-</td><td>-</td><td>-</td></tr>
</table>

주 : 1. "튜브 타입" 이란 림에 타이어를 조립할 때 튜브를 사용하여 공기압을 유지되도록 설계된 타이어의 형태를 말한다.
2. "플라이 지수(PR)"란 타이어의 강도를 나타내는 지수로서 면으로 만들어진 고무층에 해당하는 강도를 상대적으로 표시한 지수를 말한다.

가. 성능기준 A

1) 트레드 강도(파괴에너지) 최소 기준

가) 승용자동차용 타이어

(단위 : J)

승용자동차용 타이어			T타입 응급용 타이어	
표준하중 타이어 단면 너비의 호칭		강화 타이어 (추가하중 타이어)	최대허용하중	
160mm 미만	160mm 이상		400kg 미만	400kg 이상
220	295	585	220	295

주 : 1. 단면 너비의 호칭이 3자리 정수로 표시되지 않은 타이어의 경우에는 해당 타이어의 설계 단면 너비 값에 의한다.
2. 레이온 재질의 카카스로 구성된 바이어스 타이어는 표에 나타낸 수치의 60%를 규정값으로 적용한다.
3. 모든 측정 위치(원주 방향으로 균등하게 72° 각도의 5개 위치를 말한다)에서 타이어가 파괴되지 않고 구형 끝단을 갖는 시험용 막대가 림에 도달하는 경우에는 규정값에 도달한 것으로 본다(그림 참조).

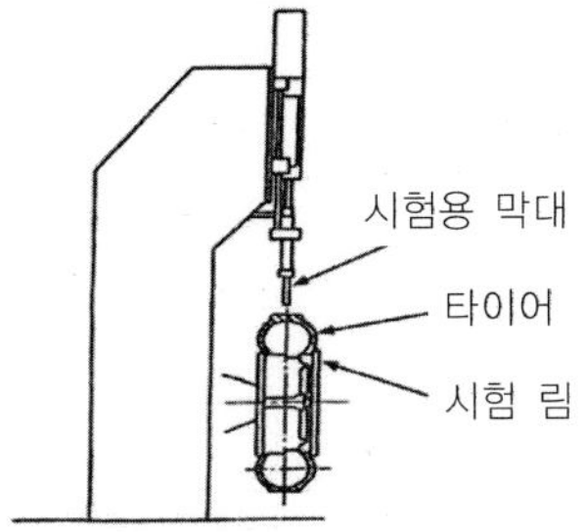

트레드 강도 시험장비

나) 하중지수가 표시되어 있는 승합자동차용 또는 화물자동차용 타이어

(단위 : J)

최대 허용하중에 대응하는 공기압(kPa)	하중 지수(단륜) 121 이하 림 지름의 호칭		하중 지수(단륜) 122 이상
	13인치 미만	13인치 이상	
250 이하	136	294	-
251~350	203	362	-
351~450	271	514	-
451~550	-	576	972
551~650	-	644	1,412
651~750	-	712	1,695
751~850	-	-	2,090
851 이상	-	-	2,203

다) 하중지수가 표시되어 있지 않은 승합자동차용 또는 화물자동차용 타이어

(단위 : J)

PR	경형승합자동차, 경형화물자동차, 소형승합자동차 또는 소형화물자동차			중형승합자동차, 중형화물자동차, 대형승합자동차 또는 대형화물자동차	
	림 지름의 호칭 13인치 미만	튜브 타입 림 지름의 호칭 13~14인치	튜브리스 림 지름의 호칭 13~17.5인치	튜브리스	튜브 타입
2	68	-	226	-	-
4	136	192	294	-	-
6	203	271	362	576	768
8	271	384	514	734	893
10	339	-	576	972	1,412
12	407	-	644	1,412	1,785
14	-	-	712	1,695	2,282
16	-	-	768	2,090	2,599
18	-	-	-	2,203	2,825
20	-	-	-	-	3,051
22	-	-	-	-	3,220
24	-	-	-	-	3,390

2) 승용자동차용 튜브리스 타이어의 비드이탈 강도(저항값) 최소 기준

(단위 : N)

승용자동차용 타이어			T타입 응급용 타이어		
단면 너비의 호칭			하중 지수		
160mm 미만	160mm 이상 205mm 미만	205mm 이상	75 이하	76~92	93 이상
6,670	8,890	11,120	6,670	8,890	11,120

주 : 1. 단면 너비의 호칭이 3자리 정수로 표시되지 않은 타이어의 경우에는 해당 타이어의 설계 단면 너비 값에 의한다.
2. 하중지수가 표시되어 있지 않은 타이어는 하중지수에 대응하는 최대허용하중에 따른다.
3. "수평 빔(beam)"이란 비드이탈 강도 시험에서 시험 하중을 가하는 직선형 막대를 말한다(그림 참조).

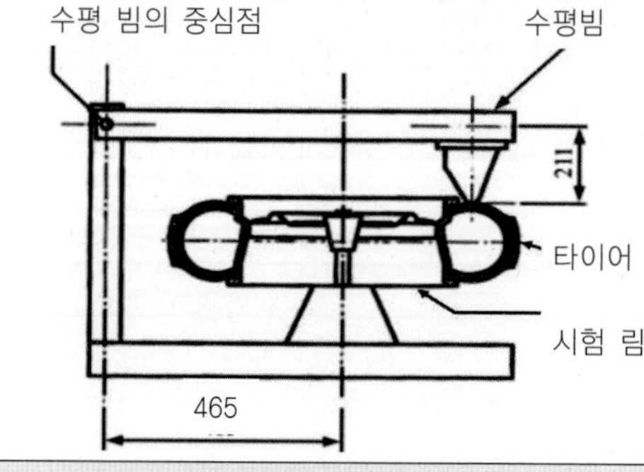

비드이탈 강도 시험장비

3) 내구성능 a 기준

(단위 : N)

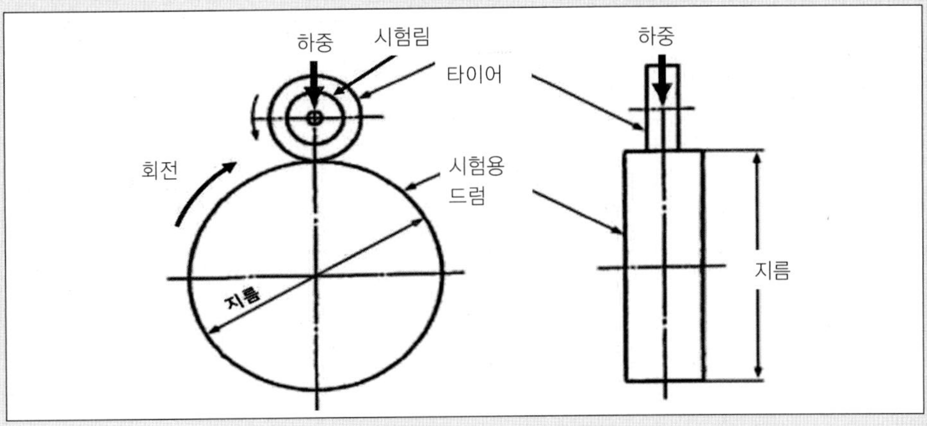

내구성능 및 고속성능 시험장비

가) 트레드, 사이드월, 고무층, 코드, 이너 라이너, 벨트 또는 비드의 분리, 뜯김, 이음매의 벌어짐, 균열 또는 코드의 절단이 육안으로 나타나지 않을 것

나) 시험 후 즉시 측정한 타이어의 공기압은 다음 각 호의 구분에 따른 초기압력보다 높을 것

(1) 내구성능 및 고속성능 시험장비승용자동차용 타이어 : 180kPa

(2) T타입 응급용 타이어 : 360kPa

(3) 강화 타이어 : 220kPa

(4) 그 밖의 타이어 : 최대허용하중에 대응하는 공기압(단륜과 복륜에 따라 다른 경우에는 복륜 사용 시의 최대허용하중에 대응하는 공기압을 말한다)

주 : 1. 내구성능 a에 대한 시험조건 및 방법은 국토교통부장관이 정하여 고시한다.
2. "분리"란 트레드, 비드, 사이드월, 코드, 고무층, 벨트 및 이너 라이너가 서로 인접한 구성물에서 접착 또는 연결이 해체되는 것을 말한다.
3. "뜯김"이란 트레드 패턴 부위의 고무가 부분적으로 떨어져 나가는 것을 말한다.
4. "균열"이란 트레드, 사이드월 및 이너 라이너 부위에 발생하는 고무의 갈라짐을 말한다.
5. "이음매 벌어짐"이란 트레드, 사이드월 및 이너 라이너의 이음매 부위가 분리되는 것을 말한다.

4) 고속성능 a 기준

가) 트레드, 사이드월, 고무층, 코드, 이너 라이너, 벨트 또는 비드의 분리, 뜯김, 이음매의 벌어짐, 균열 또는 코드의 전단이 육안으로 나타나지 않을 것

나) 시험 후 즉시 측정한 타이어의 공기압은 다음 각 호의 구분에 따른 초기압력보다 높을 것

(1) 승용자동차용 타이어 : 220kPa

(2) T타입 응급용 타이어 : 400kPa

(3) 강화 타이어 : 260kPa

(4) 그 밖의 타이어 : 최대 허용하중에 대응하는 공기압(단륜과 복륜에 따라 다른 경우에는 복륜 사용 시의 최대 허용하중에 대응하는 공기압을 말한다)

주 : 고속성능 a에 대한 시험조건 및 방법은 국토교통부장관이 정하여 고시한다.

나. 성능 기준 B

내구성능 b 기준 고속성능 b 기준	가) 트레드, 사이드월, 고무층, 코드, 이너 라이너, 벨트 또는 비드의 분리, 뜯김, 이음매의 벌어짐, 균열 또는 코드의 전단이 육안으로 나타나지 않을 것 나) 시험 6시간 이후에 측정한 타이어의 바깥지름은 시험 전에 측정된 바깥 지름과 비교하여 ±3.5% 이상 차이가 없을 것

주 : 구성능 b 및 고속성능 b에 대한 시험조건 및 방법은 국토교통부장관이 정하여 고시한다.

II. 이륜자동차 공기압타이어의 표기·설치·치수 및 성능기준 – 생략

5) 조향륜의 하중분포

가. 공차상태 조향륜의 하중분포 : 공차상태에서의 조향륜의 하중분포는 다음 산식에 의한다.

$$\text{공차상태 조향륜의 하중분포(\%)} = \frac{\text{적차시 조향륜의 윤중의 합}}{\text{차량중량}} \times 100$$

나. 적차상태 조향륜의 하중분포 : 적차상태에서의 조향륜의 하중분포는 다음 산식에 의한다.

$$\text{공차상태 조향륜의 하중분포(\%)} = \frac{\text{적차시 조향륜의 윤중의 합}}{\text{차량 총중량}} \times 100$$

제7조 [중량분포] – 자동차 및 자동차부품의 성능과 기준에 관한 규칙

① 자동차의 조향바퀴의 윤중의 합은 차량중량 및 차량총중량의 각각에 대하여 20%(3륜의 경형 및 소형자동차의 경우에는 18%) 이상이어야 한다.

② 견인자동차는 피견인자동차(풀트레일러를 제외한다)를 연결한 상태에서 제1항의 기준에 적합하여야 한다.

6) 측정기기

차축부하시험기, 저울 등으로 측정한다.

기본학습

04 최대적재량 측정

4.1 최대적재량

1. 정의

자동차 및 자동차부품의 성능과 기준에 관한 규칙 제2조제14항에서는 다음과 같이 규정하고 있다.

consultation

최대적재량

자동차에 적재할 수 있도록 허용된 물품의 최대중량을 말한다.

2. 최대 적재량

자동차에 적재할 수 있는 최대 하중인 최대 적재량의 계산은 다음의 그림에서 생각해 볼 수 있다.

$$P_{2r} = P_2 \cdot \frac{(L - a_2)}{L},\ P_2 = \frac{L \cdot P_{2r}}{L - a_2}$$

적차상태의 후축중 W_r는 $w_r + P_{1r} + P_{2r}$으로 된다.

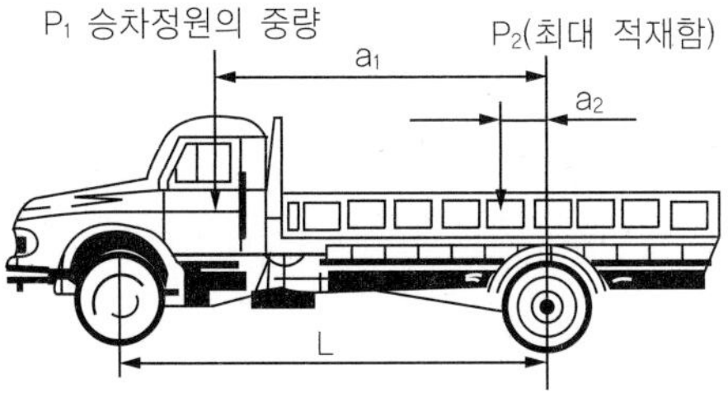

W_f : 공차상태의 전축중
W_r : 공차상태의 후축중
P_{1f} : 승차정원의 하중 P_1이 전축에 미치는 하중
P_{1r} : 승차정원의 하중 P_1이 후축에 미치는 하중
P_{2f} : 최대 적재량 P_2가 전축에 미치는 하중
P_{2r} : 최대 적재량 P_2가 후축에 미치는 하중

최대적재량

여기서 적차시 후축중 W_r는 후륜 타이어의 허용하중에서 후륜 타이어 수로 곱한 것과 같을 때이다. 따라서 최대적재량 P2가 후축에 미치는 하중 P_{2r}는

$P_{2r} = W_r - (w_r + P_{1r})$=후륜 타이어 허용하중×타이어 개수$- w_r - P_{1r}$

=후륜 타이어 허용하중×타이어 갯수−승차정원의 후륜하중−공차시 후축중

$$최대\ 적재량(P_2) = \frac{L \cdot P_{2r}}{L - a_2}$$

$$= \frac{L(후륜\ 타이어\ 허용하중 \times 타이어\ 갯수 - 승차정원\ 후륜하중 - 공차시\ 후축중)}{L - a_2}$$

L : 축간거리

a_2 : 하대 옵셋

이다.

4.2 최대적재량 측정방법

관련근거 자동차안전기준 시행세칙

[별표 2] 자동차의 안전기준 확인방법(15. 자동차의 최대적재량)

1. 적용범위

이 규정은 자동차의 최대적재량을 산출할 경우에 대하여 규정한다.

2. 산출조건

2.1. 제5륜 하중의 산출은 최대적재량의 산출에 준한다.

2.2. 덤프형 화물자동차는 일반적인 경우와 비중이 낮은 경량 화물을 운송하는 경우로 구분하고, 단위부피당 무게를 적용하여 최대적재량을 산출한다.

2.3. 탱크로리 등의 자동차는 당해 자동차의 용기와 적재물의 비중을 고려하여 최대적재량을 산출한다.

3. 산출방법

3.1. 덤프형 화물자동차(피견인형 포함)

3.1.1. 일반적인 경우

(산식 33-1) 소형의 경우 : $\frac{최대적재량}{V} \geqq 1.3톤/m^3$

기타의 경우 : $\frac{최대적재량}{V} \geqq 1.5톤/m^3$

3.1.2. 경량 화물 운송용의 경우

경량 화물 운송용 : $\frac{최대적재량}{V} \geqq S톤/m^3$

3.1.2.1. (산식 33-3)은 비중(S) 1.0 이하의 경량 화물을 운송하기 위하여 제작된 덤프형 화물자동차(피견인형 포함)를 대상으로 하고 비중이 0.80 이하의 적재물은 그 비중을 0.80으로, 0.80초과 1.0 이하의 경우에는 해당 적재물의 비중을 적용한다.

3.1.2.2. 적재물의 비중은 제3.2.2에 의하여 책정된 적재물별 비중을 적용한다.

3.1.2.3. 적재함 양 옆면 및 뒷면에는 다음 각 호에 적합하게 경량 화물 운송용 차량임을 표시하여야 한다.

가. 표시 문구는 "경량화물운송용"으로 한다.

나. 글자의 너비는 옆면의 경우 한 획당 50mm 이상, 뒷면의 경우 한 획당 30mm 이상으로서 좌우가 적절히 배분되고 동일한 높이어야 한다.

다. 글자부분의 전체길이는 적재함 옆면 및 뒷면 각각 길이의 50% 이상, 글자부분 높이는 적재함 높이의 30% 이상이어야 한다.

라. 표시 문구는 명확하게 보여야 하고, 야간에도 식별이 잘 되어야 한다.

(산식 33-4) $V(m^3) = A \times B \times C$

V : 적재함 용적
A : 적재함(내측) 길이
B : 적재함(내측) 너비
C : 적재함(내측) 높이

3.2. 탱크로리 및 특수구조의 자동차

3.2.1. 용적의 산출

탱크 형상별 적재용적은 다음 각호의 예를 준용한다.

3.2.1.1.

(산식 33-4) $V= \frac{\pi d^2}{4} \times \ell$

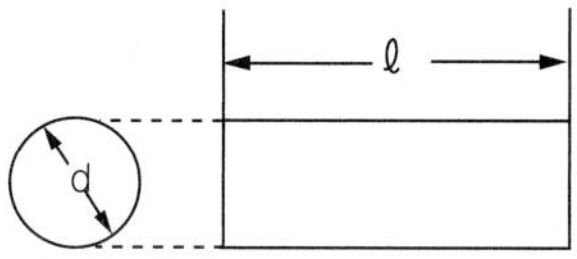

3.2.1.2.

(산식 33-5) $V= \frac{\pi d^2}{4} \times \left(\ell + \frac{\ell_1 + \ell_2}{3}\right)$

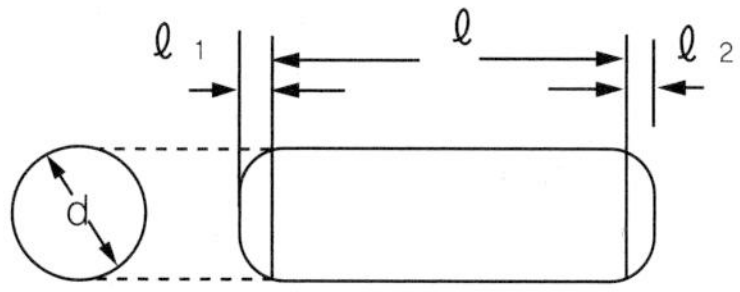

3.2.1.3.

(산식 33-6) $V = \frac{\pi ab}{4} \times \ell$

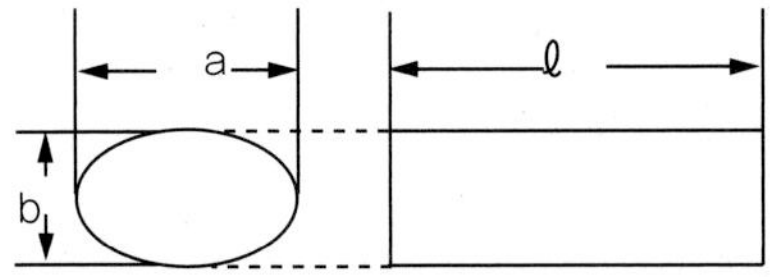

3.2.1.4.

(산식 33-7) $V = \frac{\pi ab}{4} \times \left(\ell + \frac{\ell_1 + \ell_2}{3}\right)$

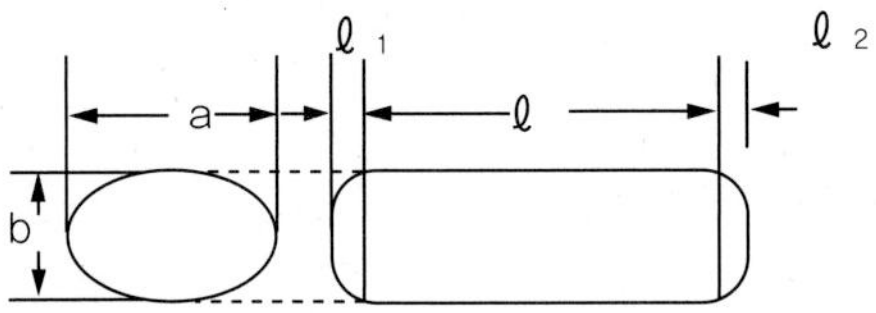

3.2.1.5. 다른 법령에 의하여 산출되는 적재량은 당해 법령의 산출방법에 의한다.

3.2.2. 적재물의 비중

3.2.2.1. 적재물의 비중은 제작자등이 국가표준기본법에 따라 인정받은 시험·검사기관이 발급한 비중 관련 시험성적서 또는 시험성적서와 동등 이상으로 비중을 확인할 수 있는 자료를 성능시험대행자에게 제시하면, 성능시험대행자는 관계기관 확인 등을 거쳐 비중을 확정하고, 확정된 비중은 인터넷 사이트 등에 공지하여야 한다. 확정된 비중을 변경하는 경우에도 이와 같다.

3.2.2.2. 다른 법령 등에 정해진 비중이 있는 경우에는 당해 법령에 정해진 비중에 의한다.

기본학습 05

자동차의 제원측정 검사 및 판정기준

관련근거 자동차관리법시행규칙 - 제73조[자동차의 검사기준 및 방법]

[별표 15] 자동차검사기준 및 방법(제73조 관련)

1. 검사기준 및 방법

항목	검사기준	검사방법
2) 제원측정	제원표에 기재된 제원과 동일하고, 제원이 안전기준에 적합할 것	길이·너비·높이·최저 지상고, 뒤 오우버행(뒤차축 중심부터 차체후단까지의 거리) 및 중량을 계측기로 측정하고 제원허용차의 초과 여부 확인

2. 판정기준

자동차검사대행자 또는 지정정비사업자가 실시한 검사결과가 "자동차관리법시행규칙 제80조 [검사의 실시 등)"에 의거 정기검사 항목 중 자동차 제원을 측정한 결과 적합하지 아니한 사항이 있는 경우 해당 사항이 다음 각 호의 어느 하나에 해당하지 않으면 적합 판정을 하고 해당 자동차소유자에게 그 시정을 권고할 수 있다.

(1) 영 제8조 제1항에 따른 구조 및 장치의 제원허용오차 초과 또는 안전기준 부적합

(2) 법 제34조에 따른 승인을 받지 아니하고 튜닝한 자동차의 구조·장치

제8조 [자동차의 구조 및 장치] - 자동차관리법 시행령

① 다음 각호의 1에 해당하는 사항과 관련된 자동차의 구조는 법 제29조제1항의 규정에 의한 안전기준에 적합하여야 한다.

1. 길이·너비 및 높이
2. 최저 지상고
3. 총중량
4. 중량분포
5. 최대안전경사각도
6. 최소회전반경
7. 접지부분 및 접지압력.

자동차관리법 제34조 [자동차의 튜닝]

① 자동차의 소유자가 국토교통부령으로 정하는 항목에 대하여 튜닝을 하려는 경우에는 시장·군수·구청장의 승인을 받아야 한다.

② 제1항에 따라 튜닝승인을 받은 자는 자동차정비업자 또는 국토교통부령으로 정하는 자동차 제작자 등으로부터 튜닝작업을 받아야 한다. 이 경우 자동차 제작자 등의 튜닝작업 범위는 국토교통부령으로 정한다.

③ 제1항에 따른 승인 대상 항목에 대한 승인기준 및 승인절차에 관한 사항은 국토교통부령으로 정한다.

기본학습 06 실습지시서 및 실습보고서

실습지시서

<table>
<tr><th>학과</th><th>과</th><th>학기</th><th colspan="3">20 학년도 학기</th></tr>
<tr><td>교과목명</td><td>자동차정비검사</td><td>시간</td><td colspan="3">20 년 월 일(~교시)</td></tr>
<tr><td>실험·실습명</td><td colspan="5">자동차의 제원검사 및 튜닝검사</td></tr>
<tr><td>실습목표</td><td colspan="5">(1) 자동차검사 기준·방법에 따라 제원허용오차 측정방법을 적용할 수 있다.
(2) 자동차 제원표에 따라 자동차 구조변경사항 일치 여부를 확인할 수 있다.
(3) 자동차 제원표에 따라 길이, 너비, 높이, 최저지상고, 차량중량을 계측기로 측정할 수 있다.
(4) 자동차 제원표에 따라 자동차의 제원과 제원표에 기재된 제원의 일치여부·상태를 확인할 수 있다.
(5) 자동차 제원·튜닝사항 검사결과에 따라 적합여부를 판정할 수 있다.</td></tr>
<tr><td rowspan="3">사용재료
(공구/기구 등)</td><td colspan="2">품명(재료명)</td><td>규격</td><td>수량</td><td>비고</td></tr>
<tr><td colspan="2">자동차등록증</td><td></td><td>1</td><td></td></tr>
<tr><td colspan="2">자동차</td><td></td><td>1</td><td></td></tr>
<tr><td>실험·실습순서
및 관련지식</td><td colspan="5">1. 검사방법
(1) 제원측정은 공차상태에서 시행한다. 단, 긴급자동차 등 부득이한 사유가 있는 경우에는 적차상태에서 검사할 수 있다.
(2) 길이·너비·높이·최저지상고, 차량중량을 계측기로 측정하고 제원허용차의 초과 여부 확인
- 자동차의 제원측정시 구조 및 제원이 자동차 등록증, 자기인증 또는 튜닝승인·내용과 변동이 없는 경우는 계측기에 의한 검사를 생략할 수 있다.
(3) 튜닝을 승인받지 않았거나 승인내용과 다른지 여부를 확인한다.
예) ① 적재함의 크기 임의 변경
② 물품적재장치 임의 변경
③ 견인고리 임의 설치
④ LPG임의 설치
⑤ 최저지상고 임의 변경
⑥ 방향지시등 임의 변경
⑦ 리어 컴비네이션 램프 LED 설치
⑧ 소음기 임의 변경</td></tr>
</table>

실험·실습순서 및 관련지식	내용

2. 검사기준

(1) 제원표에 기재된 제원과 동일하고, 제원이 안전기준에 적합할 것

구분	자동차 제원		적합성
	자동차등록증	측정	
길이			
너비			
높이			
최저지상고			
차량중량			

3. 판정기준

검사기준에 적합하여야 한다. 단, 검사결과 적합하지 아니한 사항이 있는 경우 다음 각 호의 어느 하나에 해당하지 않으면 적합 판정으로 한다. 그리고 해당 자동차소유자에게 그시정을 권고할 수 있다.

(1) 영 제8조 제1항에 따른 구조 및 장치의 제원허용오차 초과 또는 안전기준 부적합

(2) 자동차관리법 제34조에 따른 승인을 받지 아니하고 튜닝한 자동차의 구조·장치

제8조 [자동차의 구조 및 장치] – 자동차관리법 시행령

① 다음 각호의 1에 해당하는 사항과 관련된 자동차의 구조는 법 제29조제1항의 규정에 의한 안전기준에 적합하여야 한다.

1. 길이·너비 및 높이
2. 최저 지상고
3. 총중량
4. 중량분포
5. 최대안전경사각도
6. 최소회전반경
7. 접지부분 및 접지압력.

자동차관리법 제34조 [자동차의 튜닝]

① 자동차의 소유자가 국토교통부령으로 정하는 항목에 대하여 튜닝을 하려는 경우에는 시장·군수·구청장의 승인을 받아야 한다.

② 제1항에 따라 튜닝승인을 받은 자는 자동차정비업자 또는 국토교통부령으로 정하는 자동차 제작자 등으로부터 튜닝작업을 받아야 한다. 이 경우 자동차 제작자 등의 튜닝작업 범위는 국토교통부령으로 정한다.

③ 제1항에 따른 승인 대상 항목에 대한 승인기준 및 승인절차에 관한 사항은 국토교통부령으로 정한다.

실습보고서

실험제목	자동차의 제원검사 및 튜닝검사		
실험일자		반 및 실험조	
학번		성명	

■ 과제 내용

주어진 자동차에서 자동차의 제원검사 및 불법 튜닝여부를 실시한 후 기록표에 기록하시오.

1. 사용기기 및 부품
   (1) 차종

   (2) 사용기기

2. 실험 결과
   (1) 자동차 제원 변경여부 확인하기

구분	자동차 제원		적합성
	자동차등록증	측정	
길이			
너비			
높이			
최저지상고			
차량중량			

   (2) 불법 튜닝여부 확인하기

3. 실험 결과에 대한 검토 및 고찰

학습정리

이 장에서는 승차정원을 측정하는 방법, 제원측정방법, 중량측정방법, 최대적재량 측정방법에 대하여 학습하였다. 좌석정원 및 입석정원을 산출하는 방법을 이해하여 승차정원을 측정할 수 있고, 각종 제원을 자동차 및 자동차부품의 성능과 기준에 관한 규칙에서 정하는 안전기준에 적합한지를 측정할 수 있도록 하였으며, 또한 윤중, 축중, 차량중량, 차량총중량 및 타이어부하율과 조향륜의 하중분포가 자동차 및 자동차부품의 성능과 기준에 관한 규칙에서 정하는 기준에 적합한지를 측정할 수 있고, 산출되어진 최대적재량이 자동차 및 자동차부품의 성능과 기준에 관한 규칙에서 정하는 기준에 적합한지를 측정할 수 있도록 하였다.

총괄평가

1. 승차정원에 대하여 서술하시오.
2. 입석인원을 산출하는 공식에 대하여 서술하시오.
3. 좌석정원을 산출하는 공식에 대하여 서술하시오.
4. 공차상태와 적차상태를 비교해 보세요.
5. 차량중량과 차량총중량을 비교해 보세요.
6. 타이어부하율에 대하여 설명해 보세요.
7. 조향륜의 하중분포의 기준에 대하여 설명해보세요.
8. 최대적재량에 대하여 서술하시오.

보충학습

1. 유아전용차의 승차정원

유아전용차의 승차정원은 소아정원을 1.5로 나눈 정수와 대인정원의 합으로 나타낸다.

승차정원은 13세 이상의 사람 수로 표시한다(13세 이상의 1인은 13세 미만의 소아 또는 유아 1.5인에 해당한다).

소아정원 = 대인정원 × 1.5

$$\text{유아전용차 정원} = \frac{\text{소아정원}}{1.5} + \text{대인정원}$$

2. 타이어 접지압

측정자동차는 적차상태(공차시 타이어의 하중이 많이 걸리는 경우에는 적차 및 공차상태)로 하고 하중은 고르게 분포되어야 하며, 측정장소는 기준면에서 측정한다.

• 실측의 경우

적차상태의 윤하중과 타이어의 접지폭을 실측하여 윤하중을 접지폭으로 나눈다.

• 계산에 의한 경우

$$\text{타이어 접지압(kgf/cm)} = \frac{\text{소적차상태의 전(또는 후)륜의 윤중의 합}}{\text{전(또는 후)륜의 타이어 접지폭} \times \text{전(또는 후)타이어의 개수}}$$

• 무한궤도의 경우

$$접지압력(kgf/cm^3) = \frac{차량\ 총중량}{접지면적(A)}$$

참고자료

1. 자동차관리법, 자동차관리법 시행령, 자동차관리법 시행규칙
2. 자동차 및 자동차부품의 성능과 기준에 관한 규칙
3. 자동차안전기준 시행세칙

A-4 표기관련 업무 수행하기(1506030601_17v3.4)

학/습/목/표

일반목표

자동차 차대번호 등의 운영에 관한 규정에 따라 자동차 차대번호·원동기형식의 표기내용·방법·위치를 설명할 수 있고, 자동차 차대번호·원동기형식 표기 관련 업무를 수행할 수 있도록 한다.

세부목표

1. 자동차 차대번호 등의 운영에 관한 규정에 따라 자동차 차대번호·원동기형식의 표기내용·방법·위치를 설명할 수 있다.
2. 자동차 차대번호 등의 운영에 관한 규정에 따라 자동차 차대번호·원동기형식 표기 관련 업무를 수행할 수 있다.
3. 차대번호는 운전석에서 전방을 향하여 우측의 차대에 표기하여야 하며, 원동기형식은 실린더블록에 표기할 수 있다.

주요 용어

차대번호, 원동기형식

학습활동

기본학습 01 표기관련 업무사항 확인하기

학습모듈 A-2 차대번호·원동기형식 실차 확인하기의 내용 참조

자동차정비검사 모듈교재	
분류번호	1506030602_17v3

CHAPTER 2

관능검사

1 교재 사용안내

교재소개

본 교재는 자동차정비검사 분야로 자동차 상태 등을 검사자의 육안 등의 판단에 의해 적합여부를 판정하는 관능검사 작업을 위한 훈련 교재이다.

본 교재에서는 주행장치 확인하기, 차체·차대 손상여부 검사하기, 원동기상태 확인하기, 등화장치 확인하기, 누유, 누출검사하기, 경음기, 배기관, 소음기 확인하기, 기타 항목 검사하기 등에 대한 내용을 포괄하고 있다.

교재구성

본 교재는 교재 사용안내, 자기진단, 학습모듈로 구성되어 있다. 교재 사용안내는 교재의 전체적인 개요와 구성을 설명하고, 학습자에게 교재의 효과적인 활용방법 및 학습방법을 안내하는 역할을 한다.

- 자기진단

학습모듈을 학습하기 전에 관능검사 능력에 대한 학습자의 현재 수준을 진단하고, 학습자에게 필요한 학습활동을 안내하는 역할을 한다.

- 학습모듈

A-1 주행장치 확인하기, A-2 차체·차대 손상 여부 검사하기, A-3 원동기 상태 확인하기, A-4 등화장치 확인하기, A-5 동력전달장치 확인하기, A-6 조종장치 확인하기, A-7 조향장치 확인하기, A-8 제동장치 확인하기, A-9 완충장치 확인하기, A-10 연료장치 확인하기, A-11 전기 및 전자장치 확인하기, A-12 연결장치 및 견인장치 확인하기, A-13 승차장치 확인하기, A-14 물품적재장치 확인하기, A-15 창유리 확인하기, A-16 경음기, 경보장치 확인하기, A-17 시야확보장치 확인하기, A-18 계기장치 확인하기, A-19 소화기 및 방화장치 확인하기, A-20 내압용기 확인하기, A-21 배기가스 발산방지장치, 소음방지장치 확인하기로 구성되어 있다.

- 학습목표

각 학습모듈의 일반목표와 세부목표가 제시되어 있으며, 주요 용어에는 각 학습모듈에 사용되는 중요한 용어가 제시되어 있다. 학습활동은 각 기본학습과 심화학습으로 구분되며, 학습의 주요한 내용이 제시되어 있으며, 학습정리에는 각 학습모듈의 주요 내용이 정리되어 제시되어 있다.

• 총괄평가

각 학습모듈의 학습을 마친 후 학습자들의 성취수준을 평가하고, 부족한 부분을 피드백 받을 수 있도록 하기 위한 체크리스트가 제시되어 있다. 마지막으로 참고자료에는 학습자들의 학습에 도움을 줄 수 있는 참고도서 및 인터넷사이트가 제시되어 있다.

활용방법

본 관능검사 교재는 훈련을 수강하는 학습자를 대상으로 구성되어 있으며, 보조교재를 활용 시 혹은 스스로 자신의 관능검사 능력을 향상시키려는 학습자에게 모두 활용될 수 있다. 이를 위해 본 교재는 집단적인 교수 상황과 개별학습에서 동시에 사용될 수 있도록 개발되었다. 이 교재를 사용하는 학습자는 우선 자기진단을 통해서 현재 자신의 수준을 진단할 필요가 있다.

• 자기진단

학습 모듈별로 구성되어 있으며, 진단결과 자신의 수준이 충분한 부분은 점검만 하고, 다음 학습활동으로 넘어가고, 자신의 수준이 부족한 부분은 진단 문항별로 제시된 관련 학습모듈 및 페이지를 참고하여 해당 학습활동을 학습한다.

• 학습평가

자신의 성취수준을 점검하기 위한 것으로 평가수준에 따라 미흡한 경우 모듈 전체를 다시 복습하고, 보통인 경우 부족한 부분을 복습해야 하며, 우수인 경우 다음 학습모듈을 학습한다.

2 진단평가서

담당교수		교과목명	
학 번		능력단위명 (능력단위코드)	관능검사 (1506030602_17v3)
이 름			
평가일자			

다음은 자동차정비 검사업무를 수행하는데 요구되는 능력수준을 스스로 알아볼 수 있는 체크리스트입니다. 본인의 평소 행동을 잘 생각해 보고, 일치하는 정도에 ✓표 해 주십시오.

영역(능력단위요소)	진단 문항	자가진단		
		우수	보통	미흡
1506030602_17v3.1 주행장치 확인하기	1.1 자동차 검사기준 및 방법에 따라 주행장치 검사업무를 수행할 수 있다.			
	1.2 자동차 검사기준 및 방법에 따라 타이어 깊이게이지를 통한 타이어의 마모도 측정을 할 수 있다.			
	1.3 자동차 검사기준 및 방법에 따라 차축 휠, 타이어의 안전기준 준수여부를 확인할 수 있다.			
	1.4 자동차 검사기준 및 방법에 따라 주행장치의 적합여부를 판정할 수 있다.			
1506030602_17v3.2 차체·차대 손상 여부 검사하기	2.1 자동차 검사기준 및 방법에 따라 차체·차대 검사업무를 숙지할 수 있다.			
	2.2 자동차 검사기준 및 방법에 따라 차체·차대의 부식·균열 변형여부를 확인할 수 있다.			
	2.3 자동차 검사기준 및 방법에 따라 측면보호대의 안전기준 준수여부를 확인할 수 있다.			
	2.4 자동차 검사기준 및 방법에 따라 후부안전판의 안전 기준 준수 여부를 확인할 수 있다.			
	2.5 차체·차대 손상에 관한 검사결과에 따라 적합여부를 판정할 수 있다.			

영역(능력단위요소)	진단 문항	자가진단		
		우수	보통	미흡
1506030602_17v3.3 원동기상태 확인하기	3.1 자동차 검사기준 및 방법에 따라 원동기상태 확인 검사업무를 수행할 수 있다.			
	3.2 자동차 검사기준 및 방법에 따라 점화장치의 작동상태를 확인할 수 있다.			
	3.3 자동차 검사기준 및 방법에 따라 충전장치의 작동상태를 확인할 수 있다.			
	3.4 자동차 검사기준 및 방법에 따라 시동장치의 작동상태를 확인할 수 있다.			
	3.5 자동차 검사기준 및 방법에 따라 윤활계통 누출여부를 확인할 수 있다.			
	3.6 자동차 검사기준 및 방법에 따라 냉각계통의 손상·누출여부를 확인할 수 있다.			
	3.7 운행차 배출가스검사 기준·방법에 따라 배출가스 관련 부품·장치들의 작동상태를 확인할 수 있다.			
	3.8 원동기 상태 검사결과에 따라 안전기준 준수 여부를 판정할 수 있다.			
1506030602_17v3.4 등화장치 확인하기	4.1 자동차 검사기준 및 방법에 따라 자동차의 등화장치를 확인할 수 있다			
	4.2 자동차 검사기준 및 방법에 따라 자동차의 등화장치를 확인할 수 있다.			
	4.3 자동차 검사기준 및 방법에 따라 자동차의 등화장치의 점등상태를 확인할 수 있다.			
	4.4 자동차 검사기준 및 방법에 따라 자동차의 등화장치의 등광색 및 설치상태를 확인할 수 있다.			
	4.5 자동차 검사기준 및 방법에 따라 자동차의 등화장치의 검사결과를 판정할 수 있다.			
1506030602_17v3.5 동력전달장치 확인하기	5.1 자동차검사기준 및 방법에 따라 동력전달장치 검사업무를 수행할 수 있다.			
	5.2 자동차검사기준 및 방법에 따라 동력전달장치의 안전기준 준수여부를 확인할 수 있다.			
	5.3 동력전달장치 검사결과에 따라 안전기준 적합여부를 판정할 수 있다.			
1506030602_17v3.6 조종장치 확인하기	6.1 자동차검사기준 및 방법에 따라 조종장치 검사업무를 수행할 수 있다.			
	6.2 자동차검사기준 및 방법에 따라 조종장치의 안전기준 준수여부를 확인할 수 있다.			
	6.3 조종장치 검사결과에 따라 안전기준 적합여부를 판정할 수 있다.			

영역(능력단위요소)	진단 문항	자가진단		
		우수	보통	미흡
1506030602_17v3.7 조향장치 확인하기	7.1 자동차검사기준 및 방법에 따라 조향장치 검사업무를 수행할 수 있다.			
	7.2 자동차검사기준 및 방법에 따라 조향장치의 안전기준 준수여부를 확인할 수 있다.			
	7.3 조향장치 검사결과에 따라 안전기준 적합여부를 판정할 수 있다.			
1506030602_17v3.8 제동장치 확인하기	8.1 자동차검사기준 및 방법에 따라 제동장치 검사업무를 수행할 수 있다.			
	8.2 자동차검사기준 및 방법에 따라 제동장치의 안전기준 준수여부를 확인할 수 있다.			
	8.3 제동장치 검사결과에 따라 안전기준 적합여부를 판정할 수 있다.			
1506030602_17v3.9 완충장치 확인하기	9.1 자동차검사기준 및 방법에 따라 완충장치 검사업무를 수행할 수 있다.			
	9.2 자동차검사기준 및 방법에 따라 완충장치의 안전기준 준수여부를 확인할 수 있다.			
	9.3 완충장치 검사결과에 따라 안전기준 적합여부를 판정할 수 있다.			
1506030602_17v3.10 연료장치 확인하기	10.1 자동차검사기준 및 방법에 따라 연료장치 검사업무를 수행할 수 있다.			
	10.2 자동차검사기준 및 방법에 따라 연료장치의 안전기준 준수여부를 확인할 수 있다.			
	10.3 연료장치 검사결과에 따라 안전기준 적합여부를 판정할 수 있다.			
1506030602_17v3.11 전기 및 전자장치 확인하기	11.1 자동차검사기준 및 방법에 따라 전기 및 전자장치 검사업무를 수행할 수 있다.			
	11.2 자동차검사기준 및 방법에 따라 전기 및 전자장치의 안전기준 준수여부를 확인할 수 있다.			
	11.3 전기 및 전자장치 검사결과에 따라 안전기준 적합여부를 판정할 수 있다.			
1506030602_17v3.12 연결장치 및 견인장치 확인하기	12.1 자동차검사기준 및 방법에 따라 연결장치 및 견인장치 검사업무를 수행할 수 있다.			
	12.2 자동차검사기준 및 방법에 따라 연결장치 및 견인장치의 안전기준 준수여부를 확인할 수 있다.			
	12.3 연결장치 및 견인장치 검사결과에 따라 안전기준 적합여부를 판정할 수 있다.			
1506030602_17v3.13 승차장치 확인하기	13.1 자동차검사기준 및 방법에 따라 승차장치 검사업무를 수행할 수 있다.			
	13.2 자동차검사기준 및 방법에 따라 승차장치의 안전기준 준수여부를 확인할 수 있다.			
	13.3 승차장치 검사결과에 따라 안전기준 적합여부를 판정할 수 있다.			

영역(능력단위요소)	진단 문항	자가진단		
		우수	보통	미흡
1506030602_17v3.14 물품적재장치 확인하기	14.1 자동차검사기준 및 방법에 따라 물품적재장치 검사업무를 수행할 수 있다.			
	14.2 자동차검사기준 및 방법에 따라 물품적재장치의 안전기준 준수여부를 확인할 수 있다.			
	14.3 물품적재장치 검사결과에 따라 안전기준 적합여부를 판정할 수 있다.			
1506030602_17v3.15 창유리 확인하기	15.1 자동차검사기준 및 방법에 따라 창유리 검사업무를 수행할 수 있다.			
	15.2 자동차검사기준 및 방법에 따라 창유리의 안전기준 준수여부를 확인할 수 있다.			
	15.3 창유리 검사결과에 따라 안전기준 적합여부를 판정할 수 있다.			
1506030602_17v3.16 경음기, 경보장치 확인하기	16.1 자동차검사기준 및 방법에 따라 경음기, 경보장치 검사업무를 수행할 수 있다.			
	16.2 자동차검사기준 및 방법에 따라 경음기, 경보장치의 안전기준 준수여부를 확인할 수 있다.			
	16.3 경음기, 경보장치 검사결과에 따라 안전기준 적합여부를 판정할 수 있다.			
1506030602_17v3.17 시야확보장치 확인하기	17.1 자동차검사기준 및 방법에 따라 시야확보장치 검사업무를 수행할 수 있다.			
	17.2 자동차검사기준 및 방법에 따라 시야확보장치가 안전기준 준수여부를 확인할 수 있다.			
	17.3 시야확보장치 검사결과에 따라 안전기준 적합여부를 판정할 수 있다.			
1506030602_17v3.18 계기장치 확인하기	18.1 자동차검사기준 및 방법에 따라 계기장치 검사업무를 수행할 수 있다.			
	18.2 자동차검사기준 및 방법에 따라 계기장치의 안전기준 준수여부를 확인할 수 있다.			
	18.3 운행기록장치의 안전기준 준수여부를 확인할 수 있다.			
	18.4 계기장치 검사결과에 따라 안전기준 적합여부를 판정할 수 있다.			
1506030602_17v3.19 소화기 및 방화장치 확인하기	19.1 자동차검사기준 및 방법에 따라 소화기 및 방화장치 검사업무를 수행할 수 있다.			
	19.2 자동차검사기준 및 방법에 따라 소화기 및 방화장치 설치 준수여부를 확인할 수 있다.			
	19.3 소화기 및 방화장치 검사결과에 따라 안전기준 적합여부를 판정할 수 있다.			

영역(능력단위요소)	진단 문항	자가진단		
		우수	보통	미흡
1506030602_17v3.20 내압용기 확인하기	20.1 자동차검사기준 및 방법에 따라 내압용기 검사업무를 수행할 수 있다.			
	20.2 자동차검사기준 및 방법에 따라 내압용기의 안전기준 준수여부를 확인할 수 있다.			
	20.3 내압용기 검사결과에 따라 안전기준 적합여부를 판정할 수 있다.			
1506030602_17v3.21 배기가스 발산방지장치, 소음방지장치 확인하기	21.1 대기환경보전법에 따라 배기가스발산방지장치 검사업무를 수행할 수 있다.			
	21.2 소음진동관리법에 따라 소음방지장치 검사업무를 수행할 수 있다.			
	21.3 대기환경보전법에 따라 배기관의 촉매장치 및 매연여과장치를 확인할 수 있다.			
	21.4 소음진동관리법에 따라 소음기 변형여부를 확인할 수 있다.			
	21.5 대기환경보전법에 따라 배기계통에서의 배출가스 누출여부를 확인할 수 있다.			
	21.6 자동차 외관도에 따라 배기관, 소음기 등의 개조를 확인할 수 있다.			

진단 결과

능력단위요소	문항수	합계점수	평균점수
주행장치 확인하기	4		
차체·차대손상여부 검사하기	5		
원동기 상태 확인하기	8		
등화장치 확인하기	5		
동력전달장치 확인하기	3		
조종장치 확인하기	3		
조향장치 확인하기	3		
제동장치 확인하기	3		
완충장치 확인하기	3		
연료장치 확인하기	3		
전기 및 전자장치 확인하기	3		
연결장치 및 견인장치 확인하기	3		
승차장치 확인하기	3		
물품적재장치 확인하기	3		
창유리 확인하기	3		
경음기, 경보장치 확인하기	3		
시야확보장치 확인하기	3		
계기장치 확인하기	4		
소화기 및 방화장치 확인하기	3		
내압용기 확인하기	3		
배기가스 발산방지장치, 소음방지장치 확인하기	6		

※ 우수는 3점, 보통은 2점, 미흡은 1점으로 계산

3 학습모듈 목차

A-1 주행장치 확인하기

A-2 차체·차대 손상여부 검사하기

A-3 원동기상태 확인하기

A-21 배기가스 발산장치, 소음방지장치 확인하기

4 학습모듈

A-1 주행장치 확인하기(1506030602_17v3.1)

학/습/목/표

일반목표

자동차 검사기준 및 방법에 따라 주행장치의 관능검사방법 및 판정기준에 대하여 학습하고 주행장치의 관능검사를 실시하고 판정할 수 있도록 한다.

세부목표

1. 자동차 검사기준 및 방법에 따라 주행장치 검사업무를 수행할 수 있다.
2. 자동차 검사기준 및 방법에 따라 타이어깊이게이지를 통한 타이어의 마모도 측정을 할 수 있다.
3. 자동차 검사기준 및 방법에 따라 차축 휠, 타이어의 안전기준 준수여부를 확인할 수 있다.
4. 자동차 검사기준 및 방법에 따라 주행장치의 적합여부를 판정할 수 있다.

주요 용어

자동차검사기준·방법, 주행장치, 타이어의 마모, 차축 휠

학습활동

기본학습 01 주행장치에 대한 성능과 기준

관련근거 자동차 및 자동차부품의 성능과 기준에 관한 규칙

제12조 [주행장치]

① 자동차의 공기압고무타이어는 [별표 1의2]의 기준에 적합하여야 한다.

② 자동차의 타이어 및 기타 주행장치의 각부는 견고하게 결합되어 있어야 하며, 갈라지거나 금이 가고 과도하게 부식되는 등의 손상이 없어야 한다.

③ 자동차(승용자동차를 제외한다)의 바퀴 뒤쪽에는 흙받이를 부착하여야 한다.

④ 승용자동차와 차량총중량 3.5톤 이하의 승합(피견인자동차로 한정한다)·화물·특수자동차에 장착되는 휠은 제112조의 11에 따른 기준에 적합하여야 하고, 브레이크라이닝 마모상태를 휠의 탈거(脫去)없이 확인할 수 있는 구조이어야 한다. 다만, 초소형자동차는 제외한다.

기본학습 02

주행장치의 검사기준과 방법 및 판정기준

관련근거 자동차관리법시행규칙 - 제73조 [자동차의 검사기준 및 방법]

[별표 15] 자동차 검사기준 및 방법(제73조 관련)

1. 검사방법 및 기준(비사업용 자동차의 경우)

항목	검사기준	검사방법
5) 주행장치	(1) 차축의 외관, 휠 및 타이어의 손상·변형 및 돌출이 없고, 수나사 및 암나사가 견고하게 조여 있을 것	차축의 외관, 휠 및 타이어의 손상·변형 및 돌출 여부 확인 수나사·암나사의 조임 상태 확인
	(2) 타이어 요철형 무늬의 깊이는 안전기준에 적합하여야 하며, 타이어 공기압이 적정할 것	타이어 요철형 무늬의 깊이 및 공기압을 계측기로 확인
	(3) 흙받이 및 휠 하우스가 정상적으로 설치되어 있을 것	흙받이 및 휠 하우스 설치상태 확인
	(4) 가변축 승강조작장치 및 압력조절장치의 설치위치는 안전기준에 적합할 것	가변축 승강 조작장치 및 압력 조절장치의 설치위치 및 상태 확인

2. 판정기준

자동차관리법시행규칙 제73조 [자동차의 검사기준 및 방법]의 [별표 15]의 자동차검사기준 및 방법에서 검사기준에 적합하여야 한다. 단, 자동차검사대행자 또는 지정정비사업자가 실시한 검사결과가 "자동차관리법시행규칙 제80조[검사의 실시등)"에 의거 정기검사 항목 중 주행장치에 대한 검사를 실시한 결과 적합하지 아니한 사항이 있는 경우 해당 사항이 다음 각 호의 어느 하나에 해당하지 않으면 적합판정을 하고 해당 자동차소유자에게 그 시정을 권고할 수 있다.

(1) 차축 및 휠의 휨 또는 균열

(2) 타이어의 손상 및 요철무늬의 깊이가 허용기준을 초과하여 마모

(3) 휠 및 타이어의 돌출

기본학습 03 실습지시서 및 실습보고서

실습지시서

학과	과	학기	20 학년도 학기
교과목명	자동차정비검사	시간	20 년 월 일(~교시)
실험·실습명	주행장치의 관능검사		
실습목표	1. 자동차 검사기준 및 방법에 따라 주행장치 검사업무를 수행할 수 있다. 2. 자동차 검사기준 및 방법에 따라 타이어깊이게이지를 통한 타이어의 마모도 측정을 할 수 있다. 3. 자동차 검사기준 및 방법에 따라 차축 휠, 타이어의 안전기준 준수여부를 확인할 수 있다. 4. 자동차 검사기준 및 방법에 따라 주행장치의 적합여부를 판정할 수 있다.		

사용재료 (공구/기구 등)	품명(재료명)	규격	수량	비고
	자동차		1	
	타이어 공기압 측정기		1	
	타이어 마모량 측정기		1	버니어캘리퍼스

실험·실습순서 및 관련지식

1. 검사방법

(1) 차축의 외관, 휠 및 타이어의 손상·변형 및 돌출 여부를 확인하고 그리고 수나사·암나사의 조임 상태를 확인한다.

(2) 타이어의 요철형 무늬 깊이 및 공기압을 계측기로 확인한다.

자동차안전기준 시행세칙 - [별표 2] 자동차의 안전기준 확인방법

1. 타이어 접지부의 임의의 한 점에서 120도 각도가 되는 지점마다 접지부의 1/4 또는 3/4지점 주위의 트레드 홈의 깊이를 측정한다.
2. 트레드 마모표시(1.6mm로 표시된 경우에 한한다)가 되어 있는 경우에는 마모표시를 확인한다.
3. 각 측정점의 측정값을 산술평균하여 이를 트레드의 잔여 깊이로 한다.

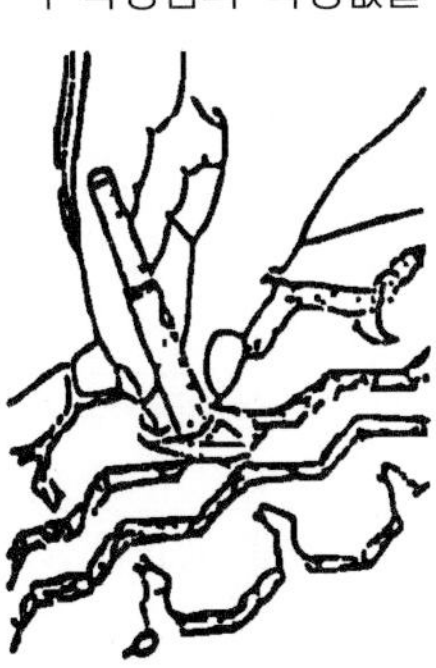

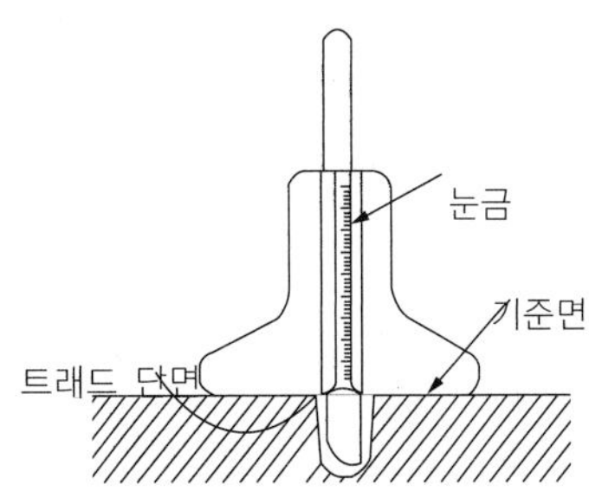

실험·실습순서 및 관련지식

(3) 흙받이 및 휠 하우스 설치상태를 확인한다.
(4) 가변축 승강조작장치 및 압력 조절장치의 설치위치 및 상태를 확인한다.
(5) 재생타이어 장착여부를 확인한다.
(6) 튜브 없는 타이어의 장착여부 확인한다.

2. 검사기준

(1) 차축의 외관, 휠 및 타이어의 손상·변형 및 돌출이 없고, 수나사 및 암나사가 견고하게 조여 있을 것
(2) 타이어 요철형 무늬의 깊이는 안전기준에 적합하여야 하며, 타이어 공기압이 적정할 것
(3) 흙받이 및 휠하우스가 정상적으로 설치되어 있을 것
(4) 가변축 승강조작장치 및 압력조절장치의 설치위치는 안전기준에 적합할 것
(5) 여객자동차운송사업용 버스의 앞바퀴에는 재생타이어를 사용하지 아니할 것
(6) 시외우등 고속버스, 시외 고속버스 및 시외 직행버스의 앞바퀴에는 튜브가 없는 타이어를 사용할 것

3. 판정기준

검사기준에 적합하여야 한다. 단, 검사결과 적합하지 아니한 사항이 있는 경우 다음 각 호의 어느 하나에 해당하지 않으면 적합판정으로 한다. 그리고 해당 자동차소유자에게 그 시정을 권고할 수 있다.

(1) 차축 및 휠의 휨 또는 균열
(2) 타이어의 손상 및 요철무늬의 깊이가 허용기준을 초과하여 마모

> ① 금이 가고 갈라지거나 코드층이 노출될 정도의 손상이 없어야 한다.
> ② 요철형 무늬의 깊이를 1.6mm 이상 유지하여야 한다.

(3) 휠 및 타이어의 돌출

안전 및 유의사항

(1) 자동차는 평평한 노면에 주차한다.
(2) 타이어 마모량이 규정값 이하이면 타이어를 교환하여야 한다.

측정조건

(1) 자동차는 공차상태로 하고 타이어의 공기압은 표준공기압으로 한다.
(2) 측정용 차량의 타이어의 이물질을 제거한다.

평가내용

세부 평가 내용	배점
(1) 자동차 검사기준 및 방법에 따라 주행장치 검사업무를 수행할 수 있다.	20
(2) 자동차 검사기준 및 방법에 따라 타이어깊이게이지를 통한 타이어의 마모도 측정을 할 수 있다.	30
(3) 자동차검사기준 및 방법에 따라 차축 휠, 타이어의 안전기준 준수여부를 확인할 수 있다.	20
(4) 자동차 검사기준 및 방법에 따라 주행장치의 적합여부를 판정할 수 있다.	30
합 계	100

과제

1. 실습보고서 작성 제출

타이어트래드 깊이측정

항목	① 측정(또는 점검)		② 판정 및 정비(또는 조치)사항		득점
	측정값	기준값	판정(□에 "✓"표)	정비 및 조치사항	
타이어 트래드 깊이 측정			□ 양호 □ 불량		

주행장치 관능검사

진단항목		안전진단기준(검사기준)	진단결과
주행장치	차축의 외관, 휠 및 타이어의 손상·변형 및 돌출 여부 확인 수나사·암나사의 조임 상태 확인	차축의 외관, 휠 및 타이어의 손상·변형 및 돌출이 없고, 수나사 및 암나사가 견고하게 조여 있을 것	〈부적합 내용〉
	타이어 요철형 무늬 깊이 및 공기압을 계측기로 확인	타이어 요철형 무늬의 깊이는 안전기준에 적합하여야 하며, 타이어 공기압이 적정할 것	
	흙받이 및 휠 하우스 설치상태 확인	흙받이 및 휠 하우스가 정상적으로 설치되어 있을 것	
	가변축 승강 조작장치 및 압력조절장치의 설치위치 및 상태 확인	가변축 승강 조작장치 및 압력조절장치의 설치위치는 안전기준에 적합할 것	〈시정권고 내용〉
	재생타이어 장착 여부 확인	여객자동차운송사업용 버스의 앞바퀴에는 재생타이어를 사용하지 아니할 것	
	튜브가 없는 타이어(Tubeless Tire)의 장착 여부 확인	시외우등고속버스, 시외고속버스 및 시외직행버스의 앞바퀴는 튜브가 없는 타이어(Tubeless Tire)를 사용할 것	

⚙ 실습보고서

실험제목	주행장치의 관능검사		
실험일자		반 및 실험조	
학번		성명	

■ 과제 내용

주어진 자동차에서 주행장치의 관능검사를 실시한 후 기록표에 기록하시오.

1. 사용기기 및 부품
   (1) 차종

   (2) 사용기기

2. 실험결과

타이어트래드 깊이측정

항목	① 측정(또는 점검)		② 판정 및 정비(또는 조치)사항		득점
	측정값	기준값	판정(□에 "✓"표)	정비 및 조치사항	
타이어 트래드 깊이 측정			□ 양호 □ 불량		

주행장치 관능검사

진단항목		안전진단기준(검사기준)	진단결과
주행장치	차축의 외관, 휠 및 타이어의 손상·변형 및 돌출 여부 확인 수나사·암나사의 조임 상태 확인	차축의 외관, 휠 및 타이어의 손상·변형 및 돌출이 없고, 수나사 및 암나사가 견고하게 조여 있을 것	〈부적합 내용〉 〈시정권고 내용〉
	타이어 요철형 무늬 깊이 및 공기압을 계측기로 확인	타이어 요철형 무늬의 깊이는 안전기준에 적합하여야 하며, 타이어 공기압이 적정할 것	
	흙받이 및 휠 하우스 설치상태 확인	흙받이 및 휠 하우스가 정상적으로 설치되어 있을 것	
	가변축 승강 조작장치 및 압력 조절장치의 설치위치 및 상태 확인	가변축 승강 조작장치 및 압력조절장치의 설치위치는 안전기준에 적합할 것	
	재생타이어 장착 여부 확인	여객자동차운송사업용 버스의 앞바퀴에는 재생타이어를 사용하지 아니할 것	
	튜브가 없는 타이어(Tubeless Tire)의 장착 여부 확인	시외우등고속버스, 시외고속버스 및 시외직행버스의 앞바퀴는 튜브가 없는 타이어(Tubeless Tire)를 사용할 것	

학습정리

이 장에서는 자동차 검사시 주행장치의 관능검사 방법 및 판정기준에 대하여 학습하였다. 자동차관리법에서 정하는 기준에 의거 주행장치의 관능검사를 실시하고 판정할 수 있도록 하였다.

총괄평가

1. 타이어 마모량이 규정값 및 측정방법에 대하여 서술하시오.
2. 주행장치의 검사방법과 검사기준에 대하여 서술하시오.

참고자료

1. 자동차관리법, 자동차관리법 시행령, 자동차관리법 시행규칙
2. 자동차 및 자동차부품의 성능과 기준에 관한 규칙
3. 자동차안전기준 시행세칙
4. 자동차검사 시행요령 등에 관한 규정

A-2 차체·차대 손상여부 검사하기(1506030602_17v3.2)

학/습/목/표

일반목표

자동차관리법 등의 자동차 검사업무와 차체 및 차대의 관능검사 방법 및 판정기준에 대하여 학습하여 자동차관리법에서 정하는 기준에 의거 차체·차대 장치의 관능검사를 실시하고 판정할 수 있도록 한다.

세부목표

1. 자동차 검사기준 및 방법에 따라 차체·차대 검사업무를 수행할 수 있다.
2. 자동차 검사기준 및 방법에 따라 차체·차대의 부식·균열 변형 여부를 확인할 수 있다.
3. 자동차 검사기준 및 방법에 따라 측면보호대의 안전기준 준수 여부를 확인할 수 있다.
4. 자동차 검사기준 및 방법에 따라 후부안전판의 안전기준 준수 여부를 확인할 수 있다.
5. 차체·차대 손상에 관한 검사결과에 따라 적합여부를 판정 할 수 있다.

주요 용어

차체, 차대, 측면보호대, 후부안전판

학습활동

기본학습 01 자동차의 차체 및 차대에 대한 성능과 기준

관련근거 **자동차 및 자동차부품의 성능과 기준에 관한 규칙**

제19조 [차대 및 차체]

① 자동차의 차대 및 차체는 다음 각호의 기준에 적합하여야 한다.

1. 차대(차대가 없는 구조의 자동차는 차체를 말한다)는 안전운행을 확보할 수 있는 견고한 구조이어야 하며, 차체는 차대에 견고하게 붙여져서 진동 또는 충격 등에 의하여 이완되지 아니하도록 할 것
2. 차체의 가연성부분은 배기관과 접촉되지 아니하도록 할 것
3. 자동차의 가장 뒤의 차축 중심에서 차체의 뒷부분 끝(범퍼 및 견인용 장치를 제외한다)까지의 수평거리("뒤 오버행"을 말한다)는 가장 앞의 차축중심에서 가장 뒤의 차축중심까지의 수평거리의 2분의 1 이하일 것. 다만, 다음 각 목의 경우에는 각 목에서 정하는 기준에 적합하여야 한다.

   가. 경형 및 소형자동차의 경우에는 20분의 11 이하일 것

   나. 승합자동차, 화물자동차(화물을 차체 밖으로 나오게 적재할 우려가 없는 경우에 한정한다), 특수자동차의 경우에는 3분의 2 이하일 것. 다만, 차량총중량 3.5톤 이하인 센터차축트레일러의 경우에는 4m 이내로 할 수 있다.

기본학습 02 측면보호대, 후부안전판의 부착위치 안전기준

관련근거 자동차 및 자동차부품의 성능과 기준에 관한 규칙

제19조 [차대 및 차체]

② 화물자동차의 뒷면에는 정하여진 차량총중량 및 최대적재량(탱크로리에 있어서는 차량총중량·최대적재량·최대적재용적 및 적재물품명)을 표시하고, 견인형 특수자동차의 뒷면 또는 우측면에는 차량중량에 승차정원의 중량을 합한 중량을 표시하여야 하며, 기타의 자동차의 뒷면에는 정하여진 최대적재량을 표시하여야 한다. 다만, 차량총중량이 15톤 미만인 경우에는 차량총중량을 표시하지 아니할 수 있다.

③ 차량총중량이 8톤 이상이거나 최대적재량이 5톤 이상인 화물자동차·특수자동차 및 연결자동차는 포장노면위의 공차상태에서 다음 각 호의 기준에 적합한 측면보호대를 설치하여야 한다. 다만, 보행자 등이 뒷바퀴에 말려들 우려가 없는 구조의 자동차, 차체 등의 구조물과의 간섭으로 설치가 곤란한 자동차 및 조향축간 거리가 2,100mm 이하인 자동차는 제외한다.

1. 측면보호대의 양쪽 끝과 앞·뒷바퀴와의 간격은 각각 400mm 이내일 것. 다만, 측면보호대의 양쪽 끝과 앞·뒷바퀴와의 간격을 400mm 이내로 설치하기가 곤란한 구조의 자동차의 경우 앞·뒷바퀴와 가장 가까운 위치에 설치한 때는 그러하지 아니하다.
2. 측면보호대의 가장 아랫부분과 지상과의 간격은 550mm 이하일 것
3. 측면보호대의 가장 윗부분과 지상과의 간격은 950mm 이상일 것. 다만, 측면보호대 가장 윗부분과 차체 바닥면과의 간격이 350mm 이하일 경우는 제외한다.
4. 측면보호대 가장 바깥쪽 면은 차체의 가장 바깥쪽 면보다 안쪽에 위치하여야 하며, 그 간격은 150mm 이하일 것. 다만, 자동차의 길이방향으로 측면보호대의 뒷부분부터 최소한 250mm에 해당하는 부분은 측면보호대의 가장 바깥쪽 면이 차체의 가장 바깥쪽 면부터 타이어의 가장 바깥쪽 면의 안쪽으로 30mm까지에 해당하는 구간에 위치하도록 설치하여야 한다.
5. 측면보호대 각각의 단면 높이는 50mm 이상이고, 측면보호대 사이의 높이 간격은 300mm 이하이어야 한다.
6. 측면보호대에 1킬로뉴턴의 하중을 가할 때 자동차의 길이방향으로 측면보호대의 뒷부분부터 250mm까지는 30mm, 그 외 구간은 150mm 이내로 변형되어야 한다.

④ 차량총중량이 3.5톤 이상인 화물자동차 및 특수자동차는 포장노면 위에서 공차상태로 측정하였을 때에 다음 각 호의 기준에 적합한 후부안전판을 설치하여야 한다. 다만, 다른 자동차가

추돌할 경우 그 자동차의 차체 앞부분이 들어올 우려가 없는 구조의 자동차, 세미 트레일러를 견인할 목적으로 제작된 자동차, 목재·철재·기둥 등과 같이 길고 분리할 수 없는 화물운송용 특수트레일러 및 후부안전판이 차량용도에 전혀 적합하지 아니한 자동차의 경우에는 그러하지 아니하다.

1. 후부안전판의 양 끝 부분은 뒷차축 중 가장 넓은 차축의 좌·우 최외측 타이어 바깥면(지면과 접지되어 발생되는 타이어 부풀림양은 제외한다) 지점을 초과하여서는 아니 되며, 좌·우 최외측 타이어 바깥면 지점부터의 간격은 각각 100mm 이내일 것
2. 가장 아랫부분과 지상과의 간격은 550mm 이내일 것
3. 차량 수직방향의 단면 최소높이는 100mm 이상일 것
4. 좌·우 측면의 곡률반경은 2.5mm 이상일 것
5. 지상부터 2m 이하의 높이에 있는 차체 후단부터 차량길이 방향의 안쪽으로 400mm 이내에 설치할 것. 다만, 자동차의 구조상 400mm 이내에 설치가 곤란한 자동차의 경우는 제외한다.
6. 화물 하역장치 등이 설치되어 해당 작동부로 인하여 후부안전판이 양쪽으로 분리되어 설치되는 경우에는 다음 각 목의 기준에 적합하여야 한다.
   가. 화물 하역장치 등과 후부안전판 끝부분과의 간격은 각각 25mm 이하일 것
   나. 분리된 후부안전판 각각의 면적은 최소 350cm^2 이상일 것. 다만, 자동차의 너비가 2m 미만인 경우는 제외한다.

기본학습 03 차체 및 차대의 검사기준과 방법 및 판정기준

관련근거 자동차관리법시행규칙 - 제73조 [자동차의 검사기준 및 방법]

[별표 15] 자동차 검사기준 및 방법(제73조 관련)

1. 검사방법 및 기준(비사업용 자동차의 경우)

항목	검사기준	검사방법
12) 차체 및 차대	(1) 차체 및 차대의 부식·절손 등으로 차체 및 차대의 변형이 없을 것	차체 및 차대의 부식 및 부착물의 설치상태 확인
	(2) 후부안전판 및 측면보호대의 손상·변형이 없을 것	후부안전판 및 측면보호대의 설치상태 확인
	(3) 최대적재량의 표시가 자동차등록증에 기재되어 있는 것과 일치할 것	최대적재량(탱크로리는 최대적재량·최대적재용량 및 적재품명) 표시 확인
	(4) 차체에는 예리하게 각이 지거나 돌출된 부분이 없을 것	차체의 외관 확인
	(5) 어린이운송용 승합자동차의 색상 및 보호표지는 안전기준에 적합할 것	차체의 색상 및 보호표지 설치 상태 확인

2. 판정기준

자동차관리법시행규칙 제73조 [자동차의 검사기준 및 방법]의 [별표 15]의 자동차검사기준 및 방법에서 검사기준에 적합하여야 한다. 단, 자동차검사대행자 또는 지정정비사업자가 실시한 검사결과가 "자동차관리법시행규칙 제80조 [검사의 실시등)"에 의거 정기검사 항목 중 차체 및 차대에 대한 검사를 실시한 결과 적합하지 아니한 사항이 있는 경우 해당 사항이 다음 각 호의 어느 하나에 해당하지 않으면 적합판정을 하고 해당 자동차소유자에게 그 시정을 권고할 수 있다.

(1) 차체 및 차대의 심한 부식, 심한 변형 또는 절손(완전파손)

(2) 후부안전판 및 측면보호대의 심한 손상·훼손 또는 미설치(설치상태가 안전기준에 적합하지 않은 경우를 포함한다)

(3) 안전기준에 위배되는 차체의 외형 또는 부착물

기본학습 04

실습지시서 및 실습보고서

실습지시서

<table>
<tr><td>학과</td><td>과</td><td>학기</td><td colspan="2">20 학년도 학기</td></tr>
<tr><td>교과목명</td><td>자동차정비검사</td><td>시간</td><td colspan="2">20 년 월 일(~교시)</td></tr>
<tr><td>실험·실습명</td><td colspan="4">차체 및 차대의 관능검사</td></tr>
<tr><td>실습목표</td><td colspan="4">1. 자동차 검사기준 및 방법에 따라 차체·차대 검사업무를 수행할 수 있다.
2. 자동차 검사기준 및 방법에 따라 차체·차대의 부식·균열 변형여부를 확인할 수 있다.
3. 자동차 검사기준 및 방법에 따라 측면보호대의 안전기준 준수여부를 확인할 수 있다.
4. 자동차 검사기준 및 방법에 따라 후부안전판의 안전기준 준수여부를 확인할 수 있다.
5. 차체·차대 손상에 관한 검사결과에 따라 적합여부를 판정할 수 있다.</td></tr>
<tr><td rowspan="3">사용재료
(공구/기구 등)</td><td>품명(재료명)</td><td>규격</td><td>수량</td><td>비고</td></tr>
<tr><td>자동차</td><td></td><td>1</td><td></td></tr>
<tr><td>줄자</td><td></td><td>1</td><td></td></tr>
<tr><td>실험·실습순서
및 관련지식</td><td colspan="4">1. 검사방법
(1) 차체 및 차대의 부식 및 부착물의 설치상태를 확인한다.
(2) 후부안전판 및 측면보호대의 설치상태를 확인한다.
(3) 최대적재량(탱크로리에 있어서는 최대적재량·최대적재용량 및 적재품명)표시를 확인한다.
(4) 차체의 외관을 확인한다.
(5) 차체의 색상 및 보호표지 설치 상태를 확인한다.

자자동차안전기준 시행세칙 – [별표 2] 자동차의 안전기준 확인방법
(8. 자동차 측면보호대 측정)

1. 적용범위
이 규정은 자동차 측면보호대의 설치위치 측정방법에 대하여 측정한다.

2. 측정조건
2.1. 자동차는 공차상태로 하고 기준면에 놓여진 상태로 한다.
2.2. 타이어의 공기압은 표준공기압으로 한다.

3. 측정방법
3.1. 측면보호대를 투영시켜 가장 최외측 끝단과 앞바퀴 또는 뒷바퀴와의 최대거리를 측정한다.
3.2. 측면보호대의 최하단부와 기준면과의 최대높이를 측정한다.
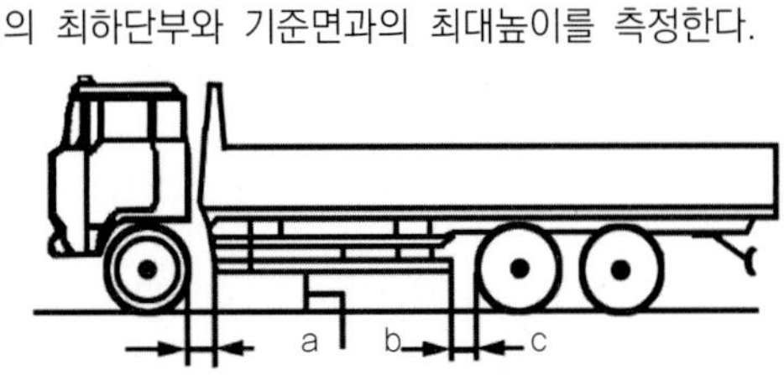
</td></tr>
</table>

실험·실습순서 및 관련지식

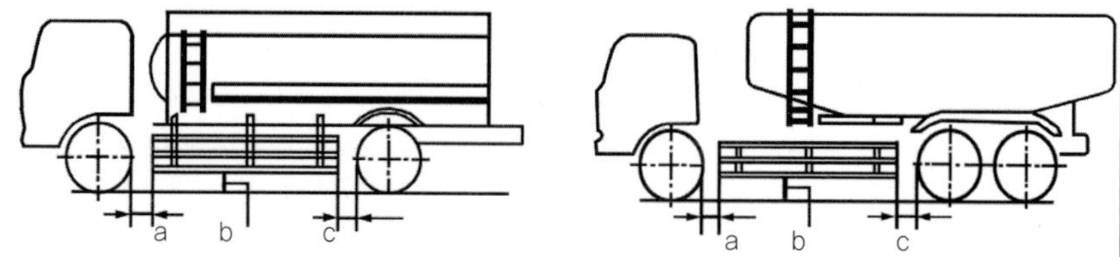

a, c : 측면 보호대의 양 끝단과 앞·뒷바퀴와의 거리
b : 측면 보호대의 하단부와 지면과의 높이

자동차의 측면보호대

2. 검사기준

(1) 차체 및 차대의 부식·절손 등으로 차체 및 차대의 변형이 없을 것
(2) 후부안전판 및 측면보호대의 손상·변형이 없을 것
(3) 최대적재량의 표시가 자동차등록증에 기재되어 있는 것과 일치할 것
(4) 차체에는 예리하게 각이 지거나 돌출된 부분이 없을 것
(5) 어린이운송용 승합자동차의 색상 및 보호표지는 안전기준에 적합할 것

3. 판정기준

검사기준에 적합하여야 한다. 단, 검사결과 적합하지 아니한 사항이 있는 경우 다음 각 호의 어느 하나에 해당하지 않으면 적합 판정으로 한다. 그리고 해당 자동차소유자에게 그 시정을 권고할 수 있다.

(1) 차체 및 차대의 심한 부식, 심한 변형 또는 절손(완전파손)
(2) 후부안전판 및 측면보호대의 심한 손상·훼손 또는 미설치(설치상태가 안전기준에 적합하지 않는 경우를 포함한다)
(3) 안전기준에 위배되는 차체의 외형 또는 부착물

안전 및 유의사항

(1) 자동차는 평평한 노면에 주차한다.
(2) 타이어 마모량이 규정값 이하는 교환하여야 한다.

측정조건

(1) 자동차는 공차상태로 하고 기준면에 놓여진 상태로 한다.
(2) 타이어의 공기압은 표준공기압으로 한다.

평가내용

세부 평가 내용	배점
(1) 자동차 검사기준 및 방법에 따라 차체·차대 검사업무를 수행할 수 있다.	20
(2) 자동차 검사기준 및 방법에 따라 차체·차대의 부식·균열 변형여부를 확인할 수 있다.	20
(3) 자동차 검사기준 및 방법에 따라 측면보호대의 안전기준 준수여부를 확인할 수 있다.	30
(4) 자동차 검사기준 및 방법에 따라 후부안전판의 안전기준 준수여부를 확인할 수 있다.	10
(5) 차체·차대 손상에 관한 검사결과에 따라 적합여부를 판정할 수 있다.	20
합 계	100

과제

1. 실습보고서 작성 제출

(1) 측면보호대 측정

항목	기준	측정값	판정
측면보호대의 양쪽 끝과 앞·뒷바퀴와의 간격	각각 400mm 이내		
측면보호대의 가장 아랫부분과 지상과의 간격	550mm 이하		
측면보호대의 가장 윗부분과 지상과의 간격	950mm 이상		
측면보호대 가장 바깥쪽 면은 차체의 가장 바깥쪽 면보다 어디에 위치	안쪽 150mm 이하		
측면보호대 각각의 단면 높이	50mm 이상		
측면보호대사이의 높이 간격	300mm 이하		

(2) 후부안전판 측정

항목	기준	측정값	판정
후부안전판의 너비	자동차너비의 100% 미만		
가장 아랫부분과 지상과의 간격	550mm 이내		
차량 수직방향의 단면 최소높이	100mm 이상		
모서리부의 곡률반경	2.5mm 이상		
후부안전판의 양끝부분과 가장 넓은 뒷축의 좌우 외측 타이어 바깥면간의 간격	100mm 이내		
지상으로부터 2m 이하의 높이에 있는 차체 후단으로부터 차량길이 방향의 위치	안쪽으로 400mm 이내		

(3) 관능(육안)검사

진단항목		안전진단기준(검사기준)	진단결과
주행장치	차체 및 차대의 부식 및 부착물의 설치상태 확인	차체 및 차대의 부식·절손 등으로 차체 및 차대의 변형이 없을 것	〈부적합 내용〉
	후부안전판 및 측면보호대의 설치 상태 확인	후부안전판 및 측면보호대의 손상·변형이 없을 것	
	최대적재량(탱크로리는 최대적재량·최대적재용량 및 적재품명)표시 확인	최대적재량의 표시가 자동차등록증에 기재되어 있는 것과 일치할 것	〈시정권고 내용〉
	차체의 외관 확인	차체에는 예리하게 각이 지거나 돌출된 부분이 없을 것	
	차체의 색상 및 보호표지 설치 상태 확인	어린이운송용 승합자동차의 색상 및 보호표지는 안전기준에 적합할 것	

실습보고서

실험제목	차체 및 차대의 관능검사		
실험일자		반 및 실험조	
학번		성명	

■ 과제 내용

주어진 자동차에서 차체 및 차대의 관능검사를 실시한 후 기록표에 기록하시오.

1. 사용기기 및 부품
   (1) 차종

   (2) 사용기기

2. 실험 결과

측면보호대 측정

항목	기준	측정값	판정
측면보호대의 양쪽 끝과 앞·뒷바퀴와의 간격	각각 400mm 이내		
측면보호대의 가장 아랫부분과 지상과의 간격	550mm 이하		
측면보호대의 가장 윗부분과 지상과의 간격	950mm 이상		
측면보호대 가장 바깥쪽 면은 차체의 가장 바깥쪽 면보다 어디에 위치	안쪽 150mm 이하		
측면보호대 각각의 단면 높이	50mm 이상		
측면보호대사이의 높이 간격	300mm 이하		

후부안전판 측정

항목	기준	측정값	판정
후부안전판의 너비	자동차너비의 100% 미만		
가장 아랫부분과 지상과의 간격	550mm 이내		
차량 수직방향의 단면 최소높이	100mm 이상		
모서리부의 곡률반경	2.5mm 이상		
후부안전판의 양끝부분과 가장 넓은 뒷축의 좌우 외측타이어 바깥면간의 간격	100mm 이내		
지상으로부터 2m 이하의 높이에 있는 차체 후단으로부터 차량길이 방향의 위치	안쪽으로 400mm 이내		

관능검사

<table>
<tr><th colspan="2">진단항목</th><th>안전진단기준(검사기준)</th><th>진단결과</th></tr>
<tr><td rowspan="5">주행장치</td><td>차체 및 차대의 부식 및 부착물의 설치상태 확인</td><td>차체 및 차대의 부식·절손 등으로 차체 및 차대의 변형이 없을 것</td><td rowspan="5">〈부적합 내용〉

〈시정권고 내용〉</td></tr>
<tr><td>후부안전판 및 측면보호대의 설치상태 확인</td><td>후부안전판 및 측면보호대의 손상·변형이 없을 것</td></tr>
<tr><td>최대적재량(탱크로리는 최대적재량·최대적재용량 및 적재품명)표시 확인</td><td>최대적재량의 표시가 자동차등록증에 기재되어 있는 것과 일치할 것</td></tr>
<tr><td>차체의 외관 확인</td><td>차체에는 예리하게 각이 지거나 돌출된 부분이 없을 것</td></tr>
<tr><td>차체의 색상 및 보호표지 설치 상태 확인</td><td>어린이운송용 승합자동차의 색상 및 보호표지는 안전기준에 적합할 것</td></tr>
</table>

학습정리

이 장에서는 자동차 검사시 차체 및 차대의 관능검사 방법 및 판정기준에 대하여 학습하였다. 자동차관리법에서 정하는 기준에 의거 차체 및 차대의 관능검사를 실시하고 판정할 수 있도록 하였다.

총괄평가

1. 차체와 차대의 차이점을 설명하시오.
2. 차체 및 차대에 대한 검사기준과 방법에 대하여 설명하시오.

참고자료

1. 자동차관리법, 자동차관리법 시행령, 자동차관리법 시행규칙
2. 자동차 및 자동차부품의 성능과 기준에 관한 규칙
3. 자동차안전기준 시행세칙
4. 자동차검사 시행요령 등에 관한 규정

A-3 원동기 상태 확인하기(1506030602_17v3.3)

학/습/목/표

일반목표

자동차관리법 등의 자동차 검사업무와 원동기의 관능검사방법 및 판정기준에 대하여 학습하여 자동차 관리법에서 정하는 기준에 의거 원동기장치의 관능검사를 실시하고 판정할 수 있도록 한다.

세부목표

1. 자동차 검사기준 및 방법에 따라 원동기상태 확인 검사업무를 수행할 수 있다.
2. 자동차 검사기준 및 방법에 따라 점화장치의 작동상태를 확인할 수 있다.
3. 자동차 검사기준 및 방법에 따라 충전장치의 작동상태를 확인할 수 있다.
4. 자동차 검사기준 및 방법에 따라 시동장치의 작동상태를 확인할 수 있다.
5. 자동차 검사기준 및 방법에 따라 윤활계통 누출여부를 확인할 수 있다.
6. 자동차 검사기준 및 방법에 따라 냉각계통의 손상·누출여부를 확인할 수 있다.
7. 운행차 배출가스검사기준 및 방법에 따라 배출가스 관련 부품·장치들의 작동상태를 확인할 수 있다.
8. 원동기상태 검사 결과에 따라 안전기준 준수 여부를 판정할 수 있다.

주요 용어

자동차검사기준·방법, 원동기상태, 점화장치, 충전·장치, 시동장치, 윤활유 누출, 냉각계통, 운행차 배출가스검사 기준·방법

학습활동

기본학습 01 원동기에 대한 성능과 기준

관련근거 자동차 및 자동차부품의 성능과 기준에 관한 규칙

제11조 [원동기 및 동력전달장치]

① 자동차의 원동기는 다음 각 호의 기준에 적합하여야 한다.

1. 원동기 각부의 작동에 이상이 없어야 하며, 주 시동장치 및 정지장치는 운전자의 좌석에서 원동기를 시동 또는 정지시킬 수 있는 구조일 것

기본학습 02 원동기의 검사기준과 방법 및 판정기준

관련근거 자동차관리법시행규칙 - 제73조 [자동차의 검사기준 및 방법]

[별표 15] 자동차 검사기준 및 방법(제73조 관련)

1. 검사방법 및 기준(비사업용 자동차의 경우)

항목	검사기준	검사방법
3) 원동기	(1) 시동상태에서 심한 진동 및 이상음이 없을 것	공회전 또는 무부하 급가속상태에서 진동·소음 확인
	(2) 원동기의 설치상태가 확실할 것	원동기 설치상태 확인
	(3) 점화·충전·시동장치의 작동에 이상이 없을 것	점화·충전·시동장치의 작동상태 확인
	(4) 윤활유계통에서 윤활유의 누출이 없고, 유량이 적정할 것	윤활유계통의 누유 및 유량 확인
	(5) 팬벨트 및 방열기 등 냉각계통의 손상이 없고 냉각수의 누출이 없을 것	냉각계통의 손상여부 및 냉각수의 누출여부 확인

2. 판정기준

자동차관리법시행규칙 제73조 [자동차의 검사기준 및 방법]의 [별표 15]의 자동차검사기준 및 방법에서 검사기준에 적합하여야 한다.

기본학습 03 실습지시서 및 실습보고서

실습지시서

<table>
<tr><td>학과</td><td>과</td><td>학기</td><td colspan="3">20 학년도 학기</td></tr>
<tr><td>교과목명</td><td>자동차정비검사</td><td>시간</td><td colspan="3">20 년 월 일(~교시)</td></tr>
<tr><td>실험·실습명</td><td colspan="5">원동기 상태 확인하기의 관능검사</td></tr>
<tr><td>실습목표</td><td colspan="5">1. 자동차 검사기준 및 방법에 따라 원동기상태 확인 검사업무를 수행할 수 있다.
2. 자동차 검사기준 및 방법에 따라 점화장치의 작동상태를 확인할 수 있다.
3. 자동차 검사기준 및 방법에 따라 충전장치의 작동상태를 확인할 수 있다.
4. 자동차 검사기준 및 방법에 따라 시동장치의 작동상태를 확인할 수 있다.
5. 자동차 검사기준 및 방법에 따라 윤활계통 누출여부를 확인할 수 있다.
6. 자동차 검사기준 및 방법에 따라 냉각계통의 손상·누출여부를 확인할 수 있다.
7. 운행차 배출가스검사기준 및 방법에 따라 배출가스 관련부품·장치들의 작동상태를 확인할 수 있다.
8. 원동기상태 검사결과에 따라 안전기준 준수 여부를 판정할 수 있다.</td></tr>
<tr><td rowspan="2">사용재료
(공구/기구 등)</td><td>품명(재료명)</td><td>규격</td><td>수량</td><td colspan="2">비고</td></tr>
<tr><td>자동차</td><td></td><td>1</td><td colspan="2"></td></tr>
<tr><td>실험·실습순서
및 관련지식</td><td colspan="5">1. 검사방법
(1) 공회전 또는 무부하 급가속상태에서 진동·소음을 확인한다.
(2) 원동기 설치상태를 확인한다.
(3) 점화·충전·시동장치의 작동상태를 확인한다.
(4) 윤활유 계통의 누유 및 유량을 확인한다.
(5) 냉각계통의 손상여부 및 냉각수의 누출여부를 확인한다.

2. 검사기준
(1) 시동상태에서 심한 진동 및 이상음이 없을 것
(2) 원동기의 설치상태가 확실할 것
(3) 점화·충전·시동장치의 작동에 이상이 없을 것
(4) 윤활유 계통에서 윤활유의 누출이 없고, 유량이 적정할 것
(5) 팬벨트 및 방열기 등 냉각계통의 손상이 없고 냉각수의 누출이 없을 것

3. 판정기준
검사기준에 적합하여야 한다.</td></tr>
<tr><td>안전 및
유의사항</td><td colspan="5">(1) 자동차는 평평한 노면에 주차한다.
(2) 타이어 마모량이 규정값 이하는 교환하여야 한다.</td></tr>
</table>

평가내용

세부 평가 내용	배점
(1) 자동차 검사기준 및 방법에 따라 원동기상태 확인 검사업무를 수행할 수 있다.	20
(2) 자동차 검사기준 및 방법에 따라 점화장치의 작동상태를 확인할 수 있다.	10
(3) 자동차 검사기준 및 방법에 따라 충전장치의 작동상태를 확인할 수 있다.	10
(4) 자동차 검사기준 및 방법에 따라 시동장치의 작동상태를 확인할 수 있다.	10
(5) 자동차 검사기준 및 방법에 따라 윤활계통 누출여부를 확인할 수 있다.	10
(6) 자동차 검사기준 및 방법에 따라 냉각계통의 손상·누출여부를 확인할 수 있다.	10
(7) 운행차 배출가스검사기준 및 방법에 따라 배출가스 관련부품·장치들의 작동상태를 확인할 수 있다.	10
(8) 원동기상태 검사결과에 따라 안전기준 준수여부를 판정할 수 있다.	20
합 계	100

과제

1. 실습보고서 작성 제출

(1) 관능(육안)검사

<table>
<tr><th colspan="2">진단항목</th><th>안전진단기준(검사기준)</th><th>진단결과</th></tr>
<tr><td rowspan="5">원동기</td><td>공회전 또는 무부하 급가속상태에서 진동·소음 확인</td><td>시동상태에서 심한 진동 및 이상음이 없을 것</td><td rowspan="5">〈부적합 내용〉

〈시정권고 내용〉</td></tr>
<tr><td>원동기 설치상태 확인</td><td>원동기의 설치상태가 확실할 것</td></tr>
<tr><td>점화·충전·시동장치의 작동상태 확인</td><td>점화·충전·시동장치의 작동에 이상이 없을 것</td></tr>
<tr><td>윤활유 계통의 누유 및 유량 확인</td><td>윤활유 계통에서 윤활유의 누출이 없고, 유량이 적정할 것</td></tr>
<tr><td>냉각계통의 손상 여부 및 냉각수의 누출 여부 확인</td><td>팬벨트 및 방열기 등 냉각 계통의 손상이 없고 냉각수의 누출이 없을 것</td></tr>
</table>

실습보고서

실험제목	원동기상태 확인하기의 관능검사		
실험일자		반 및 실험조	
학번		성명	

■ 과제 내용

주어진 자동차에서 원동기상태 확인하기의 관능검사를 실시한 후 기록표에 기록하시오.

1. 사용기기 및 부품

   (1) 차종

   (2) 사용기기

2. 실험 결과

관능검사

진단항목		안전진단기준(검사기준)	진단결과
원동기	공회전 또는 무부하 급가속상태에서 진동·소음 확인	시동상태에서 심한 진동 및 이상음이 없을 것	〈부적합 내용〉
	원동기 설치상태 확인	원동기의 설치상태가 확실할 것	
	점화·충전·시동장치의 작동상태 확인	점화·충전·시동장치의 작동에 이상이 없을 것	〈시정권고 내용〉
	윤활유 계통의 누유 및 유량 확인	윤활유 계통에서 윤활유의 누출이 없고, 유량이 적정할 것	
	냉각계통의 손상 여부 및 냉각수의 누출 여부 확인	팬벨트 및 방열기 등 냉각 계통의 손상이 없고 냉각수의 누출이 없을 것	

학습정리

이 장에서는 자동차 검사시 원동기의 관능검사방법 및 판정기준에 대하여 학습하였다. 자동차관리법에서 정하는 기준에 의거 원동기상태를 관능검사를 실시하고 판정할 수 있도록 하였다.

총괄평가

1. 원동기의 관능검사를 실시할 때 점검방법 및 검사기준에 대하여 서술하시오.

참고자료

1. 자동차관리법, 자동차관리법 시행령, 자동차관리법 시행규칙
2. 자동차 및 자동차부품의 성능과 기준에 관한 규칙
3. 자동차안전기준 시행세칙
4. 자동차검사 시행요령 등에 관한 규정

A-4 등화장치 확인하기(1506030602_17v3.4)

학/습/목/표

일반목표

자동차관리법 등의 자동차 검사업무와 등화장치의 관능검사방법 및 판정기준에 대하여 학습하여 자동차관리법에서 정하는 기준에 의거 등화장치의 관능검사를 실시하고 판정할 수 있도록 한다.

세부목표

1. 자동차 검사기준 및 방법에 따라 자동차 안전기준의 등화장치를 확인할 수 있다.
2. 자동차 검사기준 및 방법에 따라 자동차의 등화장치를 확인할 수 있다.
3. 자동차 검사기준 및 방법에 따라 자동차의 등화장치의 점등상태를 확인할 수 있다.
4. 자동차 검사기준 및 방법에 따라 자동차의 등화장치의 등광색 설치상태를 확인할 수 있다.
5. 자동차 검사기준 및 방법에 따라 자동차의 등화장치의 검사결과를 판정할 수 있다.

주요 용어

등화장치, 전조등

학습활동

기본학습 01 각종 등화장치에 대한 성능과 기준

관련근거 자동차 및 자동차부품의 성능과 기준에 관한 규칙

제38조 [전조등]

① 자동차(피견인자동차를 제외한다)의 앞면에는 전방을 비출 수 있는 주행빔 전조등을 다음 각 호의 기준에 적합하게 설치하여야 한다.

1. 좌·우에 각각 1개 또는 2개를 설치할 것. 다만, 너비가 130cm 이하인 초소형 자동차에는 1개를 설치할 수 있다.
2. 등광색은 백색일 것
3. 주행빔 전조등의 설치 및 광도기준은 [별표 6의 3]에 적합할 것. 다만, 초소형 자동차는 [별표 35]의 기준을 적용할 수 있다.

② 자동차(피견인자동차는 제외한다)의 앞면에는 마주오는 자동차 운전자의 눈부심을 감소시킬 수 있는 변환빔 전조등을 다음 각 호의 기준에 적합하게 설치하여야 한다.

1. 좌·우에 각각 1개를 설치할 것. 다만, 너비가 130cm 이하인 초소형 자동차에는 1개를 설치할 수 있다.
2. 등광색은 백색일 것
3. 변환빔 전조등의 설치 및 광도기준은 [별표 6의 4]에 적합할 것. 다만, 초소형 자동차는 [별표 36]의 기준을 적용할 수 있다.

③ 자동차(피견인자동차는 제외한다)의 앞면에 전조등의 주행빔과 변환빔이 다양한 환경조건에 따라 자동으로 변환되는 적응형 전조등을 설치하는 경우에는 다음 각 호의 기준에 적합하게 설치하여야 한다.

1. 좌·우에 각각 1개를 설치할 것
2. 등광색은 백색일 것
3. 적응형 전조등의 설치 및 광도기준은 [별표 6의 5]에 적합할 것

④ 주변환빔 전조등의 광속(光束)이 2000루멘을 초과하는 전조등에는 다음 각 호의 기준에 적합한 전조등 닦이기를 설치하여야 한다.

1. 매시 130킬로미터 이하의 속도에서 작동될 것

2. 전조등 닦이기 작동 후 광도는 최초 광도값의 70% 이상일 것

제38조의 2 [안개등]

① 자동차(피견인자동차는 제외한다)의 앞면에 안개등을 설치할 경우에는 다음 각 호의 기준에 적합하게 설치하여야 한다.

1. 좌·우에 각각 1개를 설치할 것. 다만, 너비가 130cm 이하인 초소형 자동차에는 1개를 설치할 수 있다.
2. 등광색은 백색 또는 황색일 것
3. 앞면 안개등의 설치 및 광도기준은 [별표 6의 6]에 적합할 것. 다만, 초소형 자동차는 [별표 37]의 기준을 적용할 수 있다.

② 자동차의 뒷면에 안개등을 설치할 경우에는 다음 각 호의 기준에 적합하게 설치하여야 한다.

1. 2개 이하로 설치할 것
2. 등광색은 적색일 것
3. 뒷면 안개등의 설치 및 광도기준은 [별표 6의 7]에 적합할 것. 다만, 초소형 자동차는 [별표 38]의 기준을 적용할 수 있다.

제38조의 3 [승하차 보조등]

자동차의 외부에 [별표 6의 30]의 기준에 적합한 승하차 보조등을 설치할 수 있다.

제38조의 4 [주간 주행등]

주간운전 시 자동차를 쉽게 인지할 수 있도록 자동차의 앞면에 다음 각 호의 기준에 적합한 주간 주행등을 설치하여야 한다.

1. 좌·우에 각각 1개를 설치할 것. 다만, 너비가 130cm 이하인 초소형 자동차에는 1개를 설치할 수 있다.
2. 등광색은 백색일 것
3. 주간주행등의 설치 및 광도기준은 [별표 6의 8]에 적합할 것. 다만, 초소형 자동차는 [별표 39]의 기준을 적용할 수 있다.

제38조의 5 [코너링 조명등]

자동차의 앞면 또는 옆면의 앞쪽에 코너링 조명등을 설치하는 경우에는 다음 각 호의 기준에 적합하게 설치하여야 한다.

1. 좌·우에 각각 1개를 설치할 것
2. 등광색은 백색일 것
3. 코너링 조명등의 설치 및 광도기준은 [별표 6의 9]에 적합할 것

제39조 [후퇴등]

자동차(차량총중량 0.75톤 이하인 피견인자동차는 제외한다)의 뒷면에는 다음 각 호의 기준에 적합한 후퇴등을 설치하여야 한다.

1. 1개 또는 2개를 설치할 것. 다만, 길이가 600cm 이상인 자동차(승용자동차는 제외한다)에는 자동차 측면 좌·우에 각각 1개 또는 2개를 추가로 설치할 수 있다.
2. 등광색은 백색일 것
3. 후퇴등의 설치 및 광도기준은 [별표 6의 10]에 적합할 것. 다만, 초소형 자동차는 [별표 40]의 기준을 적용할 수 있다.

제39조의 2 [옆면 보조등]

자동차(피견인자동차는 제외한다)에는 [별표 6의 31]의 기준에 적합한 옆면 보조등을 설치할 수 있다.

제40조 [차폭등]

자동차(너비 160cm 이상인 피견인자동차를 포함한다)의 앞면에는 다음 각 호의 기준에 적합한 차폭등을 설치하여야 한다.

1. 좌·우에 각각 1개를 설치할 것. 다만, 너비가 130cm 이하인 초소형자동차에는 1개를 설치할 있다.
2. 등광색은 백색일 것
3. 차폭등의 설치 및 광도기준은 [별표 6의 11]에 적합할 것. 다만, 초소형자동차는 [별표 41]을 적용할 수 있다.

제40조의 2 [끝단 표시등]

자동차 너비가 210cm를 초과하는 자동차의 앞면 및 뒷면(뒷면의 경우 일반형 화물자동차 및 덤프형 화물자동차로서 적재함 위쪽이 개방된 구조는 제외한다)에는 다음 각 호의 기준에 적합한 끝단표시등을 설치하여야 하고, 자동차 너비가 180cm 이상 210cm 이하인 자동차에 끝단표시등을 설치하는 경우에는 다음 각 호의 기준에 적합하게 설치하여야 한다.

1. 앞면 및 뒷면 좌·우에 각각 1개 또는 2개를 설치할 것
2. 앞면의 등광색은 백색, 뒷면의 등광색은 적색일 것
3. 끝단표시등의 설치 및 광도기준은 [별표 6의 12]에 적합할 것

제40조의 3 [주차등]

자동차 길이가 600cm 이하, 너비가 200cm 이하인 자동차에 주차등을 설치하는 경우에는 [별표 6의 32]의 기준에 적합하여야 한다.

제41조 [번호등]

자동차의 뒷면에는 다음 각 호의 기준에 적합한 번호등(番號燈)을 설치하여야 한다.

1. 등광색은 백색일 것
2. 번호등의 설치 및 휘도(輝度)기준은 [별표 6의 13]에 적합할 것. 다만, 초소형자동차는 [별표 42]의 기준을 적용할 수 있다.
3. 번호등은 등록번호판을 잘 비추는 구조일 것

제42조 [후미등]

자동차의 뒷면에는 다음 각 호의 기준에 적합한 후미등을 설치하여야 한다.

1. 좌·우에 각각 1개를 설치할 것. 다만, 다음 각 목의 자동차에는 다음 각 목의 구분에 따른 기준에 따라 후미등을 설치할 수 있다.
   가. 끝단표시등이 설치되지 않은 다음의 어느 하나에 해당하는 자동차 : 좌·우에 각각 1개의 후미등 추가 설치 가능
      1) 승합자동차
      2) 차량 총중량 3.5톤 초과 화물자동차 및 특수자동차(구난형 특수자동차는 제외한다)
   나. 구난형 특수자동차 : 좌·우에 각각 1개의 후미등 추가 설치 가능
   다. 너비가 130cm 이하인 초소형자동차 : 1개의 후미등 설치 가능
2. 등광색은 적색일 것
3. 후미등의 설치 및 광도기준은 [별표 6의 14]에 적합할 것. 다만, 초소형자동차는 [별표 43]의 기준을 적용할 수 있다.

제43조 [제동등]

① 자동차의 뒷면에는 다음 각 호의 기준에 적합한 제동등을 설치하여야 한다.

1. 좌·우에 각각 1개를 설치할 것. 다만, 다음 각 목의 자동차는 다음 각 목의 구분에 따른 기준에 따라 제동등을 설치할 수 있다.
   가. 너비가 130cm 이하인 초소형자동차 : 1개의 제동등 설치 가능
   나. 구난형 특수자동차 : 좌·우에 각각 1개의 제동등 추가 설치 가능
2. 등광색은 적색일 것
3. 제동등의 설치 및 광도기준은 [별표 6의 15]에 적합할 것. 다만, 초소형자동차는 [별표 44]의 기준을 적용할 수 있다.

② 승용자동차와 차량총중량 3.5톤 이하 화물자동차 및 특수자동차의 뒷면에는 다음 각 호의 기준에 적합한 보조제동등을 설치하여야 한다. 다만, 초소형자동차와 차체구조상 설치가 불가능하거나 개방형 적재함이 설치된 화물자동차는 제외한다.

1. 자동차의 뒷면 수직중심선 상에 1개를 설치할 것. 다만, 차체 중심에 설치가 불가능한 경우에는 자동차의 양쪽에 대칭으로 2개를 설치할 수 있다.
2. 등광색은 적색일 것
3. 보조제동등의 설치 및 광도기준은 [별표 6의 16]에 적합할 것

제44조 [방향지시등]

자동차의 앞면·뒷면 및 옆면(피견인자동차의 경우에는 앞면을 제외한다)에는 다음 각 호의 기준에 적합한 방향지시등을 설치하여야 한다.

1. 자동차 앞면·뒷면 및 옆면 좌·우에 각각 1개를 설치할 것. 다만, 승용자동차와 차량총중량 3.5톤 이하 화물자동차 및 특수자동차(구난형 특수자동차는 제외한다)를 제외한 자동차에는 2개의 뒷면 방향지시등을 추가로 설치할 수 있다.
2. 등광색은 호박색일 것
3. 방향지시등의 설치 및 광도기준은 [별표 6의 17]에 적합할 것. 다만, 초소형자동차는 [별표 45]의 기준을 적용할 수 있다.

제44조의 2 [옆면표시등]

길이 6m 이상인 자동차에는 다음 각 호의 기준에 적합한 옆면표시등을 설치하여야 한다.

1. 등광색은 호박색(자동차의 가장 뒷부분 옆면에 설치된 경우에는 호박색 또는 적색)일 것
2. 옆면표시등의 설치 및 광도기준은 [별표 6의 18]에 적합할 것. 다만, 초소형자동차는 [별표 46]의 기준을 적용할 수 있다.

제45조 [비상점멸표시등]

자동차에는 다음 각 호의 기준에 적합한 비상점멸표시등을 설치하여야 한다.

1. 모든 비상점멸표시등은 동시에 작동하는 구조일 것
2. 비상점멸표시등의 작동기준은 [별표 6의 19]에 적합할 것. 다만, 초소형자동차는 [별표 47]의 기준을 적용할 수 있다.

제45조의 2 [후방추돌 경고등]

후행하는 자동차의 추돌을 방지하기 위하여 후방추돌 경고등을 설치하는 경우에는 다음 각 호의 기준에 적합하게 설치하여야 한다.

1. 후방추돌 경고신호의 발생과 동시에 후방추돌 경고등이 작동될 것
2. 후방추돌 경고등의 작동기준은 [별표 6의 20]에 적합할 것

기본학습 02

각종 등화장치의 검사기준과 방법 및 판정기준

관련근거 자동차관리법시행규칙 - 제73조 [자동차의 검사기준 및 방법]

[별표 15] 자동차 검사기준 및 방법(제73조 관련)

1. 검사방법 및 기준(비사업용 자동차의 경우)

항목	검사기준	검사방법
18) 등화장치	(4) 정위치에 견고히 부착되어 작동에 이상이 없고, 손상이 없어야 하며, 등광색이 안전기준에 적합할 것	전조등 · 방향지시등 · 번호등 · 제동등 · 후퇴등 · 차폭등 · 후미등 · 안개등 · 비상점멸표시등 · 그 밖의 등화장치의 점등 · 등광색 및 설치상태 확인
	(5) 후부반사기 및 후부반사판의 설치상태가 안전기준에 적합할 것	후부반사기 및 후부반사판의 설치상태 확인
	(6) 어린이운송용 승합자동차에 설치된 표시등이 안전기준에 적합할 것	표시등 설치 및 작동상태 확인
	(7) 안전기준에서 정하지 아니한 등화 및 금지등화가 없을 것	안전기준에 위배되는 등화설치 여부 확인

2. 판정기준

자동차관리법시행규칙 제73조 [자동차의 검사기준 및 방법]의 [별표 15]의 자동차검사기준 및 방법에서 검사기준에 적합하여야 한다. 단, 자동차검사대행자 또는 지정정비사업자가 실시한 검사결과가 "자동차관리법시행규칙 제80조 [검사의 실시등]"에 의거 정기검사 항목 중 등화장치에 대한 검사를 실시한 결과 적합하지 아니한 사항이 있는 경우 해당 사항이 다음 각 호의 어느 하나에 해당하지 않으면 적합판정을 하고 해당 자동차소유자에게 그 시정을 권고할 수 있다.

(1) 전조등 · 방향지시등 · 번호등 및 제동등의 점등상태 불량 또는 등색과 설치상태의 기준 부적합, 택시표시등의 자동점등상태 불량

(2) 전조등의 전조등시험기에 의한 검사결과 기준미달

(3) 안전기준에 위배되는 등화설치

기본학습 03 실습지시서 및 실습보고서

실습지시서

학과	과	학기	20 학년도 학기
교과목명	자동차정비검사	시간	20 년 월 일(~교시)
실험·실습명	등화장치 확인하기의 관능검사		
실습목표	1. 자동차 검사기준 및 방법에 따라 자동차 안전기준의 등화장치 관련 검사업무를 확인할 수 있다. 2. 자동차 검사기준 및 방법에 따라 자동차의 등화장치의 점등상태를 확인할 수 있다. 3. 자동차 검사기준 및 방법에 따라 자동차의 등화장치의 등광색 및 설치상태를 확인할 수 있다. 4. 자동차 검사기준 및 방법에 따라 자동차의 등화장치의 검사결과를 판정할 수 있다.		

사용재료 (공구/기구 등)	품명(재료명)	규격	수량	비고
	자동차		1	
	줄자		1	

실험·실습순서 및 관련지식	1. 검사방법 (1) 전조등·방향지시등·번호등·제동등·후퇴등·차폭등·후미등·안개등·비상점멸표시등·그 밖의 등화장치의 점등·등광색 및 설치상태를 확인한다. (2) 후부반사기 및 후부반사판의 설치상태를 확인한다. (3) 어린이운송용 승합자동차에 설치된 표시등 설치 및 작동상태를 확인한다. (4) 안전기준에 위배되는 등화설치 여부를 확인한다. 2. 검사기준 (1) 전조등·방향지시등·번호등·제동등·후퇴등·차폭등·후미등·안개등·비상점멸표시등·그 밖의 등화장치는 정위치에 견고히 부착되어 작동에 이상이 없고, 손상이 없어야 하며, 등광색이 안전기준에 적합할 것 (2) 후부반사기 및 후부반사판의 설치상태가 안전기준에 적합할 것 (3) 어린이운송용 승합자동차에 설치된 표시등이 안전기준에 적합할 것 (4) 안전기준에서 정하지 아니한 등화 및 금지등화가 없을 것 3. 판정기준 검사기준에 적합하여야 한다. 단, 검사결과 적합하지 아니한 사항이 있는 경우 다음 각 호의 어느 하나에 해당하지 않으면 적합판정으로 한다. 그리고 해당 자동차소유자에게 그 시정을 권고할 수 있다. (1) 전조등·방향지시등·번호등 및 제동등의 점등상태 불량 또는 등색과 설치상태의 기준 부적합, 택시표시등의 자동점등상태 불량 (2) 전조등의 전조등시험기에 의한 검사결과 기준미달 (3) 안전기준에 위배되는 등화설치

평가내용

세부 평가 내용	배점
(1) 자동차 검사기준 및 방법에 따라 자동차 안전기준의 등화장치 관련 검사 업무를 숙지할 수 있다.	20
(2) 자동차 검사기준·방법에 따라 자동차의 등화장치를 확인할 수 있다.	20
(3) 자동차 검사기준·방법에 따라 자동차의 등화장치의 점등상태를 확인할 수 있다.	20
(4) 자동차 검사기준·방법에 따라 자동차의 등화장치의 등광색 및 설치상태를 확인할 수 있다.	20
(5) 자동차 검사기준·방법에 따라 자동차의 등화장치의 검사 결과를 판정할 수 있다.	20
합 계	100

과제

1. 실습보고서 작성 제출

(1) 관능(육안)검사

진단항목		안전진단기준(검사기준)	진단결과
등화 장치	전조등·방향지시등·번호등·제동등·후퇴등·차폭등·후미등·안개등 및 비상점멸표시등과 그 밖의 등화장치의 점등·등광색 및 설치상태 확인	정위치에 견고히 부착되어 작동에 이상이 없고, 손상이 없어야 하며, 등광색이 안전 기준에 적합할 것	〈부적합 내용〉
	후부반사기 및 후부반사판의 설치상태 확인	후부반사기 및 후부반사판의 설치상태가 안전기준에 적합할 것	
	표시등 설치 및 작동상태 확인	어린이운송용 승합자동차에 설치된 표시등이 안전기준에 적합할 것	〈시정권고 내용〉
	택시의 윗부분에 설치된 택시 안내등이 정상적으로 작동하는지 확인	택시의 윗부분에 설치된 택시 안내등이 정상적으로 작동할 것	
	안전기준에 위배되는 등화설치 여부 확인	안전기준에서 정하지 아니한 등화 및 안전 기준에서 금지한 등화가 없을 것	

실습보고서

실험제목	등화장치 확인하기의 관능검사		
실험일자		반 및 실험조	
학번		성명	

■ 과제 내용

주어진 자동차에서 등화장치 확인하기의 관능검사를 실시한 후 기록표에 기록하시오.

1. 사용기기 및 부품
   (1) 차종

   (2) 사용기기

2. 실험 결과

진단항목		안전진단기준(검사기준)	진단결과
등화장치	전조등·방향지시등·번호등·제동등·후퇴등·차폭등·후미등·안개등 및 비상점멸표시등과 그 밖의 등화장치의 점등·등광색 및 설치상태 확인	정위치에 견고히 부착되어 작동에 이상이 없고, 손상이 없어야 하며, 등광색이 안전 기준에 적합할 것	〈부적합 내용〉 〈시정권고 내용〉
	후부반사기 및 후부반사판의 설치상태 확인	후부반사기 및 후부반사판의 설치상태가 안전기준에 적합할 것	
	표시등 설치 및 작동상태 확인	어린이운송용 승합자동차에 설치된 표시등이 안전기준에 적합할 것	
	택시의 윗부분에 설치된 택시 안내등이 정상적으로 작동하는지 확인	택시의 윗부분에 설치된 택시 안내등이 정상적으로 작동할 것	
	안전기준에 위배되는 등화설치 여부 확인	안전기준에서 정하지 아니한 등화 및 안전 기준에서 금지한 등화가 없을 것	

학습정리

이 장에서는 자동차 검사시 등화장치의 관능검사 방법 및 판정기준에 대하여 학습하였다. 자동차관리법에서 정하는 기준에 의거 등화장치의 관능검사를 실시하고 판정할 수 있도록 하였다.

총괄평가

1. 등화장치의 관능검사를 실시할 때 점검방법에 대하여 서술하시오.

보충학습

1. 광도 및 조도

- 빛의 단위

  빛의 물리량에는 광속, 광도, 조도, 휘도 등이 있는데 여기에서는 전조등시험기에 관련된 광도와 조도에 대해서 설명하겠다.

  - 광도 : 광도는 광원의 빛의 세기를 나타내는 것으로 단위는 칸델라(Cd)를 사용하며, 1Cd는 백금의 응고점(1769℃)에서 흑체 $1cm^2$의 평탄한 표면 광도의 1/60로 정의되어 있다.
  - 조도 : 빛을 받는 면의 밝기를 나타내는 것으로 단위는 룩스(Lux)를 사용하며, 1Lux는 1Cd의 광원으로 부터 1m의 거리에 있는 수직면의 밝기를 말한다.

- 광도와 조도의 관계

  광원으로부터의 거리에 대하여 광원의 크기가 무시할 수 있는 경우(点光原인 경우)의 조도는 광원으로부터 거리의 제곱에 반비례하여 다음의 식이 성립된다.

  $$조도 = \frac{광도}{거리^2}$$

참고자료

1. 자동차관리법, 자동차관리법 시행령, 자동차관리법 시행규칙
2. 자동차 및 자동차부품의 성능과 기준에 관한 규칙
3. 자동차안전기준 시행세칙
4. 자동차검사 시행요령 등에 관한 규정

A-5 동력전달장치 확인하기(1506030602_17v3.5)

학/습/목/표

일반목표

자동차관리법 등의 자동차 검사업무와 동력전달장치의 관능검사 방법 및 판정기준에 대하여 학습하여 관능검사를 실시하고 판정할 수 있도록 한다.

세부목표

1. 자동차 검사기준 및 방법에 따라 동력전달장치 검사업무를 수행할 수 있다.
2. 자동차 검사기준 및 방법에 따라 동력전달장치의 안전기준 준수여부를 확인할 수 있다.
3. 동력전달장치 검사결과에 따라 안전기준 적합여부를 판정할 수 있다.

주요 용어

동력전달장치

학습활동

기본학습 01 동력전달장치에 대한 성능과 기준

관련근거 자동차 및 자동차부품의 성능과 기준에 관한 규칙

제11조 [원동기 및 동력전달장치]

② 자동차의 동력전달장치는 안전운행에 지장을 줄 수 있는 연결부의 손상 또는 오일의 누출 등이 없어야 한다.

기본학습 02 동력전달장치의 검사기준 및 방법과 판정기준

관련근거 자동차관리법시행규칙 - 제73조 [자동차의 검사기준 및 방법]

[별표 15] 자동차 검사기준 및 방법(제73조 관련)

1. 검사방법 및 기준(비사업용 자동차의 경우)

항목	검사기준	검사방법
4) 동력전달장치	(1) 손상·변형 및 누유가 없을 것	변속기의 작동 및 누유여부 확인 추진축 및 연결부의 손상·변형여부 확인
	(2) 클러치 페달 유격이 적정하고, 자동변속기 선택레버의 작동상태 및 현재 위치와 표시가 일치할 것	클러치 페달 유격 적정 여부, 자동변속기 선택레버의 작동상태 및 위치표시 확인

2. 판정기준

자동차관리법시행규칙 제73조 [자동차의 검사기준 및 방법]의 [별표 15]의 자동차검사기준 및 방법에서 검사기준에 적합하여야 한다. 단, 자동차검사대행자 또는 지정정비사업자가 실시한 검사결과가 "자동차관리법시행규칙 제80조 [검사의 실시 등]"에 의거 정기검사 항목 중 동력전달장치에 대한 검사를 실시한 결과 적합하지 아니한 사항이 있는 경우 해당 사항이 다음 각 호의 어느 하나에 해당하지 않으면 적합판정을 하고 해당 자동차소유자에게 그 시정을 권고할 수 있다.

- 해당사항 없음

기본학습 03

실습지시서 및 실습보고서

실습지시서

<table>
<tr><td>학과</td><td>과</td><td>학기</td><td colspan="2">20 학년도 학기</td></tr>
<tr><td>교과목명</td><td>자동차정비검사</td><td>시간</td><td colspan="2">20 년 월 일(~교시)</td></tr>
<tr><td>실험·실습명</td><td colspan="4">동력전달장치의 관능검사</td></tr>
<tr><td>실습목표</td><td colspan="4">1. 자동차 검사기준 및 방법에 따라 동력전달장치 검사업무를 수행할 수 있다.
2. 자동차 검사기준 및 방법에 따라 동력전달장치의 안전기준 준수여부를 확인할 수 있다.
3. 동력전달장치 검사결과에 따라 안전기준 적합여부를 판정할 수 있다.</td></tr>
<tr><td rowspan="3">사용재료
(공구/기구 등)</td><td>품명(재료명)</td><td>규격</td><td>수량</td><td>비고</td></tr>
<tr><td>자동차</td><td></td><td>1</td><td></td></tr>
<tr><td>줄자</td><td></td><td>1</td><td></td></tr>
<tr><td>실험·실습순서
및 관련지식</td><td colspan="4">1. 검사방법
(1) 변속기의 작동 및 누유여부 확인, 추진축 및 연결부의 손상변형여부를 확인한다.
(2) 클러치 페달 유격 적정여부, 자동변속기 선택레버의 작동상태 및 위치표시 확인한다.

2. 검사기준
(1) 손상·변형 및 누유가 없을 것
(2) 클러치 페달 유격이 적정하고, 자동변속기 선택레버의 작동상태 및 현재 위치와 표시가 일치할 것

3. 판정기준
검사기준에 적합하여야 한다. 단, 검사결과 적합하지 아니한 사항이 있는 경우 다음 각 호의 어느 하나에 해당하지 않으면 적합판정으로 한다. 그리고 해당 자동차소유자에게 그 시정을 권고할 수 있다.
- 해당 사항 없음</td></tr>
<tr><td>안전 및
유의사항</td><td colspan="4">(1) 자동차는 평평한 노면에 주차한다.
(2) 타이어 마모량이 규정값 이하이면 타이어를 교환하여야 한다.</td></tr>
</table>

<table>
<tr><td>평가내용</td><td>

<table>
<tr><th>세부 평가 내용</th><th>배점</th></tr>
<tr><td>(1) 자동차 검사기준·방법에 따라 누유·누출검사방법을 숙지할 수 있다.</td><td>20</td></tr>
<tr><td>(2) 자동차 검사기준·방법에 따라 동력전달장치의 누유를 검사할 수 있다.</td><td>10</td></tr>
<tr><td>(3) 자동차 검사기준·방법에 따라 조향장치의 누유를 검사할 수 있다.</td><td>10</td></tr>
<tr><td>(4) 자동차 검사기준·방법에 따라 완충장치의 누유를 검사할 수 있다.</td><td>20</td></tr>
<tr><td>(5) 자동차 검사기준·방법에 따라 연료장치의 누유를 검사할 수 있다.</td><td>20</td></tr>
<tr><td>(6) 누유·누출 검사결과에 따라 안전기준 준수 여부를 판정할 수 있다.</td><td>20</td></tr>
<tr><td>합 계</td><td>100</td></tr>
</table>

</td></tr>
<tr><td>과제</td><td>

1. 실습보고서 작성 제출

(1) 관능(육안)검사

<table>
<tr><th colspan="2">진단항목</th><th>안전진단기준(검사기준)</th><th>진단결과 및 의견</th></tr>
<tr><td rowspan="4">동력
전달
장치</td><td>변속기의 작동 및 누유여부</td><td rowspan="2">손상·변형 및 누유가
없을 것</td><td rowspan="2">〈부적합 내용〉</td></tr>
<tr><td>추진축 및 연결부의 손상변형
여부</td></tr>
<tr><td>클러치 페달유격 적정 여부</td><td rowspan="2">클러치 페달 유격이 적정하고, 자
동변속기 선택레버의 작동상태
및 현재 위치와 표시가 일치할 것</td><td rowspan="2">〈시정권고 내용〉</td></tr>
<tr><td>자동변속기 선택레버의 작동상태
및 위치표시 확인</td></tr>
</table>

</td></tr>
</table>

실습보고서

실험제목	동력전달장치의 관능검사		
실험일자		반 및 실험조	
학번		성명	

■ 과제 내용

주어진 자동차에서 동력전달장치의 관능검사를 실시한 후 기록표에 기록하시오.

1. 사용기기 및 부품
   (1) 차종

   (2) 사용기기

2. 실험 결과

진단항목		안전진단기준(검사기준)	진단결과 및 의견
동력 전달 장치	변속기의 작동 및 누유여부	손상·변형 및 누유가 없을 것	〈부적합 내용〉 〈시정권고 내용〉
	추진축 및 연결부의 손상변형여부		
	클러치 페달유격 적정 여부	클러치 페달 유격이 적정하고, 자동변속기 선택레버의 작동상태 및 현재 위치와 표시가 일치할 것	
	자동변속기 선택레버의 작동상태 및 위치표시 확인		

학습정리

이 장에서는 자동차 검사시 동력전달장치의 관능검사방법 및 판정기준에 대하여 학습하였다. 자동차관리법에서 정하는 기준에 의거 동력전달장치의 관능검사를 실시하고 판정할 수 있도록 하였다.

총괄평가

1. 동력전달장치의 관능검사를 실시할 때 점검방법에 대하여 설명하시오.

참고자료

1. 자동차관리법, 자동차관리법 시행령, 자동차관리법 시행규칙
2. 자동차 및 자동차부품의 성능과 기준에 관한 규칙
3. 자동차안전기준 시행세칙

A-6 조종장치 확인하기(1506030602_17v3.6)

학/습/목/표

일반목표

자동차관리법 등의 자동차 검사업무와 조종장치의 관능검사 방법 및 판정기준에 대하여 학습하여 관능검사를 실시하고 판정할 수 있도록 한다.

세부목표

1. 자동차 검사기준 및 방법에 따라 조종장치 검사업무를 수행할 수 있다.
2. 자동차 검사기준 및 방법에 따라 조종장치의 안전기준 준수여부를 확인할 수 있다.
3. 조종장치 검사결과에 따라 안전기준 적합여부를 판정할 수 있다.

주요 용어

조종장치

학습활동

기본학습 01 조종장치에 대한 성능과 기준

관련근거 자동차 및 자동차부품의 성능과 기준에 관한 규칙

제13조 [조종장치 등]

① 자동차에 설치된 다음 각호의 조종장치 및 표시장치는 운전자가 좌석안전띠(이하 "안전띠"라 한다)를 착용한 상태에서 쉽게 조작 및 식별할 수 있도록 배치하여야 한다.

1. 주시동장치 · 정지장치 · 가속제어장치 및 기타 원동기의 조작장치
2. 제동장치 및 동력전달장치의 조작장치
3. 변속장치 · 창닦이기 · 세정액분사장치 · 서리제거장치 · 안개제거장치 · 전조등 · 등화점등장치 · 비상경고신호등 · 방향지시등 및 경음기의 조작장치
4. 속도계 · 방향지시등 · 주행빔 · 연료장치 · 원동기냉각수 · 윤활유 · 제동경고등 · 충전장치 및 경제운전의 표시장치

② 가속제어장치의 복귀장치는 가속페달에서 작용력을 제거할 때에 원동기의 가속제어장치를 가속위치에서 공회전위치로 복귀시킬 수 있는 장치가 최소한 2개 이상이어야 하며, 변속장치의 조종레버(변속레버에 표시가 곤란한 경우에는 운전자가 식별하기 쉬운 위치)에는 변속단수별 조작위치를 표시하여야 한다.

③ 자동변속장치는 다음 각 호의 기준에 적합하여야 한다.

1. 중립위치는 전진위치와 후진위치 사이에 있을 것
2. 조종레버가 조향기둥에 설치된 경우 조종레버의 조작방향은 중립위치에서 전진위치로 조작되는 방향이 시계방향일 것
3. 주차위치가 있는 경우에는 후진위치에 가까운 끝부분에 있을 것. 다만, 순서대로 조작되지 아니하는 조종레버를 갖춘 경우에는 그러하지 아니하다.
4. 조종레버가 전진 또는 후진위치에 있는 경우 원동기가 시동되지 아니할 것. 다만, 다음 각 목의 어느 하나에 해당하는 자동차의 경우에는 그러하지 아니하다.
   가. 하이브리드자동차
   나. 전기자동차
   다. 원동기의 구동이 모두 정지될 경우 변속기가 자동으로 중립위치로 변환되는 구조를 갖춘 자동차

라. 주행하다가 정지하면 원동기의 시동을 자동으로 제어하는 장치를 갖춘 자동차

5. 전진변속단수가 2단계 이상일 경우 매시 40킬로미터 이하의 속도에서 최고속변속단수에서의 제동효과는 최고속변속단수 외의 단수에서의 제동효과보다 작을 것

④ 자동차에 별표 2에서 정하고 있는 손조작식 조종장치를 설치하는 경우에는 동표에서 정하는 조종장치의 식별단어·약어 또는 식별부호(이하 “식별표시"라 한다)를 표시하여야 하며, 조명기준에 적합하여야 한다. 다만, 조향기둥 좌우측에 위치한 방향지시등·비상점멸표시등·창닦이기 및 세정액 분사장치 등의 레버식 조종장치의 경우에는 그러하지 아니하다.

⑤ 자동차의 차실안에 [별표 2]에서 정하고 있는 표시장치를 설치하는 경우에는 동표에서 정하는 식별표시를 표시하여야 하며, 조명 및 색상기준에 적합하여야 한다. 다만, 자동차장치의 작동여부 및 상태의 정상여부를 나타내 주는 표시장치(이하 “자동표시기”라 한다)가 자동표시기외의 표시장치와 함께 사용되는 경우 당해자동표시기에 대하여는 그러하지 아니하다.

⑥ 자동차에 보조시동장치(전파등을 이용한 원격시동장치를 말한다)를 설치할 경우에는 조종레버가 전진 또는 후진위치에 있는 경우 원동기가 시동(크랭킹의 경우를 제외한다)되지 아니하는 구조로 설치하여야 한다.

⑦ 화물자동차 및 특수자동차에 상하로 움직일 수 있는 가변축을 설치하는 경우에는 가변축 인접축에 제6조에 따른 축중을 초과하거나 「자동차관리법 시행규칙」 별지 제25호서식에 따른 자동차제원표에 기재된 축별설계 허용하중을 초과하는 적재하중이 가해지면 자동으로 가변축을 하향시키고 상승조작이 불가능한 구조로 설치해야 한다. 다만, 험로(險路) 탈출 등 일시적인 사용을 위해 다음 각 호의 기준에 적합한 경우 수동조작장치를 설치할 수 있다.

1. 구동축 축별설계 허용하중의 130%를 초과하지 않는 경우
2. 작동 중에 앞차축이 지면에서 들리지 않는 구조인 경우
3. 자동차가 험로를 탈출한 후 매시 30킬로미터에 도달하기 전에 자동으로 하강하여 하중을 지지하는 구조인 경우

⑧ 험로(險路) 탈출 등을 위해 가변축의 일시적 조작이 필요한 경우에는 제7항에도 불구하고 다음 각 호의 기준에 적합한 가변축 수동조작장치를 설치할 수 있다.

1. 각 축이 분담하는 하중은 15톤의 범위에서 축별설계허용하중의 130퍼센트를 초과하지 않을 것
2. 수동조작장치를 사용하여 가변축을 상승조작할 때 자동차의 전방방향으로 가변축보다 앞쪽에 설치된 차축 중 최소 1개 이상의 차축은 지면에서 들리지 않을 것
3. 자동차가 험로를 탈출한 후 매시 30킬로미터를 초과하기 전에 하중을 분담하기 위해 가변축이 자동으로 하강하기 시작하는 구조일 것

기본학습 02 조종장치의 검사기준 및 방법과 판정기준

관련근거 자동차의 검사기준 및 방법 - 자동차관리법 시행규칙 제73조

[별표 15] 자동차 검사기준 및 방법(제73조 관련)

1. 검사기준 및 방법

항목	검사기준	검사방법
6) 조종장치	조종장치의 작동상태가 정상일 것	시동·가속·클러치·변속·제동·등화·경음·창닦이기·세정액분사장치 등 조종장치의 작동 확인

2. 판정기준

자동차관리법시행규칙 제73조 [자동차의 검사기준 및 방법]의 [별표 15]의 자동차검사기준 및 방법에서 검사기준에 적합하여야 한다. 단, 자동차검사대행자 또는 지정정비사업자가 실시한 검사결과가 "자동차관리법시행규칙 제80조 [검사의 실시등]"에 의거 정기검사 항목 중 조종장치에 대한 검사를 실시한 결과 적합하지 아니한 사항이 있는 경우 해당 사항이 다음 각 호의 어느 하나에 해당하지 않으면 적합판정을 하고 해당 자동차소유자에게 그 시정을 권고할 수 있다.

- 해당사항 없음

기본학습 03 실습지시서 및 실습보고서

실습지시서

<table>
<tr><td>학과</td><td>과</td><td>학기</td><td colspan="2">20 학년도 학기</td></tr>
<tr><td>교과목명</td><td>자동차정비검사</td><td>시간</td><td colspan="2">20 년 월 일(~교시)</td></tr>
<tr><td>실험·실습명</td><td colspan="4">조종장치의 관능검사</td></tr>
<tr><td>실습목표</td><td colspan="4">1. 자동차 검사기준 및 방법에 따라 동력전달장치 검사업무를 수행할 수 있다.
2. 자동차 검사기준 및 방법에 따라 동력전달장치의 안전기준 준수여부를 확인할 수 있다.
3. 동력전달장치 검사결과에 따라 안전기준 적합여부를 판정할 수 있다.</td></tr>
<tr><td rowspan="3">사용재료
(공구/기구 등)</td><td>품명(재료명)</td><td>규격</td><td>수량</td><td>비고</td></tr>
<tr><td>자동차</td><td></td><td>1</td><td></td></tr>
<tr><td>줄자</td><td></td><td>1</td><td></td></tr>
<tr><td>실험·실습순서
및 관련지식</td><td colspan="4">1. 검사방법
(1) 시동·가속·클러치·변속·제동·등화·경음·창닦이기·세정액분사장치 등 조종장치의 작동을 확인한다.

2. 검사기준
(1) 조종장치의 작동상태가 정상일 것

3. 판정기준
검사기준에 적합하여야 한다. 단, 검사 결과 적합하지 아니한 사항이 있는 경우 다음 각 호의 어느 하나에 해당하지 않으면 적합 판정으로 한다. 그리고 해당 자동차소유자에게 그 시정을 권고할 수 있다.
- 해당 사항 없음</td></tr>
<tr><td>안전 및
유의사항</td><td colspan="4">(1) 자동차는 평평한 노면에 주차한다.
(2) 타이어 마모량이 규정값 이하이면 타이어를 교환하여야 한다.</td></tr>
<tr><td>평가내용</td><td colspan="4">

세부 평가 내용	배점
(1) 자동차검사기준 및 방법에 따라 조종장치 검사업무를 수행할 수 있다.	30
(2) 자동차검사기준 및 방법에 따라 조종장치의 안전기준 준수여부를 확인할 수 있다.	40
(3) 조종장치 검사결과에 따라 안전기준 적합여부를 판정할 수 있다.	30
합 계	100

</td></tr>
</table>

<table>
<tr><td rowspan="2">과제</td><td colspan="4">1. 실습보고서 작성 제출
(1) 관능(육안)검사</td></tr>
<tr><td colspan="4">
<table>
<tr><th colspan="2">진단항목</th><th>안전진단기준(검사기준)</th><th>진단결과 및 의견</th></tr>
<tr><td rowspan="8">조종
장치</td><td>시동장치 작동상태</td><td rowspan="8">조종장치의 작동상태가
정상일 것</td><td rowspan="8">〈부적합 내용〉

〈시정권고 내용〉</td></tr>
<tr><td>가속장치 작동상태</td></tr>
<tr><td>클러치 작동상태</td></tr>
<tr><td>변속기 작동상태</td></tr>
<tr><td>제동장치 작동상태</td></tr>
<tr><td>등화장치 작동상태</td></tr>
<tr><td>창닦이기 장치 작동상태</td></tr>
<tr><td>세정분사장치 작동상태</td></tr>
</table>
</td></tr>
</table>

실습보고서

실험제목	조종장치의 관능검사		
실험일자		반 및 실험조	
학번		성명	

■ 과제 내용

주어진 자동차에서 조종장치의 관능검사를 실시한 후 기록표에 기록하시오.

1. 사용기기 및 부품
   (1) 차종

   (2) 사용기기

2. 실험 결과

진단항목		안전진단기준(검사기준)	조종장치의 관능검사
조종장치	시동장치 작동상태		〈부적합 내용〉 〈시정권고 내용〉
	가속장치 작동상태		
	클러치 작동상태		
	변속기 작동상태		
	제동장치 작동상태		
	등화장치 작동상태		
	창닦이기 장치 작동상태		
	세정분사장치 작동상태		

학습정리

이 장에서는 자동차 검사시 조종장치의 관능검사방법 및 판정기준에 대하여 학습하였다. 자동차관리법에서 정하는 기준에 의거 조종장치의 관능검사를 실시하고 판정할 수 있도록 하였다.

총괄평가

1. 조종장치의 관능검사를 실시할 때 점검방법에 대하여 서술하시오.

참고자료

1. 자동차관리법, 자동차관리법 시행령, 자동차관리법 시행규칙
2. 자동차 및 자동차부품의 성능과 기준에 관한 규칙
3. 자동차안전기준 시행세칙

A-7 조향장치 확인하기(1506030602_17v3.7)

학/습/목/표

일반목표

자동차관리법 등의 자동차 검사업무와 조향장치의 관능검사방법 및 판정기준에 대하여 학습하여 관능검사를 실시하고 판정할 수 있도록 한다.

세부목표

1. 자동차 검사기준 및 방법에 따라 조향장치 검사업무를 수행할 수 있다.
2. 자동차 검사기준 및 방법에 따라 조향장치의 안전기준 준수여부를 확인할 수 있다.
3. 조향장치 검사결과에 따라 안전기준 적합여부를 판정할 수 있다.

주요 용어

조향장치

학습활동

기본학습 01 조향장치에 대한 성능과 기준

관련근거 자동차 및 자동차부품의 성능과 기준에 관한 규칙

제14조 [조향장치]

① 자동차의 조향장치의 구조는 다음 각호의 기준에 적합하여야 한다.

1. 조향장치의 각부는 조작시에 차대 및 차체 등 자동차의 다른 부분과 접촉되지 아니하고, 갈라지거나 금이 가고 파손되는 등의 손상이 없으며, 작동에 이상이 없을 것
2. 조향장치는 조작시에 운전자의 옷이나 장신구등에 걸리지 아니할 것
3. 다음 각 목의 자동차 구분에 따른 해당 속도로 반지름 50미터의 곡선에 접하여 주행할 때 자동차의 선회원(旋回圓)이 동일하거나 더 커지는 구조일 것
   가. 승용자동차 : 시속 50킬로미터
   나. 승용자동차 외의 자동차 : 시속 40킬로미터(최고속도가 시속 40킬로미터 미만인 경우에는 해당 자동차의 최고속도)
4. 자동차를 최고속도(연결자동차의 경우에는 견인자동차의 최고속도를 말한다)까지 주행하는 동안 조향핸들이 비정상적으로 조작되거나 조향장치가 비정상적으로 진동되지 아니하고 직진 주행이 가능할 것. 다만, 제10호가목에 따른 조향장치에 의한 진동은 제외한다.
5. 자동차(연결자동차를 포함한다)가 정상적인 주행을 하는 동안 발생되는 응력(應力)에 견딜 것
6. 조향장치(피견인자동차를 조향하는 제어장치를 포함한다)는 자기장이나 전기장에 의하여 작동에 영향을 받지 아니할 것
7. 조향장치의 결합구조를 조절하는 장치는 잠금장치에 의하여 고정되도록 할 것
8. 조향바퀴는 뒷바퀴에만 있어서는 아니 될 것. 다만, 세미 트레일러는 그러하지 아니하다.
9. 조향장치 중 기계적인 강성이 필요한 모든 관련 부품은 제동장치 등과 같은 필수부품과 동등한 안전특성으로 충분한 크기를 갖추어야 하고, 그 부품의 고장으로 자동차를 조종하지 못할 것으로 우려되는 부품은 금속 또는 이와 동등한 특성을 갖는 재질로 제작되어야 하며, 정상적인 작동 중일 때에는 해당 부품에 심각한 변형이 발생하지 아니할 것

10. 조향장치의 기능을 저해시키는 고장(기계적인 부품의 고장은 제외한다)이 발생한 경우에는 운전자가 고장을 명백하게 확인할 수 있는 경고장치를 갖출 것. 다만, 다음 각 목의 어느 하나에 해당하는 경우에는 경고장치를 갖춘 것으로 본다.

가. 고장 시 조향장치에 의도적으로 진동을 발생시키도록 하는 구조인 경우

나. 고장 시 자동차(피견인자동차는 제외한다)의 조향조종력이 증가되는 구조인 경우

다. 피견인자동차의 경우 고장 시 기계적인 표시기를 갖춘 구조인 경우

② 삭제 <2003. 2. 25.>

③ 조향핸들의 유격(조향바퀴가 움직이기 직전까지 조향핸들이 움직인 거리를 말한다)은 당해 자동차의 조향핸들지름의 12.5% 이내이어야 한다.

④ 조향바퀴의 옆으로 미끄러짐이 1m 주행에 좌우방향으로 각각 5mm 이내이어야 하며, 각 바퀴의 정렬상태가 안전운행에 지장이 없어야 한다.

기본학습 02 조향장치의 검사기준 및 방법과 판정기준

관련근거 자동차관리법시행규칙 - 제73조 [자동차의 검사기준 및 방법]

[별표 15] 자동차 검사기준 및 방법(제73조 관련)

1. 검사방법 및 기준(비사업용/사업용 자동차의 경우)

항목	검사기준	검사방법
7. 조향장치	(2) 조향계통의 변형·느슨함 및 누유가 없을 것	기어박스·로드암·파워실린더·너클 등의 설치상태 및 누유여부 확인
	(3) 동력조향 작동유의 유량이 적정할	동력조향 작동유의 유량 확인

2. 판정기준

자동차관리법시행규칙 제73조 [자동차의 검사기준 및 방법]의 [별표 15]의 자동차검사기준 및 방법에서 검사기준에 적합하여야 한다. 단, 자동차검사대행자 또는 지정정비사업자가 실시한 검사결과가 "자동차관리법시행규칙 제80조 [검사의 실시등]"에 의거 정기검사 항목 중 조향장치의 누유에 대한 검사를 실시한 결과 적합하지 아니한 사항이 있는 경우 해당사항이 다음 각호의 어느 하나에 해당하지 않으면 적합판정을 하고 해당 자동차소유자에게 그 시정을 권고할 수 있다.

(1) 조향장치의 용접, 갈라지거나 금이 가고 파손되는 등의 심한 변형·누유 및 안전기준에 위배되는 유격

(2) 조향바퀴의 옆 미끄럼량 측정결과 허용기준 초과

기본학습

03 실습지시서 및 실습보고서

실습지시서

<table>
<tr><td>학과</td><td>과</td><td>학기</td><td colspan="2">20 학년도 학기</td></tr>
<tr><td>교과목명</td><td>자동차정비검사</td><td>시간</td><td colspan="2">20 년 월 일(~교시)</td></tr>
<tr><td>실험·실습명</td><td colspan="4">조향장치의 관능검사</td></tr>
<tr><td>실습목표</td><td colspan="4">1. 자동차 검사기준 및 방법에 따라 조향장치 검사업무를 수행할 수 있다.
2. 자동차 검사기준 및 방법에 따라 조향장치의 안전기준 준수여부를 확인할 수 있다.
3. 조향장치 검사결과에 따라 안전기준 적합여부를 판정할 수 있다.</td></tr>
<tr><td rowspan="3">사용재료
(공구/기구 등)</td><td>품명(재료명)</td><td>규격</td><td>수량</td><td>비고</td></tr>
<tr><td>자동차</td><td></td><td>1</td><td></td></tr>
<tr><td>줄자</td><td></td><td>1</td><td></td></tr>
<tr><td>실험·실습순서
및 관련지식</td><td colspan="4">1. 검사방법
(1) 기어박스·로드암·파워실린더·너클 등의 설치상태 및 누유여부 확인
(2) 동력조향 작동유의 유량 확인

2. 검사기준
(1) 조향계통의 변형·느슨함 및 누유가 없을 것
(2) 동력조향 작동유의 유량이 적정할 것

3. 판정기준
검사기준에 적합하여야 한다. 단, 검사결과 적합하지 아니한 사항이 있는 경우 다음 각 호의 어느 하나에 해당하지 않으면 적합판정으로 한다. 그리고 해당 자동차소유자에게 그 시정을 권고할 수 있다.
(1) 조향장치의 용접, 갈라지거나 금이 가고 파손되는 등의 심한 변형·누유 및 안전기준에 위배되는 유격
(2) 조향바퀴의 옆 미그러짐량 측정결과 허용기준 초과</td></tr>
<tr><td>안전 및
유의사항</td><td colspan="4">(1) 자동차는 평평한 노면에 주차한다.
(2) 타이어 마모량이 규정값 이하이면 타이어를 교환하여야 한다.</td></tr>
</table>

평가내용

세부 평가 내용	배점
(1) 자동차 검사기준 및 방법에 따라 조향장치 검사업무를 수행할 수 있다.	30
(2) 자동차 검사기준 및 방법에 따라 조향장치의 안전기준 준수여부를 확인할 수 있다.	40
(3) 조향장치 검사결과에 따라 안전기준 적합여부를 판정할 수 있다.	30
합 계	100

과제

1. 실습보고서 작성 제출

(1) 관능(육안)검사

진단항목		안전진단기준(검사기준)	진단결과 및 의견
조향계통	기어박스 · 로드암 · 파워실린더 · 너클 등의 설치상태 및 누유 여부	조향계통의 변형 · 느슨함 및 누유가 없을 것	〈부적합 내용〉
	동력조향 작동유의 유량 확인	동력조향 작동유의 유량이 적정할 것	〈시정권고 내용〉

실습보고서

실험제목	조향장치의 관능검사		
실험일자		반 및 실험조	
학번		성명	

■ 과제 내용

주어진 자동차에서 조향장치의 관능검사를 실시한 후 기록표에 기록하시오.

1. 사용기기 및 부품
   (1) 차종

   (2) 사용기기

2. 실험 결과

진단항목		안전진단기준(검사기준)	진단결과 및 의견
조향 계통	기어박스 · 로드암 · 파워실린더 · 너클 등의 설치상태 및 누유 여부	조향계통의 변형·느슨함 및 누유가 없을 것	〈부적합 내용〉
	동력조향 작동유의 유량 확인	동력조향 작동유의 유량이 적정할 것	〈시정권고 내용〉

학습정리

이 장에서는 조향장치의 관능검사방법 및 판정기준에 대하여 학습하였다. 자동차관리법에서 정하는 기준에 의거 조향장치의 관능검사를 실시하고 판정할 수 있도록 하였다.

총괄평가

1. 조향장치의 관능검사를 실시할 때 점검방법에 대하여 서술하시오.

참고자료

1. 자동차관리법, 자동차관리법 시행령, 자동차관리법 시행규칙
2. 자동차 및 자동차부품의 성능과 기준에 관한 규칙
3. 자동차안전기준 시행세칙

A-8 제동장치 확인하기(1506030602_17v3.8)

학/습/목/표

일반목표

자동차관리법 등의 자동차 검사업무와 제동장치의 관능검사방법 및 판정기준에 대하여 학습하여 관능검사를 실시하고 판정할 수 있도록 한다.

세부목표

1. 자동차 검사기준 및 방법에 따라 제동장치 검사업무를 수행할 수 있다.
2. 자동차 검사기준 및 방법에 따라 제동장치의 안전기준 준수여부를 확인할 수 있다.
3. 제동장치 검사결과에 따라 안전기준 적합여부를 판정할 수 있다.

주요 용어

제동장치

학습활동

기본학습 01 제동장치에 대한 성능과 기준

관련근거 자동차 및 자동차부품의 성능과 기준에 관한 규칙

제15조 [제동장치]

① 자동차(초소형자동차 및 피견인자동차를 제외한다)에는 주제동장치와 주차 중에 주로 사용하는 제동장치(이하 "주차제동장치"라 한다)를 갖추어야 하며, 그 구조와 제동능력은 다음 각 호의 기준에 적합하여야 한다.

1. 주제동장치와 주차제동장치는 각각 독립적으로 작용할 수 있어야 하며, 주제동장치는 모든 바퀴를 동시에 제동하는 구조일 것
2. 주제동장치의 계통 중 하나의 계통에 고장이 발생하였을 때에는 그 고장에 의하여 영향을 받지 아니하는 주제동장치의 다른 계통 등으로 자동차를 정지시킬 수 있고, 제동력을 단계적으로 조절할 수 있으며 계속적으로 제동될 수 있는 구조일 것
3. 제동액 저장장치에는 제동액에 대한 권장규격을 표시할 것
4. 주제동장치에는 라이닝 등의 마모를 자동으로 조정할 수 있는 장치를 갖출 것. 다만, 차량총중량이 3.5톤을 초과하는 화물자동차 및 특수자동차로서 모든 바퀴로 구동할 수 있는 자동차의 주제동장치와 차량총중량이 3.5톤 이하인 화물자동차 및 특수자동차의 후축의 주제동장치의 경우에는 그러하지 아니하다.
5. 주제동장치의 라이닝 마모상태를 운전자가 확인할 수 있도록 경고장치(경고음 또는 황색경고등을 말한다)를 설치하거나 자동차의 외부에서 육안으로 확인할 수 있는 구조일 것.
6. 에너지 저장장치에 의하여 작동되는 주제동장치에는 2개(에너지 저장장치에 의하지 아니하고 운전자의 힘으로만 기계적으로 주제동장치가 작동될 수 있는 구조의 경우는 1개) 이상의 독립된 에너지저장장치를 설치하여야 하고, 각 에너지저장장치는 제3항의 기준에 적합한 경고장치를 설치할 것
7. 주차 제동장치는 기계적인 장치에 의하여 잠김상태가 유지되는 구조일 것
8. 주차 제동장치는 주행중에도 제동을 시킬 수 있는 구조일 것
9. 공기식(공기배력유압식을 포함한다) 주제동장치를 설치한 자동차는 다음 각목의 기준에 적합한 구조를 갖출 것

가. 각 계통별 에너지저장장치의 공기압력을 나타내는 압력계는 운전자가 보기 쉬운 위치에 설치할 것

나. 2개 이상의 독립된 계통을 갖춘 공기식 주제동장치는 제동 조종장치와 제동바퀴 사이에서 공기누설이 발생할 경우 누설된 공기를 대기중으로 배출시키는 구조일 것

10. 주제동장치의 급제동능력은 건조하고 평탄한 포장도로에서 주행중인 자동차를 급제동할 때 별표 3의 기준에 적합할 것

11. 주제동장치의 제동능력과 조작력은 [별표 4]의 기준에 적합할 것

12. 주차 제동장치의 제동능력과 조작력은 [별표 4의 2]의 기준에 적합할 것

② 초소형자동차에는 주제동장치와 주차제동장치를 갖추어야 하며, 그 구조와 제동능력은 다음 각 호의 기준에 적합하여야 한다.

1. 주제동장치로 발조작식 분할제동장치 또는 발조작식 연동 제동장치 및 보조 제동장치를 갖출 것. 다만, 주차제동장치가 보조 제동장치 성능에 적합할 경우 주차제동장치를 보조 제동장치로 사용할 수 있다.
2. 주제동장치와 주차제동장치는 각각 독립적으로 작동할 수 있어야 하고, 주제동장치는 모든 바퀴를 동시에 제동하는 구조일 것
3. 제동력을 전달하기 위하여 유압유체를 사용하는 마스터실린더를 갖춘 경우에는 다음 각 목의 기준에 적합한 제동액 저장장치를 갖출 것

   가. 덮개로 밀봉하여 제동액을 외부와 격리시키는 구조일 것

   나. 브레이크 라이닝 간극(間隙)을 최대로 한 상태에서 새로운 라이닝이 완전히 마모될 때까지의 유체 소요량의 1.5배에 상당하는 저장장치 용량을 갖출 것

   다. 덮개를 열지 않고도 유량 수준을 확인할 수 있는 구조일 것
4. 주제동장치에는 라이닝 등의 마모를 자동으로 감지하여 조정할 수 있는 장치를 갖출 것
5. 주제동장치의 라이닝 마모상태를 운전자가 확인할 수 있도록 경고장치(경고음 또는 황색경고등을 말한다)를 설치하거나 자동차의 외부에서 육안으로 확인할 수 있는 구조일 것
6. 주차제동장치에는 기계적인 장치에 의하여 잠김상태가 유지되도록 하고, 주행 중에도 제동할 수 있는 구조일 것
7. 바퀴잠김방지식 주제동장치를 갖춘 초소형자동차에는 황색경고등이 설치되어야 하며, 시동장치의 열쇠를 작동위치로 조작할 때 켜졌다가 고장이 없으면 꺼지고, 고장이 있으면 켜진 상태가 지속되도록 할 것
8. 주제동장치의 급제동능력은 건조하고 평탄한 포장도로에서 주행 중인 자동차를 급제동할 때 [별표 3]의 기준에 적합할 것

9. 주제동장치의 제동능력과 조작력은 [별표 4]의 기준에 적합할 것

10. 주차제동장치의 제동능력과 조작력은 [별표 4의 2]의 기준에 적합할 것

③ 피견인자동차(차량총중량이 0.75톤 이하인 피견인자동차를 제외한다)의 제동장치는 다음 각 호의 기준에 적합한 구조이어야 한다.

1. 제1항제1호 · 제4호(차량총중량이 3.5톤 이하인 피견인자동차를 제외한다) · 제5호 · 제7호 및 제10호 내지 제12호의 기준에 적합할 것
2. 피견인자동차의 주제동장치는 견인자동차의 주제동장치와 연동하여 작동하는 구조일 것
3. 피견인자동차의 제동장치는 주행중 견인자동차와의 연결장치가 분리되는 경우 피견인자동차를 자동적으로 정지시키는 구조일 것. 다만, 차량총중량이 1.5톤 이하인 피견인자동차가 체인 · 와이어로프 등 보조연결장치에 의하여 조절되고 연결봉이 지면에 닿지 아니하는 경우에는 그러하지 아니하다.
4. 피견인자동차의 주차제동장치는 견인자동차에서 분리되어 있는 경우 독립적으로 작동시킬 수 있는 구조일 것

④ 자동차(초소형자동차 및 피견인자동차는 제외한다)의 주제동장치에는 제동액의 기준유량(공기식의 경우에는 기준공기압을 말한다)이 부족할 경우 등 제동기능의 결함을 운전자에게 알려주는 경고장치를 설치하여야 하고, 경고장치는 다음 각호 중 제1호 및 제2호 또는 제1호 및 제3호의 기준에 적합하여야 한다.

1. 경고장치에 사용되는 경고음 또는 경고등은 다른 경고장치의 경고음 또는 경고등과 구별이 될 수 있을 것. 다만, 주차제동장치의 표시장치와 겸용으로 사용하는 경우에는 그러하지 아니하다.
2. 경고장치의 경고등은 충분한 밝기를 갖춘 적색의 등화로서 운전자가 쉽게 확인할 수 있는 위치에 설치할 것
3. 경고장치의 경고음은 운전자의 귀의 위치에서 측정할 때에 승용자동차의 경우에는 65dB 이상, 그 밖의 자동차의 경우에는 75dB 이상일 것. 다만, 경유를 연료로 사용하는 승용자동차의 경우에는 70dB 이상이어야 한다.

⑤ 차량총중량이 3.5톤 이하인 피견인자동차(세미 트레일러형을 제외한다)는 다음 각 호의 기준에 적합한 관성제동구조의 주제동장치(이하 "관성제동장치"라 한다) 또는 제7항의 기준에 적합한 전기식 주제동장치와 주차제동장치를 설치할 수 있다.

1. 주행중에 사용하는 관성제동장치와 주차중에 사용하는 주차제동장치를 모두 갖출 것
2. 삭제 <2014. 6. 10.>
3. 관성제동장치와 주차제동장치는 각각 독립적으로 작용할 수 있어야 하며, 관성제동장치는

모든 바퀴를 동시에 제동할 수 있는 구조일 것

4. 연결자동차의 급제동능력이 제1항제10호의 기준에 적합할 것
5. 삭제 <2014. 6. 10.>
6. 삭제 <2014. 6. 10.>
7. 주차제동장치의 제동능력(견인자동차와 피견인자동차를 연결한 경우와 분리한 경우를 모두 포함한다)은 11도 30분의 경사면에서 정지상태를 유지할 수 있을 것
8. 관성제동장치의 구조는 [별표 4의 4]의 기준에 적합할 것
9. 국토교통부장관이 정하여 고시하는 관성제동장치 세부기준 및 시험방법에 적합할 것

⑥ 자동차에는 다음 각 호의 기준에 적합한 바퀴잠김방지식 주제동장치를 설치하여야 한다. 다만, 초소형자동차와 차량총중량이 3.5톤 이하인 캠핑용 트레일러·피견인자동차는 제외한다.

1. 바퀴잠김방지식 주제동장치가 고장이 발생하였을 때 운전자가 쉽게 확인할 수 있는 황색경고등을 설치할 것
2. 바퀴잠김방지식 주제동장치가 설치된 피견인자동차를 견인하는 견인자동차의 경우에는 피견인자동차의 바퀴잠김방지식 주제동장치가 고장이 발생하였을 때 견인자동차의 운전자가 쉽게 확인할 수 있는 별도의 황색경고등을 설치할 것
3. 제1호 및 제2호의 황색경고등은 시동장치의 열쇠를 작동위치로 조작한 때에 켜졌다가 고장이 없는 경우에는 꺼지고, 고장이 있는 경우에는 켜진 상태가 지속되는 구조일 것
4. 피견인자동차의 바퀴잠김방지식 주제동장치는 견인자동차의 바퀴잠김방지식 주제동장치와 연동하여 작동하는 구조일 것

⑦ 전기식(제동력 전달계통이 전기식인 경우를 말한다) 주제동장치가 설치된 차량총중량 3.5톤 이하인 피견인자동차를 견인하는 견인자동차는 다음 각 호의 기준에 적합한 구조를 갖추어야 한다.

1. 전원공급장치(발전기와 축전지를 말한다)는 피견인자동차의 전기식 주제동장치에 충분한 전류를 공급하는 용량을 갖출 것
2. 제동장치의 전기회로는 과부하시에도 단락이 발생하지 아니할 것
3. 2개 이상의 독립된 계통을 갖춘 주제동장치의 경우에는 하나의 계통에서 고장이 발생하였을 때 다른 계통으로 피견인자동차를 부분적 또는 전체적으로 제동시킬 수 있을 것
4. 전기식 주제동장치를 작동시키기 위한 제동작동회로는 여유부하를 갖추고 있는 경우에 한하여 견인자동차의 제동등과 병렬로 연결을 할 수 있을 것

⑧ 연결자동차의 제동장치는 다음 각 호의 기준에 적합하여야 한다.

1. 제1항 및 제3항부터 제7항까지의 기준에 적합할 것

2. 공기식(공기배력유압식을 포함한다) 주제동장치가 설치된 견인자동차는 견인자동차와 피견인자동차 사이의 공기라인에 고장이 발생한 경우 자동적으로 공기가 차단되는 구조일 것
3. 견인자동차의 주제동장치는 피견인자동차의 제동장치에 고장이 발생하거나 견인자동차와 피견인자동차 사이의 공기라인이 차단되는 경우에도 견인자동차를 정지시킬 수 있는 구조일 것
4. 차량총중량이 3.5톤을 초과하는 피견인자동차를 견인하는 견인자동차의 제동장치는 다음 목의 기준에 적합할 것
가. 주제동장치의 계통 중 하나의 계통에 고장이 발생하였을 때에는 그 고장에 의하여 영향을 받지 아니하는 주제동장치의 다른 계통 등으로 피견인자동차의 제동력을 조절하여 정지시킬 수 있을 것
나. 피견인자동차와 연결된 공기라인 중 하나의 공기라인에 고장이 발생하였을 때에 피견인자동차가 자동으로 제동되거나 견인자동차에서 피견인자동차를 부분적 또는 전체적으로 제동시킬 수 있을 것
다. 스프링제동장치가 설치된 경우에는 공기압력의 손실로 인하여 스프링제동장치가 자동적으로 작동될 때 피견인자동차도 자동적으로 제동될 것
4의 2. 차량총중량이 3.5톤을 초과하는 피견인자동차를 견인하는 견인자동차의 주제동장치·비상제동장치 또는 주차제동장치는 피견인자동차의 주제동장치와 동시에 연동하여 작동되는 구조일 것. 다만, 피견인자동차의 제동이 연결자동차의 안정성을 위하여 단독으로 자동작동하는 경우에는 그러하지 아니하다.
5. 견인자동차와 공기식(공기배력유압식을 포함한다. 이하 이 호에서 같다) 제동장치를 갖춘 피견인자동차가 연결된 상태에서의 주차제동능력은 피견인자동차의 공기식 제동장치와 연동되지 아니한 상태에서 견인자동차의 주차제동장치의 기계적인 작동만으로 주차제동이 가능할 것. 다만, 견인자동차의 주차제동장치의 기계적인 작동만으로 연결자동차의 주차제동이 가능하다는 사실을 운전자가 확인할 수 있는 구조를 갖추고 있는 경우에는 피견인자동차의 공기식 제동장치와 견인자동차의 주차제동장치를 연동하여 작동하게 할 수 있다.

⑨ 제동등은 다음 각 호의 경우에 점등되고, 제동력이 해제될 때까지 점등상태가 유지되어야 한다. 다만, 선택적 제동에 의한 경우에는 제동등이 점등되지 아니하여야 하며, 보조제동장치에 의한 제동의 경우에는 감가속도에 따라 점등되거나 점등되지 아니하도록 할 수 있다.
1. 운전자의 조작에 의하여 주제동장치가 작동된 경우
2. 자동제어제동에 의하여 주제동장치가 작동된 경우. 다만, 감가속도가 매 제곱초 0.7미터($0.7m/s^2$) 미만인 경우 점등되지 아니할 수 있다.

⑩ 제⑨항에도 불구하고 긴급제동신호장치 또는 전기회생제동장치(승용자동차에 한정한다)를 갖춘 자동차의 제동등(보조제동등을 포함한다. 이하 이 항에서 같다) 또는 방향지시등은 다음 각 호의 작동기준에 적합하여야 한다.

1. 긴급제동신호장치를 갖춘 자동차의 제동등 또는 방향지시등은 급제동 시 [별표 5의 2] 제1호의 긴급제동신호의 작동기준에 적합하게 작동될 것
2. 가속페달 해제에 의하여 감속도가 발생하는 전기회생제동장치를 갖춘 자동차의 제동등은 [별표 5의 2] 제2호의 제동등 작동기준에 적합하게 작동될 것

⑪ 전기회생제동장치를 갖춘 승용자동차의 제동장치는 다음 각 호의 기준에 적합하여야 한다.

1. 전기회생제동장치가 바퀴잠김방지식 주제동장치의 작동에 영향을 주지 아니할 것
2. 전기회생제동장치가 주제동장치의 일부로 작동되는 경우에는 다음 각 목의 기준에 적합한 구조를 갖출 것
   가. 주제동장치 작동 시 전기회생제동장치가 독립적으로 제어될 수 있는 경우에는 자동차에 요구되는 제동력(이하 이 호에서 “요구제동력"이라 한다)을 전기회생 제동력과 마찰제동력 간에 자동으로 보상하는 구조일 것
   나. 전기회생제동력이 해제되는 경우에는 마찰제동력이 작동하여 1초 내에 해제 당시 요구제동력의 75% 이상 도달하는 구조일 것
   다. 주제동장치는 하나의 조종장치에 의하여 작동되어야 하며, 그 외의 방법으로는 제동력의 전부 또는 일부가 해제되지 아니하는 구조일 것
   라. 주제동장치의 제동력은 동력 전달계통으로부터의 구동전동기 분리 또는 자동차의 변속비에 영향을 받지 아니하는 구조일 것

⑫ 자동차(초소형자동차는 제외한다)에 장착되는 브레이크호스와 브레이크라이닝은 각각 제112조의 2와 제112조의 10에 따른 기준에 적합하여야 한다.

⑬ 자동차에는 [별표 4의 3]의 성능기준에 적합한 제동력 지원장치를 설치하여야 한다. 다만, 초소형자동차, 피견인자동차 및 차량총중량이 3.5톤을 초과하는 승합·화물·특수자동차는 제외한다.

⑭ 제동력 제어계통이 전기식인 승용자동차의 주제동장치는 [별표 4의 5]의 주제동장치의 구조 및 성능기준에 적합하여야 한다.

기본학습

02 제동장치의 검사기준 및 방법과 판정기준

관련근거 자동차관리법시행규칙 - 제73조 [자동차의 검사기준 및 방법]

[별표 15] 자동차 검사기준 및 방법(제73조 관련)

1. 검사방법 및 기준(비사업용/사업용 자동차의 경우)

항목	검사기준	검사방법
8) 제동장치	(2) 제동계통 장치의 설치상태가 견고하여야 하고, 손상 및 마멸된 부위가 없어야 하며, 오일이 누출되지 아니하고 유량이 적정할 것	제동 계통장치의 설치상태 및 오일 등의 누출 여부 및 브레이크 오일량이 적정한지 여부 확인
	(4) 피견인자동차 중 안전기준에서 정하고 있는 자동차는 제동장치 분리 시 자동으로 정지가 되어야 하며, 주차브레이크 및 비상브레이크 작동상태 및 설치상태가 정상일 것	피견인자동차의 제동공기라인 분리 시 자동 정지 여부, 주차 및 비상브레이크 작동 및 설치상태 등 확인

2. 판정기준

자동차관리법시행규칙 제73조 [자동차의 검사기준 및 방법]의 [별표 15]의 자동차검사기준 및 방법에서 검사기준에 적합하여야 한다. 단, 자동차검사대행자 또는 지정정비사업자가 실시한 검사결과가 "자동차관리법시행규칙 제80조 [검사의 실시등]"에 의거 정기검사 항목 중 제동장치에 대한 검사를 실시한 결과 적합하지 아니한 사항이 있는 경우 해당사항이 다음 각호의 어느 하나에 해당하지 않으면 적합판정을 하고 해당 자동차소유자에게 그 시정을 권고할 수 있다.

(1) 제동장치 중 제동시험기에 의한 검사결과 허용기준 초과 및 제동계통의 손상 및 누유

기본학습 03 실습지시서 및 실습보고서

실습지시서

<table>
<tr><td>학과</td><td>과</td><td>학기</td><td colspan="3">20 학년도 학기</td></tr>
<tr><td>교과목명</td><td>자동차정비검사</td><td>시간</td><td colspan="3">20 년 월 일(~교시)</td></tr>
<tr><td>실험·실습명</td><td colspan="5">제동장치의 관능검사</td></tr>
<tr><td>실습목표</td><td colspan="5">1. 자동차 검사기준 및 방법에 따라 제동장치 검사업무를 수행할 수 있다.
2. 자동차 검사기준 및 방법에 따라 제동장치의 안전기준 준수여부를 확인할 수 있다.
3. 제동장치 검사결과에 따라 안전기준 적합여부를 판정할 수 있다.</td></tr>
<tr><td rowspan="3">사용재료
(공구/기구 등)</td><td>품명(재료명)</td><td>규격</td><td>수량</td><td colspan="2">비고</td></tr>
<tr><td>자동차</td><td></td><td>1</td><td colspan="2"></td></tr>
<tr><td>줄자</td><td></td><td>1</td><td colspan="2"></td></tr>
<tr><td>실험·실습순서
및 관련지식</td><td colspan="5">1. 검사방법
(1) 제동계통 장치의 설치상태 및 오일 등의 누출여부 및 브레이크 오일량이 적정한지 여부 확인한다.
(2) 피견인자동차의 제동공기라인 분리 시 자동 정지 여부, 주차 및 비상브레이크 작동 및 설치상태 등 확인한다.

2. 검사기준
(1) 제동계통 장치의 설치상태가 경고하여야 하고, 손상 및 마멸된 부위가 없어야 하며 오일이 누출되지 아니하고 유량이 적정할 것
(2) 피견인자동차 중 안전기준에서 정하고 있는 자동차는 제동장치 분리 시 자동으로 정지가 되어야 하며, 주차브레이크 및 비상브레이크 작동상태 및 설치상태가 정상일 것

3. 판정기준
검사기준에 적합하여야 한다. 단, 검사결과 적합하지 아니한 사항이 있는 경우 다음 각 호의 어느 하나에 해당하지 않으면 적합판정으로 한다. 그리고 해당 자동차소유자에게 그 시정을 권고할 수 있다.
(1) 제동장치 중 제동시험기에 의한 검사결과 허용기준 초과 및 제동계통의 손상 및 누유</td></tr>
<tr><td>안전 및
유의사항</td><td colspan="5">(1) 자동차는 평평한 노면에 주차한다.
(2) 타이어 마모량이 규정값 이하이면 타이어를 교환하여야 한다.</td></tr>
</table>

평가내용	

세부 평가 내용	배점
(1) 자동차 검사기준 및 방법에 따라 제동장치 검사업무를 수행할 수 있다.	30
(2) 자동차 검사기준 및 방법에 따라 제동장치의 안전기준 준수여부를 확인할 수 있다.	40
(3) 제동장치 검사결과에 따라 안전기준 적합여부를 판정할 수 있다.	30
합 계	100

과제

1. 실습보고서 작성 제출

(1) 관능(육안)검사

진단항목		안전진단기준(검사기준)	진단결과 및 의견
제동계통	제동계통장치의 설치상태 및 오일 등의 누출 여부 및 브레이크 오일량이 적정한지 여부 확인	제동계통장치의 설치상태가 견고하여야 하고, 손상 및 마멸된 부위가 없어야 하며, 오일이 누출되지 아니하고 유량이 적정할 것	〈부적합 내용〉
	피견인자동차의 제동공기라인 분리 시 자동 정지 여부, 주차 및 비상브레이크 작동 및 설치상태 등 확인	피견인자동차 중 안전기준에서 정하고 있는 자동차는 제동장치 분리 시 자동으로 정지가 되어야 하며, 주차브레이크 및 비상브레이크 작동상태 및 설치상태가 정상일 것	〈시정권고 내용〉

실습보고서

실험제목	제동장치의 관능검사		
실험일자		반 및 실험조	
학번		성명	

■ 과제 내용

주어진 자동차에서 제동장치의 관능검사를 실시한 후 기록표에 기록하시오.

1. 사용기기 및 부품
   (1) 차종

   (2) 사용기기

2. 실험 결과

진단항목		안전진단기준(검사기준)	진단결과 및 의견
제동 계통	제동계통장치의 설치상태 및 오일 등의 누출 여부 및 브레이크 오일량이 적정한지 여부 확인	제동계통장치의 설치상태가 견고하여야 하고, 손상 및 마멸된 부위가 없어야 하며, 오일이 누출되지 아니하고 유량이 적정할 것	〈부적합 내용〉
	피견인자동차의 제동공기라인 분리 시 자동 정지 여부, 주차 및 비상브레이크 작동 및 설치상태 등 확인	피견인자동차 중 안전기준에서 정하고 있는 자동차는 제동장치 분리 시 자동으로 정지가 되어야 하며, 주차브레이크 및 비상브레이크 작동상태 및 설치상태가 정상일 것	〈시정권고 내용〉

학습정리

이 장에서는 자동차 검사시 제동장치의 관능검사방법 및 판정기준에 대하여 학습하였다. 자동차관리법에서 정하는 기준에 의거 제동장치의 관능검사를 실시하고 판정할 수 있도록 하였다.

총괄평가

1. 제동장치의 관능검사를 실시할 때 점검방법에 대하여 서술하시오.

참고자료

1. 자동차관리법, 자동차관리법 시행령, 자동차관리법 시행규칙
2. 자동차 및 자동차부품의 성능과 기준에 관한 규칙
3. 자동차안전기준 시행세칙

A-9 완충장치 확인하기(1506030602_17v3.9)

학/습/목/표

일반목표

자동차관리법 등의 자동차 검사업무와 완충장치의 관능검사방법 및 판정기준에 대하여 학습하여 관능검사를 실시하고 판정할 수 있도록 한다.

세부목표

1. 자동차 검사기준 및 방법에 따라 완충장치 검사업무를 수행할 수 있다.
2. 자동차 검사기준 및 방법에 따라 완충장치의 안전기준 준수여부를 확인할 수 있다.
3. 완충장치 검사결과에 따라 안전기준 적합여부를 판정할 수 있다.

주요 용어

완충장치

학습활동

기본학습 01 완충장치에 대한 성능과 기준

관련근거 **자동차 및 자동차부품의 성능과 기준에 관한 규칙**

제16조 [완충장치]

① 자동차는 노면으로부터의 충격을 흡수할 수 있는 스프링 기타의 완충장치를 갖추어야 한다.

② 제1항의 규정에 의한 완충장치의 각부는 갈라지거나 금이 가고 탈락되는 등의 손상이 없어야 한다.

기본학습 02 완충장치의 검사기준 및 방법과 판정기준

관련근거 **자동차관리법시행규칙 - 제73조 [자동차의 검사기준 및 방법]**

[별표 15] 자동차 검사기준 및 방법(제73조 관련)

1. 검사방법 및 기준(비사업용/사업용 자동차의 경우)

항목	검사기준	검사방법
9) 완충장치	(1) 균열·절손 및 오일 등의 누출이 없을 것	스프링·쇽업쇼버의 손상 및 오일 등의 누출 여부 확인
	(2) 부식·절손 등으로 판스프링의 변형이 없을 것	판스프링의 설치상태 확인

2. 판정기준

자동차관리법시행규칙 제73조 [자동차의 검사기준 및 방법]의 [별표 15]의 자동차검사기준 및 방법에서 검사기준에 적합하여야 한다. 단, 자동차검사대행자 또는 지정정비사업자가 실시한 검사결과가 "자동차관리법시행규칙 제80조 [검사의 실시 등]"에 의거 정기검사 항목 중 완충장치에 대한 검사를 실시한 결과 적합하지 아니한 사항이 있는 경우 해당사항이 다음 각호의 어느 하나에 해당하지 않으면 적합판정을 하고 해당 자동차소유자에게 그 시정을 권고할 수 있다.

(1) 완충장치 중 판스프링의 심한 변형 또는 절손

(2) 자동차 하부의 연결부위의 유격(遊擊), 체결상태 불량 또는 연결부위의 장치나 부품의 변형, 손실

기본학습 03 실습지시서 및 실습보고서

실습지시서

<table>
<tr><td>학과</td><td>과</td><td>학기</td><td colspan="2">20 학년도 학기</td></tr>
<tr><td>교과목명</td><td>자동차정비검사</td><td>시간</td><td colspan="2">20 년 월 일(~교시)</td></tr>
<tr><td>실험 · 실습명</td><td colspan="4">완충장치의 관능검사</td></tr>
<tr><td>실습목표</td><td colspan="4">1. 자동차 검사기준 및 방법에 따라 완충장치 검사업무를 수행할 수 있다.
2. 자동차 검사기준 및 방법에 따라 완충장치의 안전기준 준수여부를 확인할 수 있다.
3. 완충장치 검사결과에 따라 안전기준 적합여부를 판정할 수 있다.</td></tr>
<tr><td rowspan="3">사용재료
(공구/기구 등)</td><td>품명(재료명)</td><td>규격</td><td>수량</td><td>비고</td></tr>
<tr><td>자동차</td><td></td><td>1</td><td></td></tr>
<tr><td>줄자</td><td></td><td>1</td><td></td></tr>
<tr><td>실험 · 실습순서
및 관련지식</td><td colspan="4">1. 검사방법
- 스프링 · 쇽업소버의 손상 및 오일 등의 누출여부를 확인한다.
- 판스프링의 설치상태를 확인한다.

2. 검사기준
균열 · 절손 및 오일 등의 누출이 없을 것

3. 판정기준
검사기준에 적합하여야 한다. 단, 검사결과 적합하지 아니한 사항이 있는 경우 다음 각 호의 어느 하나에 해당하지 않으면 적합판정으로 한다. 그리고 해당 자동차소유자에게 그 시정을 권고할 수 있다.
- 해당사항 없음</td></tr>
<tr><td>안전 및
유의사항</td><td colspan="4">(1) 자동차는 평평한 노면에 주차한다.
(2) 타이어 마모량이 규정값 이하이면 타이어를 교환하여야 한다.</td></tr>
</table>

평가내용

세부 평가 내용	배점
(1) 자동차 검사기준 및 방법에 따라 완충장치 검사업무를 수행할 수 있다.	30
(2) 자동차 검사기준 및 방법에 따라 완충장치의 안전기준 준수여부를 확인할 수 있다.	40
(3) 완충장치 검사결과에 따라 안전기준 적합여부를 판정할 수 있다.	30
합 계	100

과제

1. 실습보고서 작성 제출

(1) 관능(육안)검사

진단항목		안전진단기준(검사기준)	진단결과 및 의견
완충 장치	스프링의 손상	균열·절손 및 오일 등의 누출이 없을 것	〈부적합 내용〉 〈시정권고 내용〉
	쇽업소버의 손상		
	오일 등의 누출여부		
	판스프링의 설치상태	부식·절손 등으로 판스프링의 변형이 없을 것	

⚙ 실습보고서

<table>
<tr><td>실험제목</td><td colspan="3">완충장치의 관능검사</td></tr>
<tr><td>실험일자</td><td></td><td>반 및 실험조</td><td></td></tr>
<tr><td>학번</td><td></td><td>성명</td><td></td></tr>
</table>

■ 과제 내용

주어진 자동차에서 완충장치의 관능검사를 실시한 후 기록표에 기록하시오.

1. 사용기기 및 부품
   (1) 차종

   (2) 사용기기

2. 실험 결과

<table>
<tr><th colspan="2">진단항목</th><th>안전진단기준(검사기준)</th><th>진단결과 및 의견</th></tr>
<tr><td rowspan="4">완충
장치</td><td>스프링의 손상</td><td rowspan="3">균열·절손 및 오일 등의 누출이 없을 듯</td><td rowspan="4">〈부적합 내용〉

〈시정권고 내용〉</td></tr>
<tr><td>쇽업소버의 손상</td></tr>
<tr><td>오일 등의 누출여부</td></tr>
<tr><td>판스프링의 설치상태</td><td>부식·절손 등으로 판스프링의 변형이 없을 것</td></tr>
</table>

학습정리

이 장에서는 자동차 검사시 완충장치의 관능검사 방법 및 판정기준에 대하여 학습하였다. 자동차관리법에서 정하는 기준에 의거 완충장치의 관능검사를 실시하고 판정할 수 있도록 하였다.

총괄평가

1. 완충장치의 관능검사를 실시할 때 점검방법에 대하여 서술하시오.

참고자료

1. 자동차관리법, 자동차관리법 시행령, 자동차관리법 시행규칙
2. 자동차 및 자동차부품의 성능과 기준에 관한 규칙
3. 자동차안전기준 시행세칙

A-10 연료장치 확인하기(1506030602_17v3.10)

학/습/목/표

일반목표

자동차관리법 등의 자동차 검사업무와 연료장치의 관능검사방법 및 판정기준에 대하여 학습하여 관능검사를 실시하고 판정할 수 있도록 한다.

세부목표

1. 자동차 검사기준 및 방법에 따라 연료장치 검사업무를 수행할 수 있다.
2. 자동차 검사기준 및 방법에 따라 연료장치의 안전기준 준수여부를 확인할 수 있다.
3. 연료장치 검사결과에 따라 안전기준 적합여부를 판정할 수 있다.

주요 용어

연료장치

학습활동

기본학습 01 연료장치에 대한 성능과 기준

관련근거 자동차 및 자동차부품의 성능과 기준에 관한 규칙

제17조 [연료장치]

① 자동차의 연료탱크·주입구 및 가스배출구는 다음 각호의 기준에 적합하여야 한다.

1. 연료장치는 자동차의 움직임에 의하여 연료가 새지 아니하는 구조일 것
2. 배기관의 끝으로부터 30cm 이상 떨어져 있을 것(연료탱크를 제외한다)
3. 노출된 전기단자 및 전기개폐기로부터 20cm 이상 떨어져 있을 것(연료탱크를 제외한다)
4. 차실안에 설치하지 아니하여야 하며, 연료탱크는 차실과 벽 또는 보호판 등으로 격리되는 구조일 것

② 수소가스를 연료로 사용하는 자동차는 다음 각 호의 기준에 적합하여야 한다.

1. 자동차의 배기구에서 배출되는 가스의 수소농도는 평균 4%, 순간 최대 8%를 초과하지 아니할 것
2. 차단밸브(내압용기의 연료공급 자동 차단장치를 말한다. 이하 이 조에서 같다) 이후의 연료장치에서 수소가스 누출 시 승객거주 공간의 공기 중 수소농도는 1% 이하일 것
3. 차단밸브 이후의 연료장치에서 수소가스 누출 시 승객거주 공간, 수하물 공간, 후드 하부 등 밀폐 또는 반밀폐 공간의 공기 중 수소농도가 2±1% 초과 시 적색경고등이 점등되고, 3±1% 초과 시 차단밸브가 작동할 것

기본학습 02

연료장치의 검사기준 및 방법과 판정기준

관련근거 자동차관리법시행규칙 - 제73조 [자동차의 검사기준 및 방법]

[별표 15] 자동차검사기준 및 방법(제73조 관련)

1. 검사방법 및 기준(비사업용/사업용 자동차의 경우)

항목	검사기준	검사방법
10) 연료장치	작동상태가 원활하고 파이프호스의 손상·변형·부식 및 연료누출이 없을 것	(가) 연료장치의 작동상태, 손상·변형·부식 및 조속기 봉인상태 확인 (나) 가스를 연료로 사용하는 자동차는 가스누출감지기로 연료누출여부를 확인 및 가스저장용기의 부식상태 확인 (다) 연료의 누출여부 확인(연료탱크의 주입구 및 가스배출구로의 자동차의 움직임에 의한 연료누출여부 포함)

2. 판정기준

자동차관리법시행규칙 제73조 [자동차의 검사기준 및 방법]의 [별표 15]의 자동차검사기준 및 방법에서 검사기준에 적합하여야 한다. 단, 자동차검사대행자 또는 지정정비사업자가 실시한 검사결과가 "자동차관리법시행규칙 제80조 [검사의 실시등]"에 의거 정기검사 항목 중 연료장치에 대한 검사를 실시한 결과 적합하지 아니한 사항이 있는 경우 해당사항이 다음 각호의 어느 하나에 해당하지 않으면 적합판정을 하고 해당 자동차소유자에게 그 시정을 권고할 수 있다.

(1) 연료장치 중 조속기 봉인탈락 및 연료의 누출

기본학습 03 실습지시서 및 실습보고서

실습지시서

학과	과	학기	20 학년도 학기
교과목명	자동차정비검사	시간	20 년 월 일(~교시)
실험·실습명	연료장치의 관능검사		
실습목표	1. 자동차 검사기준 및 방법에 따라 연료장치 검사업무를 수행할 수 있다. 2. 자동차 검사기준 및 방법에 따라 연료장치의 안전기준 준수여부를 확인할 수 있다. 3. 연료장치 검사결과에 따라 안전기준 적합여부를 판정할 수 있다.		

사용재료 (공구/기구 등)	품명(재료명)	규격	수량	비고
	자동차		1	
	줄자		1	

실험·실습순서 및 관련지식	1. 검사방법 (1) 연료장치의 작동상태, 손상·변형·부식 및 조속기 봉인상태 확인한다. (2) 가스를 연료로 사용하는 자동차는 가스누출감지기로 연료누출여부를 확인한다. (3) 연료의 누출여부 확인(연료탱크의 주입구 및 가스배출구로의 자동차의 움직임에 의한 연료누출여부 포함)를 확인한다. 2. 검사기준 작동상태가 원활하고 파이프호스의 손상·변형·부식 및 연료누출이 없을 것 3. 판정기준 검사기준에 적합하여야 한다. 단, 검사결과 적합하지 아니한 사항이 있는 경우 다음 각 호의 어느 하나에 해당하지 않으면 적합판정으로 한다. 그리고 해당 자동차소유자에게 그 시정을 권고할 수 있다. (1) 연료장치 중 조속기 봉인탈락 및 연료의 누출
안전 및 유의사항	(1) 자동차는 평평한 노면에 주차한다. (2) 타이어 마모량이 규정값 이하이면 타이어를 교환하여야 한다.

<table>
<tr><td rowspan="5">평가내용</td><td>세부 평가 내용</td><td>배점</td></tr>
<tr><td>(1) 자동차 검사기준 및 방법에 따라 연료장치 검사업무를 수행할 수 있다.</td><td>30</td></tr>
<tr><td>(2) 자동차 검사기준 및 방법에 따라 연료장치의 안전기준 준수여부를 확인할 수 있다.</td><td>40</td></tr>
<tr><td>(3) 연료장치 검사결과에 따라 안전기준 적합여부를 판정할 수 있다.</td><td>30</td></tr>
<tr><td>합 계</td><td>100</td></tr>
</table>

과제

1. 실습보고서 작성 제출

(1) 관능(육안)검사

<table>
<tr><th colspan="2">진단항목</th><th>안전진단기준(검사기준)</th><th>진단결과 및 의견</th></tr>
<tr><td rowspan="3">연료
장치</td><td>연료장치의 작동상태, 손상·변형·부식 및 조속기 봉인상태 확인</td><td rowspan="3">작동상태가 원활하고 파이프호스의 손상·변형 및 연료누출이 없을 것</td><td rowspan="3">〈부적합 내용〉

〈시정권고 내용〉</td></tr>
<tr><td>가스를 연료로 사용하는 자동차는 가스누출감지기로 연료누출여부를 확인</td></tr>
<tr><td>연료의 누출여부 확인(연료탱크의 주입구 및 가스배출구로의 자동차의 움직임에 의한 연료누출여부 포함)</td></tr>
</table>

⚙ 실습보고서

실험제목	연료장치의 관능검사		
실험일자		반 및 실험조	
학번		성명	

■ 과제 내용

주어진 자동차에서 연료장치의 관능검사를 실시한 후 기록표에 기록하시오.

1. 사용기기 및 부품
   (1) 차종

   (2) 사용기기

2. 실험 결과

진단항목		안전진단기준(검사기준)	진단결과 및 의견
연료장치	연료장치의 작동상태, 손상·변형·부식 및 조속기 봉인상태 확인	작동상태가 원활하고 파이프호스의 손상·변형 및 연료누출이 없을 것	〈부적합 내용〉
	가스를 연료로 사용하는 자동차는 가스 누출감지기로 연료누출여부를 확인		〈시정권고 내용〉
	연료의 누출여부 확인(연료탱크의 주입구 및 가스배출구로의 자동차의 움직임에 의한 연료누출여부 포함)		

학습정리

이 장에서는 자동차 연료장치의 관능검사방법 및 판정기준에 대하여 학습하였다. 자동차관리법에서 정하는 기준에 의거 연료장치의 관능검사를 실시하고 판정할 수 있도록 하였다.

총괄평가

1. 연료장치의 관능검사를 실시할 때 점검방법에 대하여 서술하시오.

참고자료

1. 자동차관리법, 자동차관리법 시행령, 자동차관리법 시행규칙
2. 자동차 및 자동차부품의 성능과 기준에 관한 규칙
3. 자동차안전기준 시행세칙

A-11 전기 및 전자장치 확인하기(1506030602_17v3.11)

학/습/목/표

일반목표

자동차관리법 등의 자동차 검사업무와 전기 및 전자장치의 관능검사방법 및 판정기준에 대하여 학습하여 관능검사를 실시하고 판정할 수 있도록 한다.

세부목표

1. 자동차 검사기준 및 방법에 따라 전기 및 전자장치 검사업무를 수행할 수 있다.
2. 자동차 검사기준 및 방법에 따라 전기 및 전자장치의 안전기준 준수여부를 확인할 수 있다.
3. 전기 및 전자장치 검사결과에 따라 안전기준 적합여부를 판정할 수 있다.

주요 용어

전기 및 전자장치

학습활동

기본학습 01 전기 및 전자장치에 대한 성능과 기준

관련근거 자동차 및 자동차부품의 성능과 기준에 관한 규칙

제18조 [전기장치]

자동차의 전기장치는 다음 각호의 기준에 적합하여야 한다.

1. 자동차의 전기배선은 모두 절연물질로 덮어씌우고, 차체에 고정시킬 것
2. 차실안의 전기단자 및 전기개폐기는 적절히 절연물질로 덮어씌울 것
3. 축전지는 자동차의 진동 또는 충격등에 의하여 이완되거나 손상되지 아니하도록 고정시키고, 차실 안에 설치하는 축전지는 절연물질로 덮어씌울 것

제18조의 2 [고전원전기장치]

자동차의 고전원전기장치는 [별표 5]의 고전원전기장치 절연 안전성 등에 관한 기준에 적합하여야 한다.

제18조의 3 [구동 축전지]

자동차의 구동축전지는 다음 각 호의 기준에 적합하여야 한다.

1. 차실과 벽 또는 보호판 등으로 격리되는 구조일 것
2. 설계된 범위를 초과하는 과충전을 방지하고 과전류를 차단할 수 있는 기능을 갖출 것
3. 국토교통부장관이 고시하는 물리적·화학적·전기적 및 열적 충격조건에서 발화 또는 폭발하지 아니할 것

제18조의 4 [캠핑용자동차 전기설비 및 캠핑설비의 안전기준]

① 법 제29조제3항에 따른 캠핑용자동차의 전기설비는 다음 각 호의 기준에 적합해야 한다.

   1. 외부전원 인입구는 물의 유입을 방지할 수 있는 구조일 것
   2. 충전기는 과부하 보호기능을 갖출 것
   3. 직류(DC) 60볼트 또는 교류(AC) 30볼트 이상의 고전압 부품은 별표 5 제4호가목에 따른 경고표시를 부착할 것
   4. 누전차단기 및 휴즈 등 전원차단 기능을 갖출 것

② 법 제29조제3항에 따른 캠핑용자동차의 캠핑설비는 다음 각 호의 기준에 적합해야 한다.

1. 승차정원의 3분의 1 이상인 취침인원이 사용할 수 있는 취침시설(변환형 소파를 포함한다)을 갖추고 있을 것. 이 경우 취침인원을 산정할 때는 소수점 이하는 올리며, 취침인원 1인당 취침시설은 가로 1,700mm, 세로 500mm 이상이거나 그 면적이 8,500cm^2 이상이어야 한다.
2. 캠핑용자동차 안에는 다음 각 목의 어느 하나에 해당하는 비상 탈출 공간, 비상 탈출구 또는 창문을 갖출 것
   가. 운전자가 있는 차실과 캠핑 공간 사이에 가로 450mm 이상, 세로 550mm 이상인 비상 탈출 공간
   나. 캠핑 공간의 출입문과 멀리 떨어진 위치에 비상 탈출을 위한 가로 450mm 이상, 세로 550mm 이상인 비상 탈출구 또는 창문
   다. 캠핑 공간 내 가로축 610mm, 세로축 432mm 크기의 타원체가 간섭 없이 통과할 수 있는 비상 탈출구 또는 창문
3. 캠핑 공간에 설치된 수납함은 주행 중 개폐되는 것을 방지하기 위한 장치나 구조를 갖출 것

기본학습 02

전기 및 전자장치의 검사기준 및 방법과 판정기준

관련근거 자동차관리법시행규칙 - 제73조 [자동차의 검사기준 및 방법]

[별표 15] 자동차검사기준 및 방법(제73조 관련)

1. 검사방법 및 기준(비사업용/사업용 자동차의 경우)

항목	검사기준	검사방법
11) 전기 및 전자장치	가) 전기장치 (1) 축전지의 접속·절연 및 설치상태가 양호할 것	축전지와 연결된 전기배선 접속단자의 흔들림 여부 확인
	(2) 전기배선의 손상이 없고 설치상태가 양호할 것	전기배선의 손상·절연 여부 및 설치상태를 육안으로 확인
	나) 고전원전기장치 (1) 고전원전기장치의 접속·절연 및 설치상태가 양호할 것	고전원전기장치(구동축전지, 전력변환장치, 구동전동기, 충전접속구 등)의 설치상태, 전기배선 접속단자의 접속·절연상태 등을 육안으로 확인
	(2) 고전원 전기배선의 손상이 없고 설치상태가 양호할 것	구동축전지와 전력변환장치, 전력변환장치와 구동전동기, 전력변환장치와 충전접속구 사이의 고전원 전기배선의 절연 피복 손상 또는 활선 도체부의 노출여부를 육안으로 확인
	(3) 구동축전지는 차실과 벽 또는 보호판으로 격리되는 구조일 것	구동축전지와 차실사이가 벽 또는 보호판 등으로 격리여부 확인
	(4) 차실 내부 및 차체 외부에 노출되는 고전원전기장치간 전기배선은 금속 또는 플라스틱 재질의 보호기구를 설치할 것	육안으로 확인이 가능한 고전원 전기배선 보호기구의 고정, 깨짐, 손상 여부 등을 확인
	(5) 「자동차 및 자동차부품의 성능과 기준에 관한 규칙」[별표 5] 제1호가목에 따른 고전원전기장치 활선도체부의 보호기구는 공구를 사용하지 않으면 개방·분해 및 제거되지 않는 구조일 것	고전원전기장치 활선도체부의 보호기구 체결상태 및 공구를 사용하지 않고 개방·분해 및 제거 가능 여부 확인. 다만, 차실, 벽, 보호판 등으로 격리된 경우 생략 가능
	(6) 고전원전기장치의 외부 또는 보호기구에는 「자동차 및 자동차부품의 성능과 기준에 관한 규칙」[별표 5] 제4호에 따른 경고표시가 되어 있을 것	고전원전기장치의 외부 또는 보호기구에 부착 또는 표시된 경고표시의 모양 및 식별가능성 여부를 육안으로 확인
	(7) 고전원전기장치 간 전기배선(보호기구 내부에 위치하는 경우는 제외한다)의 피복은 주황색일 것	육안으로 확인 가능한 구동축전지와 전력변환장치, 전력변환장치와 구동전동기, 전력변환장치와 충전접속구에 사용되는 전기배선의 색상이 주황색인지 여부 확인
	(8) 전기자동차 충전접속구의 활선도체부와 차체 사이의 절연저항은 최소 1MΩ 이상일 것	절연저항시험기를 이용하여 충전접속구 각각의 활선도체부(+극 및 -극)와 차체 사이에 충전전압 이상의 시험전압을 인가하여 절연저항 측정

항목	검사기준	검사방법
11) 전기 및 전자장치	(9) 구동축전지, 전력변환장치, 구동전동기, 연료전지 등 고전원전기장치의 절연상태가 양호할 것	전자장치진단기로 고전원전기장치의 절연저항 관련 고장진단코드를 확인. 다만, 전자장치진단기로 진단되지 않는 경우에는 계기장치의 고장경고등 점등 여부 확인
	(10) 구동축전지, 전력변환장치, 구동전동기, 연료전지 등 고전원전기장치의 작동에 이상이 없을 것	전자장치진단기로 고전원전기장치의 고장진단코드를 확인. 다만, 전자장치진단기로 진단되지 않는 경우에는 계기장치의 고장경고등 점등 여부 확인
	다) 전자장치 (1) 원동기 전자제어 장치가 정상적으로 작동할 것 (2) 바퀴잠김방지식 제동장치, 구동력제어장치, 전자식차동제한장치, 차체자세제어장치, 에어백, 순항제어장치, 차로이탈경고장치 및 비상자동제동장치 등 안전운전 보조 장치가 정상적으로 작동할 것	전자장치진단기로 각종 센서의 정상 작동 여부를 확인. 다만, 차로이탈경고장치가 전자장치진단기로 진단되지 않는 경우에는 맨눈으로 설치 여부 확인
	(3) 저소음자동차의 경고음발생장치가 정상적으로 작동할 것	전자장치진단기로 경고음발생장치의 고장진단코드를 확인. 다만, 전자장치진단기로 진단되지 않는 경우에는 주행상태에서 경고음 발생 여부 확인
	(4) 후방보행자 안전장치가 정상적으로 작동할 것	후방보행자 안전장치의 작동상태 확인

2. 판정기준

자동차관리법시행규칙 제73조 [자동차의 검사기준 및 방법]의 [별표 15]의 자동차검사기준 및 방법에서 검사기준에 적합하여야 한다. 단, 자동차검사대행자 또는 지정정비사업자가 실시한 검사결과가 "자동차관리법시행규칙 제80조 [검사의 실시등]"에 의거 정기검사 항목 중 전기 및 전자장치에 대한 검사를 실시한 결과 적합하지 아니한 사항이 있는 경우 해당사항이 다음 각호의 어느 하나에 해당하지 않으면 적합판정을 하고 해당 자동차소유자에게 그 시정을 권고할 수 있다.

(1) 엔진정지 또는 화재발생의 우려가 있는 결함

(2) 차로이탈경고장치 및 비상자동제동장치의 미설치 또는 설치상태의 불량

(3) 「환경친화적 자동차의 개발 및 보급 촉진에 관한 법률」 제2조제3호, 제5호 및 제6호에 따른 전기자동차, 하이브리드자동차 및 수소전기자동차의 경고음발생장치 미설치 또는 작동상태의 불량

(4) 「자동차 및 자동차부품의 성능과 기준에 관한 규칙」 제2조제52호에 따른 고전원전기장치의 절연상태 또는 작동상태의 불량

기본학습 03

실습지시서 및 실습보고서

실습지시서

학과	과	학기	20 학년도 학기
교과목명	자동차정비검사	시간	20 년 월 일(~교시)
실험·실습명	전기 및 전자장치의 관능검사		
실습목표	1. 자동차 검사기준 및 방법에 따라 전기 및 전자장치 검사업무를 수행할 수 있다. 2. 자동차 검사기준 및 방법에 따라 전기 및 전자장치의 안전기준 준수여부를 확인할 수 있다. 3. 전기 및 전자장치 검사결과에 따라 안전기준 적합여부를 판정할 수 있다.		

사용재료 (공구/기구 등)	품명(재료명)	규격	수량	비고
	자동차		1	
	줄자		1	

실험·실습순서 및 관련지식	1. 검사방법 1.1. 전기장치 (1) 축전지와 연결된 전기배선 접속단자의 흔들림 여부 확인한다. (2) 전기배선의 손상·절연 여부 및 설치상태를 육안으로 확인한다. 1.2. 고전원전기장치 (1) 고전원전기장치(구동축전지, 전력변환장치, 구동전동기, 충전접속구 등)의 설치상태, 전기배선 접속단자의 접속·절연상태 등을 육안으로 확인한다. (2) 구동축전지와 전력변환장치, 전력변환장치와 구동전동기, 전력변환장치와 충전접속구 사이의 고전원 전기배선의 절연 피복 손상 또는 활선 도체부의 노출여부를 육안으로 확인한다. (3) 구동축전지와 차실 사이가 벽 또는 보호판 등으로 격리여부 확인한다. (4) 육안으로 확인이 가능한 고전원 전기배선 보호기구의 고정, 깨짐, 손상 여부 등을 확인한다. (5) 고전원전기장치 활선도체부의 보호기구 체결상태 및 공구를 사용하지 않고 개방·분해 및 제거 가능 여부 확인한다. 다만, 차실, 벽, 보호판 등으로 격리된 경우 생략 가능 (6) 고전원전기장치의 외부 또는 보호기구에 부착 또는 표시된 경고표시의 모양 및 식별가능성 여부를 육안으로 확인한다. (7) 육안으로 확인 가능한 구동축전지와 전력변환장치, 전력변환장치와 구동전동기, 전력변환장치와 충전접속구에 사용되는 전기배선의 색상이 주황색인지 여부 확인한다. (8) 절연저항시험기를 이용하여 충전접속구 각각의 활선도체부(+극 및 −극)와 차체사이에 충전전압 이상의 시험전압을 인가하여 절연저항 측정한다. 1.3. 전자장치 (1) 전자장치진단기로 각종 센서의 정상 작동 여부를 확인한다.

실험·실습순서 및 관련지식	**2. 검사기준** 2.1. 전기장치 (1) 축전지의 접속·절연 및 설치상태가 양호할 것 (2) 전기배선의 손상이 없고 설치상태가 양호할 것 2.2. 고전원전기장치 (1) 고전원전기장치의 접속·절연 및 설치상태가 양호할 것 (2) 고전원 전기배선의 손상이 없고 설치상태가 양호할 것 (3) 구동축전지는 차실과 벽 또는 보호판으로 격리되는 구조일 것 (4) 차실 내부 및 차체 외부에 노출되는 고전원전기장치간 전기배선은 금속 또는 플라스틱 재질의 보호기구를 설치할 것 (5) 자동차 및 자동차부품의 성능과 기준에 관한 규칙」별표 5 제1호가목에 따른 고전원전기장치 활선도체부의 보호기구는 공구를 사용하지 않으면 개방·분해 및 제거되지 않는 구조일 것 (6) 고전원전기장치의 외부 또는 보호기구에는 「자동차 및 자동차부품의 성능과 기준에 관한 규칙」별표 5 제4호에 따른 경고표시가 되어 있을 것 (7) 고전원전기장치 간 전기배선(보호기구 내부에 위치하는 경우는 제외한다)의 피복은 주황색일 것 (8) 전기자동차 충전접속구의 활선도체부와 차체 사이의 절연저항은 최소 1MΩ 이상일 것 (9) 구동축전지, 전력변환장치, 구동전동기, 연료전지 등 고전원전기장치의 절연상태가 양호할 것 (10) 구동축전지, 전력변환장치, 구동전동기, 연료전지 등 고전원전기장치의 작동에 이상이 없을 것 2.3. 전자장치 (1) 원동기 전자제어 장치가 정상적으로 작동할 것 (2) 바퀴잠김방지식 제동장치, 구동력제어장치, 전자식 차동제한장치, 차체자세제어장치, 에어백 및 순항제어장치 등 안전운전 보조 장치가 정상적으로 작동할 것 (3) 저소음자동차의 경고음발생장치가 정상적으로 작동할 것 (4) 후방보행자 안전장치가 정상적으로 작동할 것 **3. 판정기준** 검사기준에 적합하여야 한다. 단, 검사결과 적합하지 아니한 사항이 있는 경우 다음 각 호의 어느 하나에 해당하지 않으면 적합판정으로 한다. 그리고 해당 자동차소유자에게 그 시정을 권고할 수 있다. (1) 엔진정지 또는 화재발생의 우려가 있는 결함 (2) 차로이탈경고장치 및 비상자동제동장치의 미설치 또는 설치상태의 불량 (3) 「환경친화적 자동차의 개발 및 보급 촉진에 관한 법률」 제2조제3호, 제5호 및 제6호에 따른 전기자동차, 하이브리드자동차 및 수소전기자동차의 경고음발생장치 미설치 또는 작동상태의 불량 (4) 「자동차 및 자동차부품의 성능과 기준에 관한 규칙」 제2조제52호에 따른 고전원전기장치의 절연상태 또는 작동상태의 불량
안전 및 유의사항	(1) 자동차는 평평한 노면에 주차한다. (2) 타이어 마모량이 규정값 이하이면 타이어를 교환하여야 한다.

평가내용

세부 평가 내용	배점
(1) 자동차 검사기준 및 방법에 따라 전기 및 전자장치 검사업무를 수행할 수 있다.	30
(2) 자동차 검사기준 및 방법에 따라 전기 및 전자장치의 안전기준 준수여부를 확인할 수 있다.	40
(3) 전기 및 전자장치 검사결과에 따라 안전기준 적합여부를 판정할 수 있다.	30
합 계	100

과제

1. 실습보고서 작성 제출

(1) 관능(육안)검사

<table>
<tr><th colspan="2">진단항목</th><th>안전진단기준(검사기준)</th><th>진단결과 및 의견</th></tr>
<tr><td rowspan="2">전기
장치</td><td>축전지와 연결된 전기배선 접속단자의 흔들림 여부 확인</td><td>축전지의 접속·절연 및 설치상태가 양호할 것</td><td rowspan="3">〈부적합 내용〉</td></tr>
<tr><td>전기배선의 손상·절연 여부 및 설치상태를 육안으로 확인</td><td>전기배선의 손상이 없고 설치상태가 양호할 것</td></tr>
<tr><td rowspan="6">고전원
전기
장치</td><td>고전원전기장치(구동축전지, 전력변환장치, 구동전동기, 충전접속구 등)의 설치상태, 전기배선 접속단자의 접속·절연상태 등을 육안으로 확인</td><td>고전원전기장치의 접속·절연 및 설치상태가 양호할 것</td></tr>
<tr><td>구동축전지와 전력변환장치, 전력변환장치와 구동전동기, 전력변환장치와 충전접속구사이의 고전원 전기배선의 절연 피복손상 또는 활선 도체부의 노출여부를 육안으로 확인</td><td>고전원 전기배선의 손상이 없고 설치상태가 양호할 것</td><td rowspan="5">〈시정권고 내용〉</td></tr>
<tr><td>구동축전지와 차실 사이가 벽 또는 보호판 등으로 격리여부 확인</td><td>구동축전지는 차실과 벽 또는 보호판으로 격리되는 구조일 것</td></tr>
<tr><td>육안으로 확인이 가능한 고전원 전기배선 보호기구의 고정, 깨짐, 손상여부 등을 확인</td><td>차실 내부 및 차체 외부에 노출되는 고전원전기장치간 전기배선은 금속 또는 플라스틱 재질의 보호기구를 설치할 것</td></tr>
<tr><td>고전원전기장치 활선도체부의 보호기구 체결상태 및 공구를 사용하지 않고 개방·분해 및 제거 가능 여부 확인. 다만, 차실, 벽, 보호판 등으로 격리된 경우 생략 가능</td><td>「자동차 및 자동차부품의 성능과 기준에 관한 규칙」별표 5 제1호가목에 따른 고전원전기장치 활선도체부의 보호기구는 공구를 사용하지 않으면 개방·분해 및 제거되지 않는 구조일 것</td></tr>
<tr><td>고전원전기장치의 외부 또는 보호기구에 부착 또는 표시된 경고표시의 모양 및 식별가능성 여부를 육안으로 확인</td><td>고전원전기장치의 외부 또는 보호기구에는 「자동차 및 자동차부품의 성능과 기준에 관한 규칙」별표 5 제4호에 따른 경고표시가 되어 있을 것</td></tr>
</table>

	진단항목		안전진단기준(검사기준)	진단결과 및 의견
과제	고전원 전기 장치	육안으로 확인 가능한 구동축전지와 전력변환장치, 전력변환장치와 구동전동기, 전력변환장치와 충전접속구에 사용되는 전기배선의 색상이 주황색인지 여부 확인	고전원전기장치 간 전기배선(보호기구 내부에 위치하는 경우는 제외한다)의 피복은 주황색일 것	〈부적합 내용〉
		절연저항시험기를 이용하여 충전접속구 각각의 활선도체부(+극 및 −극)와 차체 사이에 충전전압 이상의 시험전압을 인가하여 절연저항 측정	전기자동차 충전접속구의 활선도체부와 차체 사이의 절연저항은 최소 1MΩ 이상일 것	
		전자장치진단기로 고전원전기장치의 절연저항 관련 고장진단코드를 확인. 다만, 전자장치진단기로 진단되지 않는 경우에는 계기장치의 고장경고등 점등 여부 확인	구동축전지, 전력변환장치, 구동전동기, 연료전지 등 고전원전기장치의 절연상태가 양호할 것	
		전자장치진단기로 고전원전기장치의 고장진단코드를 확인. 다만, 전자장치진단기로 진단되지 않는 경우에는 계기장치의 고장경고등 점등 여부 확인	구동축전지, 전력변환장치, 구동전동기, 연료전지 등 고전원전기장치의 작동에 이상이 없을 것	
	전자 장치	전자장치진단기로 각종 센서의 정상 작동 여부를 확인. 다만, 차로이탈경고장치가 전자장치진단기로 진단되지 않는 경우에는 맨눈으로 설치 여부 확인	원동기 전자제어 장치가 정상적으로 작동할 것	〈시정권고 내용〉
			바퀴잠김방지식 제동장치, 구동력제어장치, 전자식차동제한장치, 차체자세제어장치, 에어백, 순항제어장치, 차로이탈경고장치 및 비상자동제동장치 등 안전운전 보조 장치가 정상적으로 작동할 것	
		전자장치진단기로 경고음발생장치의 고장진단코드를 확인. 다만, 전자장치진단기로 진단되지 않는 경우에는 주행상태에서 경고음 발생 여부 확인	저소음자동차의 경고음발생장치가 정상적으로 작동할 것	
		후방보행자 안전장치의 작동상태 확인	후방보행자 안전장치가 정상적으로 작동할 것	

실습보고서

실험제목	전기 및 전자장치의 관능검사		
실험일자		반 및 실험조	
학번		성명	

■ 과제 내용

주어진 자동차에서 전기 및 전자장치의 관능검사를 실시한 후 기록표에 기록하시오.

1. 사용기기 및 부품

   (1) 차종

   (2) 사용기기

2. 실험 결과

<table>
<tr><th colspan="2">진단항목</th><th>안전진단기준(검사기준)</th><th>진단결과 및 의견</th></tr>
<tr><td rowspan="2">전기
장치</td><td>축전지와 연결된 전기배선 접속단자의 흔들림 여부 확인</td><td>축전지의 접속·절연 및 설치상태가 양호할 것</td><td rowspan="7">〈부적합 내용〉</td></tr>
<tr><td>전기배선의 손상·절연 여부 및 설치상태를 육안으로 확인</td><td>전기배선의 손상이 없고 설치상태가 양호할 것</td></tr>
<tr><td rowspan="5">고전원
전기장치</td><td>고전원전기장치(구동축전지, 전력변환장치, 구동전동기, 충전접속구 등)의 설치상태, 전기배선 접속단자의 접속·절연상태 등을 육안으로 확인</td><td>고전원전기장치의 접속·절연 및 설치상태가 양호할 것</td></tr>
<tr><td>구동축전지와 전력변환장치, 전력변환장치와 구동전동기, 전력변환장치와 충전접속구사이의 고전원 전기배선의 절연 피복손상 또는 활선 도체부의 노출여부를 육안으로 확인</td><td>고전원 전기배선의 손상이 없고 설치상태가 양호할 것</td></tr>
<tr><td>구동축전지와 차실 사이가 벽 또는 보호판 등으로 격리여부 확인</td><td>구동축전지는 차실과 벽 또는 보호판으로 격리되는 구조일 것</td></tr>
<tr><td>육안으로 확인이 가능한 고전원 전기배선 보호기구의 고정, 깨짐, 손상여부 등을 확인</td><td>차실 내부 및 차체 외부에 노출되는 고전원전기장치간 전기배선은 금속 또는 플라스틱 재질의 보호기구를 설치할 것</td></tr>
<tr><td>고전원전기장치 활선도체부의 보호기구 체결상태 및 공구를 사용하지 않고 개방·분해 및 제거 가능 여부 확인. 다만, 차실, 벽, 보호판 등으로 격리된 경우 생략 가능</td><td>「자동차 및 자동차부품의 성능과 기준에 관한 규칙」 별표 5 제1호가목에 따른 고전원전기장치 활선도체부의 보호기구는 공구를 사용하지 않으면 개방·분해 및 제거되지 않는 구조일 것</td></tr>
</table>

<table>
<tr><th colspan="2">진단항목</th><th>안전진단기준(검사기준)</th><th>진단결과 및 의견</th></tr>
<tr><td rowspan="5">고전원
전기장치</td><td>고전원전기장치의 외부 또는 보호기구에 부착 또는 표시된 경고표시의 모양 및 식별가능성 여부를 육안으로 확인</td><td>고전원전기장치의 외부 또는 보호기구에는 「자동차 및 자동차부품의 성능과 기준에 관한 규칙」 별표 5 제4호에 따른 경고표시가 되어 있을 것</td><td rowspan="9">〈시정권고 내용〉</td></tr>
<tr><td>육안으로 확인 가능한 구동축전지와 전력변환장치, 전력변환장치와 구동전동기, 전력변환장치와 충전접속구에 사용되는 전기배선의 색상이 주황색인지 여부 확인</td><td>고전원전기장치 간 전기배선(보호기구 내부에 위치하는 경우는 제외한다)의 피복은 주황색일 것</td></tr>
<tr><td>절연저항시험기를 이용하여 충전접속구 각각의 활선도체부(+극 및 −극)와 차체 사이에 충전전압 이상의 시험전압을 인가하여 절연저항 측정</td><td>전기자동차 충전접속구의 활선도체부와 차체 사이의 절연저항은 최소 1MΩ 이상일 것</td></tr>
<tr><td>전자장치진단기로 고전원전기장치의 절연저항 관련 고장진단코드를 확인. 다만, 전자장치진단기로 진단되지 않는 경우에는 계기장치의 고장경고등 점등 여부 확인</td><td>구동축전지, 전력변환장치, 구동전동기, 연료전지 등 고전원전기장치의 절연상태가 양호할 것</td></tr>
<tr><td>전자장치진단기로 고전원전기장치의 고장진단코드를 확인. 다만, 전자장치진단기로 진단되지 않는 경우에는 계기장치의 고장경고등 점등 여부 확인</td><td>구동축전지, 전력변환장치, 구동전동기, 연료전지 등 고전원전기장치의 작동에 이상이 없을 것</td></tr>
<tr><td rowspan="4">전자
장치</td><td rowspan="2">전자장치진단기로 각종 센서의 정상 작동 여부를 확인. 다만, 차로이탈경고장치가 전자장치진단기로 진단되지 않는 경우에는 맨눈으로 설치 여부 확인</td><td>원동기 전자제어 장치가 정상적으로 작동할 것</td></tr>
<tr><td>바퀴잠김방지식 제동장치, 구동력제어장치, 전자식차동제한장치, 차체자세제어장치, 에어백, 순항제어장치, 차로이탈경고장치 및 비상자동제동장치 등 안전운전 보조장치가 정상적으로 작동할 것</td></tr>
<tr><td>전자장치진단기로 경고음발생장치의 고장진단코드를 확인. 다만, 전자장치진단기로 진단되지 않는 경우에는 주행상태에서 경고음 발생 여부 확인</td><td>저소음자동차의 경고음발생장치가 정상적으로 작동할 것</td></tr>
<tr><td>후방보행자 안전장치의 작동상태 확인</td><td>후방보행자 안전장치가 정상적으로 작동할 것</td></tr>
</table>

학습정리

이 장에서는 자동차 검사시 전기 및 전자장치의 관능검사방법 및 판정기준에 대하여 학습하였다. 자동차관리법에서 정하는 기준에 의거 전기 및 전자장치의 관능검사를 실시하고 판정할 수 있도록 하였다.

총괄평가

1. 전기 및 전자장장치의 관능검사를 실시할 때 점검방법에 대하여 서술하시오.

참고자료

1. 자동차관리법, 자동차관리법 시행령, 자동차관리법 시행규칙
2. 자동차 및 자동차부품의 성능과 기준에 관한 규칙
3. 자동차안전기준 시행세칙

A-12 연결장치 및 견인장치 확인하기(1506030602_17v3.12)

학/습/목/표

일반목표

자동차관리법 등의 자동차 검사업무와 연결장치 및 견인장치의 관능검사방법 및 판정기준에 대하여 학습하여 관능검사를 실시하고 판정할 수 있도록 한다.

세부목표

1. 자동차 검사기준 및 방법에 따라 연결장치 및 견인장치 검사업무를 수행할 수 있다.
2. 자동차 검사기준 및 방법에 따라 연결장치 및 견인장치의 안전기준 준수여부를 확인할 수 있다.
3. 연결장치 및 견인장치 검사결과에 따라 안전기준 적합여부를 판정할 수 있다.

주요 용어

연결장치 및 견인장치

학습활동

기본학습 01 연결장치 및 견인장치에 대한 성능과 기준

관련근거 자동차 및 자동차부품의 성능과 기준에 관한 규칙

제20조 [견인장치 및 연결장치]

① 자동차(피견인자동차를 제외한다)의 앞면 또는 뒷면에는 자동차의 길이방향으로 견인할 때에 해당 자동차 중량의 2분의 1 이상의 힘에 견딜 수 있고, 진동 및 충격 등에 의하여 분리되지 아니하는 구조의 견인장치를 갖추어야 한다.

② 자동차(초소형자동차는 제외한다)에 피견인자동차를 견인하기 위한 연결장치를 설치할 때에는 다음 각 호의 기준에 적합하게 설치하여야 한다.

1. 피견인자동차가 연결되지 아니한 상태에서 자동차의 연결장치는 등록번호판을 가리지 아니하여야 한다. 다만, 연결장치가 공구의 사용 없이 쉽게 분리되거나 등록번호판이 가리지 아니하도록 위치를 조정할 수 있는 구조인 경우는 제외한다.
2. 견인자동차와 피견인자동차의 등화장치가 연동될 수 있는 전기 커넥터를 설치하여야 한다.
3. 차량총중량 0.75톤 이하인 피견인자동차(주행 중 견인자동차와의 연결장치가 분리될 경우에 자동적으로 정지시킬 수 있는 구조의 제동장치를 갖춘 피견인자동차는 제외한다)에는 주행 중 연결장치가 분리될 경우에 연결봉 등이 지면에 닿지 아니하는 구조의 보조연결장치(체인·와이어로프 등)를 설치하여야 한다.
4. 연결장치의 설치 및 강도 등은 국토교통부장관이 고시하는 기준에 적합하여야 한다.

기본학습 02 연결장치 및 견인장치의 검사기준 및 방법과 판정기준

관련근거 자동차관리법시행규칙 - 제73조 [자동차의 검사기준 및 방법]

[별표 15] 자동차검사기준 및 방법(제73조 관련)

1. 검사방법 및 기준(비사업용/사업용 자동차의 경우)

항목	검사기준	검사방법
13) 연결장치 및 견인장치	(1) 변형 및 손상이 없을 것	커플러 및 킹핀의 변형 여부 확인
	(2) 차량 총중량 0.75톤 이하 피견인자동차의 보조연결장치가 견고하게 설치되어 있을 것	보조연결장치 설치상태 확인

2. 판정기준

자동차관리법시행규칙 제73조 [자동차의 검사기준 및 방법]의 [별표 15]의 자동차검사기준 및 방법에서 검사기준에 적합하여야 한다. 단, 자동차검사대행자 또는 지정정비사업자가 실시한 검사결과가 "자동차관리법시행규칙 제80조 [검사의 실시등]"에 의거 정기검사 항목 중 연결장치 및 견인장치에 대한 검사를 실시한 결과 적합하지 아니한 사항이 있는 경우 해당사항이 다음 각호의 어느 하나에 해당하지 않으면 적합판정을 하고 해당 자동차소유자에게 그 시정을 권고할 수 있다.

(1) 견인차 및 피견인차 연결장치의 변형 또는 손상

기본학습 03 실습지시서 및 실습보고서

실습지시서

<table>
<tr><th>학과</th><td>과</td><th>학기</th><td colspan="2">20 학년도 학기</td></tr>
<tr><th>교과목명</th><td>자동차정비검사</td><th>시간</th><td colspan="2">20 년 월 일(~교시)</td></tr>
<tr><th>실험·실습명</th><td colspan="5">연결장치 및 견인장치의 관능검사</td></tr>
<tr><th>실습목표</th><td colspan="5">1. 자동차 검사기준 및 방법에 따라 연결장치 및 견인장치 검사업무를 수행할 수 있다.
2. 자동차 검사기준 및 방법에 따라 연결장치 및 견인장치의 안전기준 준수여부를 확인할 수 있다.
3. 연결장치 및 견인장치 검사결과에 따라 안전기준 적합여부를 판정할 수 있다.</td></tr>
<tr><th rowspan="3">사용재료
(공구/기구 등)</th><th>품명(재료명)</th><th>규격</th><th>수량</th><th colspan="2">비고</th></tr>
<tr><td>자동차</td><td></td><td>1</td><td colspan="2"></td></tr>
<tr><td>줄자</td><td></td><td>1</td><td colspan="2"></td></tr>
<tr><th>실험·실습순서
및 관련지식</th><td colspan="5">1. 검사방법
(1) 커플러 및 킹핀의 변형 여부 확인한다.
(2) 보조 연결장치 설치상태을 확인한다.

2. 검사기준
(1) 변형 및 손상이 없을 것
(2) 차량 총중량 0.75톤 이하 피견인자동차의 보조 연결장치가 견고하게 설치되어 있을 것

3. 판정기준
검사기준에 적합하여야 한다. 단, 검사결과 적합하지 아니한 사항이 있는 경우 다음 각 호의 어느 하나에 해당하지 않으면 적합판정으로 한다. 그리고 해당 자동차소유자에게 그 시정을 권고할 수 있다.
(1) 견인차 및 피견인차의 연결장치의 변형 또는 손상</td></tr>
<tr><th>안전 및
유의사항</th><td colspan="5">(1) 자동차는 평평한 노면에 주차한다.
(2) 타이어 마모량이 규정값 이하이면 타이어를 교환하여야 한다.</td></tr>
</table>

평가내용

세부 평가 내용	배점
(1) 자동차 검사기준 및 방법에 따라 연결장치 및 견인장치 검사업무를 수행할 수 있다.	30
(2) 자동차 검사기준 및 방법에 따라 연결장치 및 견인장치의 안전기준 준수여부를 확인할 수 있다.	40
(3) 연결장치 및 견인장치 검사결과에 따라 안전기준 적합여부를 판정할 수 있다.	30
합 계	100

과제

1. 실습보고서 작성 제출

(1) 관능(육안)검사

진단항목		안전진단기준(검사기준)	진단결과 및 의견
연결장치 및 견인장치	커플러 및 킹핀의 변형 여부	변형 및 손상이 없을 것	〈부적합 내용〉
	보조연결장치 설치상태 확인	차량 총중량 0.75톤 이하 피견인 자동차의 보조연결장치가 견고하게 설치되어 있을 것	〈시정권고 내용〉

실습보고서

실험제목	연결장치 및 견인장치의 관능검사		
실험일자		반 및 실험조	
학번		성명	

■ 과제 내용
주어진 자동차에서 연결장치 및 견인장치의 관능검사를 실시한 후 기록표에 기록하시오.

1. 사용기기 및 부품
   (1) 차종

   (2) 사용기기

2. 실험 결과

진단항목		안전진단기준(검사기준)	진단결과 및 의견
연결장치 및 견인장치	커플러 및 킹핀의 변형 여부	변형 및 손상이 없을 것	〈부적합 내용〉
	보조연결장치 설치상태 확인	차량 총중량 0.75톤 이하 피견인자동차의 보조연결장치가 견고하게 설치되어 있을 것	〈시정권고 내용〉

학습정리

이 장에서는 자동차 검사시 연결장치 및 견인장치의 관능검사방법 및 판정기준에 대하여 학습하였다. 자동차관리법에서 정하는 기준에 의거 연결장치 및 견인장치의 관능검사를 실시하고 판정할 수 있도록 하였다.

총괄평가

1. 연결장치 및 견인장치의 관능검사를 실시할 때 점검방법에 대하여 서술하시오.

참고자료

1. 자동차관리법, 자동차관리법 시행령, 자동차관리법 시행규칙
2. 자동차 및 자동차부품의 성능과 기준에 관한 규칙
3. 자동차안전기준 시행세칙

A-13 승차장치 확인하기(1506030602_17v3.13)

학/습/목/표

일반목표

자동차관리법 등의 자동차 검사업무와 승차장치의 관능검사방법 및 판정기준에 대하여 학습하여 관능검사를 실시하고 판정할 수 있도록 한다.

세부목표

1. 자동차 검사기준 및 방법에 따라 승차장치 검사업무를 수행할 수 있다.
2. 자동차 검사기준 및 방법에 따라 승차장치의 안전기준 준수여부를 확인할 수 있다.
3. 승차장치 검사결과에 따라 안전기준 적합여부를 판정할 수 있다.

주요 용어

승차장치

학습활동

기본학습 01 승차장치에 대한 성능과 기준

관련근거 자동차 및 자동차부품의 성능과 기준에 관한 규칙

제23조 [승차장치]

① 자동차의 승차장치는 승차인이 안전하게 승차할 수 있는 구조이어야 하고, 승차정원 16인 이상의 승합자동차의 승차장치는 다음 각 호의 기준에 적합하여야 한다.

1. 승강구 계단 부위에는 국토교통부장관이 정하여 고시하는 보호시설을 갖출 것
2. 2층대형승합자동차의 아래층과 위층을 연결하는 계단에는 국토교통부장관이 정하여 고시하는 보호시설을 갖출 것
3. 2층대형승합자동차의 아래층과 위층을 연결하는 계단의 각 수직면은 막혀있을 것
4. 2층대형승합자동차의 위층 앞면 창유리 방향으로 설치되는 1열 좌석 앞부분에는 국토교통부장관이 정하여 고시하는 보호시설을 갖출 것
5. 승차장치에 손잡이대 및 손잡이를 설치하는 경우에는 [별표 5의 27]에 따른 기준에 적합할 것

② 운전자 및 승객이 타는 자동차는 외부와 차단된 차실(이하 "차실"이라 한다)을 갖추어야 한다. 다만, 소방자동차등 국토교통부장관이 그 용도상 필요없다고 인정하는 자동차의 경우에는 그러하지 아니하다.

③ 자동차의 차실에는 조명시설 및 외기와 내기를 순환시키는 환기시설(초소형자동차, 컨버터블 및 무개자동차는 제외한다)을 갖추어야 하며, 원동기의 냉각수(난방용수를 제외한다)·정류기·변환기·변압기 등 승객의 안전에 지장을 줄 우려가 있는 장치를 차실안에 설치하여서는 아니된다. 다만, 승합자동차의 차실에는 국토교통부장관이 별도로 정한 기준에 적합한 조명시설을 갖추어야 한다.

④ 삭제 <2017. 1. 9.>

⑤ 천정개방 2층대형승합자동차에는 위층 탑승객의 착석여부를 운전석에서 확인 및 통제할 수 있는 영상장치와 안내방송 장치를 설치하여야 한다.

기본학습

02 승차장치의 검사기준 및 방법과 판정기준

관련근거 자동차관리법시행규칙 - 제73조 [자동차의 검사기준 및 방법]

[별표 15] 자동차검사기준 및 방법(제73조 관련)

1. 검사방법 및 기준(비사업용/사업용 자동차의 경우)

항목	검사기준	검사방법
14) 승차장치	(1) 안전기준에서 정하고 있는 좌석·승강구·조명·통로·좌석안전띠 및 비상구 등의 설치상태가 견고하고, 파손되어 있지 아니하며 좌석수의 증감이 없을 것	좌석·승강구·조명·통로·좌석안전띠 및 비상구 등의 설치상태와 비상탈출용 장비의 설치상태 확인
	(2) 머리지지대가 설치되어 있을 것	승용자동차 및 경형·소형 승합자동차의 앞좌석(중간좌석 제외)에 머리지지대의 설치여부 확인
	(3) 어린이운송용 승합자동차의 승강구가 안전기준에 적합할 것	승강구 설치상태 및 규격 확인
	(4) 입석손잡이가 규정대로 설치되어 있고 손상이 없을 것	입석손잡이 설치상태 확인
	(5) 일반시외, 시내, 마을, 농어촌 버스의 승강구 안전장치 및 가속페달잠금장치의 작동이 정상적으로 작동할 것	일반시외, 시내, 마을, 농어촌 버스의 승강구 안전장치 및 가속페달잠금장치의 작동이 정상적으로 작동하는지 확인
	(6) 승합자동차(15인 이하 제외)의 운전자의 좌석 뒤에는 승객석과 분리될 수 있는 보호봉 또는 격벽시설을 설치되어 있을 것	승합자동차(15인 이하 제외)의 운전자의 좌석 뒤에는 승객석과 분리될 수 있는 보호봉 또는 격벽시설을 설치되어 있는지 확인

2. 판정기준

자동차관리법시행규칙 제73조 [자동차의 검사기준 및 방법]의 [별표 15]의 자동차검사기준 및 방법에서 검사기준에 적합하여야 한다. 단, 자동차검사대행자 또는 지정정비사업자가 실시한 검사결과가 "자동차관리법시행규칙 제80조 [검사의 실시등]"에 의거 정기검사 항목 중 승차장치에 대한 검사를 실시한 결과 적합하지 아니한 사항이 있는 경우 해당사항이 다음 각호의 어느 하나에 해당하지 않으면 적합판정을 하고 해당 자동차소유자에게 그 시정을 권고할 수 있다.

(1) 좌석안전띠가 없는 경우나 좌석 안전띠의 심한 손상

기본학습 03 실습지시서 및 실습보고서

실습지시서

<table>
<tr><td>학과</td><td>과</td><td>학기</td><td colspan="2">20 학년도 학기</td></tr>
<tr><td>교과목명</td><td>자동차정비검사</td><td>시간</td><td colspan="2">20 년 월 일(~교시)</td></tr>
<tr><td>실험·실습명</td><td colspan="4">승차장치의 관능검사</td></tr>
<tr><td>실습목표</td><td colspan="4">1. 자동차 검사기준 및 방법에 따라 승차장치 검사업무를 수행할 수 있다.
2. 자동차 검사기준 및 방법에 따라 승차장치의 안전기준 준수여부를 확인할 수 있다.
3. 승차장치 검사결과에 따라 안전기준 적합여부를 판정할 수 있다.</td></tr>
<tr><td rowspan="3">사용재료
(공구/기구 등)</td><td>품명(재료명)</td><td>규격</td><td>수량</td><td>비고</td></tr>
<tr><td>자동차</td><td></td><td>1</td><td></td></tr>
<tr><td>줄자</td><td></td><td>1</td><td></td></tr>
<tr><td>실험·실습순서
및 관련지식</td><td colspan="4">1. 검사방법
(1) 좌석·승강구·조명·통로·좌석안전띠 및 비상구 등의 설치상태와 비상탈출용 장비의 설치상태 확인한다.
(2) 승용자동차 및 경형·소형 승합자동차의 앞좌석(중간좌석 제외)에 머리지지대의 설치 여부 확인한다.
(3) 승강구 설치상태 및 규격 확인한다.
(4) 입석손잡이 설치상태 확인한다.
(5) 일반시외, 시내, 마을, 농어촌 버스의 승강구 안전장치 및 가속페달잠금장치의 작동이 정상적으로 작동하는지 확인한다.
(6) 승합자동차(15인 이하 제외)의 운전자의 좌석 뒤에는 승객석과 분리될 수 있는 보호봉 또는 격벽시설을 설치되어 있는지 확인한다.

2. 검사기준
(1) 안전기준에서 정하고 있는 좌석·승강구·조명·통로·좌석안전띠 및 비상구 등의 설치상태가 견고하고, 파손되어 있지 아니하며 좌석수의 증감이 없을 것
(2) 머리지지대가 설치되어 있을 것
(3) 어린이운송용 승합자동차의 승강구가 안전기준에 적합할 것
(4) 입석손잡이가 규정대로 설치되어 있고 손상이 없을 것
(5) 일반시외, 시내, 마을, 농어촌 버스의 승강구 안전장치 및 가속페달잠금장치의 작동이 정상적으로 작동할 것
(6) 승합자동차(15인 이하 제외)의 운전자의 좌석 뒤에는 승객석과 분리될 수 있는 보호봉 또는 격벽시설을 설치되어 있을 것

3, 판정기준
검사기준에 적합하여야 한다. 단, 검사결과 적합하지 아니한 사항이 있는 경우 다음 각 호의 어느 하나에 해당하지 않으면 적합판정으로 한다. 그리고 해당 자동차소유자에게 그 시정을 권고할 수 있다.
(1) 좌석안전띠가 없는 경우나 좌석안전띠의 심한 손상</td></tr>
</table>

안전 및 유의사항	(1) 자동차는 평평한 노면에 주차한다. (2) 타이어 마모량이 규정값 이하이면 타이어를 교환하여야 한다.

평가내용

세부 평가 내용	배점
(1) 자동차 검사기준 및 방법에 따라 승차장치 검사업무를 수행할 수 있다.	30
(2) 자동차 검사기준 및 방법에 따라 승차장치의 안전기준 준수여부를 확인할 수 있다.	40
(3) 승차장치 검사결과에 따라 안전기준 적합여부를 판정할 수 있다.	30
합 계	100

과제

1. 실습보고서 작성 제출

(1) 관능(육안)검사

진단항목		안전진단기준(검사기준)	진단결과 및 의견
승차장치	좌석·승강구·조명·통로·좌석안전띠 및 비상구 등의 설치상태와 비상탈출용 장비의 설치상태 확인	안전기준에서 정하고 있는 좌석·승강구·조명·통로·좌석안전띠 및 비상구 등의 설치상태가 견고하고, 파손되어 있지 아니하며 좌석수의 증감이 없을 것	〈부적합 내용〉
	승용자동차 및 경형·소형 승합자동차의 앞좌석(중간좌석 제외)에 머리지지대의 설치 여부 확인	머리지지대가 설치되어 있을 것	
	승강구 설치상태 및 규격 확인	어린이운송용 승합자동차의 승강구가 안전기준에 적합할 것	
	입석손잡이 설치상태 확인	입석손잡이가 규정대로 설치되어 있고 손상이 없을 것	〈시정권고 내용〉
	일반시외, 시내, 마을, 농어촌 버스의 승강구 안전장치 및 가속페달잠금장치의 작동이 정상적으로 작동하는지 확인	일반시외, 시내, 마을, 농어촌 버스의 승강구 안전장치 및 가속페달잠금장치의 작동이 정상적으로 작동할 것	
	승합자동차(15인 이하 제외)의 운전자의 좌석 뒤에는 승객석과 분리될 수 있는 보호봉 또는 격벽시설을 설치되어 있는지 확인	승합자동차(15인 이하 제외)의 운전자의 좌석 뒤에는 승객석과 분리될 수 있는 보호봉 또는 격벽시설을 설치되어 있을 것	

⚙ 실습보고서

실험제목	등록번호판 및 봉인상태 동일성 확인검사		
실험일자	자동차정비검사	반 및 실험조	20 년 월 일(~교시)
학번		성명	

■ 과제 내용

주어진 자동차에서 승차장치의 관능검사를 실시한 후 기록표에 기록하시오.

1. 사용기기 및 부품

(1) 차종

(2) 사용기기

2. 실험 결과

<table>
<tr><th colspan="2">진단항목</th><th>안전진단기준(검사기준)</th><th>진단결과 및 의견</th></tr>
<tr><td rowspan="6">승차장치</td><td>좌석·승강구·조명·통로·좌석안전띠 및 비상구 등의 설치상태와 비상탈출용 장비의 설치상태 확인</td><td>안전기준에서 정하고 있는 좌석·승강구·조명·통로·좌석안전띠 및 비상구 등의 설치상태가 견고하고, 파손되어 있지 아니하며 좌석수의 증감이 없을 것</td><td rowspan="6">〈부적함 내용〉

〈시정권고 내용〉</td></tr>
<tr><td>승용자동차 및 경형·소형 승합자동차의 앞좌석(중간좌석 제외)에 머리지지대의 설치 여부 확인</td><td>머리지지대가 설치되어 있을 것</td></tr>
<tr><td>승강구 설치상태 및 규격 확인</td><td>어린이운송용 승합자동차의 승강구가 안전기준에 적합할 것</td></tr>
<tr><td>입석손잡이 설치상태 확인</td><td>입석손잡이가 규정대로 설치되어 있고 손상이 없을 것</td></tr>
<tr><td>일반시외, 시내, 마을, 농어촌 버스의 승강구 안전장치 및 가속페달잠금장치의 작동이 정상적으로 작동하는지 확인</td><td>일반시외, 시내, 마을, 농어촌 버스의 승강구 안전장치 및 가속페달잠금장치의 작동이 정상적으로 작동할 것</td></tr>
<tr><td>승합자동차(15인 이하 제외)의 운전자의 좌석 뒤에는 승객석과 분리될 수 있는 보호봉 또는 격벽시설을 설치되어 있는지 확인</td><td>승합자동차(15인 이하 제외)의 운전자의 좌석 뒤에는 승객석과 분리될 수 있는 보호봉 또는 격벽시설을 설치되어 있을 것</td></tr>
</table>

학습정리

이 장에서는 자동차 검사시 승차장치의 관능검사방법 및 판정기준에 대하여 학습하였다. 자동차관리법에서 정하는 기준에 의거 승차장치의 관능검사를 실시하고 판정할 수 있도록 하였다.

총괄평가

1. 승차장치의 관능검사를 실시할 때 점검방법에 대하여 서술하시오.

참고자료

1. 자동차관리법, 자동차관리법 시행령, 자동차관리법 시행규칙
2. 자동차 및 자동차부품의 성능과 기준에 관한 규칙
3. 자동차안전기준 시행세칙

A-14 물품적재장치 확인하기(1506030602_17v3.14)

학/습/목/표

일반목표

자동차관리법 등의 자동차 검사업무와 물품적재장치의 관능검사방법 및 판정기준에 대하여 학습하여 관능검사를 실시하고 판정할 수 있도록 한다.

세부목표

1. 자동차 검사기준 및 방법에 따라 물품적재장치 검사업무를 수행할 수 있다.
2. 자동차 검사기준 및 방법에 따라 물품적재장치의 안전기준 준수여부를 확인할 수 있다.
3. 물품적재장치 검사결과에 따라 안전기준 적합여부를 판정할 수 있다.

주요 용어

물품적재장치

학습활동

기본학습 01 물품적재장치에 대한 성능과 기준

관련근거 자동차 및 자동차부품의 성능과 기준에 관한 규칙

제32조 [물품적재장치]

① 자동차의 적재함 기타의 물품적재장치는 견고하고 안전하게 물품을 적재·운반할 수 있는 구조로서 다음 각 호의 기준에 적합하여야 한다.

1. 일반형 및 덤프형 화물자동차의 적재함은 위쪽이 개방된 구조일 것
2. 밴형 화물자동차는 다음 각 목의 기준에 적합할 것
   가. 물품적하구는 뒷쪽 또는 옆쪽으로 하되, 문은 좌우·상하로 열리는 구조이거나 미닫이식으로 할 것
   나. 승차장치와 물품적재장치 사이는 차체와 동일한 재질의 철판 또는 최대적재량의 50%의 하중을 가할 때 300mm 이상 변형되지 아니하는 재질의 격벽으로 폐쇄할 것. 다만, 통기구 등 제작공정상 불가피한 부분 및 화물의 탈락 등을 방지하기 위한 보호봉을 설치한 창유리 부분(격벽면적의 20% 이내에 한한다)은 그러하지 아니하다.
   다. 물품적재장치의 옆면벽과 뒷면벽 또는 뒷문은 차체와 동등한 성능의 재질로 하고 창유리 등을 설치하지 아니할 것. 다만, 화물의 탈락 등을 방지할 수 있도록 유리창을 지탱하는 창문틀 또는 차체에 2개 이상의 보호봉을 용접한 옆면벽과 보호봉을 설치한 뒷면벽 또는 뒷문의 경우에는 창유리를 설치할 수 있다.
   라. 물품적재장치의 바닥면적이 승차장치의 바닥면적보다 넓을 것
3. 덤프형 화물자동차 및 특수목적에 필요한 구조 또는 장치를 한 자동차로서 다른 목적에 사용이 곤란한 탱크로리·살수자동차등의 물품적재장치는 국토교통부장관이 정하는 운송물품별 비중에 의하여 산출되는 중량에 적합한 구조이어야 하며, 유류·가스등 다른 법령에 의하여 적재용량이 산출되는 경우에는 당해 법령의 기준에 적합한 구조일 것
4. 초소형화물자동차의 물품적재장치는 다음 각 목의 기준에 적합할 것
   가. 최대적재량은 100kg 이상일 것
   나. 바닥면이 지면으로부터 1m 이하이고, 길이는 윤간거리(「자동차관리법 시행규칙」별지 제25호 서식에 따른 자동차제원표에 기재된 윤간거리를 말하며, 전륜 또는 후륜 중 큰 값을 적용한다)의 1.4배를 초과하지 아니할 것

다. 물품적재장치 공간은 적재함의 길이×너비≥차량의 길이×너비×0.3을 충족할 것

라. 한 변의 길이가 60cm인 정육면체를 실을 수 있을 것

② 사체·독극물·고압가스·화약류 기타 위험물을 적재하는 장치는 차실과 완전히 격리되어야 하며, 차체외부에서 적재물품을 적하할 수 있는 구조이어야 한다.

③ 운행 중 적재물이 떨어질 우려가 있는 청소용자동차 등의 물품적재장치에는 다음 각 호의 기준에 따른 덮개를 설치하여야 한다. 다만, 「건설폐기물의 재활용촉진에 관한 법률」 제13조 제1항 등 다른 법령에서 덮개의 설치와 관련하여 특별한 규정이 있는 경우에는 그 법령에서 정하는 바에 따른다.

1. 덮개는 방수기능을 갖춘 재질로서 쉽게 파손되지 않는 구조일 것
2. 덮개의 형태는 운행 중 적재물이 유출되는 것을 방지할 수 있도록 적재함의 상부 전체를 완전히 덮을 수 있는 구조일 것
3. 덮개는 자동으로 작동되거나 사용자가 지면에서 도구 또는 조작장치 등을 통해 덮을 수 있는 구조일 것. 다만, 특수한 목적 등으로 구조상 곤란한 경우에는 그러하지 아니하다.

기본학습 02 물품적재장치의 검사기준 및 방법과 판정기준

관련근거 자동차관리법시행규칙 - 제73조 [자동차의 검사기준 및 방법]

[별표 15] 자동차검사기준 및 방법(제73조 관련)

1. 검사방법 및 기준(비사업용/사업용 자동차의 경우)

항목	검사기준	검사방법
15) 물품 적재장치	(1) 적재함 바닥면의 부식으로 인한 변형이 없을 것	물품의 적재장치 및 안전시설 상태 확인(변경된 경우 계측기 등으로 측정)
	(2) 적재량의 증가를 위한 적재함의 개조가 없을 것	
	(3) 물품적재장치의 안전잠금장치가 견고할 것	
	(4) 청소용 자동차등 안전기준에서 정하고 있는 차량에는 덮개가 설치되어 있어야 하고, 설치상태가 양호할 것	청소용 자동차등 안전기준에서 정하고 있는 차량의 덮개 설치여부를 확인

2. 판정기준

자동차관리법시행규칙 제73조 [자동차의 검사기준 및 방법]의 [별표 15]의 자동차검사기준 및 방법에서 검사기준에 적합하여야 한다. 단, 자동차검사대행자 또는 지정정비사업자가 실시한 검사결과가 "자동차관리법시행규칙 제80조 [검사의 실시등]"에 의거 정기검사 항목 중 물품적재장치에 대한 검사를 실시한 결과 적합하지 아니한 사항이 있는 경우 해당사항이 다음 각호의 어느 하나에 해당하지 않으면 적합판정을 하고 해당 자동차소유자에게 그 시정을 권고할 수 있다.

(1) 물품적재장치 중 「위험물 안전관리법」에 따른 위험물, 「화학물질관리법」에 따른 유해화학물 및 「폐기물관리법」에 따른 폐기물 등 운반차량의 적재장치 부식·변형

(2) 법 제34조에 따른 승인을 받지 아니하고 튜닝한 자동차의 구조·장치

기본학습 03

실습지시서 및 실습보고서

실습지시서

<table>
<tr><th>학과</th><td>과</td><th>학기</th><td colspan="2">20 학년도 학기</td></tr>
<tr><th>교과목명</th><td>자동차정비검사</td><th>시간</th><td colspan="2">20 년 월 일(~교시)</td></tr>
<tr><th>실험·실습명</th><td colspan="5">물품적재장치의 관능검사</td></tr>
<tr><th>실습목표</th><td colspan="5">1. 자동차 검사기준 및 방법에 따라 물품적재장치 검사업무를 수행할 수 있다.
2. 자동차 검사기준 및 방법에 따라 물품적재장치의 안전기준 준수여부를 확인할 수 있다.
3. 물품적재장치 검사결과에 따라 안전기준 적합여부를 판정할 수 있다.</td></tr>
<tr><th rowspan="3">사용재료
(공구/기구 등)</th><th>품명(재료명)</th><th>규격</th><th>수량</th><th colspan="2">비고</th></tr>
<tr><td>자동차</td><td></td><td>1</td><td colspan="2"></td></tr>
<tr><td>줄자</td><td></td><td>1</td><td colspan="2"></td></tr>
<tr><th>실험·실습순서
및 관련지식</th><td colspan="5">1. 검사방법
(1) 물품의 적재장치 및 안전시설 상태 확인(변경된 경우 계측기 등으로 측정)한다.
(2) 청소용 자동차등 안전기준에서 정하고 있는 차량의 덮개 설치여부를 확인한다.

2. 검사기준
(1) 적재함 바닥면의 부식으로 인한 변형이 없을 것
(2) 적재량의 증가를 위한 적재함의 개조가 없을 것
(3) 물품적재장치의 안전잠금장치가 견고할 것
(4) 청소용 자동차등 안전기준에서 정하고 있는 차량에는 덮개가 설치되어 있어야 하고, 설치상태가 양호할 것

3. 판정기준
검사기준에 적합하여야 한다. 단, 검사결과 적합하지 아니한 사항이 있는 경우 다음 각 호의 어느 하나에 해당하지 않으면 적합판정으로 한다. 그리고 해당 자동차소유자에게 그 시정을 권고할 수 있다.
(1) 물품적재장치 중 「위험물 안전관리법」에 따른 위험물, 「화학물질관리법」에 따른 유해화학물 및 「폐기물관리법」에 따른 폐기물 등 운반차량의 적재장치 부식·변형
(2) 법 제34조에 따른 승인을 받지 아니하고 튜닝한 자동차의 구조·장치</td></tr>
<tr><th>안전 및
유의사항</th><td colspan="5">(1) 자동차는 평평한 노면에 주차한다.
(2) 타이어 마모량이 규정값 이하이면 타이어를 교환하여야 한다.</td></tr>
</table>

<table>
<tr><td>평가내용</td><td>
<table>
<tr><th>세부 평가 내용</th><th>배점</th></tr>
<tr><td>(1) 자동차 검사기준 및 방법에 따라 물품적재장치 검사업무를 수행할 수 있다.</td><td>30</td></tr>
<tr><td>(2) 자동차 검사기준 및 방법에 따라 물품적재장치의 안전기준 준수여부를 확인할 수 있다.</td><td>40</td></tr>
<tr><td>(3) 물품적재장치 검사결과에 따라 안전기준 적합여부를 판정할 수 있다.</td><td>30</td></tr>
<tr><td>합 계</td><td>100</td></tr>
</table>
</td></tr>
<tr><td>과제</td><td>
1. 실습보고서 작성 제출
(1) 관능(육안)검사
<table>
<tr><th colspan="2">진단항목</th><th>안전진단기준(검사기준)</th><th>진단결과 및 의견</th></tr>
<tr><td rowspan="4">물품
적재
장치</td><td rowspan="3">물품의 적재장치 및 안전시설 상태 확인(변경된 경우 계측기 등으로 측정)</td><td>적재함 바닥면의 부식으로 인한 변형이 없을 것</td><td rowspan="4">〈부적합 내용〉

〈시정권고 내용〉</td></tr>
<tr><td>적재량의 증가를 위한 적재함의 개조가 없을 것</td></tr>
<tr><td>물품적재장치의 안전잠금장치가 견고할 것</td></tr>
<tr><td>청소용 자동차등 안전기준에서 정하고 있는 차량의 덮개 설치여부를 확인</td><td>청소용 자동차등 안전기준에서 정하고 있는 차량에는 덮개가 설치되어 있어야 하고, 설치상태가 양호할 것</td></tr>
</table>
</td></tr>
</table>

실습보고서

<table>
<tr><td>실험제목</td><td colspan="3">물품적재장치의 관능검사</td></tr>
<tr><td>실험일자</td><td></td><td>반 및 실험조</td><td></td></tr>
<tr><td>학번</td><td></td><td>성명</td><td></td></tr>
</table>

■ 과제 내용

주어진 자동차에서 물품적재장치의 관능검사를 실시한 후 기록표에 기록하시오.

1. 사용기기 및 부품
   (1) 차종

   (2) 사용기기

2. 실험 결과

<table>
<tr><th colspan="2">진단항목</th><th>안전진단기준(검사기준)</th><th>진단결과 및 의견</th></tr>
<tr><td rowspan="4">물품
적재장치</td><td rowspan="3">물품의 적재장치 및 안전시설 상태 확인(변경된 경우 계측기 등으로 측정)</td><td>적재함 바닥면의 부식으로 인한 변형이 없을 것</td><td rowspan="4">〈부적합 내용〉

〈시정권고 내용〉</td></tr>
<tr><td>적재량의 증가를 위한 적재함의 개조가 없을 것</td></tr>
<tr><td>물품적재장치의 안전잠금장치가 견고할 것</td></tr>
<tr><td>청소용 자동차등 안전기준에서 정하고 있는 차량의 덮개 설치여부를 확인</td><td>청소용 자동차등 안전기준에서 정하고 있는 차량에는 덮개가 설치되어 있어야 하고, 설치상태가 양호할 것</td></tr>
</table>

학습정리

이 장에서는 자동차 물품적재장치의 관능검사방법 및 판정기준에 대하여 학습하였다. 자동차관리법에서 정하는 기준에 의거 물품적재장치의 관능검사를 실시하고 판정할 수 있도록 하였다.

총괄평가

1. 물품적재장치의 관능검사를 실시할 때 점검방법에 대하여 서술하시오.

참고자료

1. 자동차관리법, 자동차관리법 시행령, 자동차관리법 시행규칙
2. 자동차 및 자동차부품의 성능과 기준에 관한 규칙
3. 자동차안전기준 시행세칙

A-15 창유리 확인하기(1506030602_17v3.15)

학/습/목/표

일반목표

자동차관리법 등의 자동차 검사업무와 창유리의 관능검사방법 및 판정기준에 대하여 학습하여 관능검사를 실시하고 판정할 수 있도록 한다.

세부목표

1. 자동차 검사기준 및 방법에 따라 창유리 검사업무를 수행할 수 있다.
2. 자동차 검사기준 및 방법에 따라 창유리의 안전기준 준수여부를 확인할 수 있다.
3. 창유리 검사결과에 따라 안전기준 적합여부를 판정할 수 있다.

주요 용어

창유리

학습활동

기본학습 01 창유리에 대한 성능과 기준

관련근거 자동차 및 자동차부품의 성능과 기준에 관한 규칙

제34조 [창유리 등]

① 자동차의 앞면창유리는 접합유리 또는 유리·플라스틱 조합유리로, 그 밖의 창유리는 강화유리, 접합유리, 복층유리, 플라스틱유리 또는 유리·플라스틱 조합유리 중 하나로 하여야 한다. 다만, 컨버터블자동차 및 캠핑용자동차 등 특수한 구조의 자동차의 앞면 외의 창유리와 피견인자동차의 창유리는 그러하지 아니하다.

② 삭제 <2010. 3. 29.>

③ 삭제 <2010. 3. 29.>

④ 승용자동차와 차량총중량이 4.5톤 이하인 승합자동차의 창유리·선루프 또는 격실문(이하 "창유리 등"이라 한다)이 전동식장치에 의해 닫혀지는 창유리 등의 경우에는 제5항의 기준에 적합하여야 한다. 다만, 다음 각 호의 어느 하나에 해당하는 방식으로 닫히는 창유리 등의 경우는 제외한다.

1. 시동장치의 열쇠가 원동기 작동 위치 또는 라디오 등 편의장치를 작동할 수 있는 위치에 있는 상태(기계식 외의 시동장치로서 위와 동등한 상태인 경우를 포함한다)에서 닫히는 경우
2. 자동차로부터 전원공급이 없이 완력에 의하여 닫히는 경우
3. 자동차 외부에서 창유리등을 자동으로 닫을 수 있는 장치(작동버튼을 계속 누르는 등 연속작동이 있어야 닫힘이 완료되는 것에 한한다)를 작동하여 닫히는 경우
4. 시동장치의 열쇠를 원동기 작동 위치에서 제거한 후 자동차 앞문(조수석 쪽의 앞문을 포함한다)을 열 때까지 닫히는 경우
5. 창유리등이 4mm 이하로 열린 상태에서 닫히는 경우
6. 창문틀이 없는 문의 경우 창유리가 12mm 이하로 열려있는 상태에서 자동차의 문을 닫을 때 자동으로 닫히는 경우
7. 원격조종장치에 의하여 창유리 등을 닫을 수 있는 경우에는 자동차와 원격조종장치간의 거리가 11m(장애물이 있는 경우 6m) 이하에서 원격조종장치를 연속적으로 작동하여 닫히

는 경우

8. 운전석 창유리 및 선루프가 다음 각 목의 경우에 1회의 조작으로 닫히는 경우
   가. 시동장치의 열쇠가 원동기 작동 위치에 있는 경우
   나. 1열 승강구가 승차인이 내릴 수 있을 정도로 충분히 열리지 아니한 상태로서 시동장치의 열쇠가 원동기 작동 위치에서 벗어나거나 제거된 경우(기계식 외의 시동장치로서 위와 동등한 조건의 경우를 포함한다)

⑤ 창유리 등이 닫힐 때 창유리 등의 윗면에 지름 4mm부터 200mm까지의 반강체원통(탄성계수가 mm당 1kg인 것을 말한다)이 닿거나 10kg 이상의 하중을 가하였을 때에 다음 각 호의 어느 하나에 해당하는 기능을 갖추어야 한다.

1. 창유리 등이 닫히기 시작하기 전의 위치로 돌아갈 것
2. 창유리 등이 반강체원통에 닿거나 하중을 가한 위치로부터 50mm 이상 열릴 것
3. 창유리 등이 200mm 이상 열릴 것
4. 사선방향의 여닫이 방식으로 열리는 기능만 갖춘 선루프의 경우에는 최대 개방 가능한 상태로 열릴 것

기본학습 02

창유리의 검사기준 및 방법과 판정기준

관련근거 자동차관리법시행규칙 - 제73조 [자동차의 검사기준 및 방법]

[별표 15] 자동차 검사기준 및 방법(제73조 관련)

1. 검사방법 및 기준(비사업용/사업용 자동차의 경우)

항목	검사기준	검사방법
16) 창유리	가) 접합유리 및 안전유리로 표시된 것일 것	유리(접합·안전)규격품 사용 여부 확인
	나) 「자동차 및 자동차부품의 성능과 기준에 관한 규칙」 제94조제3항에 따른 어린이운송용 승합자동차의 모든 창유리의 가시광선 투과율 기준에 적합할 것	창유리의 가시광선 투과율을 가시광선투과율 측정기로 측정하거나 선팅 여부를 맨눈으로 확인

2. 판정기준

자동차관리법시행규칙 제73조 [자동차의 검사기준 및 방법]의 [별표 15]의 자동차검사기준 및 방법에서 검사기준에 적합하여야 한다. 단, 자동차검사대행자 또는 지정정비사업자가 실시한 검사결과가 "자동차관리법시행규칙 제80조 [검사의 실시등]"에 의거 정기검사 항목 중 창유리에 대한 검사를 실시한 결과 적합하지 아니한 사항이 있는 경우 해당사항이 다음 각호의 어느 하나에 해당하지 않으면 적합판정을 하고 해당 자동차소유자에게 그 시정을 권고할 수 있다.

(1) 창유리의 규격품 미사용, 일부 탈락·구멍 등 심한 훼손

(2) 「자동차 및 자동차부품의 성능과 기준에 관한 규칙」 제94조제3항에 따른 어린이운송용 승합자동차의 모든 창유리 또는 창의 가시광선 투과율 미달

기본학습 03

실습지시서 및 실습보고서

실습지시서

<table>
<tr><td>학과</td><td>과</td><td>학기</td><td colspan="3">20 학년도 학기</td></tr>
<tr><td>교과목명</td><td>자동차정비검사</td><td>시간</td><td colspan="3">20 년 월 일(~교시)</td></tr>
<tr><td>실험·실습명</td><td colspan="5">창유리의 관능검사</td></tr>
<tr><td>실습목표</td><td colspan="5">1. 자동차 검사기준 및 방법에 따라 창유리 검사업무를 수행할 수 있다.
2. 자동차 검사기준 및 방법에 따라 창유리의 안전기준 준수여부를 확인할 수 있다.
3. 창유리 검사결과에 따라 안전기준 적합여부를 판정할 수 있다.</td></tr>
<tr><td rowspan="3">사용재료
(공구/기구 등)</td><td>품명(재료명)</td><td>규격</td><td>수량</td><td colspan="2">비고</td></tr>
<tr><td>자동차</td><td></td><td>1</td><td colspan="2"></td></tr>
<tr><td>줄자</td><td></td><td>1</td><td colspan="2"></td></tr>
<tr><td>실험·실습순서
및 관련지식</td><td colspan="5">1. 검사방법
(1) 유리(접합·안전)규격품 사용 여부 확인한다.

2. 검사기준
(1) 접합유리 및 안전유리로 표시된 것일 것
(2) KS마크 등 안전기준표시가 되어 있어야 한다.

3. 판정기준
검사기준에 적합하여야 한다. 단, 검사결과 적합하지 아니한 사항이 있는 경우 다음 각 호의 어느 하나에 해당하지 않으면 적합판정으로 한다. 그리고 해당 자동차소유자에게 그 시정을 권고할 수 있다.
(1) 창유리의 규격품 미사용, 일부 탈락·구멍 등 심한 훼손
(2) 「자동차 및 자동차부품의 성능과 기준에 관한 규칙」 제94조제3항에 따른 어린이운송용 승합자동차의 모든 창유리 또는 창의 가시광선 투과율 미달</td></tr>
<tr><td>안전 및
유의사항</td><td colspan="5">(1) 자동차는 평평한 노면에 주차한다.
(2) 타이어 마모량이 규정값 이하이면 타이어를 교환하여야 한다.</td></tr>
</table>

<table>
<tr>
<td>평가내용</td>
<td>
<table>
<tr><th>세부 평가 내용</th><th>배점</th></tr>
<tr><td>(1) 자동차 검사기준 및 방법에 따라 창유리 검사업무를 수행할 수 있다.</td><td>30</td></tr>
<tr><td>(2) 자동차 검사기준 및 방법에 따라 창유리의 안전기준 준수여부를 확인할 수 있다.</td><td>40</td></tr>
<tr><td>(3) 창유리 검사결과에 따라 안전기준 적합여부를 판정할 수 있다.</td><td>30</td></tr>
<tr><td>합 계</td><td>100</td></tr>
</table>
</td>
</tr>
<tr>
<td>과제</td>
<td>
1. 실습보고서 작성 제출
(1) 관능(육안)검사
<table>
<tr><th colspan="2">진단항목</th><th>안전진단기준(검사기준)</th><th>진단결과 및 의견</th></tr>
<tr><td rowspan="2">창유리</td><td>유리(접합·안전)규격품 사용 여부 확인</td><td>접합유리 및 안전유리로 표시된 것일 것</td><td rowspan="2">〈부적합 내용〉

〈시정권고 내용〉</td></tr>
<tr><td>창유리의 가시광선 투과율을 가시광선투과율 측정기로 측정하거나 선팅 여부를 맨눈으로 확인</td><td>「자동차 및 자동차부품의 성능과 기준에 관한 규칙」 제94조제3항에 따른 어린이운송용 승합자동차의 모든 창유리의 가시광선 투과율 기준에 적합할 것</td></tr>
</table>
</td>
</tr>
</table>

실습보고서

실험제목	창유리의 관능검사		
실험일자		반 및 실험조	
학번		성명	

■ 과제 내용

주어진 자동차에서 연료장치의 관능검사를 실시한 후 기록표에 기록하시오.

1. 사용기기 및 부품
   (1) 차종

   (2) 사용기기

2. 실험 결과

진단항목		안전진단기준(검사기준)	진단결과 및 의견
창유리	유리(접합·안전)규격품 사용 여부 확인	접합유리 및 안전유리로 표시된 것일 것	〈부적합 내용〉 〈시정권고 내용〉
	창유리의 가시광선 투과율을 가시광선 투과율 측정기로 측정하거나 선팅 여부를 맨눈으로 확인	「자동차 및 자동차부품의 성능과 기준에 관한 규칙」 제94조제3항에 따른 어린이운송용 승합자동차의 모든 창유리의 가시광선 투과율 기준에 적합할 것	

학습정리

이 장에서는 자동차 검사시 창유리의 관능검사방법 및 판정기준에 대하여 학습하였다. 자동차관리법에서 정하는 기준에 의거 창유리의 관능검사를 실시하고 판정할 수 있도록 하였다.

총괄평가

1. 창유리의 관능검사를 실시할 때 점검방법에 대하여 서술하시오.

참고자료

1. 자동차관리법, 자동차관리법 시행령, 자동차관리법 시행규칙
2. 자동차 및 자동차부품의 성능과 기준에 관한 규칙
3. 자동차안전기준 시행세칙

A-16 경음기, 경보장치 확인하기(1506030602_17v3.16)

학/습/목/표

일반목표

자동차관리법 등의 자동차 검사업무와 경음기, 경보장치의 관능검사방법 및 판정기준에 대하여 학습하여 관능검사를 실시하고 판정할 수 있도록 한다.

세부목표

1. 자동차 검사기준 및 방법에 따라 경음기, 경보장치 검사업무를 수행할 수 있다.
2. 자동차 검사기준 및 방법에 따라 경음기, 경보장치의 안전기준 준수여부를 확인할 수 있다.
3. 경음기, 경보장치 검사결과에 따라 안전기준 적합여부를 판정할 수 있다.

주요 용어

경음기, 경보장치

학습활동

기본학습 01 경음기, 경보장치에 대한 성능과 기준

관련근거 자동차 및 자동차부품의 성능과 기준에 관한 규칙

제53조 [경음기]

자동차의 경음기는 다음 각 호의 기준에 적합하여야 한다.

1. 일정한 크기의 경적음을 동일한 음색으로 연속하여 낼 것
2. 자동차 전방으로 2미터 떨어진 지점으로서 지상높이가 1.2±0.05미터인 지점에서 측정한 경적음의 최소크기가 최소 90데시벨(C) 이상일 것

제58조 [경광등 및 사이렌]

① 「도로교통법」 제2조제22호에 따른 긴급자동차에는 다음 각 호의 기준에 적합한 경광등 및 사이렌을 설치할 수 있다.

1. 경광등은 다음 각목의 기준에 적합할 것
   가. 1등당 광도는 135Cd 이상 2500Cd 이하일 것
   나. 등광색은 다음 기준에 적합할 것

구 분	등광색
(가) 경찰용 자동차 중 범죄수사·교통단속 그밖의 긴급한 경찰업무 수행에 사용되는 자동차 (나) 국군 및 주한국제연합군용 자동차중 군내부의 질서유지 및 부대의 질서있는 이동을 유도하는데 사용되는 자동차 (다) 수사기관의 자동차 중 범죄수사를 우하여 사용되는 자동차 (라) 교도소 또는 교도기관의 자동차중 도주자의 체포 또는 피수용자의 호송·경비를 위하여 사용되는 자동차 (마) 소방용자동차	적색 또는 청색
(가) 전신·전화의 수리공사 등 응급작업에 사용되는 자동차와 우편물의 운송에 사용되는 자동차 중 긴급배달우편물의 운송에 사용되는 자동차 (나) 전기사업·가스사업 그밖의 공익사업 기관에서 위해방지를 위한 응급작업에 사용되는 자동차 (다) 민방위업무를 수행하는 기관에서 긴급예방 또는 복구를 위한 출동에 사용되는 자동차 (라) 도로의 관리를 위하여 사용되는 자동차 중 도로상의 위험을 방지하기 위하여 응급작업에 사용되는 자동차 (마) 전파감시업무에 사용되는 자동차 (바) 기타 자동차	황색
구급차·혈액 공급차량	녹색

2. 사이렌음의 크기는 자동차의 전방으로부터 20m 떨어진 위치에서 90dB(C) 이상 120dB(C) 이하일 것

② 「자동차관리법」에 의한 구난형 특수자동차와 도로의 청소를 위한 노면청소용자동차에는 다음 각호의 기준에 적합한 경광등을 설치할 수 있다.

1. 경광등의 광도는 제1항제1호 가목의 기준에 적합할 것
2. 등광색은 황색일 것

기본학습 02 경음기 및 경보장치의 검사기준 및 방법과 판정기준

관련근거 자동차관리법시행규칙 - 제73조 [자동차의 검사기준 및 방법]

[별표 15] 자동차 검사기준 및 방법(제73조 관련)

1. 검사방법 및 기준(비사업용/사업용 자동차의 경우)

항목	검사기준	검사방법
19) 경음기 및 경보장치	(1) 경음기의 음색이 동일하고, 경적음·싸이렌음의 크기는 안전기준상 허용기준 범위 이내일 것	경적음이 동일한 음색인지 확인 경적음 및 싸이렌음의 크기를 소음측정기로 확인(경보장치는 신규검사로 한정함)

2. 판정기준

자동차관리법시행규칙 제73조 [자동차의 검사기준 및 방법]의 [별표 15]의 자동차검사기준 및 방법에서 검사기준에 적합하여야 한다. 단, 자동차검사대행자 또는 지정정비사업자가 실시한 검사결과가 "자동차관리법시행규칙 제80조 [검사의 실시등]"에 의거 정기검사 항목 중 경음기 및 경보장치에 대한 검사를 실시한 결과 적합하지 아니한 사항이 있는 경우 해당사항이 다음 각호의 어느 하나에 해당하지 않으면 적합판정을 하고 해당 자동차소유자에게 그 시정을 권고할 수 있다.

- 해당사항 없음

기본학습 03

실습지시서 및 실습보고서

실습지시서

<table>
<tr><td>학과</td><td>과</td><td>학기</td><td colspan="2">20 학년도 학기</td></tr>
<tr><td>교과목명</td><td>자동차정비검사</td><td>시간</td><td colspan="2">20 년 월 일(~교시)</td></tr>
<tr><td>실험·실습명</td><td colspan="4">경음기 및 경보장치의 관능검사</td></tr>
<tr><td>실습목표</td><td colspan="4">1. 자동차 검사기준 및 방법에 따라 경음기 및 경보장치 검사업무를 수행할 수 있다.
2. 자동차 검사기준 및 방법에 따라 경음기 및 경보장치의 안전기준 준수여부를 확인할 수 있다.
3. 경음기 및 경보장치 검사결과에 따라 안전기준 적합여부를 판정할 수 있다.</td></tr>
<tr><td rowspan="3">사용재료
(공구/기구 등)</td><td>품명(재료명)</td><td>규격</td><td>수량</td><td>비고</td></tr>
<tr><td>자동차</td><td></td><td>1</td><td></td></tr>
<tr><td>줄자</td><td></td><td>1</td><td></td></tr>
<tr><td>실험·실습순서
및 관련지식</td><td colspan="4">1. 검사방법
(1) 경적음이 동일한 음색인지 확인, 경적음 및 싸이렌음의 크기를 소음측정기로 확인(경보장치는 신규검사로 한정함)한다.

2. 검사기준
(1) 경음기의 음색이 동일하고, 경적음·싸이렌음의 크기는 안전기준상 허용기준 범위 이내일 것

3. 판정기준
검사기준에 적합하여야 한다. 단, 검사결과 적합하지 아니한 사항이 있는 경우 다음 각 호의 어느 하나에 해당하지 않으면 적합판정으로 한다. 그리고 해당 자동차소유자에게 그 시정을 권고할 수 있다.
- 해당사항 없음</td></tr>
<tr><td>안전 및
유의사항</td><td colspan="4">(1) 자동차는 평평한 노면에 주차한다.
(2) 타이어 마모량이 규정값 이하이면 타이어를 교환하여야 한다.</td></tr>
</table>

평가내용

세부 평가 내용	배점
(1) 자동차 검사기준 및 방법에 따라 경음기, 경보장치 검사업무를 수행할 수 있다.	30
(2) 자동차 검사기준 및 방법에 따라 경음기, 경보장치의 안전기준 준수여부를 확인할 수 있다.	40
(3) 경음기, 경보장치 검사결과에 따라 안전기준 적합여부를 판정할 수 있다.	30
합 계	100

과제

1. 실습보고서 작성 제출

(1) 관능(육안)검사

진단항목		안전진단기준(검사기준)	진단결과 및 의견
경음기 및 경보 장치	경적음이 동일한 음색인지 확인, 경적음 및 싸이렌음의 크기를 소음측정기로 확인(경보장치는 신규검사로 한정함)한다.	경음기의 음색이 동일하고, 경적음·싸이렌음의 크기는 안전기준상 허용기준 범위 이내일 것	〈부적합 내용〉 〈시정권고 내용〉

실습보고서

실험제목	경음기 및 경보장치의 관능검사		
실험일자		반 및 실험조	
학번		성명	

■ 과제 내용

주어진 자동차에서 경음기 및 경보장치의 관능검사를 실시한 후 기록표에 기록하시오.

1. 사용기기 및 부품
   (1) 차종

   (2) 사용기기

2. 실험 결과

진단항목		안전진단기준(검사기준)	진단결과 및 의견
경음기 및 경보장치	경적음이 동일한 음색인지 확인, 경적음 및 싸이렌음의 크기를 소음측정기로 확인(경보장치는 신규검사로 한정함)한다.	경음기의 음색이 동일하고, 경적음·싸이렌음의 크기는 안전기준상 허용기준 범위 이내일 것	〈부적합 내용〉 〈시정권고 내용〉

학습정리

이 장에서는 자동차 경음기 및 경보장치의 관능검사방법 및 판정기준에 대하여 학습하였다. 자동차관리법에서 정하는 기준에 의거 경음기 및 경보장치의 관능검사를 실시하고 판정할 수 있도록 하였다.

총괄평가

1. 경음기 및 경보장치의 관능검사를 실시할 때 점검방법에 대하여 서술하시오.

참고자료

1. 자동차관리법, 자동차관리법 시행령, 자동차관리법 시행규칙
2. 자동차 및 자동차부품의 성능과 기준에 관한 규칙
3. 자동차안전기준 시행세칙

A-17 시야확보장치 확인하기(1506030602_17v3.17)

학/습/목/표

일반목표

자동차관리법 등의 자동차 검사업무와 시야확보장치의 관능검사방법 및 판정기준에 대하여 학습하여 관능검사를 실시하고 판정할 수 있도록 한다.

세부목표

1. 자동차 검사기준 및 방법에 따라 시야확보장치 검사업무를 수행할 수 있다.
2. 자동차 검사기준 및 방법에 따라 시야확보장치의 안전기준 준수여부를 확인할 수 있다.
3. 시야확보장치 검사결과에 따라 안전기준 적합여부를 판정할 수 있다.

주요 용어

시야확보장치

학습활동

기본학습 01 시야확보장치에 대한 성능과 기준

관련근거 자동차 및 자동차부품의 성능과 기준에 관한 규칙

제51조 [창닦이기장치 등]

① 자동차의 앞면창유리(천정개방 2층 대형 승합자동차의 위층 앞면창유리는 제외한다)에는 시야확보를 위한 자동식창닦이기·세정액분사장치·서리제거장치 및 안개제거장치를 설치하여야 하며, 필요한 경우 뒷면 및 기타 창유리의 경우에도 창닦이기·세정액분사장치·서리제거장치 또는 안개제거장치 등을 설치할 수 있다.

② 자동차(초소형자동차는 제외한다)의 앞면창유리에 설치하는 창닦이기는 다음 각호의 기준에 적합하여야 한다.

1. 작동주기의 종류는 2가지 이상일 것
2. 최저작동주기는 매분당 20회 이상이고, 다른 하나의 작동주기는 매분당 45회 이상일 것
3. 최고작동주기와 다른 하나의 작동주기의 차이는 매분당 15회 이상일 것
4. 작동을 정지시킨 경우 자동적으로 최초의 위치로 복귀되는 구조일 것

③ 초소형자동차의 앞면창유리에 설치하는 창닦이기는 다음 각 호의 기준에 적합하여야 한다.

1. 분당 40회 이상 작동할 것
2. 작동 정지 시 최초의 위치로 자동으로 돌아오는 구조일 것

기본학습 02 시야확보장치의 검사기준 및 방법과 판정기준

관련근거 자동차관리법시행규칙 - 제73조 [자동차의 검사기준 및 방법]

[별표 15] 자동차 검사기준 및 방법(제73조 관련)

1. 검사방법 및 기준(비사업용/사업용 자동차의 경우)

항목	검사기준	검사방법
20) 시야확보장치	(1) 후사경은 좌·우 및 뒤쪽의 상황을 확인할 수 있고, 돌출거리가 안전기준에 적합할 것	후사경 설치상태 확인
	(2) 창닦이기 및 세정액 분사장치는 기능이 정상적일 것	창닦이기 및 세정액 분사장치의 작동 및 설치상태 확인
	(3) 어린이운송용 승합자동차에는 광각 실외후사경이 설치되어 있을 것	광각 실외후사경 설치 여부 확인

2. 판정기준

자동차관리법시행규칙 제73조 [자동차의 검사기준 및 방법]의 [별표 15]의 자동차검사기준 및 방법에서 검사기준에 적합하여야 한다. 단, 자동차검사대행자 또는 지정정비사업자가 실시한 검사결과가 "자동차관리법시행규칙 제80조 [검사의 실시등]"에 의거 정기검사 항목 중 시야확보장치에 대한 검사를 실시한 결과 적합하지 아니한 사항이 있는 경우 해당사항이 다음 각호의 어느 하나에 해당하지 않으면 적합판정을 하고 해당 자동차소유자에게 그 시정을 권고할 수 있다.

- 해당사항 없음

기본학습 03 실습지시서 및 실습보고서

실습지시서

<table>
<tr><td>학과</td><td>과</td><td>학기</td><td colspan="2">20 학년도 학기</td></tr>
<tr><td>교과목명</td><td>자동차정비검사</td><td>시간</td><td colspan="2">20 년 월 일(~교시)</td></tr>
<tr><td>실험·실습명</td><td colspan="4">시야확보장치의 관능검사</td></tr>
<tr><td>실습목표</td><td colspan="4">1. 자동차 검사기준 및 방법에 따라 시야확보장치 검사업무를 수행할 수 있다.
2. 자동차 검사기준 및 방법에 따라 시야확보장치의 안전기준 준수여부를 확인할 수 있다.
3. 시야확보장치 검사결과에 따라 안전기준 적합여부를 판정할 수 있다.</td></tr>
<tr><td rowspan="3">사용재료
(공구/기구 등)</td><td>품명(재료명)</td><td>규격</td><td>수량</td><td>비고</td></tr>
<tr><td>자동차</td><td></td><td>1</td><td></td></tr>
<tr><td>줄자</td><td></td><td>1</td><td></td></tr>
<tr><td>실험·실습순서
및 관련지식</td><td colspan="4">1. 검사방법
(1) 후사경 설치상태 확인한다.
(2) 창닦이기 및 세정액 분사장치의 작동 및 설치상태 확인한다.
(3) 광각 실외 후사경 설치여부 확인한다.

2. 검사기준
(1) 후사경은 좌·우 및 뒤쪽의 상황을 확인할 수 있고, 돌출거리가 안전기준에 적합할 것
(2) 창닦이기 및 세정액 분사장치는 기능이 정상적일 것
(3) 어린이운송용 승합자동차에는 광각 실외후사경이 설치되어 있을 것

3. 판정기준
검사기준에 적합하여야 한다. 단, 검사결과 적합하지 아니한 사항이 있는 경우 다음 각 호의 어느 하나에 해당하지 않으면 적합판정으로 한다. 그리고 해당 자동차소유자에게 그 시정을 권고할 수 있다.
- 해당사항 없음</td></tr>
<tr><td>안전 및
유의사항</td><td colspan="4">(1) 자동차는 평평한 노면에 주차한다.
(2) 타이어 마모량이 규정값 이하이면 타이어를 교환하여야 한다.</td></tr>
</table>

<table>
<tr><td rowspan="5">평가내용</td><td>세부 평가 내용</td><td>배점</td></tr>
<tr><td>(1) 자동차 검사기준 및 방법에 따라 시야확보장치 검사업무를 수행할 수 있다.</td><td>30</td></tr>
<tr><td>(2) 자동차 검사기준 및 방법에 따라 시야확보장치의 안전기준 준수여부를 확인할 수 있다.</td><td>40</td></tr>
<tr><td>(3) 시야확보장치 검사결과에 따라 안전기준 적합여부를 판정할 수 있다.</td><td>30</td></tr>
<tr><td>합 계</td><td>100</td></tr>
<tr><td>과제</td><td colspan="2">

1. 실습보고서 작성 제출

(1) 관능(육안)검사

<table>
<tr><td colspan="2">진단항목</td><td>안전진단기준(검사기준)</td><td>진단결과 및 의견</td></tr>
<tr><td rowspan="3">시야
확보
장치</td><td>후사경 설치상태 확인</td><td>후사경은 좌·우 및 뒤쪽의 상황을 확인할 수 있고, 돌출거리가 안전기준에 적합할 것</td><td rowspan="3">〈부적합 내용〉

〈시정권고 내용〉</td></tr>
<tr><td>창닦이기 및 세정액 분사장치의 작동 및 설치상태 확인</td><td>창닦이기 및 세정액 분사장치는 기능이 정상적일 것</td></tr>
<tr><td>광각 실외후사경 설치 여부 확인</td><td>어린이운송용 승합자동차에는 광각 실외후사경이 설치되어 있을 것</td></tr>
</table>

</td></tr>
</table>

⚙ 실습보고서

실험제목	시야 확보장치의 관능검사		
실험일자		반 및 실험조	
학번		성명	

■ 과제 내용

주어진 자동차에서 시야 확보장치의 관능검사를 실시한 후 기록표에 기록하시오.

1. 사용기기 및 부품
   (1) 차종

   (2) 사용기기

2. 실험 결과

진단항목		안전진단기준(검사기준)	진단결과 및 의견
시야 확보 장치	후사경 설치상태 확인	후사경은 좌·우 및 뒤쪽의 상황을 확인할 수 있고, 돌출거리가 안전기준에 적합할 것	〈부적합 내용〉
	창닦이기 및 세정액 분사장치의 작동 및 설치상태 확인	창닦이기 및 세정액 분사장치는 기능이 정상적일 것	〈시정권고 내용〉
	광각 실외후사경 설치 여부 확인	어린이운송용 승합자동차에는 광각 실외후사경이 설치되어 있을 것	

학습정리

이 장에서는 자동차 시야 확보장치의 관능검사방법 및 판정기준에 대하여 학습하였다. 자동차관리법에서 정하는 기준에 의거 시야확보장치의 관능검사를 실시하고 판정할 수 있도록 하였다.

총괄평가

1. 시야 확보장치의 관능검사를 실시할 때 점검방법에 대하여 서술하시오.

참고자료

1. 자동차관리법, 자동차관리법 시행령, 자동차관리법 시행규칙
2. 자동차 및 자동차부품의 성능과 기준에 관한 규칙
3. 자동차안전기준 시행세칙

A-18 계기장치 확인하기(1506030602_17v3.18)

학/습/목/표

일반목표

자동차관리법 등의 자동차 검사업무와 계기장치의 관능검사방법 및 판정기준에 대하여 학습하여 관능검사를 실시하고 판정할 수 있도록 한다.

세부목표

1. 자동차 검사기준 및 방법에 따라 계기장치 검사업무를 수행할 수 있다.
2. 자동차 검사기준 및 방법에 따라 계기장치의 안전기준 준수여부를 확인할 수 있다.
3. 계기장치 검사결과에 따라 안전기준 적합여부를 판정할 수 있다.

주요 용어

계기장치

학습활동

기본학습 01 계기장치에 대한 성능과 기준

관련근거 자동차 및 자동차부품의 성능과 기준에 관한 규칙

제54조 [속도계 및 주행거리계]

① 자동차에는 제110조에 따른 속도계와 통산 운행거리를 표시할 수 있는 구조의 주행거리계를 설치하여야 한다.

② 다음 각 호의 자동차(「도로교통법」 제2조제22호에 따른 긴급자동차와 당해 자동차의 최고속도가 제3항의 규정에서 정한 속도를 초과하지 아니하는 구조의 자동차를 제외한다)에는 최고속도제한장치를 설치하여야 한다.

1. 승합자동차(제2조제32호에 따른 어린이운송용 승합자동차를 포함한다)
2. 차량총중량이 3.5톤을 초과하는 화물자동차·특수자동차(피견인자동차를 연결하는 견인자동차를 포함한다)
3. 「고압가스 안전관리법 시행령」 제2조의 규정에 의한 고압가스를 운송하기 위하여 필요한 탱크를 설치한 화물자동차(피견인자동차를 연결한 경우에는 이를 연결한 견인자동차를 포함한다)
4. 저속전기자동차

③ 제2항의 규정에 의한 최고속도제한장치는 자동차의 최고속도가 다음 각호의 기준을 초과하지 아니하는 구조이어야 한다.

1. 제2항제1호의 규정에 의한 자동차 : 매시 110킬로미터
2. 제2항제2호 및 제3호의 규정에 의한 자동차 : 매시 90킬로미터
3. 제2항제4호에 따른 저속전기자동차 : 매시 60킬로미터

④ 삭제 <2012. 2. 15.>

제56조 [운행기록장치]

운행기록장치를 장착하여야 하는 운송사업용 자동차의 범위와 운행기록장치의 장착기준은 「교통안전법」 제55조제1항에 따른다.

제56조의 2 [사고기록장치]

① 법 제2조제10호에서 “자동차의 충돌 등 국토교통부령으로 정하는 사고”란 다음 각 호의 어느 하나에 해당하는 상황이 발생한 경우를 말한다.

1. 0.15초 이내에 진행방향의 속도 변화 누계가 시속 8킬로미터 이상에 도달하는 경우(측면방향의 속도 변화가 기록되는 자동차의 경우에는 측면방향 속도 변화 누계가 0.15초 이내에 시속 8킬로미터 이상에 도달하는 경우를 포함한다)
2. 에어백 또는 좌석안전띠 프리로딩 장치 등 비가역안전장치가 전개되는 경우

② 「자동차관리법」 제29조의3제1항에 따라 승용자동차와 차량 총중량 3.85톤 이하의 승합자동차·화물자동차에 사고기록장치를 장착할 경우에는 [별표 5의 25]에 따른 사고기록장치 장착기준에 적합하게 장착하여야 한다.

기본학습 02 계기장치의 검사기준 및 방법과 판정기준

관련근거 자동차관리법시행규칙 - 제73조 [자동차의 검사기준 및 방법]

[별표 15] 자동차 검사기준 및 방법(제73조 관련)

1. 검사방법 및 기준(비사업용/사업용 자동차의 경우)

항목	검사기준	검사방법
21) 계기장치	(1) 모든 계기가 설치되어 있을 것	계기장치의 설치 여부 확인
	(2) 속도계의 지시오차는 정 25%, 부 10% 이내일 것	매시 40킬로미터의 속도에서 자동차 속도계의 지시오차를 속도계시험기로 측정
	(3) 최고속도제한장치, 운행기록장치 및 주행기록계의 설치 및 작동상태가 양호할 것	최고속도제한장치, 운행기록장치 및 주행기록계의 설치상태 및 정상작동 여부 확인

2. 판정기준

자동차관리법시행규칙 제73조 [자동차의 검사기준 및 방법]의 [별표 15]의 자동차검사기준 및 방법에서 검사기준에 적합하여야 한다. 단, 자동차검사대행자 또는 지정정비사업자가 실시한 검사결과가 "자동차관리법시행규칙 제80조 [검사의 실시등]"에 의거 정기검사 항목 중 계기장치에 대한 검사를 실시한 결과 적합하지 아니한 사항이 있는 경우 해당사항이 다음 각호의 어느 하나에 해당하지 않으면 적합판정을 하고 해당 자동차소유자에게 그 시정을 권고할 수 있다.

(1) 계기장치 중 운행기록장치·속도제한장치의 미설치(설치상태의 불량을 포함한다) 및 속도계시험기에 의한 검사결과 허용기준 초과

기본학습 03 실습지시서 및 실습보고서

실습지시서

학과	과	학기	20 학년도 학기
교과목명	자동차정비검사	시간	20 년 월 일(~교시)
실험·실습명	계기장치의 관능검사		
실습목표	1. 자동차 검사기준 및 방법에 따라 계기장치 검사업무를 수행할 수 있다. 2. 자동차 검사기준 및 방법에 따라 계기장치의 안전기준 준수여부를 확인할 수 있다. 3. 계기장치 검사결과에 따라 안전기준 적합여부를 판정할 수 있다.		

사용재료 (공구/기구 등)	품명(재료명)	규격	수량	비고
	자동차		1	
	줄자		1	

실험·실습순서 및 관련지식	1. 검사방법 (1) 계기장치의 설치 여부 확인한다. (2) 최고속도제한장치, 운행기록장치 및 주행기록계의 설치상태 및 정상작동 여부 확인한다. 2. 검사기준 (1) 모든 계기가 설치되어 있을 것 (2) 최고속도제한장치, 운행기록장치 및 주행기록계의 설치 및 작동상태가 양호할 것 3, 판정기준 검사기준에 적합하여야 한다. 단, 검사결과 적합하지 아니한 사항이 있는 경우 다음 각 호의 어느 하나에 해당하지 않으면 적합판정으로 한다. 그리고 해당 자동차소유자에게 그 시정을 권고할 수 있다. (1) 계기장치 중 운행기록장치·속도제한장치의 미설치(설치상태의 불량을 포함한다) 및 속도계 시험기에 의한 검사결과 허용기준 초과
안전 및 유의사항	(1) 자동차는 평평한 노면에 주차한다. (2) 타이어 마모량이 규정값 이하이면 타이어를 교환하여야 한다.

<table>
<tr><td rowspan="1">평가내용</td><td>
<table>
<tr><th>세부 평가 내용</th><th>배점</th></tr>
<tr><td>(1) 자동차 검사기준 및 방법에 따라 계기장치 검사업무를 수행할 수 있다.</td><td>30</td></tr>
<tr><td>(2) 자동차 검사기준 및 방법에 따라 계기장치의 안전기준 준수여부를 확인할 수 있다.</td><td>30</td></tr>
<tr><td>(3) 운행기록장치의 안전기준 준수여부를 확인할 수 있다.</td><td>20</td></tr>
<tr><td>(4) 계기장치 검사결과에 따라 안전기준 적합여부를 판정할 수 있다.</td><td>20</td></tr>
<tr><td>합 계</td><td>100</td></tr>
</table>
</td></tr>
<tr><td>과제</td><td>
1. 실습보고서 작성 제출
(1) 관능(육안)검사
<table>
<tr><th colspan="2">진단항목</th><th>안전진단기준(검사기준)</th><th>진단결과 및 의견</th></tr>
<tr><td rowspan="2">계기
장치</td><td>계기장치의 설치 여부 확인</td><td>모든 계기가 설치되어 있을 것</td><td>〈부적합 내용〉</td></tr>
<tr><td>최고속도제한장치, 운행기록장치 및 주행기록계의 설치상태 및 정상작동 여부 확인</td><td>최고속도제한장치, 운행기록장치 및 주행기록계의 설치 및 작동상태가 양호할 것</td><td>〈시정권고 내용〉</td></tr>
</table>
</td></tr>
</table>

실습보고서

실험제목	계기장치의 관능검사		
실험일자		반 및 실험조	
학번		성명	

■ 과제 내용

주어진 자동차에서 계기장치의 관능검사를 실시한 후 기록표에 기록하시오.

1. 사용기기 및 부품

(1) 차종

(2) 사용기기

2. 실험 결과

진단항목		안전진단기준(검사기준)	진단결과 및 의견
계기장치	계기장치의 설치 여부 확인	모든 계기가 설치되어 있을 것	〈부적합 내용〉
	최고속도제한장치, 운행기록장치 및 주행기록계의 설치상태 및 정상작동 여부 확인	최고속도제한장치, 운행기록장치 및 주행기록계의 설치 및 작동상태가 양호할 것	〈시정권고 내용〉

학습정리

이 장에서는 자동차 계기장치의 관능검사방법 및 판정기준에 대하여 학습하였다. 자동차관리법에서 정하는 기준에 의거 계기장치의 관능검사를 실시하고 판정할 수 있도록 하였다.

총괄평가

1. 계기장치의 관능검사를 실시할 때 점검방법에 대하여 서술하시오.

참고자료

1. 자동차관리법, 자동차관리법 시행령, 자동차관리법 시행규칙
2. 자동차 및 자동차부품의 성능과 기준에 관한 규칙
3. 자동차안전기준 시행세칙

A-19 소화기 및 방화장치 확인하기(1506030602_17v3.19)

학/습/목/표

일반목표

자동차관리법 등의 자동차 검사업무와 소화기 및 방화장치의 관능검사방법 및 판정기준에 대하여 학습하여 관능검사를 실시하고 판정할 수 있도록 한다.

세부목표

1. 자동차 검사기준 및 방법에 따라 소화기 및 방화장치 검사업무를 수행할 수 있다.
2. 자동차 검사기준 및 방법에 따라 소화기 및 방화장치의 안전기준 준수여부를 확인할 수 있다.
3. 소화기 및 방화장치 검사결과에 따라 안전기준 적합여부를 판정할 수 있다.

주요 용어

소화기 및 방화장치

학습활동

기본학습 01 소화기 및 방화장치에 대한 성능과 기준

관련근거 **자동차 및 자동차부품의 성능과 기준에 관한 규칙**

제57조 [소화설비]

① 자동차에는 에이·비·씨 소화기를 다음 각 호의 기준에 따라 사용하기 쉬운 위치에 설치하여야 한다. 다만, 승차정원 11인 이상의 승합자동차의 경우에는 운전석 또는 운전석과 옆으로 나란한 좌석 주위에 1개 이상의 소화기를 설치하여야 한다.

1. 승차정원 7인 이상의 승용자동차 및 경형승합자동차 : 「소방시설설치유지 및 안전관리에 관한 법률」 제36조제2항의 규정에 의한 능력단위(이하 “능력단위"라 한다) 1 이상인 소화기 1개 이상
2. 승합자동차(경형승합자동차를 제외한다)
   가. 승차정원 15인 이하의 승합자동차 : 능력단위 2 이상인 소화기 1개 이상 또는 능력단위 1 이상인 소화기 2개 이상
   나. 승차정원 16인 이상 35인 이하의 승합자동차 : 능력단위 2 이상인 소화기 2개 이상
   다. 승차정원 36인 이상의 승합자동차 : 능력단위 3 이상인 소화기 1개 이상 및 능력단위 2 이상인 소화기 1개 이상. 다만, 2층대형승합자동차의 경우에는 위층 차실에 능력단위 3 이상인 소화기 1개 이상을 추가로 설치하여야 한다.
3. 화물자동차(피견인자동차는 제외한다) 및 특수자동차
   가. 중형 : 능력단위 1 이상인 소화기 1개 이상
   나. 대형 : 능력단위 2 이상인 소화기 1개 이상 또는 능력단위 1 이상인 소화기 2개 이상
4. 「위험물안전관리법 시행령」 제3조의 규정에 의한 지정수량 이상의 위험물과 「고압가스안전관리법 시행령」 제2조의 규정에 의한 고압가스를 운송하는 자동차(피견인자동차를 연결한 경우에는 이를 연결한 견인자동차를 포함한다) : 「위험물안전관리법 시행규칙」 제41조 및 [별표 17] 제3호나목중 이동탱크저장소란 및 비고란에 해당하는 능력단위와 수량

② 승차정원 23인을 초과하는 승합자동차로서 너비 2.3m를 초과하는 경우에는 운전자의 좌석 부근에 소화기를 설치할 수 있도록 가로 600mm, 세로 200mm 이상의 공간을 확보하여야 한다.

기본학습 02

소화기 및 방화장치의 검사기준 및 방법과 판정기준

관련근거 자동차관리법시행규칙 - 제73조 [자동차의 검사기준 및 방법]

[별표 15] 자동차검사기준 및 방법(제73조 관련)

1. 검사방법 및 기준(비사업용/사업용 자동차의 경우)

항목	검사기준	검사방법
22) 소화기 및 방화장치	소화기가 설치위치에 설치되어 있을 것	소화기의 설치 여부 확인

2. 판정기준

자동차관리법시행규칙 제73조 [자동차의 검사기준 및 방법]의 [별표 15]의 자동차검사기준 및 방법에서 검사기준에 적합하여야 한다. 단, 자동차검사대행자 또는 지정정비사업자가 실시한 검사결과가 "자동차관리법시행규칙 제80조 [검사의 실시등]"에 의거 정기검사 항목 중 소화기 및 방화장치에 대한 검사를 실시한 결과 적합하지 아니한 사항이 있는 경우 해당사항이 다음 각호의 어느 하나에 해당하지 않으면 적합판정을 하고 해당 자동차소유자에게 그 시정을 권고할 수 있다.

- 해당사항 없음

기본학습 03 실습지시서 및 실습보고서

실습지시서

학과	과	학기	20 학년도 학기
교과목명	자동차정비검사	시간	20 년 월 일(~교시)
실험·실습명	소화기 및 방화장치의 관능검사		
실습목표	1. 자동차 검사기준 및 방법에 따라 소화기 및 방화장치 검사업무를 수행할 수 있다. 2. 자동차 검사기준 및 방법에 따라 소화기 및 방화장치의 안전기준 준수여부를 확인할 수 있다. 3. 소화기 및 방화장치 검사결과에 따라 안전기준 적합여부를 판정할 수 있다.		

사용재료 (공구/기구 등)	품명(재료명)	규격	수량	비고
	자동차		1	
	줄자		1	

실험·실습순서 및 관련지식	1. 검사방법 (1) 소화기의 설치 여부 확인한다. 2. 검사기준 (1) 소화기가 설치위치에 설치되어 있을 것 3. 판정기준 검사기준에 적합하여야 한다. 단, 검사결과 적합하지 아니한 사항이 있는 경우 다음 각 호의 어느 하나에 해당하지 않으면 적합판정으로 한다. 그리고 해당 자동차소유자에게 그 시정을 권고할 수 있다. - 해당사항 없음
안전 및 유의사항	(1) 자동차는 평평한 노면에 주차한다. (2) 타이어 마모량이 규정값 이하이면 타이어를 교환하여야 한다.

<table>
<tr><td rowspan="1">평가내용</td><td>

세부 평가 내용	배점
(1) 자동차 검사기준 및 방법에 따라 소화기 및 방화장치 검사업무를 수행할 수 있다.	30
(2) 자동차 검사기준 및 방법에 따라 소화기 및 방화장치의 안전기준 준수여부를 확인할 수 있다.	40
(3) 소화기 및 방화장치 검사결과에 따라 안전기준 적합여부를 판정할 수 있다.	30
합 계	100

</td></tr>
<tr><td>과제</td><td>

1. 실습보고서 작성 제출

(1) 관능(육안)검사

진단항목		안전진단기준(검사기준)	진단결과 및 의견
소화기 및 방화 장치	소화기의 설치 여부 확인	소화기가 설치위치에 설치되어 있을 것	〈부적합 내용〉 〈시정권고 내용〉

</td></tr>
</table>

실습보고서

실험제목	소화기 및 방화장치의 관능검사		
실험일자	자동차정비검사	반 및 실험조	20 년 월 일(~교시)
학번		성명	

■ 과제 내용

주어진 자동차에서 소화기 및 방화장치의 관능검사를 실시한 후 기록표에 기록하시오.

1. 사용기기 및 부품
   (1) 차종

   (2) 사용기기

2. 실험 결과

진단항목		안전진단기준(검사기준)	진단결과 및 의견
소화기 및 방화장치	소화기의 설치 여부 확인	소화기가 설치위치에 설치되어 있을 것	〈부적합 내용〉 〈시정권고 내용〉

학습정리

이 장에서는 자동차 소화기 및 방화장치의 관능검사방법 및 판정기준에 대하여 학습하였다. 자동차관리법에서 정하는 기준에 의거 소화기 및 방화장치의 관능검사를 실시하고 판정할 수 있도록 하였다.

총괄평가

1. 소화기 및 방화장치의 관능검사를 실시할 때 점검방법에 대하여 서술하시오.

참고자료

1. 자동차관리법, 자동차관리법 시행령, 자동차관리법 시행규칙
2. 자동차 및 자동차부품의 성능과 기준에 관한 규칙
3. 자동차안전기준 시행세칙

A-20 내압용기 확인하기(1506030602_17v3.20)

학/습/목/표

일반목표

자동차관리법 등의 자동차 검사업무와 내압용기의 관능검사방법 및 판정기준에 대하여 학습하여 관능검사를 실시하고 판정할 수 있도록 한다.

세부목표

1. 자동차 검사기준 및 방법에 따라 내압용기 검사업무를 수행할 수 있다.
2. 자동차 검사기준 및 방법에 따라 내압용기의 안전기준 준수여부를 확인할 수 있다.
3. 내압용기 검사결과에 따라 안전기준 적합여부를 판정할 수 있다.

주요 용어

내압용기

학습활동

기본학습 01 내압용기에 대한 성능과 기준

관련근거 자동차 및 자동차부품의 성능과 기준에 관한 규칙

제33조 [가스운송장치]

가스를 운송하기 위해 자동차에 설치하는 가스운송장치는 다음 각 호의 기준에 적합하여야 한다.

1. 가스용기는 자동차의 움직임에 의하여 이완되지 아니하도록 차체에 견고하게 고정시킬 것
2. 가스용기는 누출된 가스 등이 차실내로 유입되지 아니하도록 차실과 벽 또는 보호판으로 격리되거나 가스가 누출되지 아니하도록 밸브주변이 견고한 재질로 밀폐되어 있고, 충격 등으로부터 용기를 보호할 수 있는 구조이어야 하며, 차체 밖으로부터 공기가 통하는 곳에 설치할 것.
3. 가스용기 및 도관에는 필요한 곳에 보호장치를 할 것
4. 가스용기 및 도관에는 배기관 및 소음방지장치의 발열에 의하여 직접 영향을 받지 아니하도록 필요한 방열장치를 할 것
5. 도관은 강관·동관 또는 내유성고무관으로 할 것
6. 양끝이 고정된 도관(내유성고무관을 제외한다)은 완곡된 형태로 최소한 1m마다 차체에 고정시킬 것
7. 고압부분의 도관은 가스용기 충전압력의 1.5배의 압력에 견딜 수 있을 것
8. 가스충전밸브는 충전구 가까운 곳에 설치하고, 중간차단밸브를 작동하는 조작장치(시동장치로 작동되는 경우를 포함한다)는 운전자가 조작하기 쉬운 곳에 설치할 것
9. 가스용기 및 용기밸브 등은 차체의 최후단으로부터 300mm 이상, 차체의 최외측면으로부터 200mm 이상의 간격을 두고 설치할 것. 다만, 강도가 강재의 표준규격 41 (SS41) 이상이고 두께가 3.2mm 이상인 강판 또는 형강으로 가스용기 및 용기밸브 등을 보호한 경우에는 차체의 최후단으로부터 200mm 이상, 차체의 최외측면으로부터 100mm 이상의 간격을 두고 설치할 수 있다.

기본학습 02 내압용기의 검사기준 및 방법과 판정기준

관련근거 자동차관리법시행규칙 - 제73조 [자동차의 검사기준 및 방법]

[별표 15] 자동차 검사기준 및 방법(제73조 관련)

1. 검사방법 및 기준(비사업용/사업용 자동차의 경우)

항목	검사기준	검사방법
23) 내압용기	용기 등이 관련 법령에 적합하고 견고하게 설치되어 있으며, 용기의 변형이 없고 사용연한 이내일 것	용기 등이 「자동차관리법」에 따른 합격품인지 여부, 설치상태 및 변형·손상 여부 및 사용연한 확인

2. 판정기준

자동차관리법시행규칙 제73조 [자동차의 검사기준 및 방법]의 [별표 15]의 자동차검사기준 및 방법에서 검사기준에 적합하여야 한다. 단, 자동차검사대행자 또는 지정정비사업자가 실시한 검사결과가 "자동차관리법시행규칙 제80조 [검사의 실시등]"에 의거 정기검사 항목 중 내압용기에 대한 검사를 실시한 결과 적합하지 아니한 사항이 있는 경우 해당사항이 다음 각호의 어느 하나에 해당하지 않으면 적합판정을 하고 해당 자동차소유자에게 그 시정을 권고할 수 있다.

- 해당사항 없음

기본학습 03 실습지시서 및 실습보고서

실습지시서

<table>
<tr><td>학과</td><td>과</td><td>학기</td><td colspan="3">20 학년도 학기</td></tr>
<tr><td>교과목명</td><td>자동차정비검사</td><td>시간</td><td colspan="3">20 년 월 일(~교시)</td></tr>
<tr><td>실험·실습명</td><td colspan="5">내압용기의 관능검사</td></tr>
<tr><td>실습목표</td><td colspan="5">1. 자동차 검사기준 및 방법에 따라 내압용기 검사업무를 수행할 수 있다.
2. 자동차 검사기준 및 방법에 따라 내압용기의 안전기준 준수여부를 확인할 수 있다.
3. 내압용기 검사결과에 따라 안전기준 적합여부를 판정할 수 있다.</td></tr>
<tr><td rowspan="3">사용재료
(공구/기구 등)</td><td>품명(재료명)</td><td>규격</td><td>수량</td><td colspan="2">비고</td></tr>
<tr><td>자동차</td><td></td><td>1</td><td colspan="2"></td></tr>
<tr><td>줄자</td><td></td><td>1</td><td colspan="2"></td></tr>
<tr><td>실험·실습순서
및 관련지식</td><td colspan="5">1. 검사방법
(1) 용기 등이 「자동차관리법」에 따른 합격품인지 여부, 설치상태 및 변형·손상 여부 및 사용연한 확인한다.

2. 검사기준
(1) 용기 등이 관련 법령에 적합하고 견고하게 설치되어 있으며, 용기의 변형이 없고 사용연한 이내일 것

3. 판정기준
검사기준에 적합하여야 한다. 단, 검사결과 적합하지 아니한 사항이 있는 경우 다음 각 호의 어느 하나에 해당하지 않으면 적합판정으로 한다. 그리고 해당 자동차소유자에게 그 시정을 권고할 수 있다.
- 해당사항 없음</td></tr>
<tr><td>안전 및
유의사항</td><td colspan="5">(1) 자동차는 평평한 노면에 주차한다.
(2) 타이어 마모량이 규정값 이하이면 타이어를 교환하여야 한다.</td></tr>
</table>

<table>
<tr><td>평가내용</td><td>

세부 평가 내용	배점
(1) 자동차 검사기준 및 방법에 따라 내압용기 검사업무를 수행할 수 있다.	30
(2) 자동차 검사기준 및 방법에 따라 내압용기의 안전기준 준수여부를 확인할 수 있다.	40
(3) 내압용기 검사결과에 따라 안전기준 적합여부를 판정할 수 있다.	30
합 계	100

</td></tr>
<tr><td>과제</td><td>

1. 실습보고서 작성 제출

(1) 관능(육안)검사

진단항목		안전진단기준(검사기준)	진단결과 및 의견
내압용기	용기 등이 「자동차관리법」에 따른 합격품인지 여부, 설치상태 및 변형·손상 여부 및 사용연한 확인	용기 등이 관련 법령에 적합하고 견고하게 설치되어 있으며, 용기의 변형이 없고 사용연한 이내일 것	〈부적합 내용〉 〈시정권고 내용〉

</td></tr>
</table>

실습보고서

실험제목	내압용기의 관능검사		
실험일자		반 및 실험조	
학번		성명	

■ 과제 내용

주어진 자동차에서 내압용기의 관능검사를 실시한 후 기록표에 기록하시오.

1. 사용기기 및 부품

   (1) 차종

   (2) 사용기기

2. 실험 결과

진단항목		안전진단기준(검사기준)	진단결과 및 의견
내압용기	용기 등이 「자동차관리법」에 따른 합격품인지 여부, 설치상태 및 변형·손상 여부 및 사용연한 확인	용기 등이 관련 법령에 적합하고 견고하게 설치되어 있으며, 용기의 변형이 없고 사용연한 이내일 것	〈부적합 내용〉 〈시정권고 내용〉

학습정리

이 장에서는 자동차 내압용기의 관능검사방법 및 판정기준에 대하여 학습하였다. 자동차관리법에서 정하는 기준에 의거 내압용기의 관능검사를 실시하고 판정할 수 있도록 하였다.

총괄평가

1. 내압용기의 관능검사를 실시할 때 점검방법에 대하여 서술하시오.

참고자료

1. 자동차관리법, 자동차관리법 시행령, 자동차관리법 시행규칙
2. 자동차 및 자동차부품의 성능과 기준에 관한 규칙
3. 자동차안전기준 시행세칙

A-21 배기가스 발산장치, 소음방지장치 확인하기(1506030602_17v3.21)

학/습/목/표

일반목표

자동차관리법 등의 자동차 검사업무와 배기가스 발산방지장치, 소음방지장치의 관능검사방법 및 판정 기준에 대하여 학습하여 관능검사를 실시하고 판정할 수 있도록 한다.

세부목표

1. 대기환경보전법에 따라 배기가스발산방지장치 검사업무를 수행할 수 있다.
2. 소음진동관리법에 따라 소음방지장치 검사업무를 수행할 수 있다.
3. 대기환경보전법에 따라 배기관의 촉매장치 및 매연여과장치를 확인할 수 있다.
4. 소음진동관리법에 따라 소음기 변형여부를 확인할 수 있다.
5. 대기환경보전법에 따라 배기계통에서의 배출가스 누출여부를 확인할 수 있다.
6. 자동차 외관도에 따라 배기관, 소음기 등의 개조를 확인할 수 있다.

주요 용어

배기가스 발산방지장치, 소음방지장치

학습활동

기본학습 01 배기가스 발산방지장치, 소음방지장치에 대한 성능과 기준

관련근거 자동차 및 자동차부품의 성능과 기준에 관한 규칙

제35조 [소음방지장치]

자동차의 소음방지장치는 「소음·진동관리법」 제30조 및 제35조에 따른 자동차의 소음허용기준에 적합하여야 한다.

제36조 [배기가스 발산방지장치]

자동차의 배기가스 발산방지장치는 「대기환경보전법」 제46조에 따른 배출허용기준에 적합하여야 한다.

제37조 [배기관]

① 자동차 배기관의 열림방향은 자동차의 길이방향에 대해 왼쪽 또는 오른쪽으로 45도를 초과해 열려 있어서는 안 되며, 배기관의 끝은 차체 외측으로 돌출되지 않도록 설치해야 한다.

② 삭제 <2018. 12. 31.>

③ 배기관은 자동차 또는 적재물을 발화시키거나 자동차의 다른 기능을 저해할 우려가 없어야 하며, 견고하게 설치하여야 한다.

기본학습 02 배기가스 발산방지장치, 소음방지장치의 검사기준 및 방법과 판정기준

관련근거 자동차관리법시행규칙 - 제73조 [자동차의 검사기준 및 방법]

[별표 15] 자동차 검사기준 및 방법(제73조 관련)

1. 검사방법 및 기준(비사업용/사업용 자동차의 경우)

항목	검사기준	검사방법
17) 배기가스 발산 방지 및 소음방지 장치	(1) 배기소음 및 배기가스농도는 운행차 허용 기준에 적합할 것	배기소음 및 배기가스농도를 측정기로 측정
	(2) 배기관·소음기·촉매장치의 손상·변형·부식이 없을 것	배기관·촉매장치·소음기의 변형 및 배기계통에서의 배기가스누출 여부 확인
	(3) 측정결과에 영향을 줄 수 있는 구조가 아닐 것	측정결과에 영향을 줄 수 있는 장치의 훼손 또는 조작 여부확인

2. 판정기준

자동차관리법시행규칙 제73조 [자동차의 검사기준 및 방법]의 [별표 15]의 자동차검사기준 및 방법에서 검사기준에 적합하여야 한다. 단, 자동차검사대행자 또는 지정정비사업자가 실시한 검사결과가 "자동차관리법시행규칙 제80조 [검사의 실시등]"에 의거 정기검사 항목 중 배기가스 발산방지장치, 소음방지장치에 대한 검사를 실시한 결과 적합하지 아니한 사항이 있는 경우 해당사항이 다음 각호의 어느 하나에 해당하지 않으면 적합판정을 하고 해당 자동차소유자에게 그 시정을 권고할 수 있다.

(1) 「대기환경보전법」 제62조 및 「소음·진동관리법」 제37조제1항에 따른 운행차정기검사의 허용기준 위배

기본학습 03 실습지시서 및 실습보고서

실습지시서

<table>
<tr><td>학과</td><td>과</td><td>학기</td><td colspan="3">20 학년도 학기</td></tr>
<tr><td>교과목명</td><td>자동차정비검사</td><td>시간</td><td colspan="3">20 년 월 일(~교시)</td></tr>
<tr><td>실험·실습명</td><td colspan="5">배기가스 발산방지장치, 소음방지장치의 관능검사</td></tr>
<tr><td>실습목표</td><td colspan="5">1. 대기환경보전법에 따라 배기가스발산방지장치 검사업무를 수행할 수 있다.
2. 소음진동관리법에 따라 소음방지장치 검사업무를 수행할 수 있다.
3. 대기환경보전법에 따라 배기관의 촉매장치 및 매연여과장치를 확인할 수 있다.
4. 소음진동관리법에 따라 소음기 변형여부를 확인할 수 있다.
5. 대기환경보전법에 따라 배기계통에서의 배출가스 누출여부를 확인할 수 있다.
6. 자동차 외관도에 따라 배기관, 소음기 등의 개조를 확인할 수 있다.</td></tr>
<tr><td rowspan="3">사용재료
(공구/기구 등)</td><td>품명(재료명)</td><td colspan="2">규격</td><td>수량</td><td>비고</td></tr>
<tr><td>자동차</td><td colspan="2"></td><td>1</td><td></td></tr>
<tr><td>줄자</td><td colspan="2"></td><td>1</td><td></td></tr>
<tr><td>실험·실습순서
및 관련지식</td><td colspan="5">1. 검사방법
(1) 배기관·촉매장치·소음기의 변형 및 배기계통에서의 배기가스누출 여부 확인한다.
(2) 측정결과에 영향을 줄 수 있는 장치의 훼손 또는 조작 여부를 확인한다.

2. 검사기준
(1) 배기관·소음기·촉매장치의 손상·변형·부식이 없을 것
(2) 측정결과에 영향을 줄 수 있는 구조가 아닐 것

3, 판정기준
검사기준에 적합하여야 한다. 단, 검사결과 적합하지 아니한 사항이 있는 경우 다음 각 호의 어느 하나에 해당하지 않으면 적합판정으로 한다. 그리고 해당 자동차소유자에게 그 시정을 권고할 수 있다.
(1) 「대기환경보전법」 제62조 및 「소음·진동관리법」 제37조제1항에 따른 운행차정기검사의 허용기준 위배</td></tr>
<tr><td>안전 및
유의사항</td><td colspan="5">(1) 자동차는 평평한 노면에 주차한다.
(2) 타이어 마모량이 규정값 이하이면 타이어를 교환하여야 한다.</td></tr>
</table>

평가내용

세부 평가 내용	배점
(1) 대기환경보전법에 따라 배기가스발산방지장치 검사업무를 수행할 수 있다.	20
(2) 소음진동관리법에 따라 소음방지장치 검사업무를 수행할 수 있다.	20
(3) 대기환경보전법에 따라 배기관의 촉매장치 및 매연여과장치를 확인할 수 있다.	20
(4) 소음진동관리법에 따라 소음기 변형여부를 확인할 수 있다.	20
(5) 대기환경보전법에 따라 배기계통에서의 배출가스 누출여부를 확인할 수 있다.	10
(6) 자동차 외관도에 따라 배기관, 소음기 등의 개조를 확인할 수 있다.	10
합 계	100

과제

1. 실습보고서 작성 제출

(1) 관능(육안)검사

진단항목		안전진단기준(검사기준)	진단결과 및 의견
배기가스발산 방지 및 소음방지장치	배기관·촉매장치·소음기의 변형 및 배기계통에서의 배기가스 누출 여부 확인	배기관·소음기·촉매장치의 손상·변형·부식이 없을 것	〈부적합 내용〉
	측정결과에 영향을 줄 수 있는 장치의 훼손 또는 조작 여부확인	측정결과에 영향을 줄 수 있는 구조가 아닐 것	〈시정권고 내용〉

실습보고서

실험제목	배기가스 발산방지 및 소음방지장치의 관능검사		
실험일자		반 및 실험조	
학번		성명	

■ 과제 내용

주어진 자동차에서 배기가스 발산방지 및 소음방지장치의 관능검사를 실시한 후 기록표에 기록하시오.

1. 사용기기 및 부품
   (1) 차종

   (2) 사용기기

2. 실험 결과

진단항목		안전진단기준(검사기준)	진단결과 및 의견
배기가스 발산방지 및 소음방지 장치	배기관·촉매장치·소음기의 변형 및 배기계통에서의 배기가스누출 여부 확인	배기관·소음기·촉매장치의 손상·변형·부식이 없을 것	〈부적합 내용〉
	측정결과에 영향을 줄 수 있는 장치의 훼손 또는 조작 여부확인	측정결과에 영향을 줄 수 있는 구조가 아닐 것	〈시정권고 내용〉

학습정리

이 장에서는 자동차 검사시 배기가스 발산방지 및 소음방지장치의 관능검사방법 및 판정기준에 대하여 학습하였다. 자동차관리법에서 정하는 기준에 의거 배가가스 발산방지 및 소음방지장치의 관능검사를 실시하고 판정할 수 있도록 하였다.

총괄평가

1. 배기가스 발산방지 및 소음방지장치의 관능검사를 실시할 때 점검방법에 대하여 서술하시오.

참고자료

1. 자동차관리법, 자동차관리법 시행령, 자동차관리법 시행규칙
2. 자동차 및 자동차부품의 성능과 기준에 관한 규칙
3. 자동차안전기준 시행세칙

자동차정비검사 모듈교재
분류번호 1506030603_17v3

CHAPTER 3

기기검사

1 교재 사용안내

교재소개

본 교재는 자동차정비검사 분야로 자동차 상태 등을 검사기기·계측기 등으로 측정하여 적합 여부를 판정하는 각종 검사기기의 작업을 위한 훈련교재이다. 본 교재에서는 사이드슬립 검사하기, 제동력 시험하기, 속도계 검사하기, 전조등 검사하기, 배출가스 검사하기, 매연 검사하기, 소음검사하기 등에 대한 내용을 포괄하고 있다.

교재구성

본 교재는 교재 사용안내, 자기진단, 학습모듈로 구성되어 있다. 교재 사용안내는 교재의 전체적인 개요와 구성을 설명하고, 학습자에게 교재의 효과적인 활용방법 및 학습방법을 안내하는 역할을 한다.

• 자기진단

학습모듈을 학습하기 전에 검사기기·계측기를 활용한 검사능력에 대한 학습자의 현재 수준을 진단하고, 학습자에게 필요한 학습활동을 안내하는 역할을 한다.

• 학습 모듈

A-1 사이드슬립 검사하기, A-2 제동력 시험하기, A-3 속도계 검사하기, A-4 전조등 검사하기, A-5 경적, 배기, 소음 검사하기로 구성되어 있다.

구체적으로 각각의 학습모듈은 학습목표, 주요용어, 학습활동, 학습정리, 총괄평가, 참고 자료로 구성되어 있다.

• 학습목표

각 학습모듈의 일반목표와 세부목표가 제시되어 있으며, 주요 용어에는 각 학습모듈에 사용되는 중요한 용어가 제시되어 있다. 학습활동은 각 기본학습과 심화학습으로 구분되며, 학습의 주요한 내용이 제시되어 있으며, 학습정리에는 각 학습모듈의 주요 내용이 정리되어 제시되어 있다.

• 총괄평가

각 학습모듈의 학습을 마친 후 학습자들의 성취수준을 평가하고, 부족한 부분을 피드백 받을 수 있도록 하기 위한 체크리스트가 제시되어 있다. 마지막으로 참고자료에는 학습자들의 학습에 도움을 줄 수 있는 참고도서 및 인터넷사이트가 제시되어 있다.

활용방법

본 기기검사 교재는 훈련을 수강하는 학습자를 대상으로 구성되어 있으며, 보조교재를 활용 시 혹은 스스로 검사기기·계측기를 활용한 검사능력을 향상시키려는 학습자에게 모두 활용될 수 있다. 이를 위해 본 교재는 집단적인 교수 상황과 개별학습에서 동시에 사용될 수 있도록 개발되었다.

이 교재를 사용하는 학습자는 우선 자기진단을 통해서 현재 자신의 수준을 진단할 필요가 있다.

• 자기진단

학습 모듈별로 구성되어 있으며, 진단결과 자신의 수준이 충분한 부분은 점검만 하고, 다음 학습활동으로 넘어가고, 자신의 수준이 부족한 부분은 진단 문항별로 제시된 관련 학습모듈 및 페이지를 참고하여 해당 학습활동을 학습한다.

• 학습평가

자신의 성취수준을 점검하기 위한 것으로 평가수준에 따라 미흡한 경우 모듈 전체를 다시 복습하고, 보통인 경우 부족한 부분을 복습해야 하며, 우수인 경우 다음 학습모듈을 학습한다.

2 진단평가서

담당교수		교과목명	
학 번		능력단위명 (능력단위코드)	기기검사 (1506030603_17v3)
이 름			
평가일자			

다음은 자동차정비 검사업무를 수행하는데 요구되는 능력수준을 스스로 알아볼 수 있는 체크리스트입니다. 본인의 평소 행동을 잘 생각해 보고, 일치하는 정도에 ✓표 해 주십시오.

영역(능력단위요소)	진단 문항	자가진단		
		우수	보통	미흡
1506030603_17v3.1 사이드슬립 검사하기	1.1 자동차 검사기준 및 방법에 따라 자동차의 조향장치관련 규정을 수행할 수 있다.			
	1.2 자동차 검사기준 및 방법에 따라 사이드슬립검사를 할 수 있다.			
	1.3 사이드슬립 검사결과에 따라 안전기준 적합여부를 판정할 수 있다.			
1506030603_17v3.2 제동력 검사하기	2.1 자동차 검사기준 및 방법에 따라 제동장치 관련 규정을 수행할 수 있다.			
	2.2 제동시험기 사용설명서에 따라 검사방법을 숙지할 수 있다.			
	2.3 자동차 검사기준 및 방법에 따라 제동력 기기검사를 할 수 있다.			
	2.4 제동력측정 검사결과에 따라 안전기준 적합여부를 판정할 수 있다.			
1506030603_17v3.3 속도계 검사하기	3.1 자동차 검사기준·방법에 의해 속도계시험기 기기검사방법을 숙지할 수 있다.			
	3.2 자동차 검사기준·방법에 의해 속도계 기기검사를 할 수 있다.			
	3.4 속도계 검사결과에 따라 안전기준 적합여부를 판정 할 수 있다.			
1506030603_17v3.4 전조등 검사하기	4.1 자동차 검사기준 및 방법에 따라 전조등 기기검사 방법을 숙지할 수 있다.			
	4.2 자동차 검사기준 및 방법에 의해 전조등 기기검사를 할 수 있다.			
	4.3 전조등 기기검사 결과에 따라 안전기준 적합여부를 판정할 수 있다.			

영역(능력단위요소)	진단 문항	자가진단		
		우수	보통	미흡
1506030603_17v3.5 경적, 배기, 소음 검사하기	5.1 운행차 소음측정 방법에 따라 자동차의 소음측정 방법을 숙지할 수 있다.			
	5.2 운행차 소음측정 방법에 따라 소음검사 전 소음측정기의 측정 장소와 측정기기를 위치와 거리 등 규정에 맞게 준비할 수 있다			
	5.3 운행차 소음측정 방법에 따라 경적소음을 소음측정기로 측정할 수 있다.			
	5.4 운행차 소음측정 방법에 따라 배기소음을 소음측정기로 측정할 수 있다.			
	5.5 소음측정 검사결과에 따라 자동차소음 허용기준 적합 여부를 판정할 수 있다.			

진단 결과

능력단위요소	문항수	합계점수	평균점수
사이드슬립 검사하기	3		
제동력 검사하기	4		
속도계 검사하기	3		
전조등 검사하기	3		
경적·배기·소음검사하기	5		

※ 우수는 3점, 보통은 2점, 미흡은 1점으로 계산

3 학습모듈 목차

4 학습모듈

A-1 사이드슬립 검사하기(1506030603_17v3.1)

학/습/목/표

일반목표

자동차관리법 등의 자동차 검사업무와 조향륜 옆 미끄러짐량(사이드슬립)을 측정하는 검사 방법 및 판정기준에 대하여 학습하여 자동차관리법에서 정하는 기준에 의거 조향륜 옆 미끄러짐량(사이드슬립)검사를 실시하고 판정할 수 있도록 한다.

세부목표

1. 자동차 검사기준 및 방법에 따라 자동차의 조향장치 관련 규정을 수행할 수 있다.
2. 자동차 검사기준 및 방법에 따라 사이드슬립 검사를 할 수 있다.
3. 사이드슬립 검사결과에 따라 안전기준 적합여부를 판정할 수 있다.

주요 용어

사이드슬립, 조향륜 옆 미끄러짐량

학습활동

기본학습 01 사이드슬립 이론

1.1 관련법규

관련근거 자동차 및 자동차부품의 성능과 기준에 관한 규칙

제14조 [조향장치]

④ 조향바퀴의 옆으로 미끄러짐이 1m 주행에 좌우방향으로 각각 5mm 이내이어야 하며, 각 바퀴의 정렬상태가 안전운행에 지장이 없어야 한다.

1.2 전차륜 정렬에서 캠버와 토인과의 관계

[그림 1]처럼 자동차가 직진하는 경우 전차륜에 (+)캠버가 있으면 서로 외측으로 향하여 원호의 궤적을 그리면서 굴러가려고 한다. 그래서 반대로 내측으로 굴러가려고 작용하는 토인을 적당한 양만 주면 양자가 서로 균형적으로 합성효과를 발생시켜 전차륜은 직진한다. 따라서 캠버와 토인의 균형이 유지되지 않는 경우에는 무리하게 직진되기 때문에 전차륜의 옆 미끄럼이 발생한다. 즉, 사이드슬립 테스터의 목적은 캠버와 토인의 합성효과를 측정하여 전차륜의 정렬상태의 적합여부를 판정함에 있다고 할 수 있다.

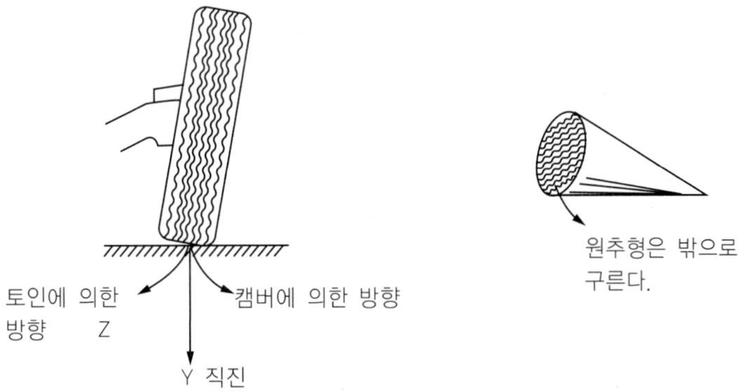

[그림 1] 캠버와 토인의 합성효과

1.3 옆 미끄러짐(side-slip)량의 측정원리

1. 토인에 의한 옆 미끄러짐

지금 임시로 토인만 있고 캠버가 없는 전차륜을 신축이 자유로운 축에 연결하여 [그림 2]처럼 "P"에서 "P'"까지의 거리 "D"만큼 굴리면 차축은 토인의 량에 비례하여 줄어드는데 그 줄어드는 량 "Xt" 갖는 이 차륜의 옆 미끄럼량을 알 수가 있다.

$$Xt = l - l'$$

그러나 실제 자동차의 차축은 신축하지 않기 때문에 [그림 3]처럼 좌·우로 움직이는 답판 위를 지나가면 좌·우의 답판은 각각 외측으로 이동하는데 그 양은 차축이 줄어드는 양 "Xt"와 같으며 다음의 식으로 표시된다.

$$Xt = L' - L$$

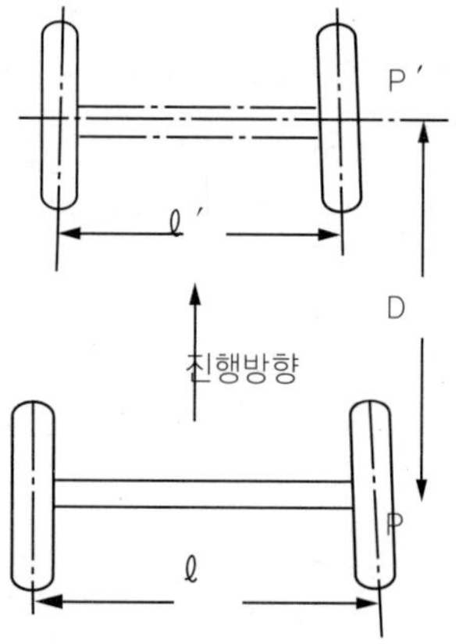

[그림 2] 토인에 의한 차축의 줄어듬

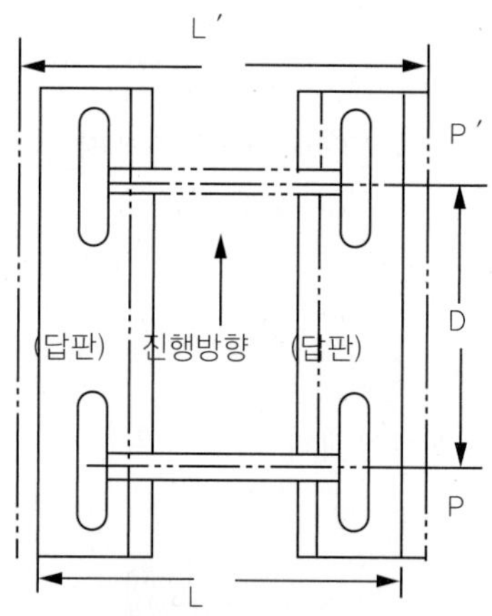

[그림 3] 토인에 의한 답판의 이동

따라서 이 답판의 이동량을 측정하여 차륜의 옆 미끄럼량을 측정할 수가 있다. 이 옆 미끄럼량은 자동차가 정확히 직진한다고 생각하면 좌·우륜이 똑같이 나누어지기 때문에 한쪽 차륜의 옆 미끄럼량(St)은 다음과 같이 된다.

$$St = Xt / 2$$

2. 캠버(camber)에 의한 미끄럼(slip)

앞에서 말한 것과 반대로 토인이 없고 캠버만 있는 전차륜의 경우 가동 답판은 그림 4처럼 각각 내측으로 이동하며 그 양 “Xc”는 “Xc = L − L'”로 표시되며 이 경우 한쪽 차륜의 미끄럼량 “Sc”는 다음과 같이 된다.

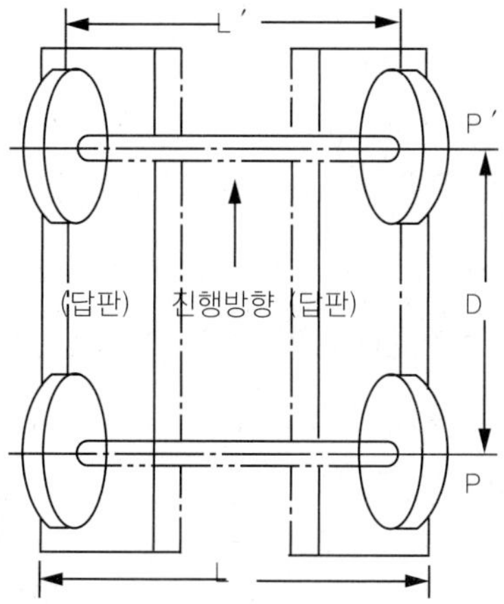

[그림 4] 캠버에 의한 답판의 이동

$$Sc = Xc \ / \ 2$$

사이드슬립시험기는 이와 같은 원리를 응용하여 차륜의 옆 미끄럼량을 측정하는 것으로서 옆 미끄럼량을 표시하는 단위는 종전에는 “m/Km”를 사용하여 자동차가 1Km 주행할 때의 옆 미끄럼량을 m로 눈금표시하고 있으나, “mm/m”로 표시하기도 한다.

기본학습 02 사이드슬립(조향륜의 옆 미끄러짐량) 시험기의 구조

사이드슬립시험기는 그 답판 위에 자동차를 주행시켜 좌·우방향 답판의 이동량을 검출함으로서 차륜의 옆 미끄러짐량을 측정하여 판정하는 구조로 되어 있으며 옆 미끄러짐량 검출부, 옆 미끄러짐량 지시부 및 옆 미끄러짐량 판정부 등으로 구성되어 있다.

1. 옆 미끄러짐(side slip)량 검출부

[그림 5, 6]과 같이 옆 미끄럼량 검출부는 좌·우 2개의 답판, 링크(link)기구 및 복원장치 등으로 되어 있으며 차륜의 옆 미끄럼량을 검출하여 지시부에 전달하도록 되어 있다.

답판의 길이는 500mm, 800mm 및 1000mm의 3종류가 있고, 그 표면은 타이어와의 사이에서 미끄럼이 발생되지 않도록 고려되어 롤러(Roller), 레이스(Race) 및 중앙부의 링크기구(Bell Crank)에 의해 좌·우에 이동량의 상대운동을 행하여 토인의 경우는 외측으로 토아웃의 경우는 내측으로 각각 이동한다. 또한 답판의 이동량 검출 및 지시부에의 전달방법에 의해 기계식과 전기식으로 분류되고 있다.

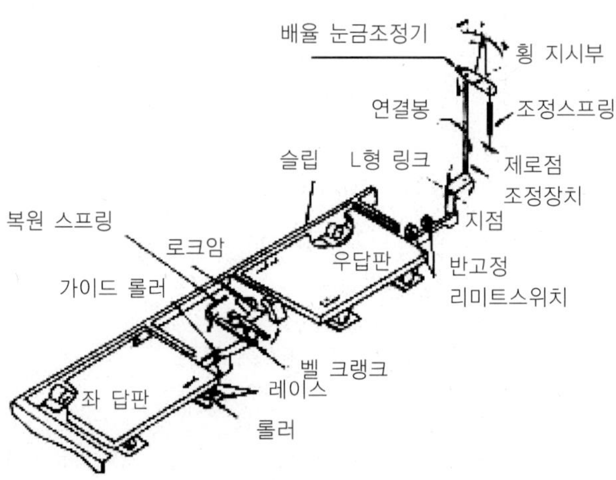

[그림 5] 기계식 사이드슬립시험기

(1) 기계식

[그림 5]와 같이 검출부와 지시부가 기계적으로 연결되어 연결봉 및 L형 링크(Link) 등에 의해 답판의 이동량을 직접 지시부에 전달하는 방식이다.

(2) 전기식

답판의 이동량을 싱크로(Synchro)전기, 포텐쇼미터(Potentiometer) 또는 착동 트랜스(Trans) 등의 검출부로 검출하여 전기적으로 지시부에 전달하는 방식으로서 본체와 지시부를 분리하여 원격지시가 가능하도록 되어 있다. [그림 6]은 싱크로전기를 사용한 것이다.

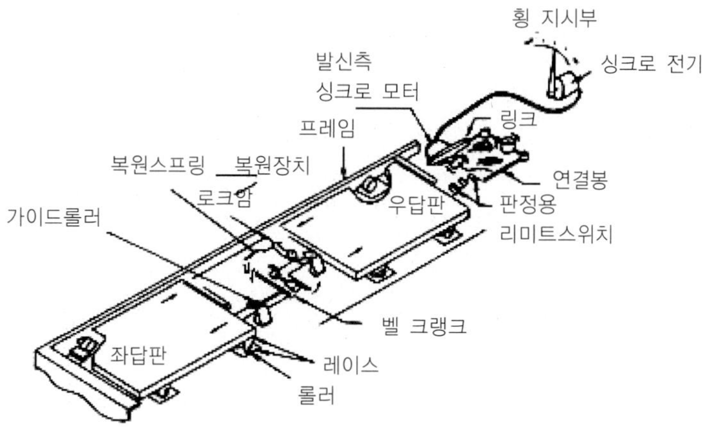

[그림 6] 전기식 사이드슬립 시험기

2. 옆 미끄러짐(side-slip)량 지시부

옆 미끄러짐량 지시부는 옆 미끄럼량 검출부에서 전달된 답판의 이동량을 자동차의 주행 1Km에 대해서 1m의 옆 미끄럼에 상당하는 양을 1눈금으로 토인(Toe-in)측 및 토 아웃(Toe-out)측에 각각 7눈금 이상 지시할 수 있도록 되어 있다. 따라서 답판의 길이가 1,000mm인 것은 한쪽 답판이 1mm 이동한 경우에 1눈금을 지시하며, 답판의 길이가 500mm인 것은 0.5mm 이동한 경우에 1눈금을 지시한다.

3. 옆 미끄러짐(side-slip)량 판정부

옆 미끄러짐량 판정부는 측정시의 합·불판정을 용이하게 하기 위해 옆 미끄러짐량이 일정량(5m/Km)을 초과하는 경우 옆 미끄러짐량 검출부의 리미트스위치(Limit Switch) 등으로부터 신호에 의해 부저(Buzzer) 또는 등화로 표시하도록 되어 있다.

기본학습 03 실습지시서 및 실습보고서

실습지시서

학과	과	학기	20 학년도 학기
교과목명	자동차정비검사	시간	20 년 월 일(~교시)
실험·실습명	사이드슬립 검사하기(1506030603_17v3.1)		
실습목표	(1) 자동차 검사기준 및 방법에 따라 자동차의 조향장치 관련 규정을 수행할 수 있다. (2) 자동차 검사기준 및 방법에 따라 사이드슬립검사를 할 수 있다. (3) 사이드슬립 검사결과에 따라 안전기준 적합여부를 판정할 수 있다.		

사용재료 (공구/기구 등)	품명(재료명)	규격	수량	비고
	자동차		1	
	사이드슬립 시험기		1	
	일반 공구세트		1	
	휠얼라인먼트 테스터기		1	
	앞바퀴 정렬용 재료		1	

실험·실습순서 및 관련지식

1. 검사방법

(1) 검차실 배전반의 메인스위치를 켠 후 조정용의 220V/단상 브렉카 S/W를 [ON] 으로 한다.

(2) 컨트롤러 전면 또는 우측 하단에 위치한 전원을 [ON]으로 한다.

(3) COMPUTER가 Worming-Up(Booting)을 시작하고 약 1분 후 아래와 같은 초기화면이 나타난다.

실험·실습순서 및 관련지식

(4) 로그인 또는 취소를 마우스로 클릭하고 "제동시험기" "사이드슬립" "속도계시험기"의 ZERO 셋팅한다. 검사시작(대기상태)화면으로 바뀌게 된다.

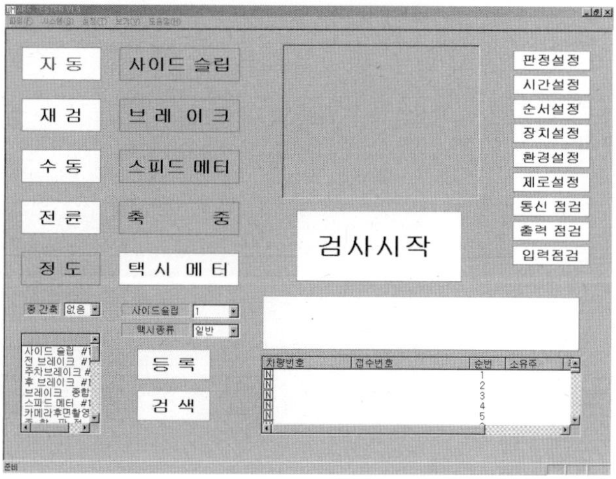

(5) 검사항목(사이드슬립)을 선택하고 [검사시작]을 마우스로 클릭하면 된다.

• 자동차안전기준 시행세칙 – [별표 2] 자동차의 안전기준 확인방법 (5. 자동차의 조향륜의 옆 미끄러짐량)

1. 적용범위

이 규정은 자동차의 조향륜의 옆 미끄러짐량의 측정방법에 대하여 규정한다.

2. 측정조건

2.1. 자동차는 공차상태의 자동차에 운전자 1인의 승차한 상태로 한다.

2.2. 타이어의 공기압은 표준공기압으로 하고 조향링크의 각부를 점검한다.

2.3. 측정기기는 사이드슬립테스터로 하고 지시장치의 표시가 0점에 있는 가를 확인한다.

3. 측정방법

3.1 자동차를 측정기와 정면으로 대칭시킨다.

3.2 측정기에 진입속도는 5km/h로 서행한다.

3.3 조향핸들에서 손을 떼고 5km/h로 서행하면서 계기의 눈금을 타이어의 접지면이 측정기 답판을 통과할 때 읽는다.

3.4. 옆 미끄러짐량의 측정은 자동차가 1m 주행시 옆 미끄러짐량을 측정하는 것으로 한다.

• 수동 MODE에서의 검사

(1) 검사준비

- 초기화면에서 {수동}을 마우스로 선택한다.
- 검사하고자하는 항목을 마우스로 클릭하면 된다.

(2) 사이드슬립검사

- {사이드슬립}마우스로 클릭한다.

실험·실습순서 및 관련지식

- [검사시작] 마우스로 클릭한다.
- 자동검사 때와 같이 진행하시면 되고 슬립량이 표시된다.
- 판정값은 IN·OUT 5m/km 이내이다.

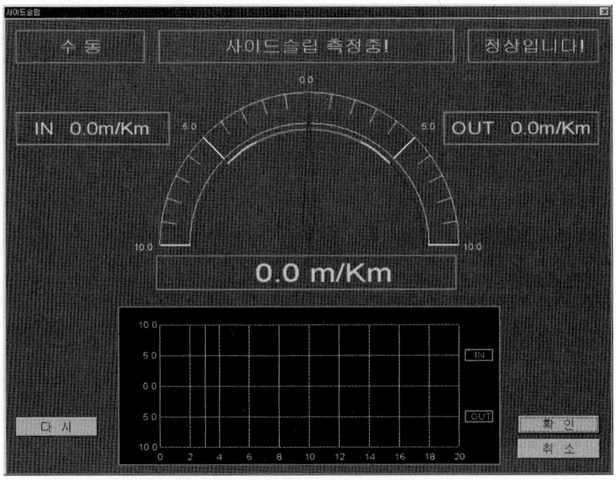

안전 및 유의사항

(1) 허용 축중 이상의 자동차를 올려놓으면 안 된다.
(2) 답판 위에 주차하거나 정비작업을 해서는 안 된다.
(3) 물, 흙, 먼지 등이 테스터 내에 들어가지 않도록 한다.
(4) 답판 위에서 핸들을 꺾거나 브레이크를 밟아서는 안 된다.
(5) 정기적으로 청소, 주유를 한다.

측정조건

(1) 자동차는 공차상태의 자동차에 운전자 1인이 승차한 상태로 한다.
(2) 타이어의 공기압은 표준공기압으로 하고 조향링크의 각부를 점검한다.
(3) 측정기기는 사이드슬립테스터로 하고 지시장치의 표시가 0점에 있는가를 확인한다.

평가내용

세부 평가 내용	배점
(1) 자동차 검사기준 및 방법에 따라 자동차의 조향장치 관련 규정을 수행할 수 있다.	30
(2) 자동차 검사기준 및 방법에 따라 사이드슬립검사를 할 수 있다.	40
(3) 사이드슬립 검사결과에 따라 안전기준 적합여부를 판정할 수 있다.	30
합 계	100

과 제

주어진 자동차에서 시험위원의 지시에 따라 사이드슬립을 점검하여 기록·판정하시오.

구분	① 측정(또는 점검)		② 판정 및 정비(또는 조치)사항	
	측정값	규정(정비한계)값	판정(□에 "✔"표)	정비 및 조치할 사항
사이드 슬립			□ 양호 □ 불량	

※ 단위가 누락되거나 틀린 경우 오답으로 채점함

- 실습보고서 작성 제출

실습보고서

실험제목	사이드슬립 검사하기		
실험일자		반 및 실험조	
학번		성명	

■ 과제 내용

주어진 자동차에서 시험위원의 지시에 따라 사이드슬립을 점검하여 기록·판정하시오.

1. 사용기기 및 부품

(1) 차종

(2) 사용기기

(3) 부품

2. 실험 결과

(1) 실험조건

(2) 실험결과

항목	① 측정(또는 점검)		② 판정 및 정비(또는 조치)사항	
	측정값	규정(정비한계)값	판정(□에 "✔"표)	정비 및 조치할 사항
사이드 슬립			□ 양호 □ 불량	

※ 단위가 누락되거나 틀린 경우 오답으로 채점함

3. 실험 결과에 대한 검토 및 고찰

학습정리

이 장에서는 자동차 검사시 주행장치의 사이드슬립을 측정하는 방법 및 판정기준에 대하여 학습하였다. 자동차관리법에서 정하는 기준에 의거 주행장치의 사이드슬립 측정을 실시하고 판정할 수 있도록 하였다.

총괄평가

1. 사이드슬립의 판정기준에 대하여 서술하시오.
2. 사이드슬립 테스터로 측정한 결과 왼쪽바퀴가 안쪽으로 6mm이고, 오른쪽 바퀴가 바깥쪽으로 8mm 이었을 때 15km 직진상태로 주행하였다면 바퀴는 어느 쪽으로 얼마나 미끄러지는가?

   [풀이] $\frac{8-6}{2}=1$ 따라서 전체 미끄러짐 양은 바깥쪽으로 1mm이며, 15km를 직진으로 주행하면 바깥쪽으로 15m 미끄러진다.

참고자료

1. 자동차관리법, 자동차관리법 시행령, 자동차관리법 시행규칙
2. 자동차 및 자동차부품의 성능과 기준에 관한 규칙
3. 자동차안전기준 시행세칙

A-2 제동력 검사하기(1506030603_17v3.2)

학/습/목/표

일반목표

자동차관리법 등의 자동차 검사업무와 제동력을 측정하는 검사방법 및 판정기준에 대하여 학습하여 자동차관리법에서 정하는 기준에 의거 제동력검사를 실시하고 판정할 수 있도록 한다.

세부목표

1. 자동차 검사기준 및 방법에 따라 제동장치 관련 규정을 수행할 수 있다.
2. 제동시험기 사용설명서에 따라 검사방법을 적용할 수 있다.
3. 자동차 검사기준 및 방법에 따라 제동력 기기검사를 할 수 있다.
4. 제동력측정 검사결과에 따라 안전기준 적합여부를 판정할 수 있다.

주요 용어

제동력, 타이어공기압

학습활동

기본학습 01 제동력 관련법규

관련근거 자동차 및 자동차부품의 성능과 기준에 관한 규칙

제15조 [제동장치]

① 자동차(초소형자동차 및 피견인자동차를 제외한다)에는 주제동장치와 주차 중에 주로 사용하는 제동장치(이하 "주차제동장치"라 한다)를 갖추어야 하며, 그 구조와 제동능력은 다음 각 호의 기준에 적합하여야 한다.

10. 주제동장치의 급제동능력은 건조하고 평탄한 포장도로에서 주행중인 자동차를 급제동할 때 [별표 3]의 기준에 적합할 것

[별표 3] 주제동장치의 급제동정지거리 및 조작력 기준(제15조 제1항제10호 관련)

구분	최고속도가 80km/h 이상의 자동차	최고속도가 35km/h 이상 80km/h 미만의 자동차	최고속도가 35km/h 미만의 자동차
1.제동초속도(km/h)	50	35	당해 자동차의 최고속도
2.급제동정지거리(m)	22 이하	14 이하	5 이하
3.측정시조작력(kg)	발 조작식의 경우 : 90 이하		
	손 조작식의 경우 : 30 이하		
4.측정자동차의 상태	공차상태의 자동차에 운전자 1인이 승차한 상태		

11. 주제동장치의 제동능력과 조작력은 [별표 4]의 기준에 적합할 것

[별표 4] 주제동장치의 제동능력 및 조작력 기준(제15조 제1항제11호관련)

구분	기준
1. 측정자동차의 상태	공차상태의 자동차에 운전자 1인이 승차한 상태
2. 제동능력	가. 최고속도가 매시 80킬로미터 이상이고 차량총중량이 차량중량의 1.2배 이하인 자동차의 각축의 제동력의 합 : 차량총중량의 50% 이상 나. 최고속도가 매시 80킬로미터 미만이고 차량총중량이 차량중량의 1.5배 이하인 자동차의 각축의 제동력의 합 : 차량총중량의 40% 이상 다. 기타의 자동차 (1) 각축의 제동력의 합 : 차량중량의 50% 이상 (2) 각축의 제동력 : 각 축하중의 50%(다만, 뒷축의 경우에는 당해 축하중의 20%) 이상

구분	기준
3, 좌·우바퀴의 제동력의 차이	당해 축하중의 8% 이하
4. 제동력의 복원	브레이크페달을 놓을 때에 제동력이 3초 이내에 당해 축중의 20% 이하로 감소될 것

주 : 관성 제동장치를 갖춘 피견인자동차에 대해서는 위 표를 적용하지 아니한다.

12. 주차 제동장치의 제동능력과 조작력은 별표 4의 2의 기준에 적합할 것

[별표 4의 2] 주차제동장치의 제동능력 및 조작력 기준(제15조 제1항제12호관련)

1. 주차 제동장치의 제동능력 및 조작력 기준

구분		기준
1. 측정자동차의 상태		공차상태의 자동차에 운전자 1인이 승차한 상태
2. 측정시 조작력	승용 자동차	발 조작식의 경우 : 60kg 이하
		손 조작식의 경우 : 40kg 이하
	그 밖의 자동차	발 조작식의 경우 : 70kg 이하
		손 조작식의 경우 : 50kg 이하
3. 제동능력		경사각 11도30분 이상의 경사면에서 정지상태를 유지할 수 있거나 제동능력이 차량중량의 20% 이상일 것

2. 주차 제동을 위한 조작력 전달계통이 전기식(electric transmission)인 주차제동장치 기준
   가. 주차제동장치의 제동능력 및 조작력은 제1호의 기준을 만족하여야 한다.
   나. 주차제동을 위한 조작력 전달계통이 전기식에서 고장이 발생한 경우에도 주차제동장치의 오동작이 발생되지 아니하여야 한다.
   다. 주차제동을 위한 조작력전달계통이 전기식인 배선[에너지 공급장치는 제외하며, 승용자동차, 차량총중량 3.5톤 이하 화물자동차(피견인자동차는 제외한다) 및 특수자동차의 경우에는 조종장치와 전자제어장치를 직접 연결하는 배선만 해당한다]에 단선 등 파손이 있거나 주차제동장치의 조종장치에 전기적인 고장이 발생한 때에는 다음의 기준에 적합하여야 한다.
      1) 운전자가 운전자석에서 주차제동장치를 작동시켜 적차(積車)상태의 자동차를 8% 경사로에서 전진 및 후진방향으로 정지상태를 유지할 수 있어야 한다.
      2) 위 1)의 기준에 적합하지 아니한 경우, 정지 시 자동으로 주차제동장치가 작동되어 위 1)의 성능기준에 만족할 때에는 적합한 것으로 본다. 이 경우 시동장치의 열쇠 위치와 상관없이 주차제동장치 작동상태를 지속할 수 있어야 하며, 운전자석의 운전자가 자동차를 출발시킬 때에는 주차제동상태가 자동적으로 해제되는 구조이어야 한다.
      승합자동차, 차량총중량 3.5톤 초과 화물자동차(피견인자동차는 제외한다) 및 특수자동차의 경우에는 자동차에 설치된 공구 또는 보조장치를 이용하여 주차제동장치를 해제하는데 사용할 수 있다.

3) 승용자동차, 차량총중량 3.5톤 이하 화물자동차(피견인자동차는 제외한다) 및 특수자동차는 수동변속장치의 조종레버를 변속위치로 하거나 자동변속장치의 조종레버를 주차위치로 하여 위 1)의 성능기준에 적합하게 하기 위하여 사용될 수 있다.

라. 다목의 고장이 발생한 경우에는 운전자가 운전자석에서 쉽게 확인할 수 있는 위치에 충분한 밝기를 갖춘 다음 각 호의 기준에 적합한 경고장치를 설치하여야 한다.

1) 황색경고등이 점등할 것

2) 주차제동장치의 전기식 조종장치가 작동위치에 있고 시동장치의 열쇠가 10초 이상 작동위치에 있을 때에는 적색경고등이 점멸할 것

마. 주차제동장치의 작동을 표시하는 별도의 적색표시등을 갖춘 경우에도 라목 (2)의 기준에 적합하여야 한다.

바. 시동장치의 열쇠를 해제위치로 조작하거나 제거한 상태에서도 주차제동을 지속할 수 있어야 하며 해제시킬 수 없어야 한다.

② 초소형자동차에는 주제동장치와 주차제동장치를 갖추어야 하며, 그 구조와 제동능력은 다음 각 호의 기준에 적합해야 한다.

1. 주제동장치로 발조작식 분할제동장치 또는 발조작식 연동제동장치 및 보조제동장치를 갖출 것. 다만, 주차제동장치가 보조제동장치 성능에 적합할 경우 주차제동장치를 보조제동장치로 사용할 수 있다.
2. 주제동장치와 주차제동장치는 각각 독립적으로 작동할 수 있어야 하고, 주제동장치는 모든 바퀴를 동시에 제동하는 구조일 것
3. 제동력을 전달하기 위하여 유압유체를 사용하는 마스터실린더를 갖춘 경우에는 다음 각 목의 기준에 적합한 제동액 저장장치를 갖출 것

   가. 덮개로 밀봉하여 제동액을 외부와 격리시키는 구조일 것

   나. 브레이크 라이닝 간극(間隙)을 최대로 한 상태에서 새로운 라이닝이 완전히 마모될 때까지의 유체 소요량의 1.5배에 상당하는 저장장치 용량을 갖출 것

   다. 덮개를 열지 않고도 유량 수준을 확인할 수 있는 구조일 것
4. 주제동장치에는 라이닝 등의 마모를 자동으로 감지하여 조정할 수 있는 장치를 갖출 것
5. 주제동장치의 라이닝 마모상태를 운전자가 확인할 수 있도록 경고장치(경고음 또는 황색경고등을 말한다)를 설치하거나 자동차의 외부에서 맨눈으로 확인할 수 있는 구조일 것
6. 주차제동장치에는 기계적인 장치에 의하여 잠김상태가 유지되도록 하고, 주행 중에도 제동할 수 있는 구조일 것
7. 바퀴잠김방지식 주제동장치를 갖춘 초소형자동차에는 황색경고등이 설치되어야 하며, 시동장치의 열쇠를 작동위치로 조작할 때 켜졌다가 고장이 없으면 꺼지고, 고장이 있으면

켜진 상태가 지속되도록 할 것

8. 주제동장치의 급제동능력은 건조하고 평탄한 포장도로에서 주행 중인 자동차를 급제동할 때 별표 3의 기준에 적합할 것
9. 주제동장치의 제동능력과 조작력은 별표 4의 기준에 적합할 것
10. 주차제동장치의 제동능력과 조작력은 별표 4의2의 기준에 적합할 것

관련근거 **자동차관리법 시행규칙**

제73조 [자동차의 검사기준 및 방법]

법 제43조제1항의 규정에 의한 자동차의 검사는 자동차검사대행자 및 법 제45조제1항의 규정에 의한 지정정비사업자(이하 "지정정비사업자"라 한다)가 시설·장비·기술인력 및 기타 필요한 설비를 갖춘 곳(이하 "자동차검사시설"이라 한다)에서 실시하며, 검사기준 및 방법은 [별표 15]와 같다. 다만, 국토교통부장관은 자동차검사대행자로 하여금 다음 각호의 지역에 대하여 국토교통부장관이 정하는 방법에 의하여 자동차의 출장검사(이동식 검사장비에 의한 검사를 포함한다. 이하 같다)를 하게 할 수 있다.

[별표 15] 자동차 검사기준 및 방법(제73조 관련)

1. 검사방법 및 기준(비사업용 자동차의 경우)

항목	검사기준	검사방법
8) 제동장치	가) 제동력 (1) 모든 축의 제동력의 합이 공차중량의 50퍼센트 이상이고 각축의 제동력은 해당 축하중의 50퍼센트(뒤축의 제동력은 해당 축하중의 20퍼센트) 이상일 것 (2) 동일 차축의 좌·우 차바퀴 제동력의 차이는 해당 축하중의 8퍼센트 이내일 것 (3) 주차제동력의 합은 차량 중량의 20퍼센트 이상일 것	주제동장치 및 주차제동장치의 제동력을 제동시험기로 측정
	다) 제동력 복원상태는 3초 이내에 해당 축하중의 20퍼센트 이하로 감소될 것	주제동장치의 복원상태를 제동시험기로 측정

기본학습 02 제동력 측정기의 구조 및 판정기준

2.1 제동력의 측정방법

자동차의 제동능력 시험에는 여러 가지 방법이 있지만 현재는 정치식 시험기에 의한 자동차 제동력 크기를 측정하여 판정하는 방법이 채용되고 있으며 롤러 구동형 제동시험기가 이 형식에 속한다.

롤러 구동형 제동시험기에 의한 방법은 그림 7처럼 2개의 롤러위에 자동차의 바퀴를 올려놓고 이 롤러를 모터로 구동시키면서 바퀴에 브레이크를 작용시켜 롤러의 고동방향과 반대방향으로 작용하는 힘(反力), 즉 제동력을 검출하는 방법이다.

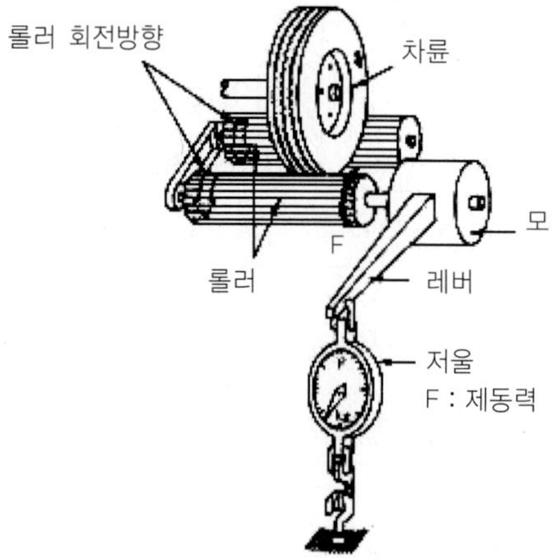

[그림 7] 제동력의 측정방법

2.2 판정기준

1. 주제동장치의 제동능력

① 최고속도가 80km/h 이상이고 차량 총중량이 차량중량의 1.2배 이하인 자동차의 각축의 제동력의 합 : 차량 총중량의 50% 이상

$$\frac{\text{제동력의 합}}{\text{차량총중량}} \times 100\% \geq 50\%$$

② 최고속도가 80km/h 미만이고 차량 총중량이 차량중량의 1.5배 이하인 자동차의 각축의 제동력의 합 : 차량 총중량의 40% 이상

$$\frac{\text{제동력의 합}}{\text{차량총중량}} \times 100\% \geq 40\%$$

③ 기타의 자동차

- 각 축의 제동력의 합 : 차량중량의 50% 이상

$$\frac{\text{제동력의 합}}{\text{차량중량}} \times 100\% \geq 50\%$$

- 각 축의 제동력 : 각 축하중의 50% 이상
  - 앞바퀴의 제동력의 합

$$\frac{\text{전축의 제동력의 합}}{\text{전축하중}} \times 100\% \geq 50\%$$

  - 뒤바퀴의 제동력의 합

$$\frac{\text{후축의 제동력의 합}}{\text{후축하중}} \times 100\% \geq 20\%$$

④ 좌·우바퀴의 제동력의 차이는 당해 축하중의 8% 이하

$$\frac{\text{좌·우 제동력의 차}}{\text{해당축하중}} \times 100\% \leq 8\%$$

2. 주차 제동장치의 제동능력

경사각 11°30′ 이상의 경사면에서 정지상태를 유지할 수 있거나 제동능력이 차량중량의 20% 이상일 것

$$\frac{\text{후축의 제동력의 합}}{\text{차량중량}} \times 100\% \geq 20\%$$

기본학습 03 실습지시서 및 실습보고서

실습지시서

<table>
<tr><td>학과</td><td>과</td><td>학기</td><td colspan="2">20 학년도 학기</td></tr>
<tr><td>교과목명</td><td>자동차정비검사</td><td>시간</td><td colspan="2">20 년 월 일(~교시)</td></tr>
<tr><td>실험·실습명</td><td colspan="4">제동력 검사하기(1506030603_17v3.2)</td></tr>
<tr><td>실습목표</td><td colspan="4">(1) 자동차 검사기준 및 방법에 따라 제동장치 관련 규정을 수행할 수 있다.
(2) 제동시험기 사용설명서에 따라 검사방법을 적용할 수 있다.
(3) 자동차 검사기준 및 방법에 따라 제동력 기기검사를 할 수 있다.
(4) 제동력측정 검사결과에 따라 안전기준 적합여부를 판정할 수 있다.</td></tr>
<tr><td rowspan="9">사용재료
(공구/기구 등)</td><td>품명(재료명)</td><td>규격</td><td>수량</td><td>비고</td></tr>
<tr><td>자동차</td><td></td><td>1</td><td></td></tr>
<tr><td>제동력 시험기</td><td></td><td>1</td><td></td></tr>
<tr><td>일반 공구세트</td><td></td><td>1</td><td></td></tr>
<tr><td>타이어 공기주입기</td><td></td><td>1</td><td></td></tr>
<tr><td>공기 압력계</td><td></td><td>1</td><td></td></tr>
<tr><td>차량 중량 측정기</td><td></td><td>1</td><td></td></tr>
<tr><td>공기빼기 장비</td><td></td><td>1</td><td></td></tr>
<tr><td>브레이크 오일</td><td></td><td>1</td><td></td></tr>
<tr><td>실험·실습순서
및 관련지식</td><td colspan="4">1. 검사방법
(1) 검차실 배전반의 메인스위치를 켠 후 Controller용의 220V/단상 브렉카 S/W를 [ON]으로 한다.
(2) Controller 전면 또는 우측 하단에 위치한 전원을 [ON]으로 한다.
(3) COMPUTER가 Worming-Up(Booting)을 시작하고 약 1분 후 아래와 같은 초기화면이 나타난다.

</td></tr>
</table>

실험·실습순서 및 관련지식

(4) 로그인 또는 취소를 마우스로 클릭하고 "제동시험기" "사이드슬립" "속도계시험기"의 ZERO 셋팅한다. 검사시작(대기상태)화면으로 바뀌게 된다.

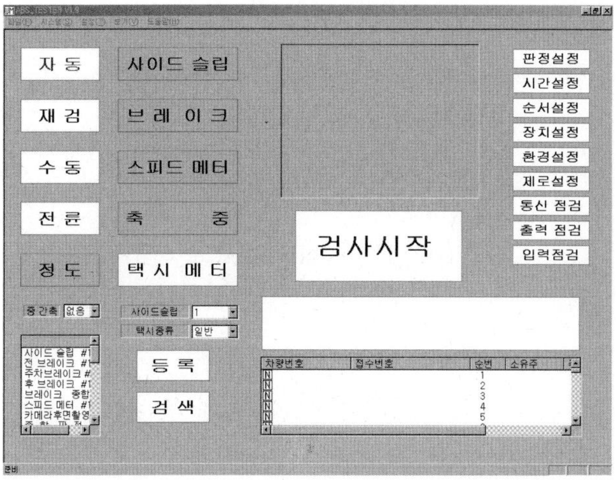

(5) 검사항목(사이드슬립)을 선택하고 [검사시작]을 마우스로 클릭하면 된다.

• 자동차안전기준 시행세칙 – [별표 2] 자동차의 안전기준 확인방법 (6. 운행자동차의 주 제동능력 측정)

1. 적용범위

이 규정은 운행자동차의 주 제동능력 측정방법에 대하여 규정한다.

2. 측정조건

2.1. 자동차는 공차상태의 자동차에 운전자 1인이 승차한 상태로 한다.
2.2. 자동차는 바퀴의 흙, 먼지, 물 등의 이물질은 제거한 상태로 한다.
2.3. 자동차는 적절히 예비운전이 되어 있는 상태로 한다.
2.4. 타이어의 공기압은 표준 공기압으로 한다.

3. 측정방법

3.1 자동차를 제동시험기에 대칭되도록 한다.
3.2. 측정자동차의 차축을 제동시험기에 얹혀 축하중을 측정하고 롤러를 회전시켜 당해 차축의 제동능력, 좌우 차륜의 제동력의 차이, 제동력의 복원상태를 측정한다.
3.3. 3.2.의 측정방법에 따라 다음 차축에 대하여 반복 측정한다.

• 자동차안전기준 시행세칙 – [별표 2] 자동차의 안전기준 확인방법 (7. 운행자동차의 주차 제동능력 측정)

1. 적용범위

이 규정은 운행자동차의 주차 제동능력 측정방법에 대하여 규정한다.

2. 측정조건

2.1. 자동차는 공차상태의 자동차에 운전자 1인이 승차한 상태로 한다.
2.2. 자동차는 바퀴의 흙, 먼지, 물 등의 이물질은 제거한 상태로 한다.
2.3. 자동차는 적절히 예비운전이 되어 있는 상태로 한다.
2.4. 타이어의 공기압은 표준 공기압으로 한다.

실험·실습순서 및 관련지식	3. 측정방법 3.1. 자동차를 제동시험기에 정면으로 대칭되도록 한다. 3.2. 측정자동차의 차축을 제동시험기에 얹혀 축하중을 측정하고 롤러를 회전시켜 당해 차축의 주차 제동능력을 측정한다. 3.3. 2차축 이상에 주차 제동력이 작동되는 구조의 자동차는 3.2.의 측정방법에 따라 다음 차축에 대하여 반복 측정한다. • 수동 MODE에서의 검사 (1) 검사준비 - 초기화면에서 {수동}을 마우스로 선택한다. - 검사하고자하는 항목을 마우스로 클릭한다. (2) 전 브레이크 검사 - {전 브레이크}마우스로 클릭한다. - [검사시작]마우스로 클릭한다. - 리프트하강과 동시에 Roller가 구동하기 시작한다. - 축하중 설정한다. - 최대판정으로 한다. - 브레이크 페달을 힘껏 밟으면 Monitor의 숫자와 그래프가 올라가면서 판정을 내린다. - 검사가 완료되면 {취소}클릭하면 Roller멈추고 답판이 상승하고 초기화면으로 돌아간다. (3) 후(중)브레이크 검사 - 검사방법은 전 브레이크 검사와 동일하다. (4) 주차 브레이크 검사 - 검사방법은 전 브레이크와 동일하다. 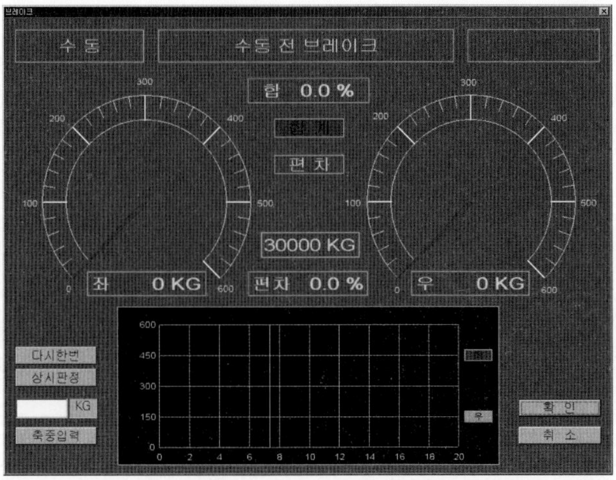
안전 및 유의사항	(1) 허용 축중 이상의 자동차를 올려놓으면 안 된다. (2) 답판 위에 주차하거나 정비작업을 해서는 안 된다. (3) 물, 흙, 먼지 등이 테스터 내에 들어가지 않도록 한다. (4) 답판 위에서 핸들을 꺾거나 브레이크를 밟아서는 안 된다. (5) 정기적으로 청소, 주유를 한다.

<table>
<tr><td>측정조건</td><td>(1) 자동차는 공차상태의 자동차에 운전자 1인이 승차한 상태로 한다.
(2) 자동차는 바퀴의 흙, 먼지, 물 등의 이물질은 제거한 상태로 한다.
(3) 자동차는 적절히 예비운전이 되어 있는 상태로 한다.
(4) 타이어의 공기압은 표준공기압으로 한다.</td></tr>
<tr><td>평가내용</td><td>
<table>
<tr><th>세부 평가 내용</th><th>배점</th></tr>
<tr><td>(1) 자동차 검사기준 및 방법에 따라 제동장치 관련 규정을 수행할 수 있다.</td><td>20</td></tr>
<tr><td>(2) 제동시험기 사용설명서에 따라 검사방법을 적용할 수 있다.</td><td>20</td></tr>
<tr><td>(3) 자동차 검사기준 및 방법에 따라 제동력 기기검사를 할 수 있다.</td><td>30</td></tr>
<tr><td>(4) 제동력측정 검사결과에 따라 안전기준 적합여부를 판정할 수 있다.</td><td>30</td></tr>
<tr><td>합 계</td><td>100</td></tr>
</table>
</td></tr>
<tr><td>과 제</td><td>
(앞 또는 뒤)제동력을 측정하여 기록·판정하시오.
<table>
<tr><th colspan="5">① 측정(또는 점검)</th><th colspan="3">② 판정 및 정비(또는 조치)사항</th></tr>
<tr><th rowspan="2">항목</th><th rowspan="2">구분</th><th rowspan="2">측정값</th><th colspan="2">기준값(%)</th><th colspan="2">산출근거 및 제동력</th><th rowspan="2">판정
(□에 "✔"표)</th></tr>
<tr><th>편차</th><th>합</th><th>편차(%)</th><th>합(%)</th></tr>
<tr><td rowspan="2">제동력위치
(□에 "✔"표)
□ 앞
□ 뒤</td><td>좌</td><td></td><td rowspan="2"></td><td rowspan="2"></td><td rowspan="2"></td><td rowspan="2"></td><td rowspan="2">□ 양호
□ 불량</td></tr>
<tr><td>우</td><td></td></tr>
</table>
※ 측정위치는 시험위원이 지정하는 위치에 □에 "✔"표시함
※ 단위가 누락되거나 틀린 경우 오답으로 채점함
※ 자동차 검사기준 및 방법에 의하여 기록, 판정함.

• 실습보고서 작성 제출
</td></tr>
</table>

⚙ 실습보고서

<table>
<tr><td>실험제목</td><td colspan="3">제동력 검사하기</td></tr>
<tr><td>실험일자</td><td></td><td>반 및 실험조</td><td></td></tr>
<tr><td>학번</td><td></td><td>성명</td><td></td></tr>
</table>

■ 과제 내용

주어진 자동차에서 (앞 또는 뒤)제동력을 측정하여 기록·판정하시오.

1. 사용기기 및 부품

(1) 차종

(2) 사용기기

(3) 부품

2. 실험 결과

(1) 실험조건

(2) 실험결과

<table>
<tr><td colspan="5">① 측정(또는 점검)</td><td colspan="3">② 판정 및 정비(또는 조치)사항</td></tr>
<tr><td rowspan="2">항목</td><td rowspan="2">구분</td><td rowspan="2">측정값</td><td colspan="2">기준값(%)</td><td colspan="2">산출근거 및 제동력</td><td rowspan="2">판정
(□에 "✔"표)</td></tr>
<tr><td>편차</td><td>합</td><td>편차(%)</td><td>합(%)</td></tr>
<tr><td rowspan="2">제동력위치
(□에 "✔"표)
□ 앞
□ 뒤</td><td>좌</td><td></td><td rowspan="2"></td><td rowspan="2"></td><td rowspan="2"></td><td rowspan="2"></td><td rowspan="2">□ 양호
□ 불량</td></tr>
<tr><td>우</td><td></td></tr>
</table>

※ 측정위치는 시험위원이 지정하는 위치에 □에 "✔"표시함

※ 단위가 누락되거나 틀린 경우 오답으로 채점함

※ 자동차 검사기준 및 방법에 의하여 기록, 판정함.

3. 실험 결과에 대한 검토 및 고찰

실습보고서

실험제목	주차 제동력 검사하기		
실험일자		반 및 실험조	
학번		성명	

■ 과제 내용
주어진 자동차에서 주차 제동력을 측정하여 기록·판정하시오.

1. 사용기기 및 부품
   (1) 차종

   (2) 사용기기

   (3) 부품

2. 실험 결과
   (1) 실험조건

   (2) 실험결과

① 측정(또는 점검)				② 판정 및 정비(또는 조치)사항	
항목	구분	측정값	기준값 제동력 합	판정(□에 "✔"표)	정비 및 조치할 사항
□ 앞 □ 뒤 (□에 "✔"표)	좌			□ 양호 □ 불량	
	우				

※ 측정위치는 시험위원이 지정하는 위치에 □에 "✔"표시함
※ 단위가 누락되거나 틀린 경우 오답으로 채점함
※ 자동차 검사기준 및 방법에 의하여 기록, 판정함.

3. 실험 결과에 대한 검토 및 고찰

학습정리

이 장에서는 자동차 검사시 제동장치의 제동력을 측정하는 방법 및 판정기준에 대하여 학습하였다. 자동차관리법에서 정하는 기준에 의거 제동장치의 제동력을 측정하고 판정할 수 있도록 하였다.

총괄평가

1. 제동력시험의 판정기준에 대하여 서술하시오.
2. 아래와 같은 제원을 갖고 있고, 최고속도 71Km/h인 자동차의 제동시험을 한 결과 다음과 같다. 제동력의 총합은 안전기준에 적합한지를 판정하라.

• 제원	• 제동시험 결과
- 차량중량 6,800Kgf	- 전륜 좌측 제동력 950Kgf
- 공차시 전축하중 2,800Kgf	- 전륜 우측 제동력 830Kgf
- 공차시 후축하중 4,000Kgf	- 후륜 좌측 제동력 860Kgf
- 승차정원 60명	- 후륜 우측 제동력 1,050Kgf

[풀이] 안전기준은 최고속도가 매시 80km 미만이고 차량총중량이 차량중량의 1.5배 이하인 자동차의 각축의 제동력의 합 : 차량총중량의 40% 이상

따라서 $\frac{\text{제동력의 합}}{\text{차량총중량}} \times 100 \geq 40\%$이 요구된다.

차량총중량 = 차량중량 + 승차정원의 중량 + 최대적재량 = 6800 + 60 × 65 = 10700kgf

$$\frac{\text{제동력의 합}}{\text{차량총중량}} \times 100 = \frac{3690}{10700} \times 100 = 34.49\%$$

∴ 40% 이하이므로 불합격이다.

3. 최고속도 130km/h, 차량중량이 2,700kgf, 차량총중량이 2,900kgf인 자동차의 각축의 제동력의 합은 얼마 이상이어야 하는가 ?

[풀이] 안전기준은 최고속도가 매시 80km 이상이고 차량총중량이 차량중량의 1.2 배 이하인 자동차의 각축의 제동력의 합 : 차량총중량의 50% 이상

최고속도가 80Km/h 이상이고 차량 중량 비율이 2,900/2,700 = 1.07배이므로 1.2배 이하인 자동차의 제동능력은 차량총중량의 50% 이상이 요구되어진다.

∴ 제동력의 합은 1450Kgf 이상이어야 한다.

4. 축중이 3,307kgf인 자동차의 제동력을 측정하였더니 우측 제동력 1215kgf, 좌측 제동력이 1,250kgf였다. 제동능력 중 좌우 차륜의 제동력 차에 대한 평가를 하여라

[풀이] 좌우 차륜의 제동력 차는 1,250 - 1,215 = 35kgf이다.

$\frac{35}{3307} \times 100 = 1.06\%$ 이므로 기준이 8% 이하이므로 합격이다.

5. 다음의 제원과 같은 자동차에서 주차 제동장치의 제동능력은 얼마 이상이어야 하는가?

• 공차시 전축하중 : 1,450kgf	• 승차정원 : 3명
• 공차시 후축하중 : 2,530kgf	• 최대적재량 : 1,500kgf
• 최고속도 : 130Km/h	

[풀이] 주차제동능력은 $\frac{\text{주차제동력}}{\text{차량중량}} \geq 20\%$

따라서 주차 제동능력은 차량중량(1450 + 2530 = 3980kgf)의 20% 이상이어야 하므로 3890kgf × 0.2 = 796kgf 이상이 요구된다.

참고자료

1. 자동차관리법, 자동차관리법 시행령, 자동차관리법 시행규칙
2. 자동차 및 자동차부품의 성능과 기준에 관한 규칙
3. 자동차안전기준 시행세칙

A-3 속도계 검사하기(1506030603_17v3.3)

학/습/목/표

일반목표

자동차관리법 등의 자동차 검사업무와 속도계 오차를 측정하는 검사방법 및 판정기준에 대하여 학습하여 자동차관리법에서 정하는 기준에 의거 속도계검사를 실시하고 판정할 수 있도록 한다.

세부목표

1. 자동차 검사기준 및 방법에 따라 속도계 시험기 기기검사 방법을 수행할 수 있다.
2. 자동차 기준 및 방법에 따라 속도계 기기검사를 할 수 있다.
3. 속도계 검사결과에 따라 안전기준 적합여부를 판정할 수 있다.

주요 용어

속도계, 속도계시험기

학습활동

기본학습 01 속도계 이론

1.1 관련법규

관련근거 자동차 및 자동차부품의 성능과 기준에 관한 규칙

제54조 [속도계 및 주행거리계]

① 자동차에는 제110조에 따른 속도계와 통산 운행거리를 표시할 수 있는 구조의 주행거리계를 설치하여야 한다.

② 다음 각 호의 자동차(「도로교통법」 제2조제22호에 따른 긴급자동차와 당해 자동차의 최고속도가 제3항의 규정에서 정한 속도를 초과하지 아니하는 구조의 자동차를 제외한다)에는 최고속도 제한장치를 설치하여야 한다.

1. 승합자동차(제2조제32호에 따른 어린이운송용 승합자동차를 포함한다)
2. 차량총중량이 3.5톤을 초과하는 화물자동차·특수자동차(피견인자동차를 연결하는 견인자동차를 포함한다)
3. 「고압가스 안전관리법 시행령」 제2조의 규정에 의한 고압가스를 운송하기 위하여 필요한 탱크를 설치한 화물자동차(피견인자동차를 연결한 경우에는 이를 연결한 견인자동차를 포함한다)
4. 저속전기자동차

③ 제2항의 규정에 의한 최고속도 제한장치는 자동차의 최고속도가 다음 각 호의 기준을 초과하지 아니하는 구조이어야 한다.

1. 제2항제1호의 규정에 의한 자동차 : 110km/h
2. 제2항제2호 및 제3호의 규정에 의한 자동차 : 90km/h
3. 제2항제4호에 따른 저속전기자동차 : 60km/h

④ 삭제 <2012. 2. 15.>

제110조 [속도계]

① 자동차에 설치한 속도계의 속도표시부는 다음 각 호의 기준에 적합하여야 한다.

1. 속도표시부는 운전자의 직접시계의 범위 내에 위치하고, 주·야간에 속도값을 명확히 읽을 수 있을 것
2. 속도표시범위는 자동차의 최고속도가 포함되도록 할 것
3. 눈금은 1km/h·2km/h·5km/h 또는 10km 단위로 구분되고, 다음 각목의 값들이 숫자로 표시될 것. 다만, 속도표시값의 간격은 균등하지 아니하여도 된다.
   가. 속도표시부의 최고속도값이 200km/h 이하인 경우 20km/h 이하 간격의 속도값
   나. 속도표시부의 최고속도값이 200km/h를 초과하는 경우 30km/h 이하 간격의 속도값

② 동차에 설치한 속도계의 지시오차는 평탄한 노면에서의 속도가 25km/h 이상에서 다음 계산식에 적합하여야 한다.

$$O \le V_1 - V_2 \le \frac{V_2}{10} + 6(km/h)$$

V_1 : 지시속도(km/h)
V_2 : 실제속도(km/h)

관련근거 자동차관리법 시행규칙

제73조 [자동차의 검사기준 및 방법]

법 제43조제1항의 규정에 의한 자동차의 검사는 자동차검사대행자 및 법 제45조제1항의 규정에 의한 지정정비사업자(이하 "지정정비사업자"라 한다)가 시설·장비·기술인력 및 기타 필요한 설비를 갖춘 곳(이하 "자동차검사시설"이라 한다)에서 실시하며, 검사기준 및 방법은 [별표 15]와 같다. 다만, 국토교통부장관은 자동차검사대행자로 하여금 다음 각호의 지역에 대하여 국토교통부장관이 정하는 방법에 의하여 자동차의 출장검사(이동식 검사장비에 의한 검사를 포함한다. 이하 같다)를 하게 할 수 있다.

1. 섬 지역(제주도 및 육지와 연결된 섬을 제외한다)
2. 자동차 검사대행자의 자동차 검사시설(이하 "자동차 검사소"라 한다)로부터 멀리 떨어지거나 자동차 검사소가 부족하여 출장검사가 필요하다고 인정하는 지역

[별표 15] 자동차 검사기준 및 방법(제73조 관련)

1. 검사방법 및 기준(비사업용 자동차의 경우)

항목	검사기준	검사방법
21) 계기장치	가) 모든 계기가 설치되어 있을 것	계기장치의 설치 여부 확인
	나) 속도계의 지시오차는 정 25%, 부 10% 이내일 것	40km/h의 속도에서 자동차속도계의 지시오차를 속도계시험기로 측정
	다) 최고속도제한장치, 운행기록장치 및 주행기록계의 설치 및 작동상태가 양호할 것	최고속도제한장치, 운행기록장치 및 주행기록계의 설치상태 및 정상작동 여부 확인

1.2 속도계의 실제속도 측정원리

자동차의 속도계 오차의 측정은 [그림 8]처럼 롤러위에서 자동차의 바퀴를 회전시켜 노상주행 상태를 재현하여 시행하는 것이다. 롤러의 회전 단주(丹周)속도 및 회전수와의 사이에는 다음의 관계가 성립된다(일반적인 롤러의 지름이 185mm인 시험기의 경우).

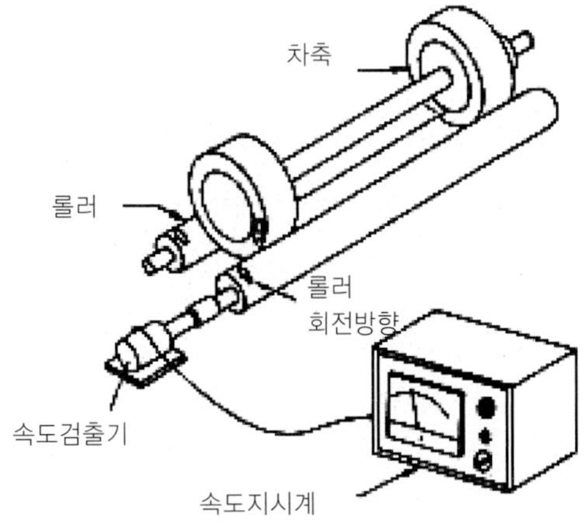

[그림 8] 속도계 측정원리

$$V = L \cdot N \cdot 60 \times 10n$$

V : 롤러의 단주(丹周)속도(km/h)
L : 롤러의 단주(mm)
N : 롤러의 회전수(rpm)
n : 6

예를 들어 단주 580mm의 롤러위에 자동차 속도검출축의 바퀴를 올려놓고 이 롤러를 1분에 1149.5회전시키면 롤러 주속도 V(km/h)는 V= 580×1149.5×60×10≒ 약 40.0 km/h로 되며,

이것이 실제 속도이다. 이 속도(실제속도)를 속도검출기를 이용하여 속도지시계에 지시하여 자동차속도계의 지시속도와 비교함으로서 속도계의 지시오차를 측정하는 것이다.

1.3 속도계 오차계산

$$\text{속도계의 오차} = \frac{\text{속도계의 속도} - \text{차량의 실제속도}}{\text{차량의 실제속도}} \times 100$$

$$= \frac{\text{속도계의 속도} - \text{검사기기의 속도}}{\text{검사기기의 속도}}$$

기본학습 02 속도계시험기의 구조 및 판정기준

2.1 필요성

자동차를 안전하게 운전하기 위해서는 차량의 실제 주행속도를 정확히 아는 것이 매우 중요하기 때문에 속도계의 기능은 정확히 유지되어야 한다. 속도계시험기는 자동차의 주행상태에서 속도계기능의 良否를 시험하기 위해 필요한 기계·기구이다. 또한 속도계시험기는 자동차의 동력전달장치의 점검(프로펠러샤프트의 이음 등)에도 이용할 수 있다.

2.2 속도계시험기의 구조

속도계시험기는 롤러위에 자동차의 바퀴를 올려놓고 주행상태로 하여 자동차속도계의 지시속도와 시험기의 지시속도를 비교함으로서 속도계의 오차를 측정하는 구조로 되어 있으며 속도검출부, 속도지시부 및 속도지시부 등으로 구성되어 있다.

속도계시험기는 자동차의 구동륜으로 롤러를 회전시키는 표준형과 이것에 롤러 구동장치를 부착시킨 구동장치형 등이 있다. 또한 사이드슬립 및 제동력시험기와 혼용한 ABS조합 테스터형도 있다.

1. 표준형[그림 9]

(1) 속도 검출부

속도 검출부는 일반적으로 직경 185mm 또는 370mm의 4개(또는 2개)의 롤러가 베어링을 끼워 프레임에 부착되며 4개의 롤러 중 전방 롤러는 자동차의 디프렌셜 기어(differential gear)에 의한 슬립(slip)을 방지하기 위해 유니버셜 조인트(universal joint) 또는 체인 커플링(chain coupling) 등으로 좌·우가 연결되어 있다.

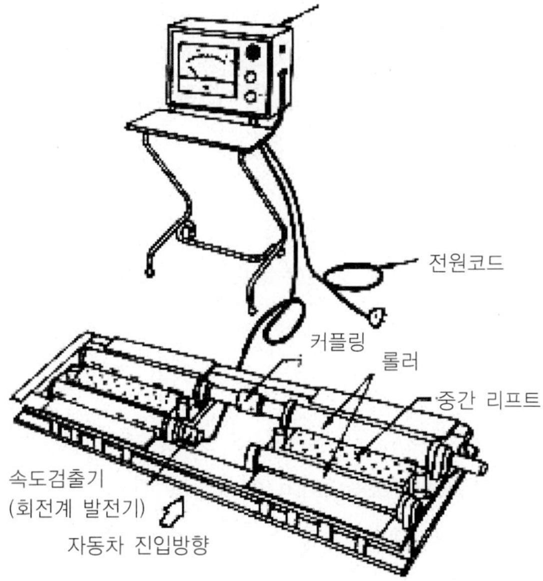

[그림 9] 표준형 속도계시험장치

속도의 검출은 일반적으로 회전계 발전기를 이용하며 이것을 롤러의 한쪽에 부착하여 롤러의 회전에 의해 발생하는 전압을 지시부에 전달하도록 되어 있다. 또한 자동차의 진입 및 퇴출을 용이하게 하기 위해 전·후의 롤러사이에 제동시험기처럼 중간리프트를 갖추어져 이것과 운동하는 롤러 고정장치에 의해 리프트가 상승할 때에는 롤러가 회전하지 않도록 되어 있다.

(2) 속도 지시부

속도지시부는 그림 10과 같이 회전계발전기의 발생전압에 의해 작동하며 롤러 원둘레와 회전수에 의해 계산된 속도를 km/h의 단위로 지시하도록 되어 있다.

(3) 속도 표시부

속도지시부는 측정시에 합·불판정을 용이하게 되어 있다.

2. 구동장치형(모터형)

자동차의 속도계는 구동계통에 접속하여 있는 것이 일반적이지만 종동계통에 접속되어 있는 자동차도 있다. 구동장치형은 후자와 같은 자동차의 시험을 가능하게 하기 위해 제작된 것이며 [그림 10]처럼 롤러의 한쪽에 모터를 부착하여 롤러를 구동시키는 구조로 되어 있다. 그리고 이 형은 롤러와 모터사이의 클러치 조작에 의해 표준형과 같은 기능으로 된다.

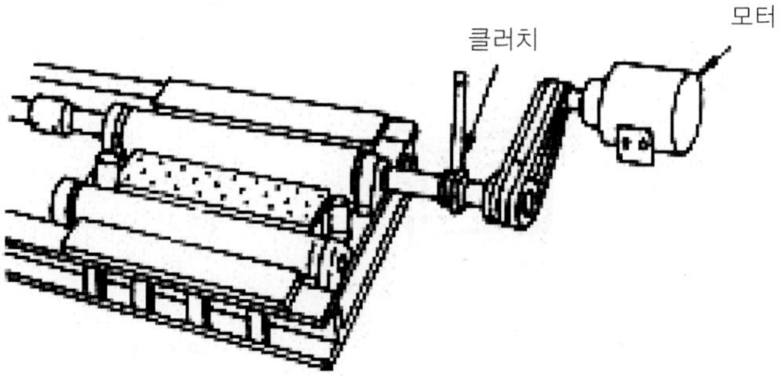

[그림 10] 모터형 속도계 시험장치

2.3 평가기준

자동차관리법 시행규칙 제73조 [별표 15]의 계기장치 검사방법과 기준에 의거 40km/h의 속도에서 자동차 속도계의 지시오차는 정 25%, 부 10% 이내일 것.

1. 속도계를 기준으로 한 평가

운전자가 계기판의 속도계가 40km/h를 나타낼 때 차량의 실제속도를 나타내는 검사기기의 속도를 읽어 판단하는 방법으로 현재 자격검정에서 많이 이용되어지는 방법이다. 검사기기의 속도 32km/h~44.4km/h사이 값이면 합격이다.

$$\frac{40\text{km/h}}{1.25} \leqq \text{검사기기의 속도} \leqq \frac{40\text{km/h}}{0.9}$$

$$32\text{km/h} \leqq \text{검사기기의 속도} \leqq 44.4\text{km/h}$$

2. 검사기기를 기준으로 한 평가

차량의 실제속도를 나타내는 검사기기의 속도가 40km/h를 나타낼 때 계기판의 속도계의 속도를 읽어 판단하는 방법이다. 계기판 속도계의 속도가 36km/h~50km/h사이 값이면 합격이다.

$$40km/h \times 0.9 \leqq \text{검사기기의 속도} \leqq 40km/h \times 1.25$$

$$36km/h \leqq \text{검사기기의 속도} \leqq 50km/h$$

기본학습

03 실습지시서 및 실습보고서

실습지시서

<table>
<tr><td>학과</td><td>과</td><td>학기</td><td colspan="3">20 학년도 학기</td></tr>
<tr><td>교과목명</td><td>자동차정비검사</td><td>시간</td><td colspan="3">20 년 월 일(~교시)</td></tr>
<tr><td>실험·실습명</td><td colspan="5">속도계 검사하기(1506030603_17v3.3)</td></tr>
<tr><td>실습목표</td><td colspan="5">(1) 자동차검사 기준 및 방법에 따라 속도계 기기검사방법을 수행할 수 있다.
(2) 자동차기준 및 방법에 따라 속도계 기기검사를 할 수 있다.
(3) 속도계 검사결과에 따라 안전기준 적합여부를 판정할 수 있다.</td></tr>
<tr><td rowspan="7">사용재료
(공구/기구 등)</td><td>품명(재료명)</td><td colspan="2">규격</td><td>수량</td><td>비고</td></tr>
<tr><td>자동차</td><td colspan="2"></td><td>1</td><td></td></tr>
<tr><td>속도계 시험기</td><td colspan="2"></td><td>1</td><td></td></tr>
<tr><td>일반 공구세트</td><td colspan="2"></td><td>1</td><td></td></tr>
<tr><td>타이어 공기 주입기</td><td colspan="2"></td><td>1</td><td></td></tr>
<tr><td>공기 압력계</td><td colspan="2"></td><td>1</td><td></td></tr>
<tr><td>속도계 케이블</td><td colspan="2"></td><td>1</td><td></td></tr>
<tr><td>실험·실습순서
및 관련지식</td><td colspan="5">(1) 검차실 배전반의 메인스위치를 켠 후 Controller용의 220V/단상 브렉카 S/W를 [ON]으로 한다.
(2) Controller 전면 또는 우측 하단에 위치한 전원를 [ON]으로 한다.
(3) COMPUTER가 Worming-Up(Booting)을 시작하고 약 1분 후 아래와 같은 초기화면이 나타난다.
</td></tr>
</table>

실험·실습순서 및 관련지식

(4) 로그인 또는 취소를 마우스로 클릭하고 “제동시험기” “사이드슬립” “속도계시험기”의 ZERO 셋팅한다. 검사시작(대기상태)화면으로 바뀌게 된다.

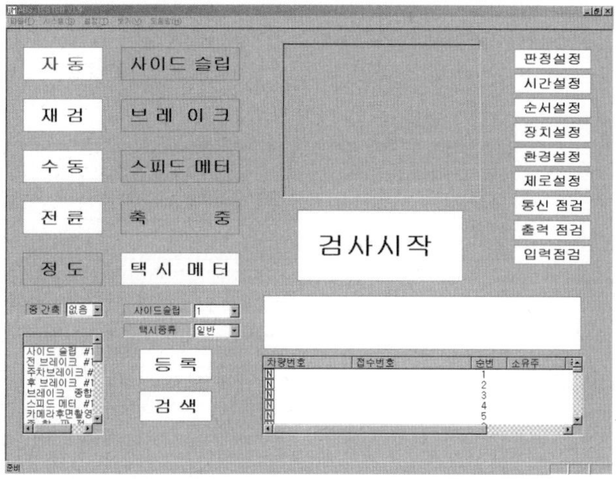

• 수동 MODE에서의 검사

(1) 검사준비
- 초기화면에서 {수동}을 마우스로 선택한다.
- 검사하고자하는 항목을 마우스로 클릭하면 된다.

(2) 속도계검사
- {속도계}마우스로 클릭한다.
- [검사시작]마우스로 클릭한다.
- 리프트가 하강한다.
- 운전자가 차량 기어를 1단부터 출발하여 2, 3단으로 변경하여 25km/h 이상에서 어느 정도 안정이 되면 전조등이나 혼을 사용하여 신호를 주면 “신고”버튼을 클릭한다.
- 브레이크를 서서히 밟아 차량의 속도를 감속시킨다.
- {취소}를 클릭하면 답판이 상승하면 천천히 차량을 이동시킨다.

<table>
<tr><td>안전 및
유의사항</td><td>(1) 허용 륜하중을 초과하는 자동차를 진입시키지 않아야 한다.
(2) 측정중에는 엔진을 가동시키고 변속기어를 중립으로 한다.
(3) 지시부는 직사광선의 장소와 습기가 많은 장소를 피해야 한다.
(4) 시험기에 불을 끼얹어서는 안 된다(특히 검출부분에 주의해야 한다).
(5) 시험기위에 주차해서는 안 된다.
(6) 측정차량의 전방에는 위험하니 아무도 위치해서는 안 된다.</td></tr>
<tr><td>평가내용</td><td>
<table>
<tr><th>세부 평가 내용</th><th>배점</th></tr>
<tr><td>(1) 자동차검사 기준 및 방법에 따라 속도계 기기검사방법을 수행할 수 있다.</td><td>30</td></tr>
<tr><td>(2) 자동차기준 및 방법에 따라 속도계 기기검사를 할 수 있다.</td><td>40</td></tr>
<tr><td>(3) 속도계 검사결과에 따라 안전기준 적합 여부를 판정할 수 있다.</td><td>30</td></tr>
<tr><td>합 계</td><td>100</td></tr>
</table>
</td></tr>
<tr><td>과 제</td><td>주어진 자동차에서 속도계의 상태를 측정하여 기록·판정하시오.
<table>
<tr><th rowspan="2">점검항목</th><th colspan="2">① 측정(또는 점검)</th><th colspan="2">② 판정 및 정비(또는 조치)사항</th></tr>
<tr><th>측정값</th><th>규정(정비한계)값</th><th>판정(□에 “✔”표)</th><th>정비 및 조치할 사항</th></tr>
<tr><td>저속시
(40km/h
이상)</td><td></td><td></td><td>□ 양호
□ 불량</td><td></td></tr>
</table>
• 실습보고서 작성 제출</td></tr>
</table>

실습보고서

실험제목	속도계 검사하기		
실험일자		반 및 실험조	
학번		성명	

■ 과제 내용

주어진 자동차에서 속도계의 상태를 측정하여 기록·판정하시오.

1. 사용기기 및 부품
   (1) 차종

   (2) 사용기기

   (3) 부품

2. 실험 결과
   (1) 실험조건

   (2) 실험결과

점검항목	① 측정(또는 점검)		② 판정 및 정비(또는 조치)사항	
	측정값	규정(정비한계)값	판정(□에 "✔"표)	정비 및 조치할 사항
저속시 (40km/h 이상)			□ 양호 □ 불량	

3. 실험 결과에 대한 검토 및 고찰

학습정리

이 장에서는 자동차 검사시 속도계 오차를 측정하는 방법 및 판정기준에 대하여 학습하였다. 자동차관리법에서 정하는 기준에 의거 속도계의 오차를 측정하고 판정할 수 있도록 하였다.

총괄평가

1. 속도계오차에 대한 시험의 판정기준에 대하여 서술하시오.
2. 어떤 자동차의 속도계를 검사한 결과 검사기기가 40km/h일 때 자동차의 계기판에는 43km/h를 나타내었다. 이 자동차의 속도계의 오차는 몇 %인가? 그리고 안전기준에 적합여부는?

[풀이] (1) 속도계의 오차 $= \frac{\text{속도계의 속도} - \text{검사기기의 속도}}{\text{검사기기의 속도}} \times 100\%$

$$= \frac{43 - 40}{40} \times 100\% = 7.5\%$$

(2) 안전기준의 적합여부 : 속도계 오차의 기준이 -10%에서 +25%까지 이므로 적합하다

3. 검사대상 차량의 속도계가 40km/h를 나타낼 때 속도계 시험기의 지시치가 45km/h를 나타내고 있었다. 검사 차량의 속도계의 오차와 자동차 검사 기준상 적합여부를 나타내어라.

[풀이] (1) 속도계의 오차 $= \frac{\text{속도계의 속도} - \text{검사기기의 속도}}{\text{검사기기의 속도}} \times 100\%$

$$= \frac{40 - 45}{45} \times 100\% = -11.1\%$$

(2) 안전기준의 적합여부 : 속도계 오차의 기준이 -10%에서 +25%까지 이므로 부적합하다

참고자료

1. 자동차관리법, 자동차관리법 시행령, 자동차관리법 시행규칙
2. 자동차 및 자동차부품의 성능과 기준에 관한 규칙

A-4 전조등 검사하기(1506030603_17v3.4)

학/습/목/표

일반목표

자동차관리법 등의 자동차 검사업무와 전조등의 광도와 광축을 측정하는 검사방법 및 판정기준에 대하여 학습하여 자동차관리법에서 정하는 기준에 의거 전조등의 광도와 광축검사를 실시하고 판정할 수 있도록 한다.

세부목표

1. 자동차 검사 기준 및 방법에 따라 전조등 기기검사 방법을 수행할 수 있다.
2. 자동차 검사 기준 및 방법에 의해 전조등 기기검사를 할 수 있다.
3. 전조등 기기 검사결과에 따라 안전기준 적합여부를 판정할 수 있다.

주요 용어

전조등, 전조등시험기, 광도, 광축, 조도

학습활동

기본학습 01 전조등 이론

1.1 관련법규

관련근거 **자동차 및 자동차부품의 성능과 기준에 관한 규칙**

제38조 [전조등]

① 자동차(피견인자동차를 제외한다)의 앞면에는 전방을 비출 수 있는 주행빔 전조등을 다음 각 호의 기준에 적합하게 설치하여야 한다.

1. 좌·우에 각각 1개 또는 2개를 설치할 것. 다만, 너비가 130cm 이하인 초소형 자동차에는 1개를 설치할 수 있다.
2. 등광색은 백색일 것
3. 주행빔 전조등의 설치 및 광도기준은 [별표 6의 3]에 적합할 것. 다만, 초소형 자동차는 [별표 35]의 기준을 적용할 수 있다.

② 자동차(피견인자동차는 제외한다)의 앞면에는 마주 오는 자동차 운전자의 눈부심을 감소시킬 수 있는 변환빔 전조등을 다음 각 호의 기준에 적합하게 설치하여야 한다.

1. 좌·우에 각각 1개를 설치할 것. 다만, 너비가 130cm 이하인 초소형자동차에는 1개를 설치할 수 있다.
2. 등광색은 백색일 것
3. 변환빔 전조등의 설치 및 광도기준은 [별표 6의 4]에 적합할 것. 다만, 초소형 자동차는 [별표 36]의 기준을 적용할 수 있다.

③ 자동차(피견인자동차는 제외한다)의 앞면에 전조등의 주행빔과 변환빔이 다양한 환경조건에 따라 자동으로 변환되는 적응형 전조등을 설치하는 경우에는 다음 각 호의 기준에 적합하게 설치하여야 한다.

1. 좌·우에 각각 1개를 설치할 것
2. 등광색은 백색일 것
3. 적응형 전조등의 설치 및 광도기준은 [별표 6의 5]에 적합할 것

④ 주변환빔 전조등의 광속(光束)이 2000루멘을 초과하는 전조등에는 다음 각 호의 기준에 적합한 전조등 닦이기를 설치하여야 한다.

1. 매시 130킬로미터 이하의 속도에서 작동될 것
2. 전조등 닦이기 작동 후 광도는 최초 광도값의 70% 이상일 것

기본학습 02 전조등의 광도 및 광축측정기의 구조 및 판정기준

2.1 필요성

자동차를 야간에 안전하게 운전하기 위해서는 전조등의 밝기 및 조사방향(광축)이 정확하게 조정한다. 전조등의 밝기가 충분하지 않고 또한 조사방향이 적당하지 않으면 전방의 안전 확인을 할 수 없을 뿐만 아니라 대상차의 운전자에게도 시야를 저해하여 사고를 유발시킬 위험성이 생긴다. 전조등시험기는 자동차의 전조등의 밝기 및 조사 방향의 진폭을 시험하기 위해 필요한 기계·기구이다.

2.2 전조등의 광도 및 광축의 측정원리

전조등시험기는 일반적으로 빛에너지를 흡수하여 기전력을 발생시키는 성질을 가진 광전지를 이용하여 전조등 주광축의 조사에 의한 광전지 기전력의 비율에 의해 전조등의 광도 및 광축을 측정하고 있다.

1. 광도의 측정

[그림 11]처럼 광전지와 광고계를 접속하고 적당한 거리를 두어 광전지에 전조등을 조사하면 광전지는 광의 세기에 대응하는 기전력을 발생하여 광도계가 작동하는 것으로써 전조등의 광도를 측정할 수 있다.

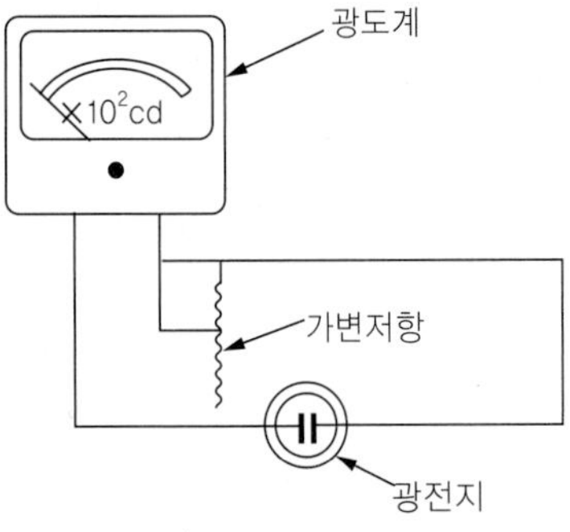

[그림 11] 광도의 측정

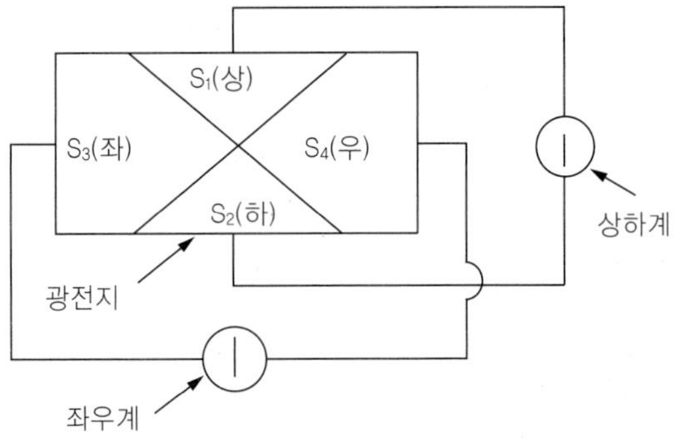

[그림 12] 광축의 진폭측정

2. 광축의 진폭측정

[그림 12]처럼 광전지를 4분할(S_1, S_2, S_3, S_4)하여 상·하에 배열한 S_1과 S_2에 상·하계를 그리고 좌·우에 배열한 S_3와 S_4에 좌·우계를 각각 접속하여 전조등을 조사하면 각각 광전지는 기전력을 발생하여 그 차에 의해 상하계 및 좌우계가 작동한다.

[그림 13]처럼 광전지에 전달되는 광의 편위가 없는 경우에는 상·하계 및 좌·우계에도 진폭이 없지만 [그림 14]처럼 편위가 있는 경우에는 상·하계는 하측으로, 좌·우계는 좌측으로 쏠리기 때문에 이에 의해 전조등의 진폭을 측정할 수가 있다.

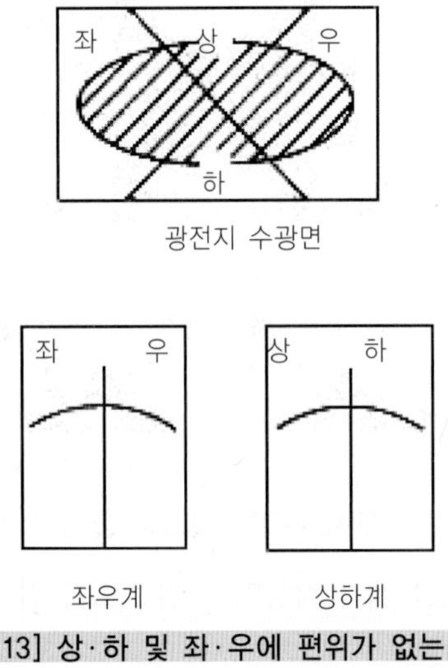

[그림 13] 상·하 및 좌·우에 편위가 없는 경우

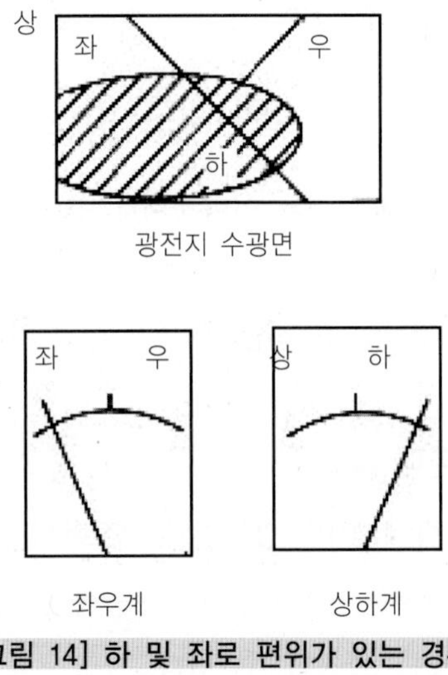

[그림 14] 하 및 좌로 편위가 있는 경우

2.3 전조등시험기의 구조

전조등시험기는 일정한 측정거리를 둔 자동차와 대향하여 전조등의 광도 및 광축의 진폭을 측정하는 구조로 되어 있다. 시험기는 측정방식에 의해 집광식, 투영식 및 자동 광축 추미식으로 분류되어 있으며 전조등의 광을 받는 수광부, 수광부를 자동차와 대향시키기 위한 정대장치, 전조등의 광도를 cd로 지시하는 광도지시부, 전조등의 광축 진폭을 각도 및 10m 전방에서 광축의 진폭을 거리(cm)로 지시하는 광축지시부 등으로 구성되어 있다. 또한 시험기는 지주, 스탠드, 레일 등에 의해 상·하·좌·우로 용이하게 이동할 수 있도록 되어 있다.

1. 집광식의 구조와 작동

전조등 빛을 수광부의 집광렌즈로 모아서 광전지에 조사하여 광도 및 진폭을 측정하는 구조로 되어 있으며 그 개략도를 [그림 15]에 나타내고 있다. 집광렌즈와 헤드램프의 중심을 일치시키기 위한 라이트 파인더를 집광 렌즈측으로 부터 보아 좌측측면에 설치하고 있다. 집광렌즈와 헤드램프까지의 거리는 기종에 따라 다르지만 1m와 3m의 것이 있다.

일반적으로 근거리의 1m보다도 3m 측정의 편이 精度的으로 우수하다. 그러나 일반적으로 집광식은 1m에서 측정하고 있다.

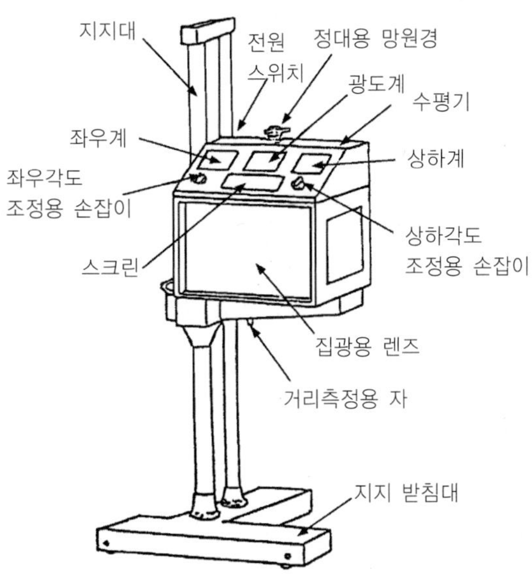

[그림 15] 집광식 전조등 시험기

[그림 16]에 나타내고 있는 집광식 시험기의 좌우계, 고저계(상하계)인 광도계는 테스터 내부의 전기회로로 하여 보면 각각 광전지(얇은 박판으로 그 편면에 빛이 조사되어지면 광전효과

에 의해 전자를 방출하여 양면간에 기전력이 발생한다)의 기전력을 계산하는 고감도 전압계라는 것이다.

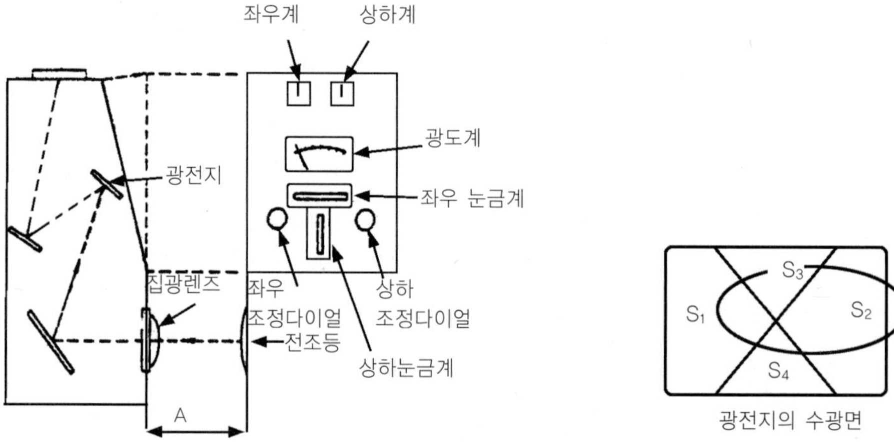

(a) 집광식 전조등 측정기　　(b) 광전지의 수광면

[그림 16] 집광식 전조등시험기의 수광부 구조

[그림 16(a)]에서는 [그림 16(b)]의 광전지의 수광면을 나타내고 있다. 이 면은 감도 S_1~S_4의 4영역으로 분할되어져 있어 영역상호간의 감도는 $S_1 = S_2$, $S_3 = S_4$의 관계이다. [그림 16(b)]의 타원형은 헤드램프의 조사패턴으로 이 패턴의 위치는 헤드램프의 주광축의 조사방향이 많이 벗어나 있는 경우다. 이 경우는 (S_1의 기전력) $<$ (S_2의 기전력)이기 때문에 좌우계는 우진폭 패턴을, (S_3의 기전력) $>$ (S_4의 기전력)이기 때문에 고저계(상하계)는 상(上)으로 되는 패턴을 지시하고 있다. 광도계는 ($S_1 + S_2 + S_3 + S_4$)의 기전력 값으로 나타내어지기 때문에 상(上)으로 표시한 상태와 같은 패턴의 우측단이 광전지의 수광면으로 부터 밖으로 있다면 다시 말하면 주광축의 광도보다도 낮은 값을 나타낸다.

할로겐 전조등용에는 일반적으로 [그림 17의] 실드 빔(배광특성을 SAE규격이라고 말함)용의 테스터가 사용되지 않는다.

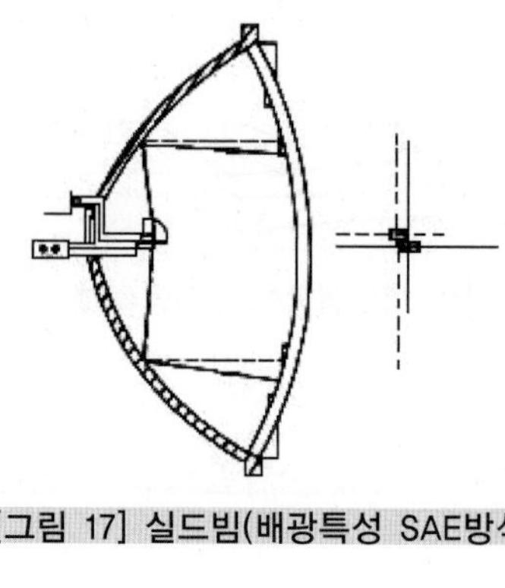

[그림 17] 실드빔(배광특성 SAE방식)

그것은 SAE(Society of Automotive Engineers : 미국의 자동차기술자협회)규격의 배광특성은 주광축에 좌우대칭이지만, 할로겐 전조등의 배광특성(이 특성을 ECE (Economic Comission for Europe : 구주경제위원회)규격이라 함)은 비대칭으로 되어 있기 때문이다. 거기서 양 규격의 배광특성을 1대 공용 측정할 수 있는 테스터가 개발되어져 있다. 집광식 전조등테스터의 방식은 다음의 종류가 있다.

① 반사광을 작동시켜 측정하는 방식
② 광전지를 작동시켜 측정하는 방식
③ 렌즈를 작동시켜 측정하는 방식

2. 투영식의 구조와 작동

투영식은 3m의 측정거리에서 투영스크린에 전조등의 상을 투영시켜 측정하는 방식이다. 현재, 대부분 이 방식이 이용되고 있다(그림 18).

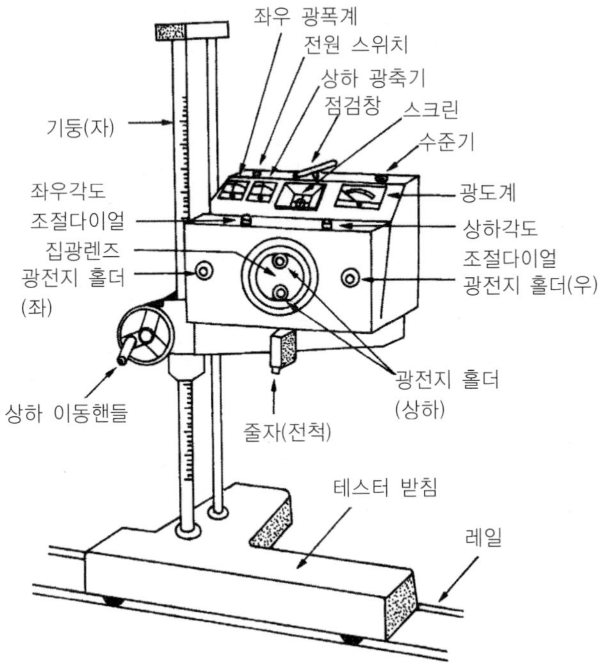

[그림 18] 투영식 전조등시험기

[그림 19]와 같이 수광부는 중앙에 집광렌즈, 상·하·좌·우에 4개의 광전지를 부착하여 전조등의 상을 집광렌즈, 광도용 건전지 및 반사경을 넣은 투영스크린에 투영하도록 되어 있다.

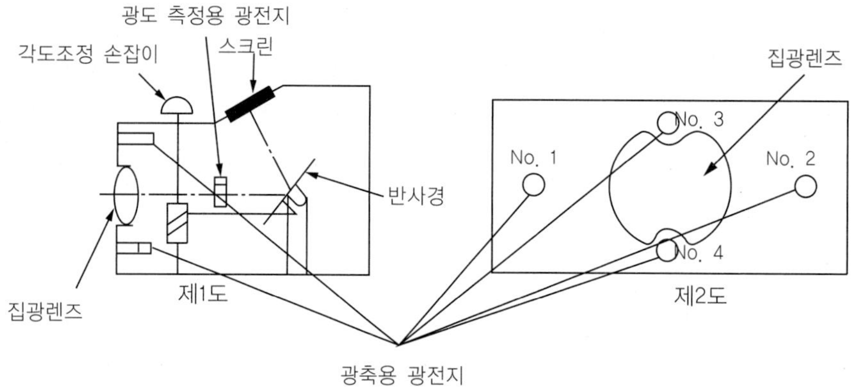

[그림 19] 투영식 수광부의 구조

수광부를 작동시켜 광축계의 지시치를 영으로 하여 상·하 및 좌·우 광전지에 비추는 빛량이 같게 하여 주광축을 얻는다. 이때의 투영스크린의 전조등 영상의 위치에 의한 광축의 진폭을 측정하고 동시에 광도계의 지시에 의한 광도를 측정하는 구조로 되어 있다. 광축의 진폭 측정에는 다음의 방식이 있다.

(1) 투영스크린 눈금방식

[그림 20]과 같이 투영스크린에 광축의 진폭눈금이 표시되어 전조등 영상이 중심위치에 의해 직접 광축의 진폭을 측정하는 방식으로 되어 있다.

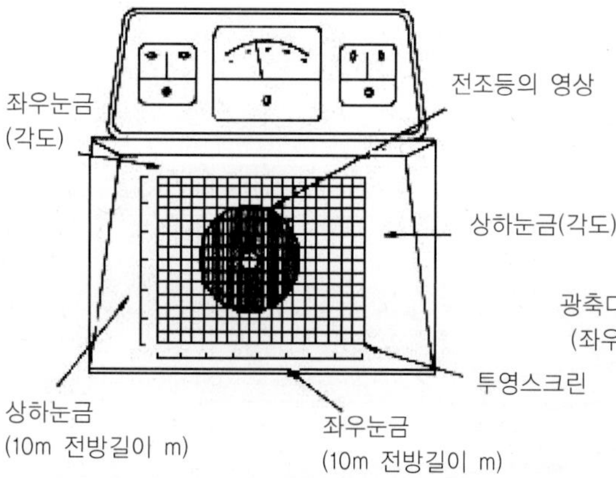

[그림 20] 투영식 스크린 눈금방식

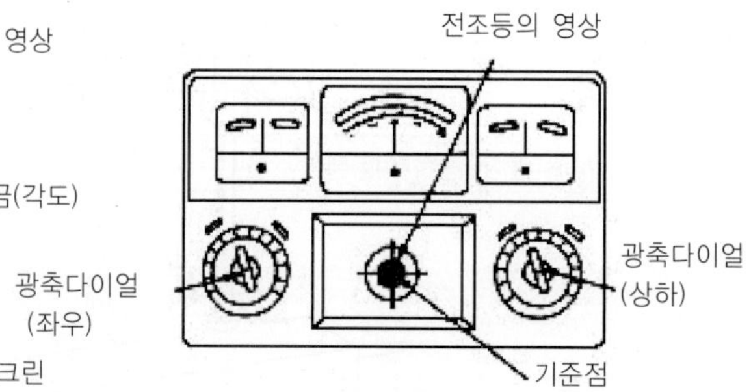

[그림 21] 광축 다이얼방식

(2) 광축다이얼 방식

[그림 19] 및 [그림 21]과 같이 광축다이얼을 돌려서 전조등 영상의 중심과 스크린 중심과 기준점 을 맞추어 광축다이얼의 눈금으로 광축의 진폭을 측정하는 방식으로 되어 있다.

3. 자동광축 추미식

자동광축 추미식은 3m의 측정거리에서 수광부가 전조등의 주광축을 자동적으로 추미하여 측정하는 방식이다(그림 22). 수광부는 투영식과 같이 집광렌즈 및 4개의 광전소자를 갖추고 전조등의 조사에 의해 광전소자에 비추는 광량이 상·하·좌·우 각각 같게 되도록 수광부가 자동적으로 추미하여 주광축을 잡는다.

집광렌즈로부터의 빛은 수광부 내의 집광식과 같이 4분할의 광전지를 조사하고 편위가 있는 경우에는 균형상태가 되도록 광전지 자체 또는 집광렌즈가 이동하도록 되어 있다. 이 이동량은 포텐쇼미터에 의해 검출되어 광축의 진폭으로 상하계 및 좌우계에 지시된다. 또한 동시에 광도가 광도계에 지시되는 구조로 되어 있다. 그리고 미리 검사기준치를 결정하여 합·불 판정을 자동적으로 시행할 수가 있다.

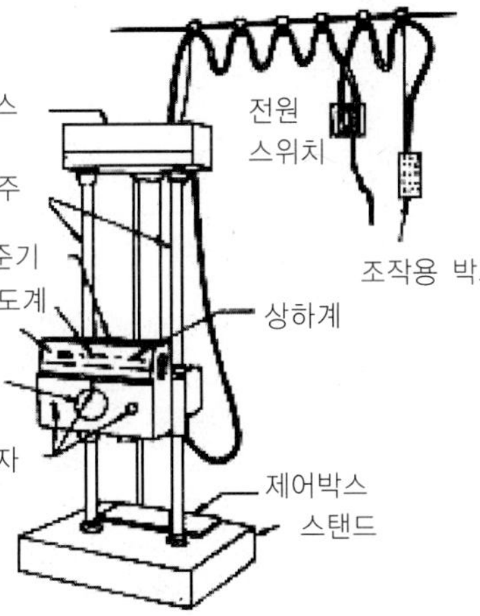

[그림 22] 자동광축 추미식 전조등시험기

2.4 전조등 광도 및 측정법과 검사기기 사용법

측정방법은 시험기의 명칭, 형식 등에 의해 다르기 때문에 시험기의 “취급설명서”에 따라야 하지만 여기서는 KS200LT 모델에 대하여 나타낸다.

1. 집광식 전조등시험기(주행빔과 변환빔 측정용, KS200LT)

(1) 개요

① 전조등의 밝기인 광도 측정은 광전지를 이용하며, 전조등의 조사 방향은 진폭 광축 측정에 이용하고, 측정은 카메라를 이용한 화상처리방식이다.

② 기존 할로겐 타입 전조등 및 최신 HID, LED전조등 측정이 가능하고 또한 Cut-off 방식 변환빔과 집광식 주행빔을 모두 측정할 수 있다.

③ 측정지시부는 LCD 디스플레이 방식으로 되어 있다.

④ 측정거리는 1m 이다.

⑤ 자동차관리법 시행규칙에 따른 정도검사기준에 적합하다.

(2) 주요 제원

항목		내용	
측정 방식		CMOS 카메라, 집광식	
측정 항목		변환빔(하향등), 주행빔(상향등) 겸용	
추미 방식		수동식	
정대 방식		카메라 영상 및 선 레이저 사용 방식	
높이 정대방식		자동높이센서 방식	
조작 방식		터치 스크린 및 물리버튼 방식	
표시 방식		1280*800 터치 TFT LCD	
측정범위	광도	0~120,000cd	
	광각 (진폭)	상	0~350mm(0~2°)
		하	0~525mm(0~3°)
		좌	0~525mm(0~3°)
		우	0~525mm(0~3°)
측정거리		1m	

(3) 외부 키 기능

① 외부 키 명칭

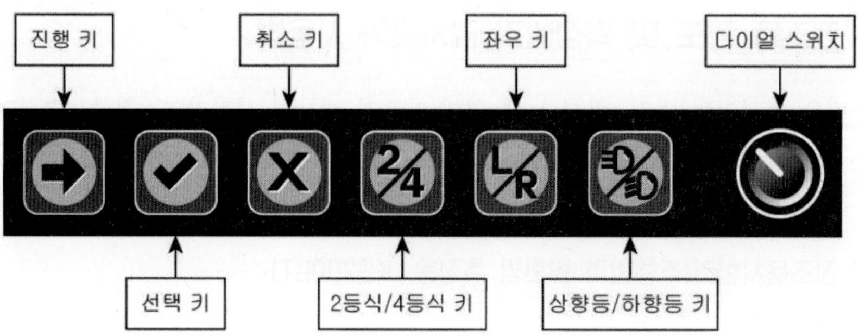

② 각 키별 기능

	진행	• 메인 화면에서 측정 선택 화면으로 진행 • 측정 선택 화면에서 선택된 측정 시작 • 정대 화면에서 완료 후 다음 진행 • 측정 화면에서 완료 후 다음 진행 • 결과 화면에서 완료 후 다시 측정 선택
	선택	• 메인 화면에서 설정 화면으로 진행 • 정대 화면에서 높이/노출 중 활성화 선택 • 결과 화면에서 선택된 등의 재측정 시작 • 교정 화면에서 각 항목 설정
	취소	• 메인 화면에서 프로그램 종료 진행 • 측정 선택 화면에서 메인 화면으로 나가기 • 정대, 측정, 결과 화면에서 측정 선택 화면으로 나가기 • 환경 설정에서 측정 선택 화면으로 나가기 • 교정 화면에서 환경 설정 화면으로 나가기
	2등식/4등식	• 측정 선택 화면에서 2등식 또는 4등식 선택 • 정대 화면에서 카메라 영상 확대/축소 • 측정 화면에서 카메라 영상 축소/확대
	좌측/우측	• 측정 선택 화면에서 좌선행 또는 우선행 선택 • 카메라 영상 패턴으로 보여주기 • 결과 화면에서 좌측 재측정 또는 우측 재측정 선택 • 환경 설정에서 설정값 선택 • 교정 화면에서 각 항목 우측 이동
	상향등/하향등	• 측정 선택 화면에서 상향등 또는 하향등 선택 • 정대, 측정 화면에서 레이저 끄기 또는 켜기 • 설정 화면에서 각 항목 하향 이동 • 교정 화면에서 각 항목 하향 이동
	다이얼스위치	• 교정 화면에서 각 항목 간 이동 • 정대 화면에서 노출값 수치 조정

2. 측정 방법

(1) 측정 준비

① 외부 환경 셋팅

- 측정 차량 램프의 유리면을 닦아 준다.
- 타이어의 공기압을 기준 압력으로 맞춘다.
- 헤드라이트 테스터의 수평기를 확인한다.
- 바닥면(타이어 접지면)의 수평에 주의하여야 한다.
- 외부로부터 빛의 영향을 차단하여 주어야 한다.

- 자동차 운전자 1명이 승차한 상태에서 조정하여 준다(차량은 공차 상태).
- 측정 중 시동을 걸고 기어는 중립으로 하여 주차 브레이크를 채워 준다.
- 4등식 전조등 차량 측정시 측정하는 전조등 외에는 부등 커버로 막고 측정한다.

② 프로그램 실행

- 전원코드 연결 후 전원버튼을 누르면 시스템이 부팅되고 전조등 시험기 프로그램이 자동 실행되어진다.
- 메인화면에서 종료, 측정, 환경설정을 선택할 수 있다.

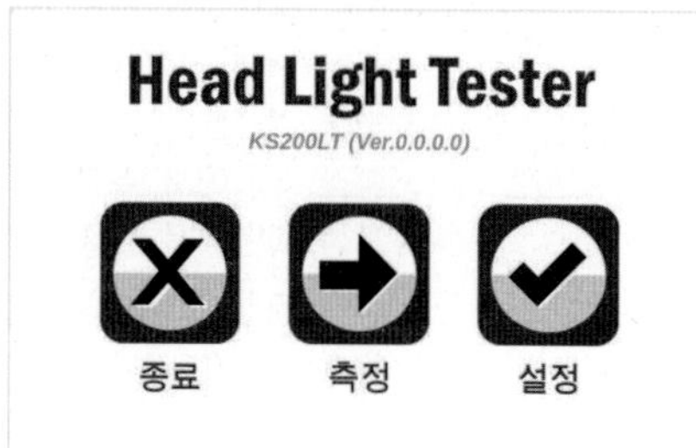

(2) 측정

① 정대

- 메인화면에서 측정 방식을 선택한다.

키	선택 사항
	2등식 또는 4등식
	좌선행(좌측등부터 측정) 또는 우선행(우측등부터 측정)
	상향등 또는 하향등

• 측정 방식을 선택한 상태에서 「진행」 버튼 을 누르면 정대 화면으로 넘어가게 된다.

위 화면 예시의 경우 4등식, 우선행, 하향등 측정을 나타내고 있다.

- 메인화면의 초기 설정값 세팅은 환경설정->설정 항목에서 설정 가능하다.
- 우선행시 우측측정을 먼저 실행한 후 자동으로 좌측측정을 실행하게 된다.

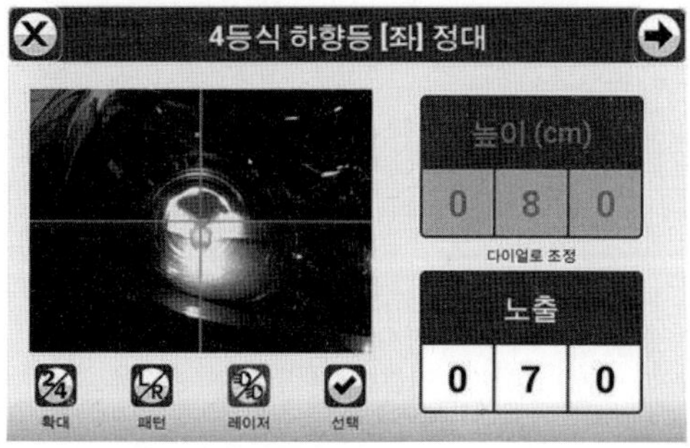

• 수광부 좌측의 줄자를 사용하여 수광부와 헤드램프 사이의 거리가 1m가 되게 한다.

• 카메라 영상의 십자 중심과 차량 헤드라이트의 중심을 일치시키도록 한다.

• 화면이 흐릿하여 라이트 중심 확인이 어려울 경우 노출값을 조절하여 선명한 영상을 취할 수 있다. (다이얼스위치로 조절)

• 확대 버튼을 누르면 더욱 확대된 화면으로 차량 헤드라이트를 보고 정대 할 수 있다.

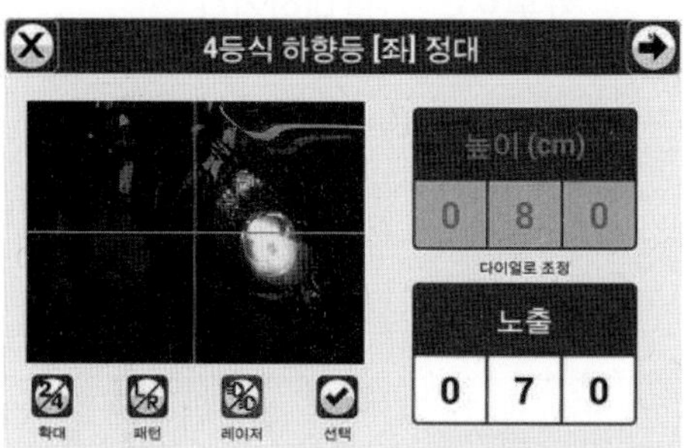

확대 전

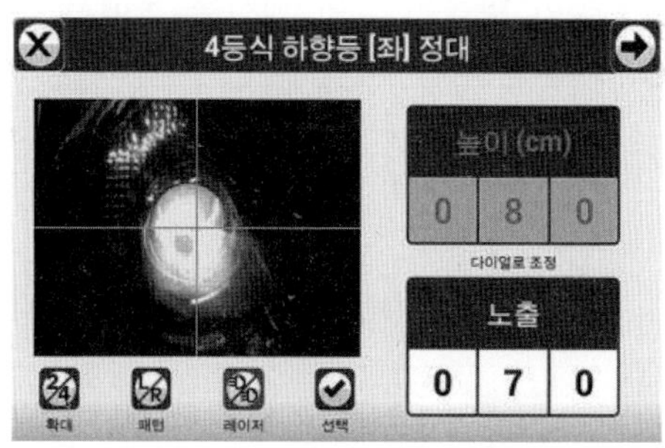

확대 후

• 패턴 버튼을 누르면 다음과 같이 패턴화된 화면을 볼 수 있다.

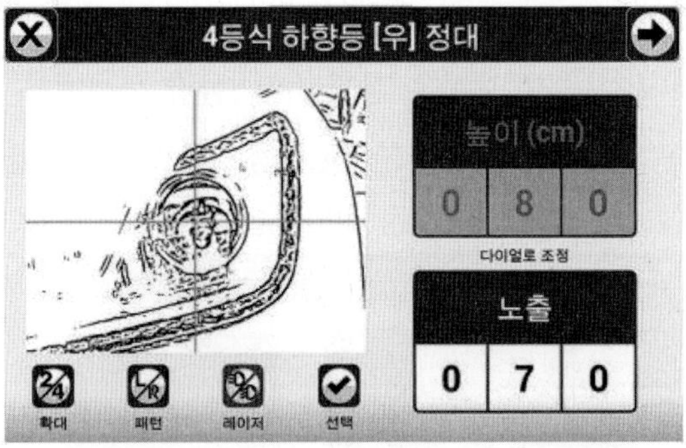

- 다이얼 스위치 를 사용하면 빠르고 편리하게 수치를 변화시킬 수 있 다.
- 레이저 버튼 을 사용하여 중심을 맞출 수도 있다.
  - 수광부 우측 레이저 : 수평선
  - 수광부 하단 레이저 : 수직선
- 헤드램프의 정중앙에 레이저의 수평선과 수직선이 교차하는 포인트를 맞춘다. 레이저 빛이 잘 보이지 않을 경우 차량 헤드라이트를 끄고 손바닥 또는 종이에 레이저 빛을 받아 확인한다.

• 높이 항목은 높이 센서를 통해서 읽은 값을 자동으로 나타내어진다.

키	선택사항
	측정 화면으로 이동한다.
	측정 선택 화면으로 돌아간다.
	카메라 영상을 확대/축소로 보여준다.
	키메라 영상을 패턴별로 보여준다.
	레이저 ON/OFF

• 노출값을 설정한 뒤에 「진행」 버튼 을 누르면 측정화면이 나타난다.

② 측정

- 측정치가 적합범위 내에 들어가면 적합범위 라인이 청색으로 표시된다.

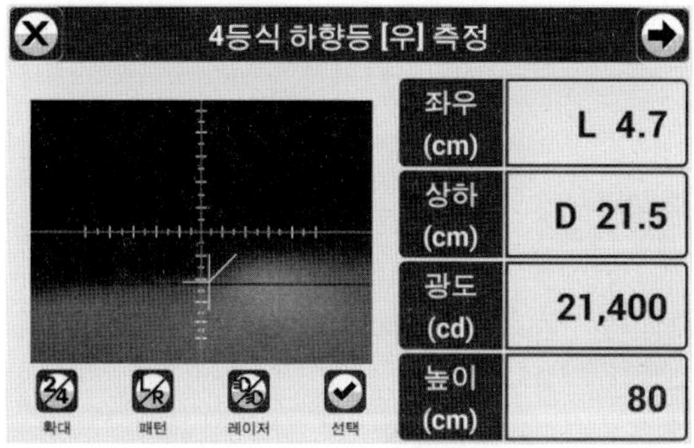

- 측정치가 적합범위 내에 들어가지 않으면 측정화면에서 판정 적합범위라인과 측정값이 적색으로 표시된다.

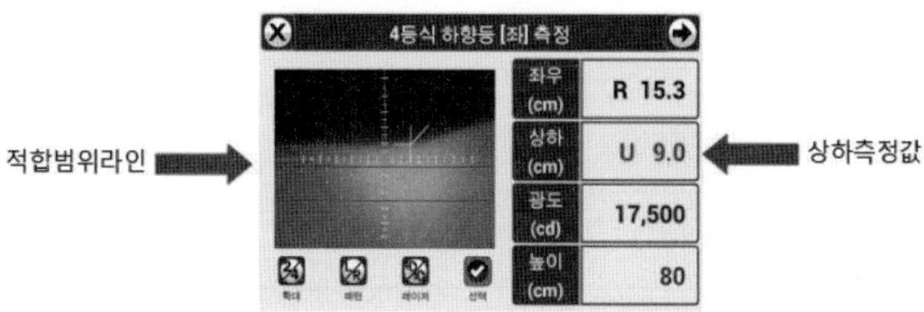

키	선택사항
	다음 진행 화면 화면으로 이동한다.
	측정 선택 화면으로 돌아간다.
	카메라 영상을 확대/축소로 번갈아 보여 준다.
	빛의 모습을 패턴으로 보여준다.
	레이저 ON/OFF

③ 결과

• 좌, 우 모든 측정이 끝나고 「진행」 버튼 을 누르면 판정 결과 화면이 나타난다.

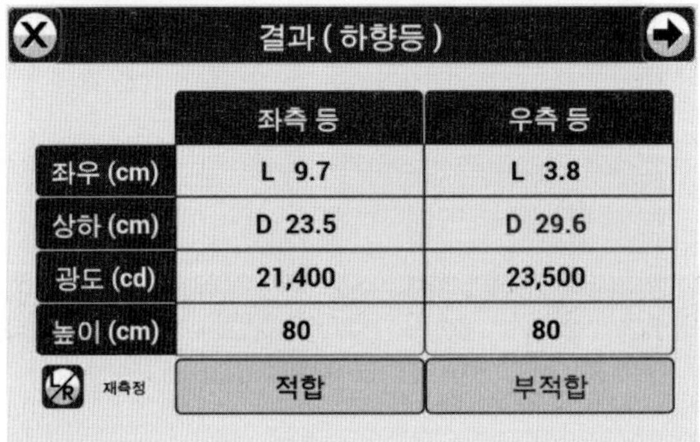

• 위 화면 예시의 경우 좌측등 적합, 우측등 부적합입니다.

키	선택사항
	측정이 완료되어 측정 선택 화면으로 이동한다.
	측정 선택 화면으로 돌아간다.
	재측정을 위해 좌, 우측 등을 번갈아 선택한다.

④ 재측정

• 부적합 등의 재측정을 위해 「좌우」 버튼 을 눌러서 다음 화면과 같이 재측정을 활성화한다. (터치스크린사용시 L/R아이콘을 터치해서 재측정을 활성화 시킨 후 재측정 아이콘을 터치 할 수도 있다.)

• 「선택」 버튼 을 눌러서 재측정을 시작한다.

(3) 환경 설정

각 탭의 이동은 「진행」 버튼 을 사용한다.

① 판정 기준

• 판정 기준을 자세하게 볼 수 있다.

② 설정

• 환경설정에서 초기 설정값(측정 선택 화면)을 변경할 수 있다. 초기 설정 내에서의 각 항목은 「상하」 버튼 으로 이동할 수 있고, 항목 내에서의 선택은 「좌우」 버튼 으로 할 수 있다. (터치스크린에서 해당 항목 터치도 가능하다.)

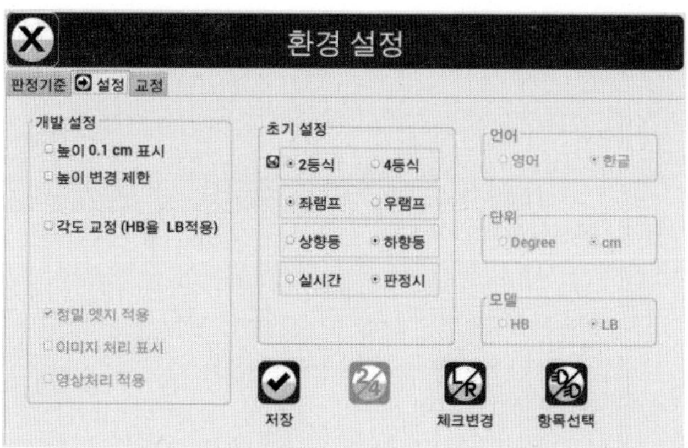

• 초기설정

- 2등식을 기본으로 할지 4등식을 기본으로 할지 선택한다.
- 좌측 측정 시작을 기본으로 할지 우측 측정 시작을 기본으로 할지 선택한다.
- 상향등 측정을 기본으로 할지 하향등 측정을 기본으로 할지 선택한다.
- 통신방식을 실시간 전송으로 할지 판정시로 할지 선택한다.

(4) 종료

메인 화면에서「취소」버튼 을 누르면 종료 확인창이 뜬다.

- 예→ 프로그램이 종료된다.
- 아니오→ 다시 프로그램을 진행한다.

2.5 판정기준

자동차관리법 시행규칙

제73조 [자동차의 검사기준 및 방법]

법 제43조제1항의 규정에 의한 자동차의 검사는 자동차검사대행자 및 법 제45조제1항의 규정에 의한 지정정비사업자(이하 "지정정비사업자"라 한다)가 시설·장비·기술인력 및 기타 필요한 설비를 갖춘 곳(이하 "자동차검사시설"이라 한다)에서 실시하며, 검사기준 및 방법은 [별표 15]와 같다. 다만, 국토교통부장관은 자동차검사대행자로 하여금 다음 각호의 지역에 대하여 국토교통부장관이 정하는 방법에 의하여 자동차의 출장검사(이동식 검사장비에 의한 검사를 포함한다. 이하 같다)를 하게 할 수 있다.

[별표 15] 자동차 검사기준 및 방법(제73조 관련)

1. 검사방법 및 기준(비사업용 자동차의 경우)

<table>
<tr><th>항목</th><th colspan="2">검사기준</th><th>검사방법</th></tr>
<tr><td rowspan="5">18) 등화장치</td><td colspan="2">가) 변환빔의 광도는 3천칸델라 이상일 것</td><td>좌·우측 전조등(변환빔)의 광도와 광도점을 전조등시험기로 측정하여 광도점의 광도 확인</td></tr>
<tr><td colspan="2">나) 변환빔의 진폭은 10미터 위치에서 다음 수치 이내일 것</td><td rowspan="3">좌·우측 전조등(변환빔)의 컷오프선 및 꼭지점의 위치를 전조등시험기로 측정하여 컷오프선의 적정 여부 확인</td></tr>
<tr><td>설치높이 ≤ 1.0m</td><td>설치 높이 〉1.0m</td></tr>
<tr><td>-0.5%~-2.5%</td><td>-1.0%~-3.0%</td></tr>
<tr><td colspan="2">다) 컷오프선의 꺽임점(각)이 있는 경우 꺽임점의 연장선은 우측 상향일 것</td><td>변환빔의 컷오프선, 꺽임점(각), 설치상태 및 손상여부 등 안전기준 적합 여부를 확인</td></tr>
</table>

실습지시서 및 실습보고서

실습지시서

<table>
<tr><td>학과</td><td>과</td><td>학기</td><td colspan="2">20 학년도 학기</td></tr>
<tr><td>교과목명</td><td>자동차정비검사</td><td>시간</td><td colspan="2">20 년 월 일(~교시)</td></tr>
<tr><td>실험·실습명</td><td colspan="4">전조등 검사하기(1506030603_17v3.4)</td></tr>
<tr><td>실습목표</td><td colspan="4">(1) 자동차검사 기준 및 방법에 따라 전조등 기기 검사방법을 수행할 수 있다.
(2) 자동차검사 기준 및 방법에 따라 전조등 기기 검사를 할 수 있다.
(3) 전조등 기기 검사결과에 따라 안전기준 적합여부를 판정할 수 있다.</td></tr>
<tr><td rowspan="8">사용재료
(공구/기구 등)</td><td>품명(재료명)</td><td>규격</td><td>수량</td><td>비고</td></tr>
<tr><td>자동차</td><td></td><td>1</td><td></td></tr>
<tr><td>전조등 시험기</td><td></td><td>1</td><td></td></tr>
<tr><td>일반 공구세트</td><td></td><td>1</td><td></td></tr>
<tr><td>타이어 공기 주입기</td><td></td><td>1</td><td></td></tr>
<tr><td>공기 압력계</td><td></td><td>1</td><td></td></tr>
<tr><td>전조등 전구</td><td></td><td>2</td><td></td></tr>
<tr><td>멀티테스터</td><td></td><td>1</td><td></td></tr>
<tr><td>실험·실습순서
및 관련지식</td><td colspan="4">1. 검사 방법
(1) 차량 정렬
검사하려는 자동차를 전조등 시험기와 1m 거리에 수직으로 정렬시킨다.
* 검사 시 1m 거리에서 측정하나 전조등 시험기 내부에서는 10m 거리로 환산되어 나타남
(2) 전조등 확인
전조등의 손상여부 등 설치 및 작동상태를 확인한다.
(3) 광도 및 광축 측정
- [수동] 변환빔 발광면 중심에 전조등 시험기 정대 후 변환빔을 점등하여 광도 및 광축을 측정한다.
- [자동] 변환빔 점등 후 전조등 시험기를 작동시켜 광도 및 광축을 측정한다.
(4) 컷오프선 확인
육안 또는 전조등 시험기 화면을 통해 컷오프선 적정성을 확인한다.

• 자동차안전기준 시행세칙 - [별표 2] 자동차의 안전기준 확인방법
(11. 운행 자동차의 등화장치의 광도 및 광축)
1. 적용범위
이 규정은 운행자동차 전조등의 광도 및 광축의 측정방법에 대하여 규정한다.

2. 측정조건
2.1. 자동차는 적절히 예비 운전되어 있는 공차상태의 자동차에 운전자 1인이 승차한 상태로 한다.
2.2. 자동차는 축전지는 충전한 상태로 한다.
2.3. 자동차의 원동기는 공회전 상태로 한다.
2.4. 타이어의 공기압은 표준 공기압으로 한다.
2.5. 4등식 전조등의 경우 측정하지 아니하는 등화에서 발산하는 빛을 차단한 상태로 한다.</td></tr>
</table>

실험·실습순서 및 관련지식	3. 측정방법 전조등시험기의 형식에 따라 시험기의 수광부와 전조등을 1m 내지 3m의 거리에 정면으로 대칭시킨 상태에서 광도 및 광축을 측정한다. 4. 측정기기 측정기기는 자동차관리법시행규칙 제91조의 규정에 의한 정도를 유지하여야 한다. 5. 기타 등화의 광도 및 광축 전조등을 제외한 각 등화장치의 광도 및 광축을 신규 제작 자동차 등화장치의 광도 및 광축 측정방법을 준용하여 측정하게 할 수 있다.
안전 및 유의사항	(1) 시험기에 충격을 가하서는 안 된다. (2) 수분이 침투하지 않도록 하여야 한다. (3) 직사광선과 습한 곳을 피하여 설치하여야 한다. (4) 전원변동이 심하지 않는 곳에 설치하여야 한다.
평가내용	

세부 평가 내용	배점
(1) 자동차 검사 기준 및 방법에 따라 전조등 기기검사 방법을 수행할 수 있다.	30
(2) 자동차 검사 기준 및 방법에 따라 전조등 기기 검사를 할 수 있다.	40
(3) 전조등 기기 검사결과에 따라 안전기준 적합 여부를 판정할 수 있다.	30
합 계	100

과 제

주어진 자동차에서 좌 또는 우측의 전조등(변환빔)의 광도와 광축을 측정하고 기록·판정하시오.

① 측정(또는 점검)				② 판정
구분	측정항목	측정값	기준값	판정
위치 : □ 좌 □ 우	광도		이상	□ 양호 □ 불량
	광축			

※ 측정위치는 감독위원이 □ 에 "✔"표시로 제시함.
※ 단위가 누락되거나 틀린 경우는 오답으로 채점함.
※ 자동차 검사기준 및 방법에 의하여 기록, 판정함.

• 실습보고서 작성 제출

실습보고서

실험제목	전조등(변환빔) 검사하기		
실험일자		반 및 실험조	
학번		성명	

■ 과제 내용

주어진 자동차에서 좌 또는 우측의 전조등(변환빔)의 광도와 광축을 측정하고 기록·판정하시오.

1. 사용기기 및 부품
   (1) 차종

   (2) 사용기기

   (3) 부품

2. 실험 결과
   (1) 실험조건

   (2) 실험결과

① 측정(또는 점검)				② 판정
구분	측정항목	측정값	기준값	판정
위치 : □ 좌 □ 우	광도		이상	□ 양호 □ 불량
	광축			

※ 측정위치는 감독위원이 □ 에 "✔"표시로 제시함.
※ 단위가 누락되거나 틀린 경우는 오답으로 채점함.
※ 자동차 검사기준 및 방법에 의하여 기록, 판정함.

3. 실험 결과에 대한 검토 및 고찰

학습정리

이 장에서는 자동차 검사시 등화장치 중 전조등의 광도와 광축을 측정하는 방법 및 판정기준에 대하여 학습하였다. 자동차관리법에서 정하는 기준에 의거 등화장치 중 전조등의 광도와 광축을 측정하고 판정할 수 있도록 하였다.

총괄평가

1. 전조등의 광도 및 광축을 측정하는 방법에 대하여 서술하시오.

참고자료

1. 자동차관리법, 자동차관리법 시행령, 자동차관리법 시행규칙
2. 자동차 및 자동차부품의 성능과 기준에 관한 규칙
3. 자동차안전기준 시행세칙

A-5 경적, 배기소음 검사하기(1506030603_17v3.5)

학/습/목/표

일반목표

자동차관리법 및 대기환경보전법 등의 자동차 검사업무와 경적·배기소음을 측정하는 검사 방법 및 판정기준에 대하여 학습하여 자동차관리법 및 소음·진동규제법에서 정하는 기준에 의거 경적·배기소음을 실시하고 판정할 수 있도록 한다.

세부목표

1. 운행차 소음측정 방법에 따라 자동차의 소음측정 방법을 수행할 수 있다.
2. 운행차 소음측정 방법에 따라 소음검사 전 소음측정기의 측정장소와 측정기기를 위치와 거리 등 규정에 맞게 준비할 수 있다
3. 운행차 소음측정 방법에 따라 경적소음을 소음측정기로 측정할 수 있다.
4. 운행차 소음측정 방법에 따라 배기소음을 소음측정기로 측정할 수 있다.
5. 소음측정 검사결과에 따라 자동차소음 허용기준 적합여부를 판정할 수 있다.

주요 용어

경음기, 배기관, 경적소음, 배기소음.

학습활동

기본학습 01 소음이론

1.1 관련법규

관련근거 자동차 및 자동차부품의 성능과 기준에 관한 규칙

제35조 [소음방지장치]

자동차의 소음방지장치는 「소음·진동관리법」 제30조 및 제35조에 따른 자동차의 소음허용기준에 적합하여야 한다.

관련근거 소음·진동관리법

제35조 [운행차 소음허용기준]

자동차의 소유자는 그 자동차에서 배출되는 소음이 대통령령으로 정하는 운행차 소음허용기준에 적합하게 운행하거나 운행하게 하여야 하며, 소음기(消音器)나 소음덮개를 떼어 버리거나 경음기(警音器)를 추가로 붙여서는 아니 된다.

관련근거 소음·진동관리법 시행령

제8조 [운행차 소음허용기준]

법 제35조에 따른 운행차 소음허용기준은 다음 각 호의 자동차의 소음 종류별로 소음배출 특성을 고려하여 정하되, 소음 종류별 허용기준치는 관계 중앙행정기관의 장의 의견을 들어 환경부령으로 정한다.

1. 배기소음
2. 경적소음

관련근거 소음·진동관리법 시행규칙

제40조 [운행차 소음허용기준]

법 제35조와 영 제8조에 따른 소음의 종류별 운행차 소음허용기준은 별표 13과 같다.

[별표 13] 자동차의 소음허용기준(제29조 및 제40조 관련)

2. 운행자동차

가. 1999년 12월 31일 이전에 제작되는 자동차

<table>
<tr><th rowspan="2">소음 항목 / 대상자동차 / 자동차 종류</th><th colspan="2">배기소음(dB(A))</th><th>경적소음(dB(C))</th></tr>
<tr><th>1995년 12월 31일 이전에 제작된 자동차</th><th>1996년 1월 1일 이후에 제작되는 자동차</th><th>모든 자동차</th></tr>
<tr><td>경자동차</td><td>103 이하</td><td>100 이하</td><td rowspan="5">115 이하</td></tr>
<tr><td>승용자동차</td><td>103 이하</td><td>100 이하</td></tr>
<tr><td>소형화물자동차</td><td>103 이하</td><td>100 이하</td></tr>
<tr><td>중량자동차</td><td>107 이하</td><td>105 이하</td></tr>
<tr><td>이륜자동차</td><td>110 이하</td><td>105 이하</td></tr>
</table>

나. 2000년 1월 1일 이후에 제작되는 자동차

<table>
<tr><th colspan="2">소음 항목 / 자동차 종류</th><th>배기소음(dB(A))</th><th>경적소음(dB(C))</th></tr>
<tr><td colspan="2">경자동차</td><td>100 이하</td><td>110 이하</td></tr>
<tr><td rowspan="4">승용자동차</td><td>승용 1</td><td>100 이하</td><td>110 이하</td></tr>
<tr><td>승용 2</td><td>100 이하</td><td>110 이하</td></tr>
<tr><td>승용 3</td><td>100 이하</td><td>112 이하</td></tr>
<tr><td>승용 4</td><td>105 이하</td><td>112 이하</td></tr>
<tr><td rowspan="3">화물자동차</td><td>화물 1</td><td>100 이하</td><td>110 이하</td></tr>
<tr><td>화물 2</td><td>100 이하</td><td>110 이하</td></tr>
<tr><td>화물 3</td><td>105 이하</td><td>112 이하</td></tr>
<tr><td colspan="2">이륜자동차</td><td>105 이하</td><td>110 이하</td></tr>
</table>

다. 2006년 1월 1일 이후에 제작되는 자동차

<table>
<tr><th colspan="2">소음 항목 / 자동차 종류</th><th>배기소음(dB(A))</th><th>경적소음(dB(C))</th></tr>
<tr><td colspan="2">경자동차</td><td>100 이하</td><td>110 이하</td></tr>
<tr><td rowspan="4">승용자동차</td><td>승용 1</td><td>100 이하</td><td>110 이하</td></tr>
<tr><td>승용 2</td><td>100 이하</td><td>110 이하</td></tr>
<tr><td>승용 3</td><td>100 이하</td><td>112 이하</td></tr>
<tr><td>승용 4</td><td>105 이하</td><td>112 이하</td></tr>
<tr><td rowspan="3">화물자동차</td><td>화물 1</td><td>100 이하</td><td>110 이하</td></tr>
<tr><td>화물 2</td><td>100 이하</td><td>110 이하</td></tr>
<tr><td>화물 3</td><td>105 이하</td><td>112 이하</td></tr>
<tr><td colspan="2">이륜자동차</td><td>105 이하</td><td>110 이하</td></tr>
</table>

[별표 3] 자동차의 종류(제4조 관련)

1. 1999년 12월 31일까지 제작되는 자동차

종류	정의	규모
경자동차	주로 적은 수의 사람이나 화물을 운송하기에 적합하게 제작된 것	엔진배기량 800cc 미만
승용자동차	주로 사람을 운송하기에 적합하게 제작된 것	엔진배기량 800cc 이상 및 차량 총중량 3톤 미만
소형화물 자동차	주로 화물을 운송하기에 적합하게 제작된 것	엔진배기량 800cc 이상 및 차량 총중량 3톤 미만
중량자동차	주로 많은 사람 및 화물을 운송하기에 적합하게 제작된 것	총중량 3톤 이상
이륜자동차	주로 1명 또는 2명 정도의 사람을 운송하기에 적합하게 제작된 것	엔진배기량 50cc 이상 및 빈 차 중량 0.5톤 미만

참고 : 1. 승용자동차에는 승용자동차에서 생겨난 왜건(WAGON) 등을 포함한다.
2. 소형화물자동차에는 지프(JEEP)·코우치(COACH) 및 밴(VAN) 등을 포함한다.
3. 중량자동차에 해당되는 건설기계의 종류는 환경부장관이 정하여 고시한다.
4. 이륜자동차에는 옆 차붙이 이륜자동차를 포함하며, 경자동차·승용자동차 및 소형화물자동차는 제외한다.
5. 전기를 주동력으로 사용하는 자동차에 대한 종류의 구분은 위 표 중 규모란의 차량 총중량에 따르되, 차량 총중량이 1.5톤 미만에 해당되는 경우에는 경자동차로 구분한다.

2. 2000년 1월 1일부터 제작되는 자동차

<table>
<tr><th>종류</th><th>정의</th><th colspan="2">규모</th></tr>
<tr><td>경자동차</td><td>주로 적은 수의 사람이나 화물을 운송하기에 적합하게 제작된 것</td><td colspan="2">엔진배기량 800cc 미만</td></tr>
<tr><td rowspan="4">승용자동차</td><td rowspan="4">주로 사람을 운송하기에 적합하게 제작된 것</td><td>승용1</td><td>엔진배기량 800cc 이상 및 9인승 이하</td></tr>
<tr><td>승용2</td><td>엔진배기량 800cc 이상, 10인승 이상 및 차량 총중량 2톤 이하</td></tr>
<tr><td>승용3</td><td>엔진배기량 800cc 이상, 10인승 이상 및 차량 총중량 2톤 초과 3.5톤 이하</td></tr>
<tr><td>승용4</td><td>엔진배기량 800cc 이상, 10인승 이상 및 차량 총중량 3.5톤 초과</td></tr>
<tr><td rowspan="3">화물자동차</td><td rowspan="3">주로 화물을 운송하기에 적합하게 제작된 것</td><td>화물1</td><td>엔진배기량 800cc 이상 및 차량 총중량 2톤 이하</td></tr>
<tr><td>화물2</td><td>엔진배기량 800cc 이상 및 차량 총중량 2톤 초과 3.5톤 이하</td></tr>
<tr><td>화물3</td><td>엔진배기량 800cc 이상 및 차량 총중량 3.5톤 초과</td></tr>
<tr><td>이륜자동차</td><td>주로 1명 또는 2명 정도의 사람을 운송하기에 적합하게 제작된 것</td><td colspan="2">엔진배기량 50cc 이상 및 빈 차 중량 0.5톤 미만</td></tr>
</table>

참고 : 1. 승용자동차에는 지프(JEEP)·왜건(WAGON) 및 승합차를 포함한다.
2. 화물자동차에는 밴(VAN)을 포함한다.
3. 화물자동차에 해당되는 건설기계의 종류는 환경부장관이 정하여 고시한다.
4. 이륜자동차에는 옆차붙이 이륜자동차를 포함하며, 빈 차 중량이 0.5톤 이상인 이륜자동차는 경자동차로 분류한다.
5. 전기를 주동력으로 사용하는 자동차에 대한 종류의 구분은 위 표 중 규모란의 차량 총중량에 의하되, 차량 총중량이 1.5톤 미만에 해당되는 경우에는 경자동차로 구분한다.

3. 2006년 1월 1일부터 제작되는 자동차

종류	정의	규모	
경자동차	주로 적은 수의 사람 또는 화물을 운송하기에 적합하게 제작된 것	엔진배기량 1,000cc 미만	
승용자동차	주로 사람을 운송하기에 적합하게 제작된 것	소형	엔진배기량 1,000cc 이상 및 9인승 이하
		중형	엔진배기량 1,000cc 이상, 10인승 이상 및 차량 총중량 2톤 이하
		중대형	엔진배기량 1,000cc 이상, 10인승 이상 및 차량 총중량 2톤 초과 3.5톤 이하
		대형	엔진배기량 1,000cc 이상, 10인승 이상 및 차량 총중량 3.5톤 초과
화물자동차	주로 화물을 운송하기에 적합하게 제작된 것	소형	엔진배기량 1,000cc이상 및 차량 총중량 2톤 이하
		중형	엔진배기량 1,000cc 이상 및 차량 총중량 2톤 초과 3.5톤 이하
		대형	엔진배기량 1,000cc 이상 및 차량 총중량 3.5톤 초과
이륜자동차	주로 1명 또는 2명 정도의 사람을 운송하기에 적합하게 제작된 것	엔진배기량 50cc 이상 및 빈 차 중량 0.5톤 미만	

참고 : 1. 승용자동차에는 지프(JEEP)·왜건(WAGON) 및 승합차를 포함한다.
2. 화물자동차에는 밴(VAN)을 포함한다.
3. 화물자동차에 해당되는 건설기계의 종류는 환경부장관이 정하여 고시한다.
4. 이륜자동차에는 옆 차붙이 이륜자동차 및 이륜차에서 파생된 3륜 이상의 최고속도 50km/h를 초과하는 이륜자동차를 포함하며, 빈 차 중량이 0.5톤 이상인 이륜자동차는 경자동차로 분류한다.
5. 전기를 주동력으로 사용하는 자동차에 대한 종류의 구분은 위 표 중 규모란의 차량총중량에 의하되, 차량총중량이 1.5톤 미만에 해당되는 경우에는 경자동차로 구분한다.

4. 2015년 12월 8일 이후

종류	정의	규모	
경자동차	사람이나 화물을 운송하기 적합하게 제작된 것	엔진배기량이 1,000cc 미만	
승용자동차	사람을 운송하기 적합하게 제작된 것	소형	엔진배기량이 1,000cc 이상이고, 승차인원이 9인승 이하
		중형	엔진배기량이 1,000cc 이상이고, 차량총중량이 2톤 이하이며, 승차인원이 10인승 이상
		중대형	엔진배기량이 1,000cc이상이고, 차량총중량이 2톤 초과 3.5톤 이하이며, 승차인원이 10인승 이상
		대형	엔진배기량이 1,000cc이상이고, 차량 총중량이 3.5톤 초과이며, 승차인원이 10인승 이상
화물자동차	화물을 운송하기 적합하게 제작된 것	소형	엔진배기량이 1,000cc 이상이고, 차량총중량이 2톤 이하
		중형	엔진배기량이 1,000cc 이상이고, 차량총중량이 2톤 초과 3.5톤 이하
		대형	엔진배기량이 1,000cc 이상이고, 차량총중량이 3.5톤 초과

종류	정의	규모
이륜자동차	자전거로부터 진화한 구조로서 사람 또는 소량의 화물을 운송하기 위한 것	엔진배기량이 50cc 이상이고, 차량총중량이 1천킬로그램을 초과하지 않는 것

비고 : 1. 승용차에는 지프(JEEP), 왜건(WAGON) 및 승합차를 포함한다.
2. 화물자동차에는 밴(VAN)을 포함한다.
3. 화물자동차에 해당되는 건설기계의 종류는 환경부장관이 정하여 고시한다.
4. 이륜자동차는 운반차를 붙인 이륜자동차와 이륜자동차에서 파생된 삼륜 이상의 최고속도 50km/h를 초과하는 이륜자동차를 포함한다.
5. 전기를 주동력으로 사용하는 자동차에 대한 종류의 구분은 위 표 중 규모란의 차량총중량에 따르되, 차량총중량이 1.5톤 미만에 해당되는 경우에는 경자동차로 분류한다.

관련근거 자동차 및 자동차부품의 성능과 기준에 관한 규칙

제53조 [경음기]

자동차의 경음기는 다음 각 호의 기준에 적합해야 한다.

1. 일정한 크기의 경적음을 동일한 음색으로 연속하여 낼 것
2. 자동차 전방으로 2미터 떨어진 지점으로서 지상높이가 1.2±0.05미터인 지점에서 측정한 경적음의 최소크기가 최소 90데시벨(C) 이상일 것

[전문개정 2020. 12. 24.]

기본학습 02 경적소음 및 배기소음 측정법 및 판정기준

2.1 필요성

자동차가 주행할 때 발생하는 원동기의 작동음, 배기음, 타이어음 및 경음기음 등은 인간의 청감을 자극하기 때문에 자동차는 하나의 소음원으로 생각할 수 있다. 이것은 소음방지 관점에서 가능한 한 적은 것이 좋으며 경음기에 대한 경적소음을 측정하는 것은 안전운행의 목적으로도 필요하다. 소음측정기는 자동차가 발생하는 소음 즉, 경적소음, 배기소음을 측정하기 위해 필요하다.

2.2 소음 측정법 및 검사기기 사용법

측정방법은 음량계의 명칭, 형식 등에 따라 다르기 때문에 음량계(교류식 및 전지식)의 "취급설명서"에 따라야 한다.

1. 소음측정기(전지식 휴대용 NA24형 소음측정기)

(1) 특성

① 취급용이성 : 휴대용으로서 가볍고 견고하며 한손으로 조작되며 미터 읽기가 쉽도록 되어 있다.

② 안정성 : 마이크로폰은 콘덴서형으로 모터, 트랜스 등의 측정 시에도 전계 및 자계에 의한 영향을 받지 않는다. 또한 콘덴서 마이크로폰은 동파수 리스폰스가 본질적으로 안정되어 있으므로 진동에 의한 주파수 변동이 적다.

③ 정도유지성 : 전자회로는 전부 솔리드 스테이트화 되어 있으므로 전원전압, 온도, 습도의 영향을 거의 받지 않는다.

④ 효용성 : 출력단자가 있어 주파수 분석기, 레벨 기록계를 접속할 수 있어 주변기기 이용에 편리하다.

⑤ 장수명성 : 전원은 단2형 건전지(1.5V) 1개를 쓰므로 교환도 쉽고 한개의 전지의 약 20시간 연결사용이 가능하다.

(2) 주요부의 명칭

① 마이크로 폰(Microphone)

② 청감 보정 선택스위치(Function switch)

- A : A특성, C : C특성, CAL(94.0dB) : 교정, OFF : 전원차단

③ 측정범위 선택스위치(Range switch) : 측정범위를 예상하여 선택(90~130dB, 70~110dB (CAL), 50~90dB, 30~70dB)

④ 액정 표시기(Display) : 음압레벨(sound pressure level), 초과범위(over range), 이하범위 (under range)와 건전지 상태를 표시

- 음압레벨(sound pressure level) : 0.1dB단위로 표시
- 초과범위(over range) : 설정범위가 입력레벨보다 낮을 때 표시
- 이하범위(under range) : 설정범위가 입력레벨보다 높을 때 표시
- 건전지 상태 : 건전지의 상태가 1.9V 이하일 때 표시

⑤ 리셋 버턴(Reset button) : 최고 레벨의 지시를 해제시 사용하는 버턴

⑥ 순간/최고소음 정지 스위치(Inst/Max Hold switch)

- Inst : 측정순간의 레벨 지시
- Max Hold : 최고 소음에서 정지

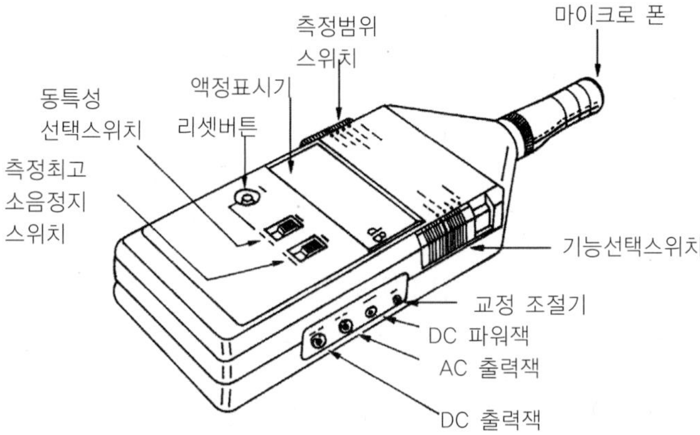

[그림 23] 소음측정기(NA24형)

⑦ 검파기 반응(동특성) 선택스위치(Fast/Slow switch) : 동특성(빠름/느림) 선택스위치

⑧ 스트랩(Strap) : 휴대하기 쉽게 손으로 잡도록 하는 끈

⑨ 교정컨트롤(Calibration control) : 사용하기 앞서 교정시 조절용

⑩ DC파워 잭(DC power jack) : AC 어댑터 NC-27형과 연결시 사용하는 잭

⑪ AC 출력 잭(AC output jack) : 외부로 AC신호를 공급하고자 할 때 사용 잭

⑫ DC 출력 잭(DC output jack) : 외부로 log-치환된 DC신호를 공급하고자 할 때 사용 잭

2. 측정방법

(1) 측정장소 선정

① 가능한 주위로부터 음의 반사와 흡수 및 암소음에 의한 영향을 받지 낳은 개방된 장소로서 마이크로폰 설치 중심으로부터 반경 3m 이내에는 돌출 장애물이 없는 아스팔트 또는 콘크리트 등으로 평탄하게 포장되어 있어야 하며, 주위 암소음의 크기는 자동차로 인한 소음의 크기보다 가능한 10dB 이하 이어야 한다.

② 마이크로폰 설치 위치의 높이에서 측정한 풍속이 2m/sec 이상일 때에는 마이크로폰에 방풍망을 부착하여야 하고, 10m/sec 이상일 때에는 측정을 삼가야 한다.

(2) 교정작업을 한다.

측정범위선택 스위치를 CAL에 위치시키고 측정시 94.0dB이 되는가를 확인하고 그렇지 않으면 시계 드라이버를 이용하여 교정조절기를 돌려 맞춘다.

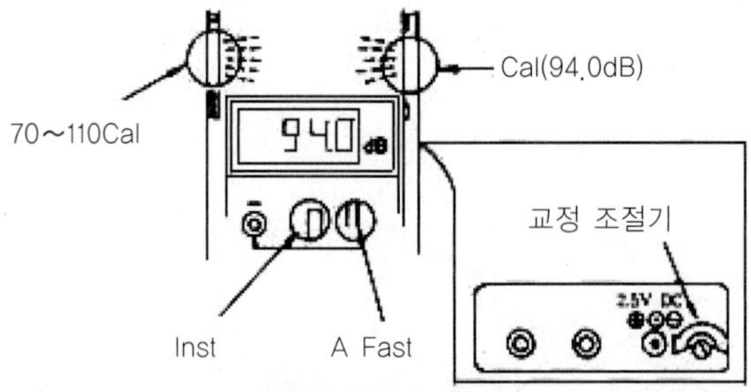

[그림 24] 교정작업

(3) 각종 스위치를 설정한다.

① 청감 보정 선택스위치 설정

- 경적소음 측정시 : C특성
- 배기소음 및 가속주행소음 측정시 : A특성

② 측정 선택스위치를 설정

- 경음기 측정시 : 90～130dB(법규 : 90～115dB(C) 이하)
- 배기소음 : 70～110dB(법규 : 연도 및 차종에 따라 상이)

• 가속주행 소음측정시 : 50～90dB(법규 : 연도 및 차종에 따라 상이)

측정시 초과(over) 범위와 이하(under) 범위가 표시되면 적절한 범위로 조절한다.

③ 순간/최고소음 정지스위치 : 보통 측정시에는 Inst에 위치시키고 측정 순간에 액정표시판을 통해 최고치를 읽는다. 그러나 측정소음중 최고치를 측정하고져 할 때는 Max Hold에 위치시키되 새로운 측정시에는 Reset버턴을 누른다.

④ 검파기 반응 선택스위치 : 일반적으로는 Fast에 위치시키고 그러나 레벨의 시간적 변화가 아주 느릴 때에는 Slow에 위치시킨다.

(4) 암소음을 측정하여 소음측정 후 보정시 참고한다.

(5) 소음측정

① 운행차의 수시점검방법 : 운행차 배출가스 검사 시행요령 등의 관한 규정 제5조 [별표 2]에 따른다.

② 운행차의 정기검사방법 : 소음·진동관리법 시행규칙 제44조 [별표 15]에 따른다.

관련근거 소음·진동관리법 시행규칙

제41조 [운행차의 수시점검방법 등]

① 법 제36조제1항에 따라 특별시장·광역시장·특별자치시장·특별자치도지사 또는 시장·군수·구청장은 점검 대상 자동차를 선정한 후 소음 및 그에 관련되는 부품 등을 점검하여야 한다.

② 제1항에 따른 점검의 기준·소음 측정방법과 그 밖에 필요한 사항은 환경부장관이 정하여 고시한다.

제44조 [운행차의 정기검사방법 등]

① 법 제37조제2항에 따른 정기검사의 방법·기준 및 대상 항목은 [별표 15]와 같다.

[별표 15] 운행차 정기검사의 방법·기준 및 대상 항목(제44조제1항 관련)

<table>
<tr><th>검사 대상 항목</th><th>검사기준</th><th>검사방법</th></tr>
<tr><td rowspan="3">2. 소음도 측정</td><td>별표 13에 따른 운행 자동차의 소음허용기준에 맞을 것
• 배기소음측정</td><td>- 자동차의 변속장치를 중립위치로 하고 정지가동상태에서 원동기의 최고 출력 시의 75% 회전속도로 4초 동안 운전하여 최대 소음도를 측정. 다만, 원동기 회전속도계를 사용하지 아니하고 배기소음을 측정할 때에는 정지가동상태에서 원동기 최고 회전속도로 배기소음을 측정
○이 경우 중량자동차는 5dB, 중량자동차 외의 자동차는 7dB을 측정치에서 뺀 값을 최종 측정치로 하며, 승용자동차 중 원동기가 차체 중간 또는 뒤쪽에 장착된 자동차는 8dB을 측정치에서 뺀 값을 최종 측정치로 함</td></tr>
<tr><td>• 경적소음측정</td><td>- 자동차의 원동기를 가동시키지 아니한 정차상태에서 자동차의 경음기를 5초 동안 작동시켜 최대 소음도를 측정. 이 경우 2개 이상의 경음기가 장치된 자동차는 경음기를 동시에 작동시킨 상태에서 측정</td></tr>
<tr><td>• 측정치의 산출</td><td>- 측정 항목별로 소음측정기 지시치(자동 기록장치를 사용한 경우에는 자동기록장치의 기록치)의 최대치를 측정치로 하며, 암소음은 지시치의 평균치로 함
- 소음측정은 자동 기록장치를 사용하는 것을 원칙으로 하고 배기소음의 경우 2회 이상 실시하여 측정치의 차이가 2dB을 초과하는 경우에는 측정치를 무효로 하고 다시 측정함
- 암소음 측정은 각 측정 항목별로 측정직전 또는 직후에 연속하여 10초 동안 실시하며, 순간적인 충격음 등은 암소음으로 취급하지 아니함
- 자동차소음과 암소음의 측정치의 차이가 3dB 이상 10dB 미만인 경우에는 자동차로 인한 소음의 측정치로부터 아래의 보정치를 뺀 값을 최종 측정치로 하고, 차이가 3dB 미만일 때에는 측정치를 무효로 함
단위 : dB(A), dB(C)
<table>
<tr><th>자동차소음과 암소음의 측정치 차이</th><th>3</th><th>4~5</th><th>6~9</th></tr>
<tr><td>보정치</td><td>3</td><td>2</td><td>1</td></tr>
</table>
- 자동차소음의 2회 이상 측정치(보정한 것을 포함한다) 중 가장 큰 값을 최종 측정치로 함</td></tr>
</table>

[참고] 1. 위 표에서 정한 사항 외에 대하여는 제41조제2항에 따라 운행차 소음 측정방법에 관한 환경부장관의 고시를 준용한다.

2. 운행차 정기검사대행자는 1999년 12월 31일까지는 검사대행자동차의 소음기·소음덮개·경음기 등의 임의변경 여부와 자동차의 노후상태 등을 관능 및 서류로 확인하여 기준초과 우려가 있는 차량에 대하여는 소음측정을 실시할 수 있다.

관련근거 운행차 배출가스 검사시행 요령 등에 관한 규정

제5조 [운행차 및 소음검사 등]

② 소음진동관리법 시행규칙 제41조제2항 및 제44조제1항에 따른 소음검사방법은 [별표 2]와 같다.

[별표 2] 운행차 소음측정방법(제5조 관련)

1. 적용범위

이 측정방법은 소음을 과다하게 배출하는 차량(배기관(Manifold) 및 소음기(Muffler)를 훼손 또는 탈거한 차량, 고소음경음기 또는 쌍경음기를 부착한 차량, 노후된 대형버스 및 화물차, 이륜자동차 등)의 배기소음 및 경적소음을 측정하는데 적용한다.

2. 측정 장소선정

가. 가능한 주위로부터 음의 반사와 흡수 및 암소음에 의한 영향을 받지 않는 개방된 장소로서 마이크로폰 설치 중심으로부터 반경 3m 이내에는 돌출 장애물이 없는 아스팔트 또는 콘크리트 등으로 평탄하게 포장되어 있어야 하며, 주위 암소음의 크기는 자동차로 인한 소음의 크기보다 가능한 10dB 이하이어야 한다.

나. 마이크로폰 설치위치의 높이에서 측정한 풍속이 2m/sec 이상일 때에는 마이크로폰에 방풍망을 부착하여야 하고, 10m/sec 이상일 때에는 측정을 삼가해야 한다.

3. 측정기

가. 소음측정기는 KSC-1502에서 정한 보통소음계 또는 이와 동등한 성능 이상을 가진 것을 사용하여야 하고, 지시계의 동 특성은 “빠름 동특성(Fast)”을 사용하여 측정한다.

나. 자동 기록장치는 소음측정기에 연결된 상태에서 정밀도 및 동특성 등의 성능이 보통(지시)소음측정기 이상의 성능을 가진 것이어야 하며, 동특성을 선택할 수 있는 경우에는 “빠름(Fast)동특성”에 준하는 상태에서 사용하여야 한다.

다. 측정기는 제작자 사용설명서에 준하여 조작하고 측정 전에 충분한 예열 및 교정을 실시하여야 한다.

4. 측정요령

가. 배기소음 측정방법

(1) 배기소음시험은 자동차의 변속기어를 중립위치로 하고 정지가동(아이들링) 상태에서 자동차를 원동기 최고출력시의 75%±100rpm 회전속도에서 4초 동안 운전하여 그동안에 자동차로부터 배출되는 소음크기의 최대치를 측정한다. 다만, 원동기 75%의 회전속도가 5000rpm을 초과할 경우에는 5000rpm에서 측정하며, 원동기 회전속도계(시험자동차의 정상적인 회전속도계를 포함한다)를 사용하지 아니하고 배기소음을 측정할 때에는 정지가동상태에서 원동기 최고 회전속도로 배기소음을 측정하고, 이 경우 측정치의 보정은 중량자동차의 5dB, 중량자동차외의 자동차는 7dB을 측정치에서 빼서 최종 측정치로 한다. 또한 승용자동차 중 원동기가 차체 중간 또는 후면에 장착된 자동차는 배기소음측정치에서 8dB을 빼서 최종 측정치로 한다.

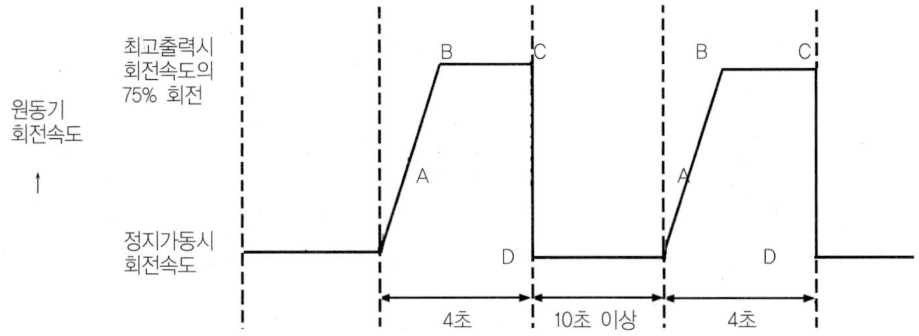

A : 급가속 시작점 BC : 최고출력시 회전속도의 75%회전 유지시간
C : 급가속 종료점

배기소음 측정순서 도표

(2) 마이크로폰 위치

측정대상 자동차의 배기관 끝으로부터 배기관 중심선에 45°±10°의 각(차체외부 면으로 먼 쪽 방향)을 이루는 연장선 방향으로 0.5m 떨어진 지점이어야 하며, 동시에 지상으로부터의 높이는 배기관 중심 높이에서 ±0.05m인 위치에 마이크로폰을 설치한다(지상으로부터의 최소높이는 0.2m 이상이어야 한다).

또한, 자동차의 배기관이 차체상부에 수직으로 설치되어 있는 경우의 마이크로폰 설치위치는 배기관 끝으로부터 배기관 중심선의 연직선의 방향으로 0.5m 떨어진 지점을 지나는 동시에 지상높이가 배기관 중심높이 ±0.05m인 위치로 하며, 그 방향은 지면의 상향으로 배기관 중심선에 평행하는 방향이어야 한다. 다만, 자동차의 배기관이 2개 이상일 경우에는 인도 측과 가까운 쪽 배기관에 대하여 마이크로폰을 설치하여야 한다. 기타 동항에서 설명되지 아니한 배기관의 경우에 있어서 마이크로폰 설치 위치는 배기소음측정치를 가장 크게 나타내는 위치이어야 한다.

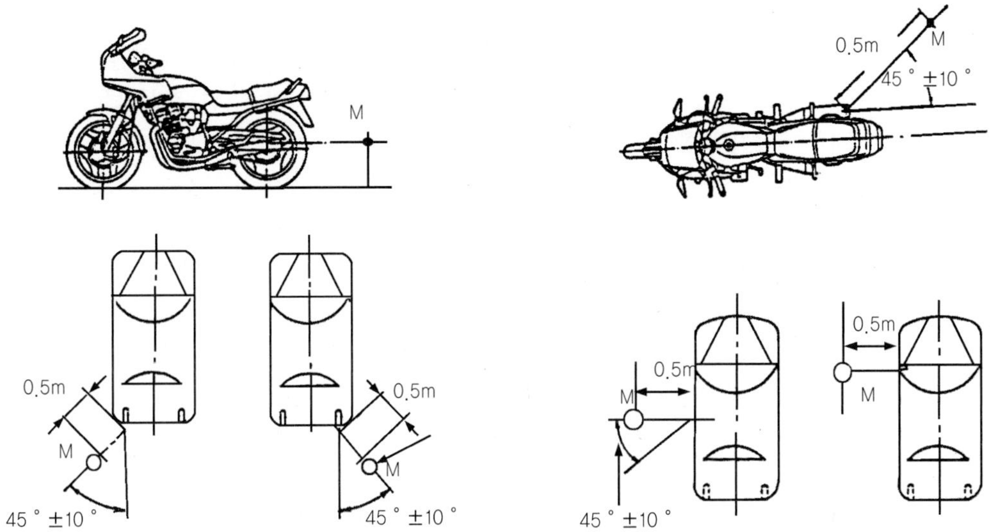

운행자동차 배기소음 측정시 마이크로폰 설치위치

나. 경적소음 시험방법

(1) 자동차의 원동기를 가동시키지 않은 정차상태에서 자동차의 경음기를 5초 동안 작동시켜 그 동안에 경음기로부터 배출되는 소음크기의 최대치를 측정하며, 2개 이상의 경음기가 연동하여 음을 발하는 경우에는 연동하는 상태에서 측정하고, 축전지는 측정개시 전에 정규 충전된 상태이어야 한다. 다만, 교류식 경음기를 장치한 경우에는 원동기 회전속도가 3,000±100rpm인 상태에서 측정하여야 한다.

(2) 마이크로폰 설치

마이크로폰 설치위치는 경음기가 설치된 위치에서 가장 소음도가 크다고 판단되는 자동차의 면에서 전방으로 2m 떨어진 지점을 지나는 연직선으로부터의 수평거리가 0.05m 이하인 동시에 지상 높이가 1.2±0.05m(이륜자동차, 측차부 이륜자동차 및 원동기부 자전거는 1±0.05m)인 위치로 하고 그 방향은 당해 자동차를 향하여 차량중심선에 평행하여야 한다.

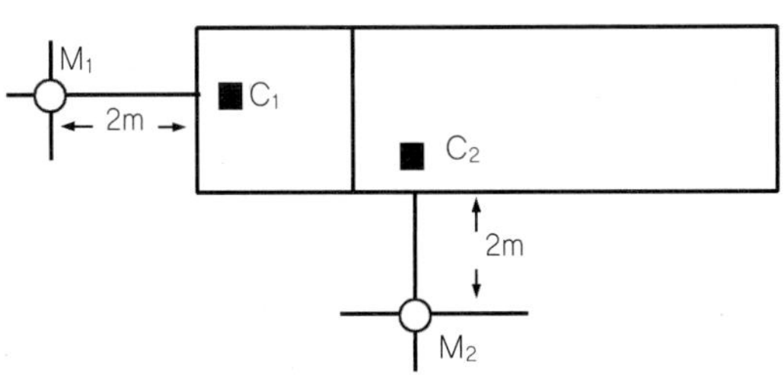

C1, C2 : 경음기 부착위치 M1, M2 : 마이크로 폰 설치위치

경적소음 측정시 마이크로폰 설치위치

다. 측정치의 산출

(1) 측정 항목별로 자동차로 인한 소음의 크기는 소음측정기 지시치(자동 기록장치를 사용한 경우에는 자동 기록장치의 기록치)의 최대치를 측정치로 하며, 암소음의 크기는 소음측정기 지시치의 평균치로 한다.

(2) 자동차로 인한 소음크기의 측정은 자동 기록장치를 사용하여 기록하는 것을 원칙으로 하고 측정항목별로 2회 이상 실시하여야 하며, 각 측정치의 차이가 2dB를 초과할 때에는 각각의 측정치는 무효로 한다.

(3) 암소음 크기의 측정은 각 측정항목별로 측정실시의 직전 또는 직후에 연속하여 10초 동안 실시하며, 순간적인 충격음 등은 암소음으로 취급하지 아니 한다.

(4) 자동차로 인한 소음과 암소음의 측정치의 차이가 3dB 이상 10dB 미만인 경우에는 자동차로 인한 소음의 측정치로부터 다음표의 보정치를 뺀 값을 최종 측정치로 하고, 차이가 3dB 미만일 경우에는 측정치를 무효로 한다.

[암소음에 대한 보정치]

(단위 : dB(A), dB(C))

자동차 소음과 암소음의 측정치 차	3	4-5	6-9
보정치	3	2	1

(5) 자동차로 인한 소음의 2회 이상 측정치(보정한 것을 포함한다) 중 가장 큰 쪽의 값을 측정의 성적으로 한다.

2.3 판정기준

소음·진동관리법 시행규칙 제40조에 의거 [별표 13]에서 제시하는 자동차의 소음 허용기준을 만족할 것.(p.358 참조)

기본학습 03 실습지시서 및 실습보고서

실습지시서

<table>
<tr><td>학과</td><td>과</td><td>학기</td><td colspan="3">20 학년도 학기</td></tr>
<tr><td>교과목명</td><td>자동차정비검사</td><td>시간</td><td colspan="3">20 년 월 일(~교시)</td></tr>
<tr><td>실험 · 실습명</td><td colspan="5">경적, 배기 소음검사하기(1506030603_17v3.5)-정기검사, 수시점검</td></tr>
<tr><td>실습목표</td><td colspan="5">(1) 운행차 소음 측정방법에 따라 자동차의 소음측정 방법을 수행할 수 있다.
(2) 운행차 소음 측정방법에 따라 소음검사 전 소음측정기의 측정장소와 측정기기를 위치와 거리 등 규정에 맞게 준비할 수 있다
(3) 운행차 소음측정 방법에 따라 경적소음을 소음측정기로 측정할 수 있다.
(4) 운행차 소음측정 방법에 따라 배기소음을 소음측정기로 측정할 수 있다.
(5) 소음측정 검사결과에 따라 자동차소음 허용기준 적합여부를 판정할 수 있다.</td></tr>
<tr><td rowspan="5">사용재료
(공구/기구 등)</td><td colspan="2">품명(재료명)</td><td>규격</td><td>수량</td><td>비고</td></tr>
<tr><td colspan="2">자동차</td><td></td><td>1</td><td></td></tr>
<tr><td colspan="2">소음 측정기</td><td></td><td>1</td><td></td></tr>
<tr><td colspan="2">일반 공구세트</td><td></td><td>1</td><td></td></tr>
<tr><td colspan="2">줄자</td><td></td><td>1</td><td></td></tr>
<tr><td>실험 · 실습순서
및 관련지식</td><td colspan="5">※ 경적소음은 정기검사방법에 의해 실시하고 배기소음은 수시점검방법에 의해 실시한다.
(1) 각종 스위치를 설정한다.
① 청감 보정 선택스위치 설정
• 경적소음 측정시 : C특성
• 배기소음 및 가속주행소음 측정시 : A특성
② 측정 선택 스위치를 설정 :
• 경음기 측정시 : 90～130dB(법규 : 90～115dB(C) 이하)
• 배기소음 : 70～110dB(법규 : 연도 및 차종에 따라 상이)
③ 순간/최고소음 정지 스위치 : Inst에 위치
④ 검파기 반응 선택 스위치 : Fast에 위치
(2) 암소음을 측정
(3) 소음측정
(4) 보정작업</td></tr>
</table>

안전 및 유의사항

(1) 암소음(Background Noise)을 측정하여 보정한다.
(2) 반사음(Reflection)에 의한 측정값에 영향이 미치지 않게 한다.
(3) 방풍막(Windscreen)을 설치하여 강한 바람의 영향을 없앤다.
(4) 소음음이 많이 발생되는 장소에서는 사용을 피한다.

평가내용

세부 평가 내용	배점
(1) 운행차 소음측정 방법에 따라 자동차의 서음측정 방법을 수행할 수 있다.	20
(2) 운행차 소음측정 방법에 따라 소음검사 전 소음측정기의 측정장소와 측정기기를 위치와 거리 등 규정에 맞게 중비할 수 있다.	10
(3) 운행차 소음측정 방법에 따라 경적소음을 소음측정기로 측정할 수 있다.	20
(4) 운행차 소음측정 방법에 따라 배기소음을 소음측정기로 측정할 수 있다.	40
(5) 소음측정 검사결과에 따라 자동차소음 허용기준 적합여부를 판정할 수 있다.	10
합 계	100

과 제

주어진 자동차에서 경음기음을 측정하여 기록표에 기록·판정하시오.

항목	① 측정(또는 점검)		② 판정 및 정비(또는 조치)사항	
	측정값	기준값	판정(□에 "✔"표)	정비 및 조치할 사항
경적소음			□ 양호 □ 불량	

※ 단위가 누락되거나 틀린 경우는 오답으로 채점함
※ 암소음은 무시한다.
※ 자동차 검사기준 및 방법에 의하여 기록, 판정함.

• **평가기준**

소음·진동관리법 시행규칙 제40조에 의거 [별표 13]에서 제시하는 자동차의 소음 허용기준을 만족할 것.

• **실습보고서 작성 제출**

실습보고서

실험제목	경적소음 검사하기(정기검사)		
실험일자		반 및 실험조	
학번		성명	

■ 과제 내용

주어진 자동차에서 경음기음을 측정하여 기록표에 기록·판정하시오.

1. 사용기기 및 부품
   (1) 차종

   (2) 사용기기

   (3) 부품

2. 실험 결과
   (1) 실험조건

   (2) 실험결과

항목	① 측정(또는 점검)		② 판정 및 정비(또는 조치)사항	
	측정값	기준값	판정(□에 "✔"표)	정비 및 조치할 사항
경적소음			□ 양호 □ 불량	

※ 단위가 누락되거나 틀린 경우는 오답으로 채점함

※ 암소음은 무시한다.

※ 자동차 검사기준 및 방법에 의하여 기록, 판정함.

3. 실험 결과에 대한 검토 및 고찰

실습보고서

실험제목	경적소음 및 배기소음 검사하기(수시점검)		
실험일자		반 및 실험조	
학번		성명	

■ 과제 내용
주어진 자동차에서 경적소음 및 배기소음을 측정하여 기록표에 기록하시오.

1. 사용기기 및 부품
   (1) 차종

   (2) 사용기기

   (3) 부품

2. 실험 결과
   (1) 실험조건

   (2) 실험결과

항목	① 측정(또는 점검)		② 판정 및 정비(또는 조치)사항	
	측정값	기준값	판정(□에 "✔"표)	정비 및 조치할 사항
경적소음			□ 양호 □ 불량	
배기소음				

※ 자동차검사기준 및 방법에 의하여 기록 판정합니다.

3. 실험 결과에 대한 검토 및 고찰

학습정리

이 장에서는 자동차 검사시 경적소음 및 배기소음을 측정하는 방법 및 판정기준에 대하여 학습하였다. 자동차관리법에서 정하는 기준에 의거 경적소음 및 배기소음을 측정하고 판정할 수 있도록 하였다.

총괄평가

1. 경적소음 측정방법에 대하여 서술하시오.
2. 배기소음 측정방법에 대하여 서술하시오.

보충학습

1. 데시벨(dB)

소리묘사에 사용되는 두번째 주된 양은 압력 변동의 진폭 또는 크기이다. 건강한 사람이 들을 수 있는 가장 작은 소리는 20×10^{-6}파스칼(20μPa)의 진폭을 갖는 소리이며 이것은 표준 대기압의 5,000,000,000분의 1에 해당하는 값이다. 20μPa의 압력변화는 너무나 작아서 이것이 일으키는 고막의 진동 편위는 수소 분자 하나의 지름보다도 작다. 더욱 놀라운 것은 인간이 견딜 수 있는 가장 큰 소리는 이보다 백만배 이상이나 큰 음압을 갖는다는 것이다.

이와 같은 소리측정에 파스칼을 사용하면 너무 크고 취급하기 힘든 수의 결과로 나타나게 되는 데 이를 피하기 위하여 데시벨(dB)이라는 단위를 사용한다.

데시벨은 절대 단위가 아니고 어떤 기준과 측정된 양사이의 비율이다. 데시벨 단위는 대수적이고 가청 음압의 최저치인 20μPa를 기준으로 하여 이를 0dB로 정의한다. Pa단위의 음압에 10을 곱할 때 dB단위에서는 20dB를 더한다. 그래서 200μPa은 20dB(re 20μPa)과 상응하고 2000μPa은 40dB단위는 백만배의 범위를 단지 120dB범위로 압축시킨다.

여러 종류의 친숙한 소리의 음압(Sound Pressure Level : SPL)들이 dB과 Pa단위로 그림에서 보여 주고 있다. dB단위의 유용한 일면은 파스칼 단위보다 인간의 감각에 훨씬 더 가까운 근사치를 준다는 것이다. 이것은 인간의 귀가 대수적 반응(1dB가 전 범위이서 똑 같은 상대 변화를 하는 dB눈금에 상응)을 하기 때문이다.

데시벨

참고자료

1. 자동차관리법, 자동차관리법 시행령, 자동차관리법 시행규칙
2. 자동차 및 자동차부품의 성능과 기준에 관한 규칙
3. 소음·진동규제법, 소음·진동규제법 시행령, 소음·진동규제법 시행규칙
4. 운행차 배출가스검사 시행요령 등에 관한 규정

CHAPTER 4

검사기기 관리

1 교재 사용안내

교재소개

본 교재는 자동차정비검사 분야로 자동차 상태를 검사하는 각종 검사기기를 효율적으로 관리하는 검사기기 관리작업를 위한 훈련교재이다.

본 교재에서는 자동차관리법 등의 검사시설기준 등을 습득하여 검사업무에 활용할 수 있는 능력과 자동차검사에 사용되는 각종 검사기기의 정밀도 점검방법과 기준을 적용하여 관리할 수 있도록 하며, 검사기기를 조작하고, 응급조치하기 및 기기유지·관리하기 등에 대한 내용을 포괄하고 있다.

교재구성

본 교재는 교재 사용안내, 자기진단, 학습모듈로 구성되어 있다. 교재 사용안내는 교재의 전체적인 개요와 구성을 설명하고, 학습자에게 교재의 효과적인 활용방법 및 학습방법을 안내하는 역할을 한다.

• 자기진단

학습모듈을 학습하기 전에 자동차 상태를 검사하는 검사기기의 관리 능력에 대한 학습자의 현재 수준을 진단하고, 학습자에게 필요한 학습활동을 안내하는 역할을 한다.

• 학습 모듈

A-1 기기조작하기, A-2 응급조치하기, A-3 기기유지·관리하기로 구성되어 있다.

구체적으로 각각의 학습모듈은 학습목표, 주요용어, 학습활동, 학습정리, 총괄평가, 참고 자료로 구성되어 있다.

• 학습목표

각 학습모듈의 일반목표와 세부목표가 제시되어 있으며, 주요 용어에는 각 학습모듈에 사용되는 중요한 용어가 제시되어 있다. 학습활동은 각 기본학습과 심화학습으로 구분되며, 학습의 주요한 내용이 제시되어 있으며, 학습정리에는 각 학습모듈의 주요 내용이 정리되어 제시되어 있다.

• 총괄평가

각 학습모듈의 학습을 마친 후 학습자들의 성취수준을 평가하고, 부족한 부분을 피드백 받을 수 있도록 하기 위한 체크리스트가 제시되어 있다. 마지막으로 참고자료에는 학습자들의 학습에 도움을 줄 수 있는 참고도서 및 인터넷사이트가 제시되어 있다.

활용방법

본 검사기기 관리 교재는 훈련을 수강하는 학습자를 대상으로 구성되어 있으며, 보조교재를 활용 시 혹은 스스로 검사기기를 효율적으로 관리하기 위해 필요한 능력을 향상시키려는 학습자에게 모두 활용될 수 있다. 이를 위해 본 교재는 집단적인 교수 상황과 개별학습에서 동시에 사용될 수 있도록 개발되었다.

이 교재를 사용하는 학습자는 우선 자기진단을 통해서 현재 자신의 수준을 진단할 필요가 있다.

• 자기진단

학습 모듈별로 구성되어 있으며, 진단결과 자신의 수준이 충분한 부분은 점검만 하고, 다음 학습활동으로 넘어가고, 자신의 수준이 부족한 부분은 진단 문항별로 제시된 관련 학습모듈 및 페이지를 참고하여 해당 학습활동을 학습한다.

• 학습평가

자신의 성취수준을 점검하기 위한 것으로 평가수준에 따라 미흡한 경우 모듈 전체를 다시 복습하고, 보통인 경우 부족한 부분을 복습해야 하며, 우수인 경우 다음 학습모듈을 학습한다.

2 진단평가서

담당교수		교과목명	
학 번		능력단위명 (능력단위코드)	검사기기 관리 (1506030604_17v3)
이 름			
평가일자			

다음은 자동차정비 검사업무를 수행하는데 요구되는 능력수준을 스스로 알아볼 수 있는 체크리스트입니다. 본인의 평소 행동을 잘 생각해 보고, 일치하는 정도에 ✓표 해 주십시오.

영역(능력단위요소)	진단 문항	자가진단		
		우수	보통	미흡
1506030604_17v3.1 기기 조작하기	1.1 검사기기 사용설명서에 따라 검사기기 조작방법 등을 적용할 수 있다.			
	1.2 검사기기 사용설명서에 따라 검사기기 정밀도유지·점검방법을 적용할 수 있다.			
	1.3 검사기기 사용설명서에 따라 검사기기를 조작할 수 있다.			
	1.4 검사기기 사용설명서에 따라 검사기기를 자가진단 등으로 정밀도를 유지 관리할 수 있다.			
1506030604_17v3.2 응급조치하기	2.1 검사기기 사용설명서에 따라 유형별 검사기기 고장원인과 응급조치방법을 적용할 수 있다.			
	2.2 검사기기 사용설명서에 따라 테스터장비로 검사기기 고장을 찾아내고 응급조치를 할 수 있다.			
	2.3 응급조치로 검사기기의 정상적인 운용이 불가한 경우 신속히 외주 정비를 요청할 수 있다.			
1506030604_17v3.3 기기유지·관리하기	3.1 검사기기 사용설명서에 따라 검사업무의 정확성을 기하기 위하여 검사기기의 점검·정비·유지·보수를 통해서 정밀도가 유지 되도록 관리할 수 있다.			
	3.2 검사기기 사용설명서에 따라 각종필터 교환방법에 대한 기기관리 방법을 숙지할 수 있다.			
	3.3 검사기기 사용설명서에 따라 검사기기 소모품 교환 시기를 파악하여 유지·관리할 수 있다.			

진단 결과

능력단위요소	문항수	합계점수	평균점수
기기 조작하기	4		
응급조치하기	3		
기기유지·관리하기	3		

※ 우수는 3점, 보통은 2점, 미흡은 1점으로 계산

3 학습모듈 목차

A-1 기기 조작하기

A-2 응급조치하기

A-3 기기유지 관리하기

4 학습모듈

A-1 기기 조작하기(1506030604_17v3.1)

학/습/목/표

일반목표

자동차관리법 등의 자동차 검사시설기준을 숙지하고 검사업무를 수행함에 있어 검사기기의 조작 및 정밀도 점검방법에 대하여 학습과 배출가스분석기 및 매연측정기의 표준가스와 표준지등의 영점 조정하는 방법에 대하여 학습하여 자동차관리법에서 정하는 기준에 의거 검사기기를 조작할 수 있도록 한다.

세부목표

1. 검사기기 사용설명서에 따라 검사기기 조작방법 등을 적용할 수 있다.
2. 검사기기 사용설명서에 따라 검사기기 정밀도유지·점검방법을 적용할 수 있다.
3. 검사기기 사용설명서에 따라 검사기기를 조작할 수 있다.
4. 검사기기 사용설명서에 따라 검사기기를 자가진단 등으로 정밀도를 유지 관리할 수 있다.

주요 용어

검사시설기준, 정밀도점검

학습활동

기본학습 01 기계·기구의 정밀도 검사

관련근거 자동차관리법

제40조 [기계·기구의 정밀도검사]

① 자동차의 점검·정비 또는 검사에 사용하는 기계·기구를 제작·조립 또는 수입하여 판매하는 자와 이를 사용하는 자(이하 "기계·기구제작자등"이라 한다)는 국토교통부장관이 실시하는 정밀도검사를 받아야 한다. 기계·기구의 구조 또는 장치를 변경하려는 경우에도 또한 같다.

② 제1항에 따른 정밀도검사를 받아야 하는 기계, 기구, 검사의 기준 및 절차 등에 관하여 필요한 사항은 국토교통부령으로 정한다.

관련근거 자동차관리법시행규칙

제68조 [정밀도검사의 대상·기준등]

① 법 제40조제1항의 규정에 의한 정밀도검사를 받아야 하는 기계·기구는 다음 각호와 같다.

1. 제동시험기
2. 전조등시험기
3. 사이드슬립측정기
4. 속도계시험기
5. 택시미터주행검사기
6. 가스누출감지기

② 제1항 각호의 1에 해당하는 기계·기구를 제작·조립 또는 수입하여 판매하는 자는 당해기계·기구를 설치한 날부터 30일 이내에 정밀도검사(이하 "최초 정밀도검사"라 한다)를 받아야 한다. 이 경우 당해 기계·기구에는 그 형식·제작번호 및 제작일자를 표시하여야 한다.

③ 제1항 각호의 기계·기구를 사용하는 자는 제2항의 규정에 의한 최초 정밀도검사 또는 제4항의 규정에 의한 구조변경정밀도검사를 받은 날부터 12월이 되는 날이 속하는 달마다 정밀도검사(이하 "정기 정밀도검사"라 한다)를 받아야 한다. 다만, 시·도지사는 천재지변 기타 부득이한 사유로 인하여 필요하다고 인정하는 때에는 그 기간을 조정할 수 있다.

④ 최초정밀도검사 또는 정기정밀도검사를 받은 기계·기구를 사용하는 자가 당해기계·기구의 구조 또는 장치를 변경하여 사용하고자 하는 때에는 변경된 구조 또는 장치에 대한 정밀도검사(이하 "구조변경 정밀도검사"라 한다)를 받아야 하며, 그 설치위치를 변경하여 사용하고자 하는 때에는 다시 최초정밀도검사를 받아야 한다.

⑤ 법 제40조제2항의 규정에 의한 정밀도검사의 기준 및 방법은 [별표 12]에 의한다.

[별표 12] 기계·기구의 정밀도검사기준 및 검사방법(제68조제5항관련)

1. 검사기준

가. 제동시험기

(1) 형식의 구분

(가) 측정방식에 의한 구분

1) 롤러 구동형 : 시험기의 롤러위에 자동차의 바퀴를 올려놓고 롤러를 구동시킨 상태에서 자동차바퀴를 제동할 때에 발생하는 회전력의 반력을 검출하여 제동력을 측정하는 제동시험기(이하 "롤러 구동형 제동시험기"라 한다)

2) 차륜 구동형 : 시험기의 롤러위에 자동차의 바퀴를 올려놓고 바퀴의 구동에 의하여 롤러를 회전시켜 일정속도에서 제동할 때의 롤러의 감속도를 검출하여 각 바퀴의 제동력을 측정하거나 적합여부를 판정하는 형식

3) 복합형 : 롤러 구동형 제동시험기 중 속도계시험기와 복합하여 동일한 롤러에서 자동차의 제동력을 측정하는 형식

(나) 판정방식에 의한 구분

1) 단순형 : 롤러 구동형 제동시험기 중 각 바퀴의 제동력만을 측정하는 형식

2) 판정형 : 각 바퀴의 제동력을 측정하여 합계 및 차이를 지시하거나 실제 측정한 자동차의 축중 또는 차량중량에 대한 제동력의 비율로 지시하여 제동능력의 적합여부를 판정하는 형식(차륜 구동형 포함)

(2) 구조·장치의 작동 및 설치상태에 대한 검사기준

(가) 지시계 : 제동력 등 각 지시값은 과도한 변동이 없는 상태일 것

(나) 롤러

1) 롤러는 기준직경의 2% 이상 과도하게 손상 또는 마모된 부분이 없을 것

2) 롤러는 2개 이상으로 구성되어야 하고 롤러의 직경은 100mm 이상이어야 하며, 롤러의 안쪽 폭은 850mm 이하(허용 축중 3톤 이하는 650mm 이하), 바깥쪽 폭은 2,850mm 이상(허용 축중 3톤 이하는 2,400mm 이상)이어야 한다(차륜 구동형 제외)

3) 전·후 롤러 중심축의 간격은 다음 식에 의해 계산된 최소값과 최대값 이내이어야 한다.

롤러 중심축 간격(mm) = (619.13 + D)×Sin 31.5°~37.5°

D : 롤러의 직경(mm)

(다) 제동력전달장치 : 감속기와 전동기는 구동중 심한 이상음 또는 진동이 없을 것

(라) 판정장치 : 판정형 및 차륜구동형 제동시험기의 제동력 판정장치는 작동에 이상이 없을 것

(마) 기록장치

1) 자동차검사에 사용되는 기기는 기록장치의 작동에 이상이 없을 것

2) 자동차검사에 사용되는 기기는 판정 즉시 그 결과를 제80조제1항 단서에 따른 전산정보처리조직에 실시간 전송할 것

(바) 중량설정장치 : 판정형 제동시험기의 중량설정장치는 작동 및 기능에 이상이 없을 것.

(사) 기타 장치 및 표시

1) 리프트 또는 롤러 고정장치 등 자동차의 입·퇴출용 장치의 작동에 이상이 없을 것

2) 자동차바퀴의 이탈방지장치는 손상이 없고 그 작동에 이상이 없을 것

3) 제동시험기의 형식, 제작번호, 허용축중(중량), 제작일자 및 제작회사가 확실하게 표시되어 있을 것

(아) 제동시험기는 자동차의 점검·정비 또는 검사를 원활히 수행할 수 있도록 설치되어 있을 것

(3) 정밀도에 대한 검사기준

(가) 제동력지시 및 중량설정지시의 정밀도는 설정하중에 대하여 다음의 허용오차 범위 이내일 것

1) 좌·우 제동력지시 : ±5% 이내(차륜 구동형은 ±2% 이내)

2) 좌·우 합계 제동력지시 : ±5% 이내

3) 좌·우 차이 제동력지시 : ±5% 이내

4) 중량설정지시 : ±5% 이내

(나) 판정 정밀도는 축중에 대하여 다음의 허용오차 범위 이내일 것

1) 좌·우 제동력 합계 판정 : ±2% 이내

2) 좌·우 제동력 차이 판정 : ±2% 이내

나. 전조등시험기

(1) 형식의 구분

(가) 측정방식에 의한 구분

1) 집광식 : 전조등의 빛을 수광부 중앙의 집광렌즈로 모아 광전지에 비추어 광도 및 광축을 측정하는 방식

2) 투영식 : 수광부 중앙의 집광렌즈와 상·하·좌·우 4개의 광전지, 또는 카메라를 설치하여 투영스크린에 전조등의 모양을 비추어 광도 및 광축을 측정하는 방식

(나) 판정방식에 의한 구분

1) 수동형

가) 단순형 : 사람의 힘으로 전조등시험기를 전조등의 정면에 위치하도록 하여 광도 및 광축을 측정하는 형식

나) 판정형 : 사람의 힘으로 전조등시험기를 전조등의 정면에 위치하도록 하여 광도 및 광축을 자동 측정·판정하는 형식

2) 자동형 : 전조등시험기가 전조등의 광축을 스스로 이동하여 광도 및 광축을 자동측정, 판정하는 형식

(2) 구조·장치의 작동 및 설치상태에 대한 검사기준

(가) 지시계 : 광도 및 광축 지시값은 과도한 변동이 없는 상태일 것

(나) 정대장치 : 차량을 정면으로 조준하기 위한 조준기 등의 기능에 이상이 없을 것

(다) 수광부 지지대 및 이동장치 : 지주와 레일은 견고하게 설치되고 상하좌우로 원활하게 이동할 수 있을 것

(라) 판정장치 : 자동형기기는 판정장치의 작동에 이상이 없을 것

(마) 기록장치

1) 자동차검사에 사용되는 기기는 기록장치의 작동에 이상이 없을 것

2) 자동차검사에 사용되는 기기는 판정 즉시 그 결과를 제80조제1항 단서에 따른 전산정보처리조직에 실시간 전송할 것

(바) 형식등 표시 : 전조등시험기의 형식·제작번호·제작일자 및 제작회사가 확실하게 표시되어 있을 것

(사) 전조등시험기는 자동차의 점검·정비 또는 검사를 원활히 수행할 수 있도록 설치되어 있을 것

(3) 정밀도에 대한 검사기준

전조등시험기의 광도지시·광축편차 및 판정정밀도는 설정값에 대하여 다음의 허용오차 범위이내일 것

(가) 광도지시 : ±15% 이내

(나) 광축편차 : ±29/174mm(1/6도) 이내

(다) 판정정밀도

1) 광도 : ±1,000cd 이내

2) 광축 : ±29/174mm(1/6도) 이내

다. 사이드슬립측정기

(1) 형식의 구분

(가) 측정방식에 의한 구분

1) 답판 연동형 : 자동차의 조향바퀴를 연동하는 양쪽 답판 위에 통과시켜 주행에 의하여 발생되는 옆 미끄럼량을 측정하는 형식

2) 단일 답판형 : 자동차의 한쪽 조향바퀴만을 답판 위에 통과시켜 주행에 의하여 발생되는 옆 미끄럼량을 측정하는 형식

(나) 판정방식에 의한 구분

1) 단순형 : 자동차의 옆 미끄럼량을 측정하여 지시 또는 지시 및 판정하는 형식

2) 자동형 : 제동시험기 및 속도계시험기와 복합하여 자동차의 옆 미끄럼량을 측정하여 지시 및 판정하는 형식

(2) 구조·장치의 작동 및 설치상태에 대한 검사기준

(가) 답판 : 답판의 윗면은 자동차바퀴와의 사이에 적당한 마찰계수를 가져야 하며, 수평을 유지하여야 하고, 답판의 이동에 소요되는 작동력은 다음의 허용오차 범위이내일 것

1) 작동시작점 : 4kg 이내

2) 5mm점 : 8kg 이내

3) 답판의 크기 : 가로·세로 1,000mm 이상(허용축중 3톤 이하는 880mm 이상)

4) 답판의 폭 : 답판(단일 답판형은 제외한다)의 안쪽 폭은 850mm 이하(허용축중 3톤 이하는 650mm 이하), 바깥쪽 폭은 2,850mm 이상(허용축중 3톤 이하는 2,400mm 이상)이어야 한다.

(나) 지시계 : 지시값의 과도한 떨림이 없이 옆미끄럼량을 인(IN) 또는 아웃(OUT)으로 확실하게 나타내며 최소 눈금값은 0.1mm 이내일 것(아날로그 방식 제외)

(다) 판정장치 : 자동형기기는 판정장치의 작동에 이상이 없을 것

(라) 기록장치

1) 자동차검사에 사용되는 기기는 기록장치의 작동에 이상이 없을 것

2) 자동차검사에 사용되는 기기는 판정 즉시 그 결과를 제80조제1항 단서에 따른 전산정보처리조직에 실시간 전송할 것

(마) 형식등 표시 : 사이드슬립측정기의 형식·제작번호·제작일자 및 제작회사가 확실하게 표시되어 있을 것

(바) 사이드슬립측정기는 자동차의 점검·정비 또는 검사를 원활히 수행할 수 있도록 설치되어 있을 것

(3) 정밀도에 대한 검사기준

미끄럼량의 지시 및 판정에 대한 정밀도는 다음의 허용오차 범위 이내일 것

(가) 0점 지시 : ±0.2mm/m(m/km) 이내

(나) 5mm 지시 : ±0.2mm/m(m/km) 이내

(다) 판정정밀도 : ±0.2mm/m(m/km) 이내

라. 속도계시험기

(1) 형식의 구분

(가) 측정방식에 의한 구분

1) 차륜 구동형(표준형) : 자동차바퀴의 구동에 의하여 롤러를 회전시켜 측정하는 형식

2) 롤러 구동형(자력식) : 시험기롤러의 구동에 의하여 자동차의 바퀴를 회전시켜 측정하는 형식

3) 복합형 : 속도계시험기 중 롤러 구동형 제동시험기와 복합하여 동일한 롤러에서 자동차의 속도를 측정하는 형식

(나) 판정방식에 의한 구분

1) 단순형 : 자동차의 주행속도를 측정하여 지시 또는 지시 및 판정하는 형식

2) 자동형 : 제동시험기 및 사이드슬립측정기와 복합하여 자동차의 주행속도를 측정하여 지시 및 판정하는 형식

(2) 구조·장치의 작동 및 설치상태에 대한 검사기준

(가) 지시계 : 속도지시값은 과도한 변동이 없는 상태일 것

(나) 롤러

1) 롤러 등 회전부는 지시계가 지시하는 최고속도에 상당하는 회전수로 작동하는 경우라도 과도한 진동 및 이음이 없을 것

2) 롤러는 기준직경의 2% 이상 과도하게 손상 또는 마모된 부분이 없을 것

3) 롤러(롤러구동형은 제외한다)는 2개 이상으로 구성되어야 하고 롤러의 직경은 100mm 이상이어야 하며, 롤러의 안쪽 폭은 850mm 이하(허용축중 3톤 이하는 650mm 이하), 바깥쪽 폭은 2,850mm 이상(허용축중 3톤 이하는 2,400mm 이상)이어야 한다.

4) 전·후 롤러 중심측의 간격은 다음 식에 의해 계산된 최소값과 최대값 이내이어야 한다.

롤러 중심축 간격(mm) = (619.13 + D)×Sin 31.5°~37.5°

D : 롤러의 직경(mm)

(다) 판정장치 : 자동형기기는 판정장치의 작동에 이상이 없을 것

(라) 기록장치

1) 자동차검사에 사용되는 기기는 기록장치의 작동에 이상이 없을 것

2) 자동차검사에 사용되는 기기는 판정 즉시 그 결과를 제80조제1항 단서에 따른 전산정보처리조직에 실시간 전송할 것

(마) 롤러 고정장치 : 자동차를 롤러에 안전하게 진입 및 퇴출시킬 수 있는 롤러 고정장치의 작동상태에 이상이 없을 것

(바) 바퀴이탈방지장치 : 바퀴이탈 방지장치는 손상이 없는 상태에서 이상 없이 작동할 것

(사) 리프트 : 자동차의 입·퇴출용 리프트의 작동에 이상이 없을 것

(아) 형식 등 표시 : 속도계시험기의 형식·제작번호·허용축중(중량)·제작일자 및 제작회사가 확실하게 표시되어 있을 것

(자) 속도계시험기는 자동차의 점검·정비 또는 검사를 원활히 수행할 수 있도록 설치되어 있을 것

(3) 정밀도에 대한 검사기준

(가) 지시 : 설정속도(매시 35km 이상)의 ±3% 이내

(나) 판정 : 판정기준값의 1km 이내

마. 택시미터주행검사기

(1) 형식의 구분

(가) 외부 검출형 : 회전롤러 외부에 설치한 광화이버 센서 또는 근접센서로 회전수를 검출하여 거리를 측정하는 형식

(나) 내부 검출형 : 회전롤러축에 장착된 엔코더 또는 휠톤 스피드센서로 회전수를 검출하여 거리를 측정하는 형식

(2) 구조·장치의 작동 및 설치상태에 대한 검사기준

(가) 지시계 : 지시거리등 각 지시값은 과도한 변동이 없는 상태일 것

(나) 회전수 검출기 : 검출센서, 연결선, 연결단자의 단선 및 파손 등 이상이 없을 것

(다) 보정장치 : 실제주행 거리와 주행검사기 주행거리의 오차를 보정하는 보정장치의 작동에 이상이 없을 것

(라) 형식등 표시 : 택시미터주행검사기의 형식, 제작번호, 제작일자 및 제작사가 확실하게 표시되어 있을 것

(마) 롤러

1) 롤러 등 회전부는 지시계가 지시하는 최고속도에 상당하는 회전수로 작동하는 경우라도 과도한 진동 및 이음이 없을 것

2) 롤러는 기준직경의 2퍼센트 이상 과도하게 손상 또는 마모된 부분이 없을 것

3) 롤러는 2개 이상으로 구성되어야 한다.

4) 전·후 롤러 중심측의 간격은 다음 식에 의해 계산된 최소값과 최대값 이내이어야 한다.

롤러 중심축 간격(mm) = (619.13 + D)×Sin 31.5°~37.5°

D : 롤러의 직경(mm)

(바) 판정장치 : 자동형기기는 판정장치의 작동에 이상이 없을 것

(사) 기록장치

1) 자동차검사에 사용되는 기기는 기록장치의 작동에 이상이 없을 것

2) 자동차검사에 사용되는 기기는 판정 즉시 그 결과를 제80조제1항 단서에 따른 전산정보처리조직에 실시간 전송할 것

(3) 정밀도에 대한 검사기준

(가) 거리지시 : 기준기의 시험펄스값에 해당하는 주행거리를 지시할 것

(나) 보정치 : 롤러직경의 3% 이내

(다) 판정장치 : 수리검정 또는 사용검정의 각각 거리허용차 범위에 적합하게 판정할 것

바. 가스누출감지기

(1) 형식의 구분

(가) 접촉 연소형 : 접촉연소에 의한 촉매의 온도변화를 전기저항으로 변환하여 측정하는 형식

(나) 반도체형 : 가스흡착에 의한 반도체의 전도도 변화량을 측정하는 형식

(다) 기타형식 : 접촉연소형 또는 반도체형 이외의 형식

(2) 구조·장치의 작동 및 설치상태에 대한 검사기준

(가) 채취부 : 채취구, 호스, 필터는 균열 및 파손 등 이상이 없을 것

(나) 지시계 : 가스의 누출량에 따라 순차적으로 연속된 데이터를 지시(숫자, 지침, LED바 등)하고 작동에 이상이 없을 것

(다) 경보장치 : 측정농도에 따른 경보기능에 이상이 없을 것

(라) 형식등 표시 : 가스누출감지기의 형식, 제작번호, 측정가스성분, 제작일자 및 제작사가 확실하게 표시되어 있을 것

(3) 정밀도에 대한 검사기준

폭발 하한값(LEL) 20% 이내에서 가스누출을 감지하여야 한다.

2. 검사방법

가. 제동시험기

(1) 좌·우제동력

(가) 단순형 및 판정형 제동시험기는 최대제동력 지시값의 10% 이상에서 좌측 및 우측에 대하여 세가지 이상의 하중을 설정하여 측정할 것

(나) 차륜구동형 제동시험기는 전·후·좌·우 롤러 각각에 대하여 세가지 이상의 압력을 주어 해당제동력을 측정할 것

(2) 좌·우 합계 제동력

최대 제동력 지시값의 10% 이상에서 좌측 및 우측에 대하여 세가지 이상의 하중을 설정하여 좌·우 합계 지시값을 측정할 것

(3) 좌·우차이 제동력

최대 제동력차이 지시값의 10% 이상에서 좌·우 각각에 대하여 한가지 이상의 편하중을 설정하여 측정할 것

(4) 중량설정

자동중량 설정장치가 있는 경우에는 100kg 이상의 하중으로 세가지 이상의 값을 설정하여 측정할 것

(5) 합계제동력 판정점

좌·우 합계제동력 지시값을 설정중량에 대하여 주제동력 및 주차제동판정으로 나누어 각각 측정할 것. 다만, 판정점 기억방식은 판정기준값 설정상태의 적합성 확인으로 이에 갈음할 수 있다.

(6) 차이제동력 판정점

좌·우 제동력차이 지시값을 설정중량에 대한 차이 판정값으로 나누어 측정 할 것. 다만, 판정점 기억방식은 판정기준값 설정상태의 적합성 확인으로 이에 갈음할 수 있다.

(7) 구조·장치의 작동상태

각 구조·장치의 작동상태가 검사기준에 적합한지의 여부를 관능으로 확인할 것

나. 전조등시험기

(1) 교정기의 상하좌우향 광축을 각각 0(영)밀리미터로 설정한 상태에서 교정기의 광도를 다음과 같이 측정할 것

(가) 주행빔(상향등)의 경우 교정기의 광도를 1만칸델라, 2만칸델라 및 3만칸델라 등 세가지 이상의 광도로 측정할 것

(나) 변환빔(하향등)의 경우 교정기의 광도를 2천칸델라, 5천칸델라, 8천칸델라 및 1만칸델라 등 네가지 이상의 광도로 측정할 것

(2) 광축 편차지시

(가) 주행빔(상향등)의 경우 광도변화에 따른 광축의 편차는 2만칸델라의 광도기준값이 상·하·좌·우 광축을 각각 0(영)밀리미터로 조정한 상태에서 광도를 1만칸델라 및 3만칸델라로 각각 변화시켜 광축지시의 편차를 측정할 것

(나) 주행빔(상향등)의 경우 각도변화에 따른 광축의 편차는 광도를 2만칸델라로 설정하여 좌·우·하향 174밀리미터(1도) 및 348밀리미터(2도), 상향 174밀리미터(1도)에서 각각 측정할 것

(다) 변환빔(하향등)의 경우 광도변화에 따른 광축의 편차는 8천칸델라의 광도기준값이 상·하·좌·우 광축을 각각 0(영)밀리미터로 설정한 상태에서 8천칸델라 미만 광도 및 8천칸델라 초과 광도로 각각 변화시켜 광축지시의 편차를 측정할 것

(라) 변환빔(하향등)의 경우 각도변화에 따른 광축의 편차는 광도를 8천칸델라로 설정하여 상·하·좌·우향 0(영)밀리미터, 하·좌·우향 174밀리미터(1도) 및 상향 87밀리미터(0.5도)에서 각각 측정할 것

(3) 판정점

안전기준에서 정한 광도 및 광축의 기준에 대한 적정 판정여부를 확인할 것. 다만, 판정점 기억방식은 판정기준값 설정상태의 적합성 확인으로 이에 갈음 할 수 있다.

(4) 구조·장치의 작동상태

각 구조·장치의 작동상태가 검사기준에 적합한지의 여부를 확인할 것.

다. 사이드슬립측정기

(1) 0(영)mm점 지시

검출장치 부착측 답판을 내측 및 외측으로 3mm 밀었다가 놓은 후 답판의 복원성 및 0(영)mm점 지시를 확인할 것

(2) 5mm점 지시

답판에 대하여 내측 및 외측으로 각각 5mm를 밀어 그때의 지시값을 측정할 것(답판의 길이는 1m를 기준으로 하여야 한다)

(3) 판정점

지시검출측 답판을 인(IN) 및 아웃(OUT)으로 5mm 밀어 판정점을 확인할 것. 다만, 판정점 기억방식은 판정기준값 설정상태의 적합성 확인으로 이에 갈음할 수 있다.

(4) 구조·장치의 작동상태

각 구조·장치의 작동상태가 검사기준에 적합한지의 여부를 확인할 것

라. 속도계시험기

(1) 속도지시

매시 30km 이상 매시 100km 이하의 속도에서 두가지 이상의 값으로 측정할 것

(2) 판정점

매시 40킬로미터의 속도에서 정 25%점과 부 10%점에서 정상 판정여부를 확인할 것. 다만, 판정점 기억방식은 판정기준값 설정상태의 적합성 확인으로 이에 갈음할 수 있다.

(3) 구조·장치의 작동상태

각 구조·장치의 작동상태가 검사기준에 적합한지의 여부를 확인할 것

마. 택시미터주행검사기

(1) 지시계 : 기준기로 기본거리 및 이후거리에 해당하는 펄스값을 주행검사기에 부여하여 지시값을 확인할 것

(2) 판정장치 : 기준기로 거리의 허용차(수리검정 0~4%, 사용검정 -1~+5%)에 해당하는 펄스값을 부여하여 판정여부를 확인할 것

(3) 각 구조·장치의 작동상태가 검사기준에 적합한지의 여부를 관능으로 확인할 것

바. 가스누출감지기

(1) 표준가스를 사용하여 감지기능의 정상작동 여부를 확인할 것

(2) 각 구조·장치의 작동상태가 검사기준에 적합한지의 여부를 관능으로 확인할 것

제69조 [정밀도검사의 신청 등]

① 제68조의 규정에 의하여 정밀도검사를 받고자 하는 자는 검사를 받고자 하는 날의 1일전까지 별지 제42호서식의 기계·기구(최초·정기·구조변경)정밀도검사신청서에 다음 각 호의 서류를 첨부하여 한국교통안전공단에 제출하여야 한다. 다만, 한국교통안전공단이 정비연합회와 협의하여 검사예정일을 정하여 이를 통보한 경우에는 검사예정일까지 신청서 및 첨부서류를 제출할 수 있으며, 정밀도검사를 받고자 하는 기계·기구가 이미 정밀도검사를 받은 기계·기구와 구조장치가 동일한 제원인 경우에는 첨부서류를 생략할 수 있다.

1. 주요제원에 관한 서류(최초 정밀도검사 및 구조변경 정밀도검사를 신청하는 경우에 한한다)
2. 주요구조 및 장치에 관한 도면(최초 정밀도검사 및 구조변경 정밀도검사를 신청하는 경우에 한한다)
3. 사용방법 및 교정에 관한 설명서(최초 정밀도검사 및 구조변경 정밀도검사를 신청하는 경우에 한한다)
4. 변경된 내용(구조변경 정밀도검사를 신청하는 경우에 한한다)

② 한국교통안전공단은 제1항 본문의 규정에 의하여 기계·기구의 정밀도검사신청을 받은 때에는 검사예정일을 신청인에게 통보하여야 한다.

③ 제68조 제3항 단서의 규정(천재지변의 경우를 제외한다)에 의하여 정밀도검사기간의 조정을 받고자 하는 기계·기구의 사용자는 당해기계·기구의 검사예정일이 경과하기 전까지 별지 제43호서식의 기계·기구 정밀도검사 기간조정신청서에 그 사유를 증명하는 서류를 첨부하여 시·도지사에게 제출하여야 한다. 이 경우 시·도지사는 정밀도검사기간의 조정을 한 때에는 당해기계·기구의 사용자 및 한국교통안전공단에 그 사실을 통보하여야 한다.

④ 제1항의 규정에 의한 정밀도검사신청을 받은 한국교통안전공단은 제68조 제5항의 규정에 의한 기준에의 적합여부를 검사하여 그 결과를 신청인에게는 지체없이 통지하고, 시·도지사에게는 적합하지 아니하다고 인정되는 경우에는 지체없이 그 결과를 보고하고, 적합하다고 인정되는 경우에는 검사한 날이 속하는 달의 다음달 15일까지 그 결과를 보고하여야 하며, 기계·기구의 사용자는 한국교통안전공단이 최초정밀도검사결과 적합하다고 인정하여 발급한 [별표 13]의 기계·기구정밀도검사합격표를 해당 기계·기구의 보기 쉬운 곳에 부착·관리하여야 한다.

⑤ 정밀도검사를 받지 아니하거나 정밀도검사에 불합격한 기계·기구는 이를 사용할 수 없다.

기본학습 02 사이드슬립, 제동력, 속도계 검사기기의 교정

2.1 사이드슬립 시험기의 교정

① 로그인화면에서 정도 ID와 PW로 로그인한다.

② 초기화면에서 [정도]클릭하고 [사이드슬립]을 클릭하고 [검사시작]을 클릭하면 사이드슬립 교정화면이 나타난다.

③ [초기]를 마우스로 클릭한다.

④ IN · OUT {초기}마우스로 클릭하면 기계적인 초기값으로 돌아간다.

⑤ 메인기판에 [Zero]볼륨으로 Zero가깝게 조정한다(기본 셋팅되어 있음).

⑥ IN · OUT {제로}마우스로 클릭하면 "0"로 셋팅된다.

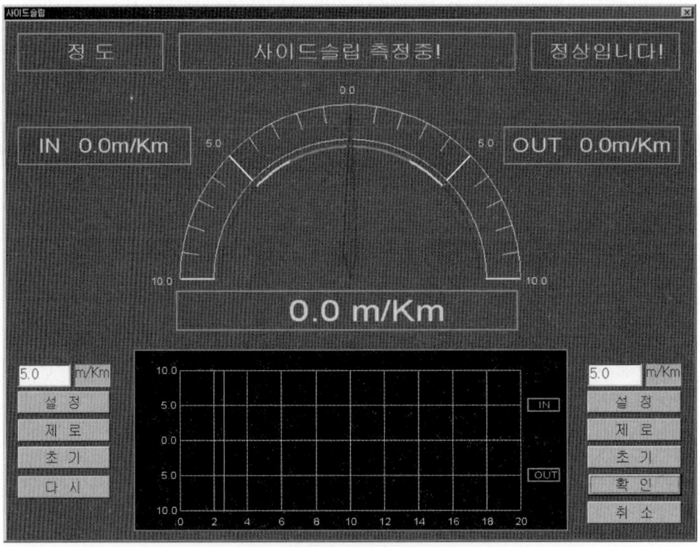

사이드슬립 시험기의 교정

⑦ 본체에 다이얼게이지를 설치하고 답판에는 V-Block을 설치하여 "0"점을 조정한다.

⑧ 답판을 내측으로 5mm 움직인 상태에서 화면 우측 상단 [설정] 옆쪽에 {5.0}숫자를 친 다음 [설정]누르면 됩니다. 그래프와 수치가 OUT 5mm인지 확인한다.

⑨ IN 위와 같은 방법으로 조정한다.

⑩ [확인]누르면 저장된다.

2.2 축중계의 교정

① 로그인화면에서 정도 ID와 PW로 로그인한다.

② 초기화면에서 [정도]클릭하고 [축중]을 클릭하고 [검사시작]을 클릭하면 축중 교정화면이 나타난다.

③ {초기} 클릭하면 기계적인 초기값으로 돌아간다.

④ 메인기판 [Zero]볼륨으로 Zero가깝게 조정한다.-{제로} 클릭하면 "0"점이 조정된다.

⑤ 답판 위에 축중 교정용 Load Cell과 Jack을 설치한다.

⑥ Jack에 힘을 가해 수치만큼 설정하고 KG란에 설정수치를 입력하고 {설정}을 클릭하면 설정수치만큼 조정이 된다.

⑦ {확인} 클릭하면 저장되면서 조정이 종료된다.

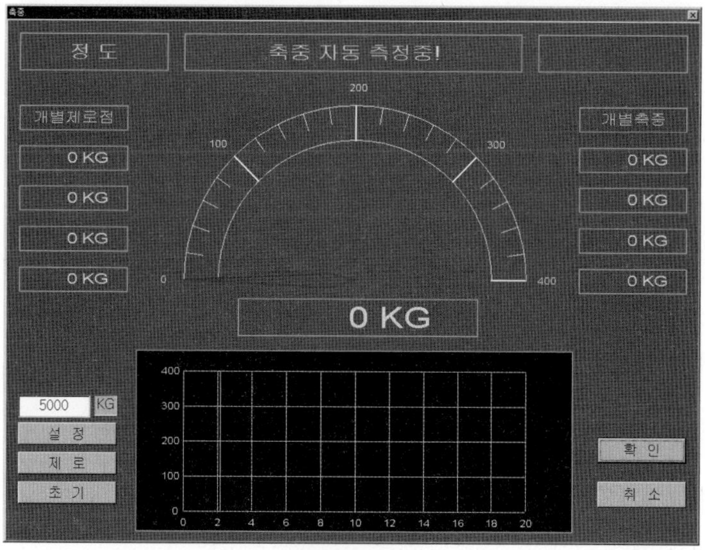

축중계 교정

2.3 제동 MODE의 교정

① 로그인화면에서 정도 ID와 PW로 로그인한다.

② 초기화면에서 [정도]클릭하고 [브레이크]을 클릭하고 [검사시작]을 클릭하면 브레이크 교정화면이 나타난다.

③ 좌, 우 [초기]를 선택한다(기계적인 최초 값으로 환원한다).

- 메인기판[L Zero][R Zero] 볼륨으로 Zero가깝게 조정한다.

④ [제로]를 눌러 영점을 잡는다.

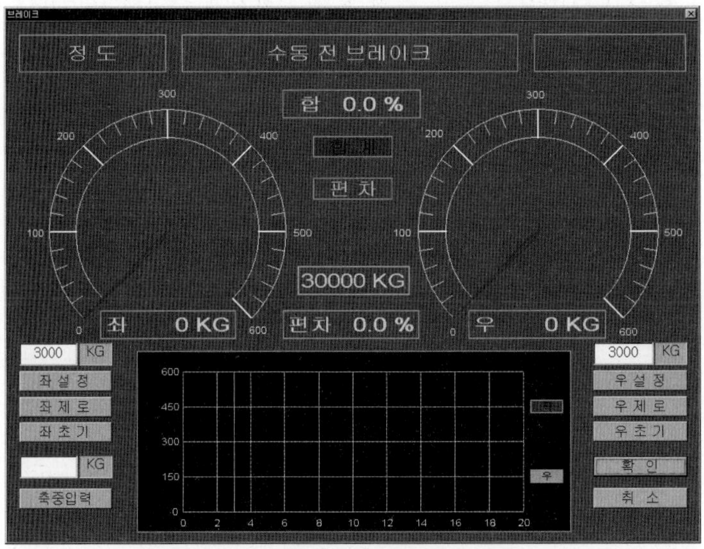

제동 모드교정

⑤ 좌·우에 교정기를 장착하고 제동력 부하 값을 키보드로 KG란에 입력하고 입력 값만큼 부하를 설정한다.

⑥ [설정]을 눌러 부하 값을 셋팅하면 지시치가 설정값으로 변한다.

⑦ 설정이 완료되면 [확인]을 클릭 저장하고 종료한다.

2.4 속도계시험기의 교정

① 로그인화면에서 정도 ID와 PW로 로그인한다.

② 초기화면에서 [정도]클릭하고 [스피드미터]을 클릭하고 [검사시작]을 클릭하면 속도계 교정화면이 나타난다.

③ [초기] 버튼을 누른다.

기계적 기본 수치로 설정하는 것이다(게인값이 조정 불가능 할 수 있다).

④ 숫자 키로 설정값을 입력한다.

⑤ 설정값의 속도로 차량의 속도가 되었을 때 [설정]키를 누른다.

⑥ 설정이 완료되면 [확인]을 클릭 저장하고 종료한다.

⑦ [취소] 선택시 초기값으로 돌아간다.

속도계시험기의 교정

기본학습 03 배출가스 분석기 표준가스 교정

3.1 표준가스 교정

본 분석기는 표준가스(국가공인기관의 인증가스)를 이용하여 정밀하게 교정한 후에 출하된 것이다. 그러나 분석기의 정확도를 유지하기 위해서는 수시(최소 1개월에 1회 이상)로 가스교정을 수행한다.

본 분석기는 미숙련자의 조작 미숙으로 인하여 교정이 잘못 수행되는 것을 방지하도록 설계되어 있으나, 표준가스 교정은 분석기의 정확도에 많은 영향을 미치므로, 반드시 사용설명서의 내용을 충분히 이해하고 명시된 절차에 따라 수행한다.

1. 표준가스 주입 시 주의사항

① 표준가스로 사용되는 가스에는 매우 유독한 성분이 포함되어 있으므로 직접 흡입하면 인체에 치명적인 손상을 입게 된다. 가스중독에 의한 사고를 방지하기 위해서는 통풍이 잘 되는 곳에서 실시한다.

② 시험성적서가 없거나 유효기간이 경과된 혼합가스를 사용하여 교정하면 측정기의 정확도가 현저히 떨어질 수 있으므로, 공인기관이 인증한 표준가스를 사용하는 것이 좋다.

③ NDIR식의 분석기는 측정 원리상 압력 및 유량의 변화가 측정치에 영향을 미치므로, 규정범위 이외의 압력이나 유량으로 표준가스를 공급하면 정확도가 낮아질 수 있다.

④ 표준가스에 의한 교정은 그 결과에 따라 측정값에 차이가 있을 수 있다. 정확한 방법을 숙지하여 진행한다.

2. 준비항목

항목	내용
표준가스	공인기관의 시험성적서가 첨부된 표준가스
표준가스 농도 범위	C_2H_8 : 500~2,000ppm, CO : 1.00~6.00%, CO_2 : 12~15%, N_2 : balance
추천 표준가스 농도	C_2H_8 : 1000ppm, CO : 1.50%, CO_2 : 14%, N_2 balance
공급압력(2차 압력)	0.5~1.0kgf/cm^2
공급유량	4~5ℓ/min
압력 조정기	1차, 2차 압력이 표시되는 압력계와 유량계(Rotameter) 및 유량조절밸브가 부착된 제품을 사용하십시오.

3. 연결방법

(1) 표준가스 실린더 연결(1차, 2차 압력게이지 사용할 경우)

① 분석기 본체 후면에 있는 CAL(Calibration= 표준가스 조정 흡입구)에 다음 그림과 같이 표준가스 실린더를 연결한다. 이 때 표준가스 실린더의 압력밸브는 [닫힘] 방향으로 돌려 반드시 차단되어 있어야 하며, 표준가스는 프로그램에서 표시된 상태에서 만 주입한다.

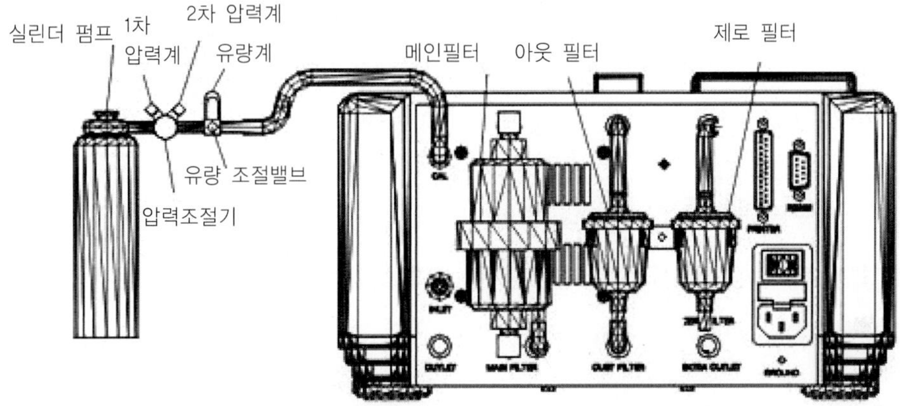

CGA-4700 교정용 호스 연결사진(1차, 2차 압력게이지 타입)

② 압력조절기를 반시계 방향으로 풀어 차압을 차단한 상태에서 표준가스 실린더의 밸브를 반시계 방향으로 개방하여 1차압이 10kgf/cm^2 이하가 되면 새로운 가스 실린더로 교환한다.

③ 배출가스 분석기를 정상적인 측정상태에 놓는다.

④ 유량조절 밸브를 차단한 상태에서 압력조정기를 시계방향으로 조금씩 돌리면서 2차압을 0.5~1.0kgf/cm^{2}이 되도록 조정한다.

⑤ 프로그램에서 “가스를 주입하시오” 명령시 유량조절 밸브를 천천히 개방하면서 공급 유량의 미세 조절 시에는 2차압이 변동될 수 있으므로 압력조정기를 사용하여 유량을 조정한다.

(2) 표준가스 실린더 연결방법(1차 압력게이지 사용할 경우)

① 분석기 본체 후면에 있는 CAL(Calibration= 표준가스 조정 흡입구)에 다음 그림과 같이 표준가스 실린더를 연결한다. 이 때 표준가스 실린더의 압력밸브는 [닫힘] 방향으로 돌려 반드시 차단되어 있어야 한다.

② 프로그램에서 “가스를 주입하시오” 명령 시 밸브를 서서히 열어 압력을 유지시킨다(압력 3~8kgf/cm^2).

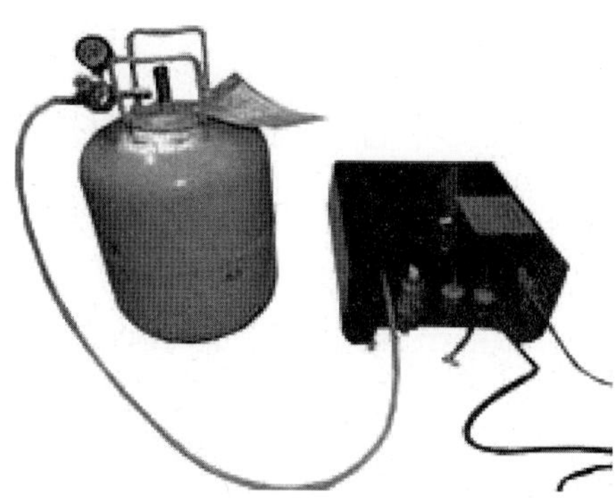

CGA-4700 교정용 호스연결 사진(1차 압력게이지 타입)

3.2 교정(프로그램)

1. 메인 메뉴 우측 상단의 '교정'에 체크를 한 후 배출가스 버튼을 클릭한다.

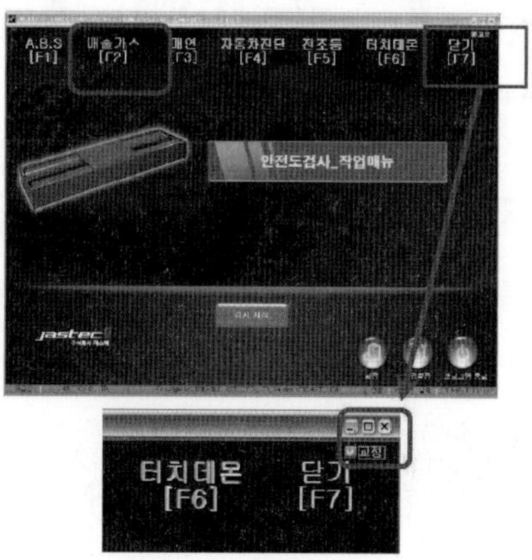

교정모드 체크

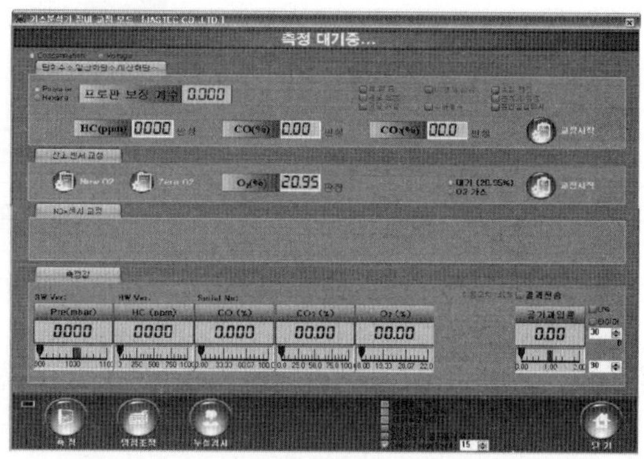

가스분석기 교정 메인화면

2. 혼합가스 교정

① ‘영점조정중입니다. GAS차단’이라는 메시지가 나오면 영점조정을 완료한다.

② 그림과 같이 HC, CO, CO_2값을 입력 후 그림 10의 배출가스분석기 후면 CAL에 연결한 후 교정 시작버튼을 누른다.

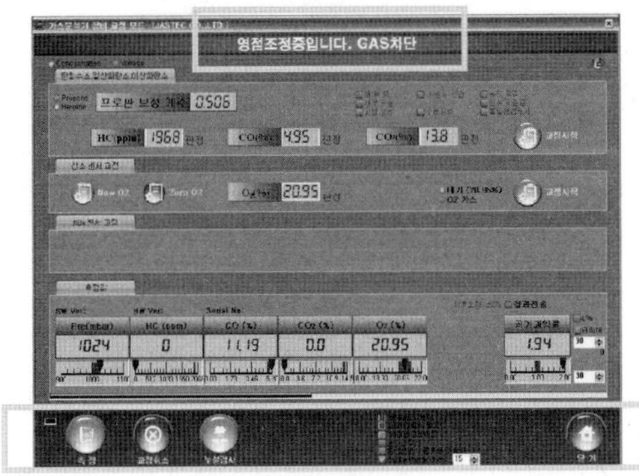

영점조정 화면

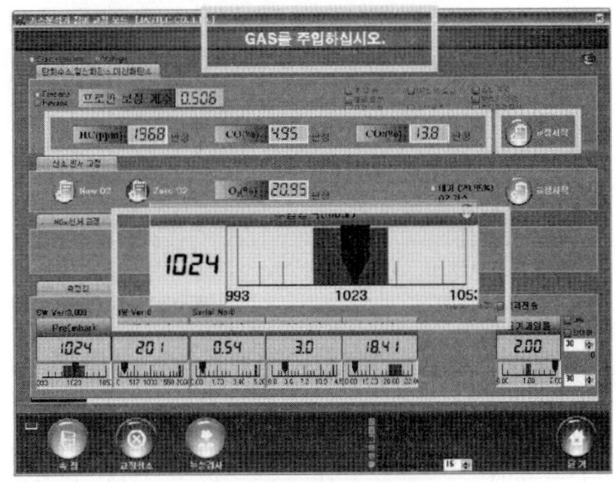

혼합가스 주입 화면

③ 주입 압력화면의 파란 화살표가 빨간 화면에 들어오게 가스를 주입한다.

④ 교정이 완료되면 HC, CO, CO_2에 ‘o적합’이라 표시된다. 교정이 완료되면 자동으로 퍼지를 실행하며 ‘가스차단’이라는 메시지가 나오며 가스공급을 중단한다(압력밸브를 잠근다).

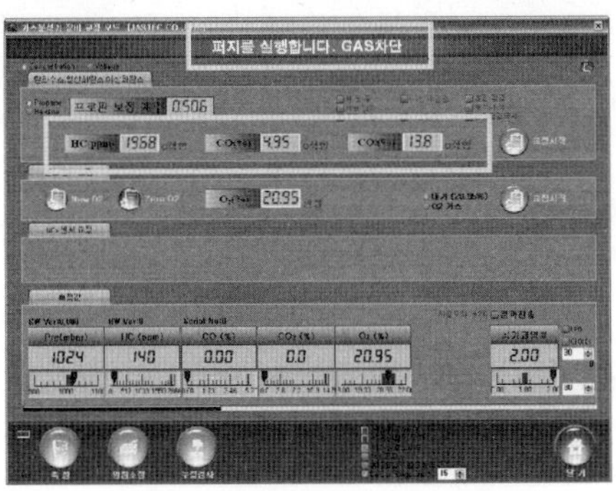

교정 완료 후 퍼지 실행 화면

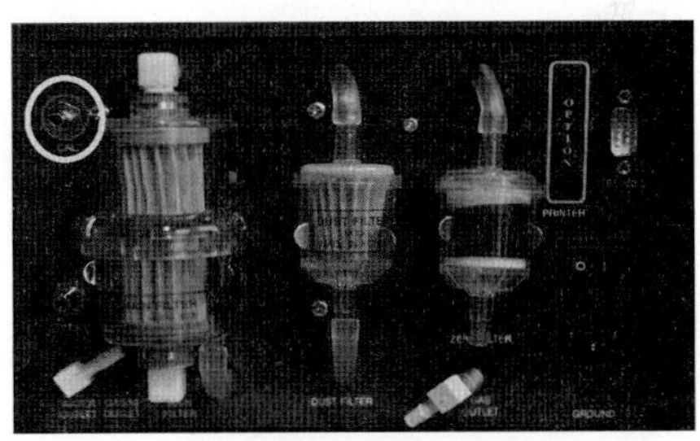

교정용 표준가스 주입구

3. 산소센서 교정

① 대기로 선택 후 교정 시작 버튼을 클릭하여 교정을 시작한다.

② O_2가스를 이용하여 교정할 시 ‘CAL’에 산소가스 호스를 연결하여 교정시작을 클릭 후 위 혼합가스 교정과 동일하게 순차적으로 진행하면 된다.

③ O_2가스를 교체하였을 경우에는 ‘New O_2’(산소센서 초기화)를 클릭 후 교정한다.

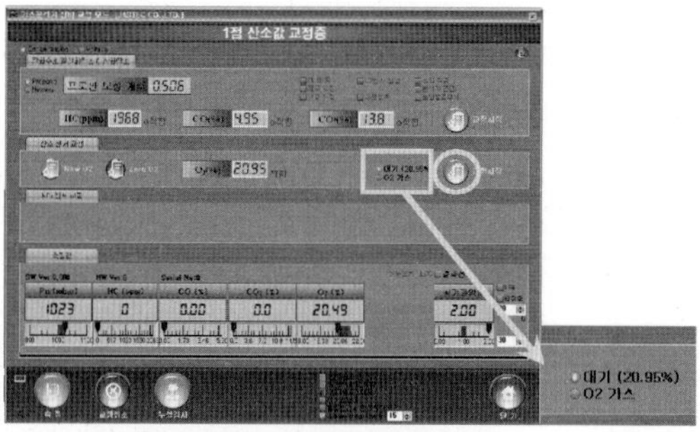

산소센서 교정 완료화면

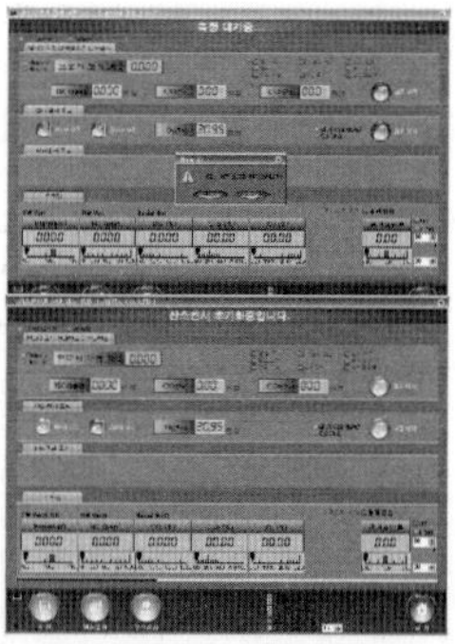

산소센서 초기화 및 산소센서 교정화면

3.3 누설검사

분석기의 시료채취부의 공기누설이 있는지의 여부를 확인하는 검사이다. 정확한 배출가스 측정을 위하여 누설검사는 매일매일 실하는 것이 좋다. 누설검사를 실시하기 전 시료 채취관 흡입부분에 누설 캡을 장착한다.

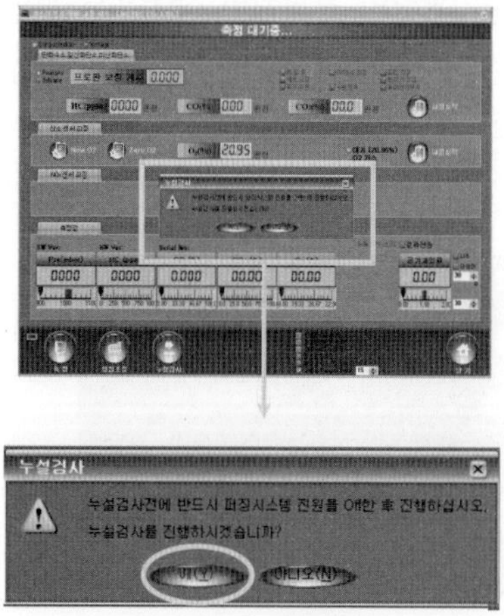

누설검사 클릭화면

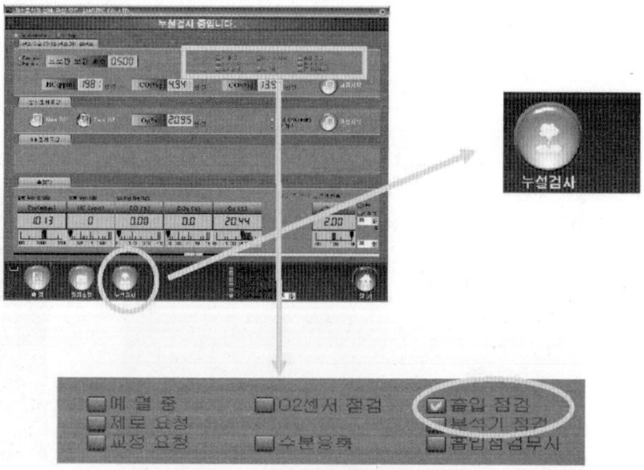

누설검사 완료화면

① 퍼징시스템 전원을 off하였는지 확인한다.

② 프로브 팁 부분에 공기가 새지 않도록 누설검사 캡을 씌운다.

③ 누설검사를 클릭하게 되면 그림과 같은 메시지가 발생하며 '예'를 클릭하여 누설검사를 진행하면 된다.

④ 상태바가 진행하게 되면 배출가스 분석기 펌프가 작동하게 되며 정상적으로 누설이 없을 시 위의 그림과 같이 흡입점검 'v'로 표시되며 누설검사에 'o적합'이라는 표시가 생겨난다.

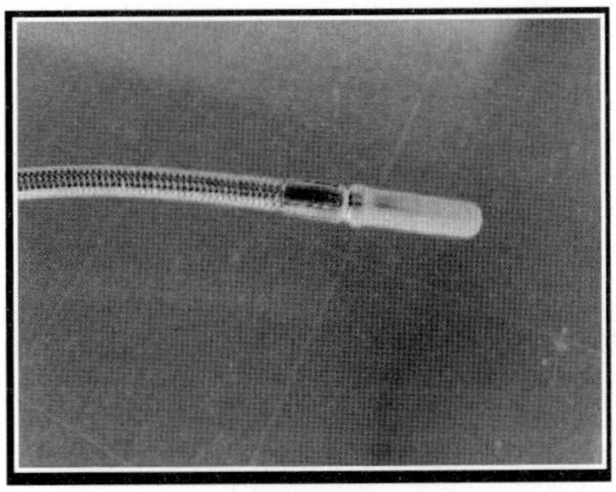

누설 캡 사진

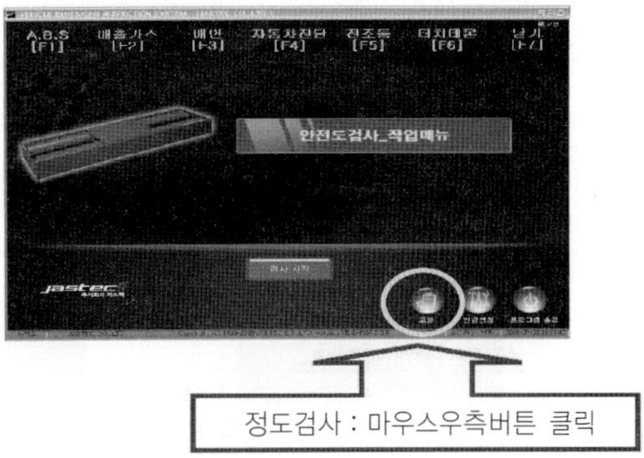

정도검사 준비

3.4 정도검사

① [교정] 버튼에서 마우스 우측버튼을 클릭하면 정도검사 화면으로 전환된다.

② 배출가스분석기, 매연측정기, 엔진회전수 측정기의 정도검사 화면으로 전환된다.

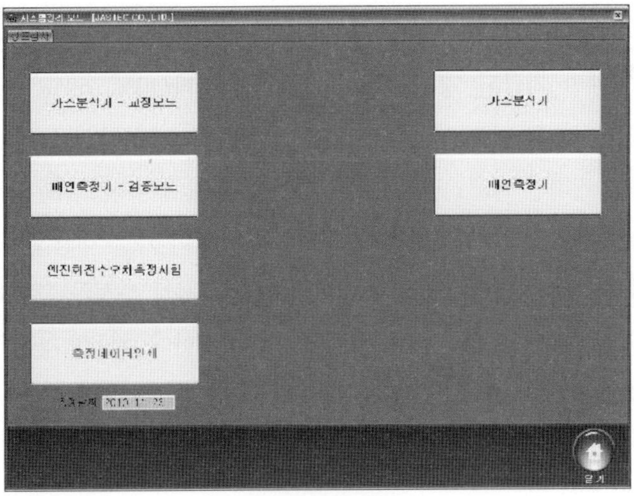

정도검사 화면

기본학습 04 매연측정기 장비 교정

4.1 교정모드

① 메인 메뉴 우측상단의 [교정]에 체크를 한 후 [매연] 버튼을 클릭한다.

② 그림의 매연측정기 교정모드 화면으로 전환된다.

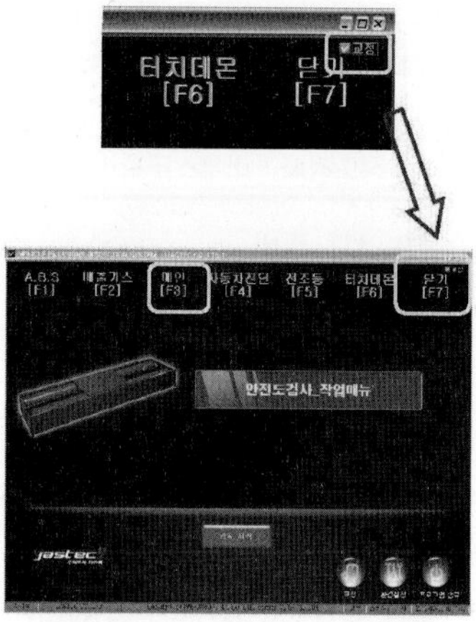

매연측정기 교정모드로 전환

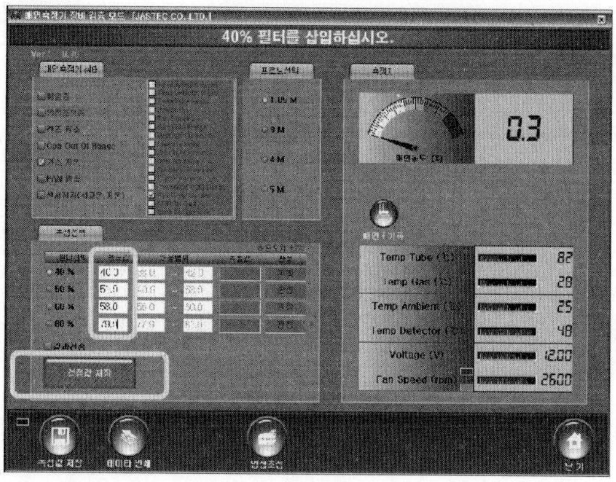

매연측정기 교정화면(표준필터 농도값 입력)

③ 표준필터의 시험필증에 있는 농도 수치를 각각 입력한다(40%, 50%, 60%, 80%). 표준필터가 3개만 지급된 경우 해당수치만 입력한다(40%, 60%, 80%).

④ 농도 값 입력 완료 후 반드시 [설정 값 저장] 버튼을 눌러 주어야 한다. 그림 22와 같이 40% 항목을 클릭하면 "40% 필터를 삽입하시오"라는 메시지가 나온다. 이때 40% 표준필터를 매연측정기 측정부에 삽입한다. 입력한 농도 값이 ±2% 허용오차를 만족하면 "60% 필터를 삽입하시오"라는 메시지가 나오며, 80% 필터까지 측정완료가 되면 교정이 완료된다. 화면상단 메시지를 보면서 해당 표준필터를 삽입한다. 허용오차률은 시험필증 농도값의 ±2%이다.

* 주의사항 : 교정 전 반드시 측정렌즈 청소 후 영점조정을 실시한다. 측정기 교정 시 외부로부터 렌즈에 빛 등의 영향을 받지 않도록 한다.

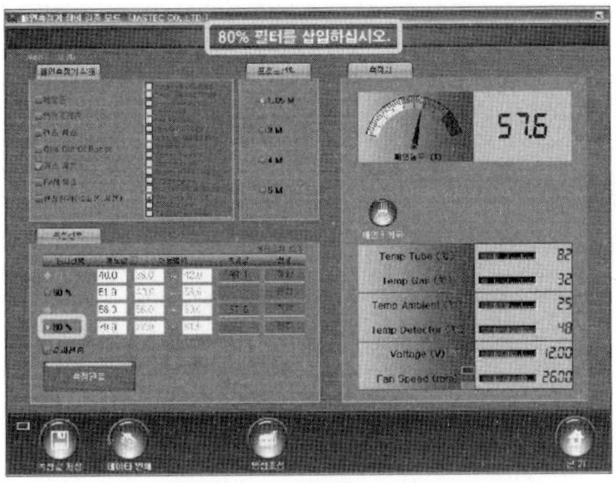

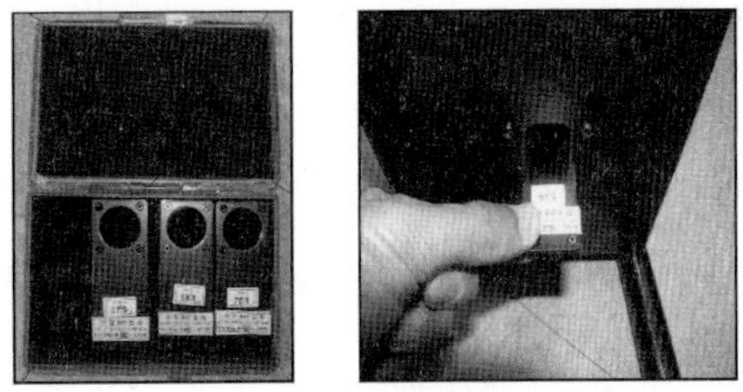

표준필터 삽입 교정 진행화면 **표준필터 및 필터삽입**

* 주의사항 : 표준필터 교체 후에는 표준필터 농도 값과 설정 값이 일치하는지 반드시 확인하여야 한다. 표준필터의 유효기간을 경과하지 않도록 주의하여야 한다.

4.2 정도검사 모드

① [교정] 버튼에서 마우스 우측버튼을 클릭하면 정도검사 화면으로 전환된다.

② 배출가스분석기, 매연측정기, 엔진회전수 측정기의 정도검사 화면으로 전환된다.

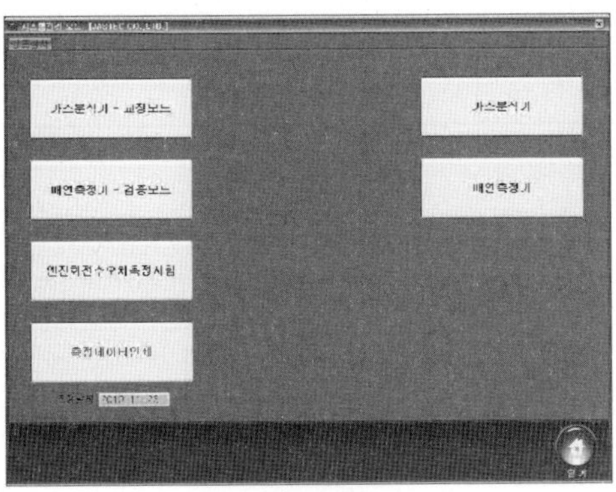

정도검사 준비

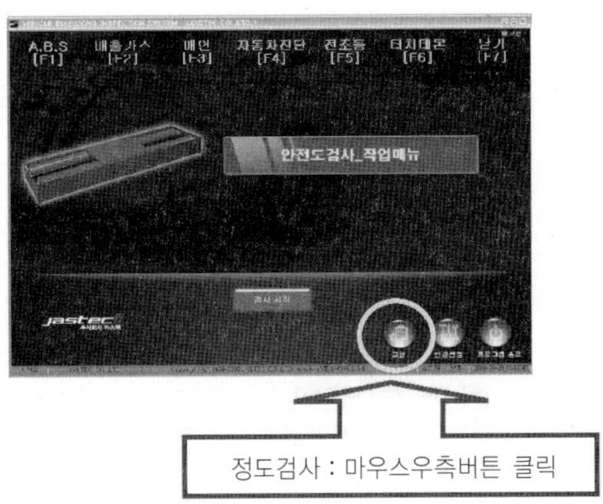

정도검사 화면

실습보고서

실험제목	제동시험기의 정밀도 검사기준 및 방법		
실험일자		반 및 실험조	
학번		성명	

■ 과제 내용

제동시험기의 정밀도 검사기준 및 검사방법에 대하여 작성하시오.

1. 실습장의 제동시험기 형식

2. 제동시험기의 정밀도에 대한 검사기준에 대하여 작성하시오.

구분	항목	허용오차 범위	비고
제동력 지시 및 중량설정지시의 정밀도	좌·우 제동력지시		설정하중에 대한 허용오차
	좌·우 합계 제동력지시		
	좌·우 차이 제동력지시		
	중량설정지시		
판정 정밀도	좌·우 제동력합계 판정		축중에 대하여 허용오차
	좌·우 제동력차이 판정		

3. 제동시험기의 정밀도에 대한 검사방법에 대하여 작성하시오.

구분	검사 방법
좌·우제동력	
좌·우합계제동력	
좌·우차이 제동력	
중량설정	
합계제동력 판정점	
차이제동력 판정점	
구조·장치의 작동상태	

실습보고서

실험제목	전조등시험기의 정밀도 검사기준 및 방법		
실험일자		반 및 실험조	
학번		성명	

■ 과제 내용

전조등시험기의 정밀도 검사기준 및 검사방법에 대하여 작성하시오.

1. 실습장의 전조등시험기 형식

2. 전조등시험기의 정밀도에 대한 검사기준에 대하여 작성하시오.

항목		허용오차 범위	비고
광도지시			설정값에 대한 허용오차
광축편차			
판정정밀도	광도		
	광축		

3. 전조등시험기의 정밀도에 대한 검사방법에 대하여 작성하시오.

항목	검사 방법
광도지시	
광축편차	
판정점	
구조·장치의 작동상태	

⚙ 실습보고서

실험제목	사이드슬립측정기의 정밀도 검사기준 및 방법		
실험일자		반 및 실험조	
학번		성명	

■ 과제 내용

사이드슬립측정기의 정밀도 검사기준 및 검사방법에 대하여 작성하시오.

1. 실습장의 사이드슬립측정기 형식

2. 사이드슬립측정기의 정밀도에 대한 검사기준에 대하여 작성하시오.

항목	허용오차 범위	비고
0점 지시		
5mm 지시		
판정정밀도		

3. 사이드슬립측정기의 정밀도에 대한 검사방법에 대하여 작성하시오.

항목	검사 방법
0점 지시	
5mm 지시	
판정점	
구조·장치의 작동상태	

실습보고서

실험제목	속도계시험기의 정밀도 검사기준 및 방법		
실험일자		반 및 실험조	
학번		성명	

■ 과제 내용

속도계시험기의 정밀도 검사기준 및 검사방법에 대하여 작성하시오.

1. 실습장의 속도계시험기 형식

2. 속도계시험기의 정밀도에 대한 검사기준에 대하여 작성하시오.

항목	허용오차 범위	비고
지시		
판정		

3. 속도계시험기의 정밀도에 대한 검사방법에 대하여 작성하시오.

항목	검사 방법
속도 지시	
판정점	
구조·장치의 작동상태	

실습보고서

실험제목	배출가스분석기의 교정실습		
실험일자		반 및 실험조	
학번		성명	

■ 과제 내용

주어진 배출가스분석기로 배출가스를 측정을 하기 앞서 교정작업에 대하여 아래와 같이 보고서를 작성하시오.

1. 사용기기 및 부품
   (1) 차종

   (2) 사용기기

   (3) 부품

2. 배출가스분석기의 교정방법에 대하여 설명하세요.

3. 실험결과에 대한 검토 및 고찰

실습보고서

실험제목	매연측정기의 교정실습		
실험일자		반 및 실험조	
학번		성명	

■ 과제 내용

주어진 매연측정을 하기 앞서 교정작업에 대하여 아래와 같이 보고서를 작성하시오.

1. 사용기기 및 부품
   (1) 차종

   (2) 사용기기

   (3) 부품

2. 매연측정기의 교정방법에 대하여 설명하세요.

3. 실험결과에 대한 검토 및 고찰

학습정리

이 장에서는 자동차검사를 시행할 수 있는 자동차검사대행자, 운행차 정기검사대행자 및 확인검사대행자, 종합검사대행자, 종합검사 지정정비사업자 등이 갖추어야 할 시설·장비 등의 기준과 배출가스분석기 및 매연측정기에 대한 표준가스 및 표준지 등으로 영점 조정하는 방법에 대하여 학습하였다. 그리고 각종 검사기기별 검사실시전에 시행하여야 할 정밀도 점검방법에 대하여 학습하였다. 검사기기별 정밀도 점검방법 및 조작방법을 숙지하고 배출가스분석기 및 매연측정기에 대한 표준가스 및 표준지 등으로 영점 조정할 수 있어야 한다.

총괄평가

1. 자동차검사를 시행할 수 있는 자동차검사대행자, 운행차 정기검사대행자 및 확인검사대행자, 종합검사대행자, 종합검사 지정정비사업자 등이 검사할 수 있는 영역에 대하여 비교 서술하시오.
2. 정밀도검사를 받아야 하는 기계·기구 중에서 다음의 시험기의 정밀도에 대한 검사기준에 대하여 설명하세요.
   - 제동시험기
   - 전조등시험기
   - 사이드슬립측정기
   - 속도계시험기
3. 배출가스분석기의 교정에 대하여 서술하시오.
4. 매연측정기의 교정에 대하여 서술하시오.

참고자료

1. 자동차관리법, 자동차관리법 시행령, 자동차관리법 시행규칙
2. 자동차 및 자동차부품의 성능과 기준에 관한 규칙
3. 대기환경보전법, 대기환경보전법 시행규칙
4. ㈜자스텍 안전도 검사기기 시스템 사용자 운영 매뉴얼

A-2 응급조치하기(1506030604_17v3.2)

학/습/목/표

일반목표

자동차관리법 등의 자동차 검사업무를 수행함에 있어 검사기기 사용설명서에 따라 각종 검사기기의 고장원인 및 응급조치방법을 숙지하여 테스터장비로 고장을 찾아내고 응급조치하는 방법에 대하여 학습하여 자동차관리법에서 정하는 기준에 의거 검사기기를 잘 활용할 수 있도록 한다.

세부목표

1. 검사기기 사용설명서에 따라 유형별 검사기기 고장원인과 응급조치방법을 적용할 수 있다.
2. 검사기기 사용설명서에 따라 테스터장비로 검사기기 고장을 찾아내고 응급조치를 할 수 있다.
3. 응급조치로 검사기기의 정상적인 운용이 불가한 경우 신속히 외주 정비를 요청할 수 있다.

주요 용어

검사기기 고장원인, 응급조치

학습활동

기본학습 01 배출가스 분석기의 고장진단 및 문제해결

1.1 에러 화면

가스분석기에 문제가 발생시 에러 메시지가 나타난다.

1. 가스분석기 통신두절

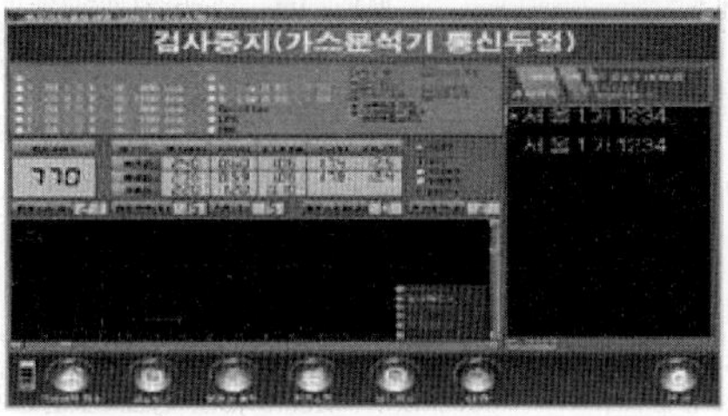

문제 확인(진단)	문제해결
가스분석기 전원은 켜져 있는가 ?	전원확인
통신케이블은 제대로 연결되었는가?	케이블연결
통신포트 드라이버가 인식은 되었는가?	PC리셋/통신드라이버 설치
프로그램이 멈추지 않았는가?	PC리셋

2. 시료채취관의 이탈

측정값이 "0"으로 측정되는 경우 및 공기과잉률이 비정상적인 경우이다.

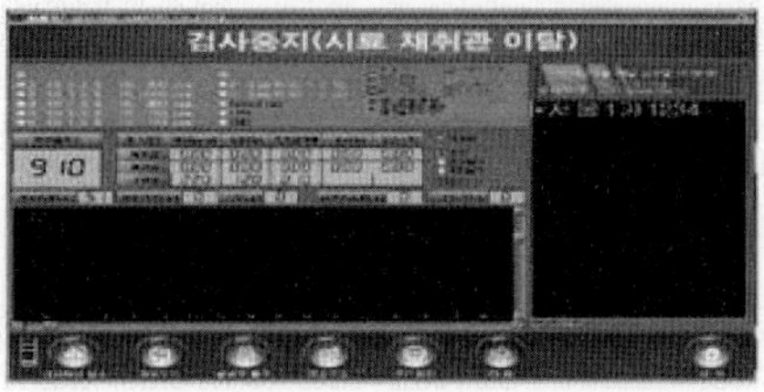

문제 확인(진단)	문제해결
배기관에 프로브가 빠져있지 않은가?	프로브 확인
프로브 및 호스 연결부분에 누설이 있지 않은가?	누설검사, 누설부분 조치
각종 필터 및 연결부위에 누설이 있지 않은가?	누설검사, 누설부분 조치
프로브 호스 및 필터방향은 정상인가?	확인 후 연결
프로브 호스 및 필터부분의 수분 빙결로 막히지 않았는가?	해빙 후 누설검사 진행
프로브 호스 및 필터부분이 이물질로 막히지 않았는가?	세척 및 필터 교체

기본학습 02 매연측정기의 고장진단 및 문제해결

2.1 에러 화면

1. 매연측정기 통신 두절

문제 확인(진단)	문제해결
분석기 전원은 켜져 있는가?	전원 확인
통신 케이블은 제대로 연결되었는가 ?	케이블 연결
PC통신포트 드라이버가 인식은 되었는가 ?	PC리셋, 통신 드라이버 설치

2. 매연측정기 상태 확인

측정기 상태에 문제가 발생시 검사가 중지된다. 매연측정기의 상태확인 및 조치 후 진행한다.

문제 확인(진단)	문제해결
측정기가 예열 중인지 확인	예열 완료 후 진행
장비상태에 [Out of Range]에 체크된 경우	렌즈 청소 후 영점조정
장비상태 창에 [렌즈오염]에 체크된 경우	렌즈 청소 후 영점조정

2.2 동절기 수분 방지대책

광투과식 매연측정기는 동절기 및 우천시에 특별한 관리가 필요하다. 배기가스 온도와 외부온도차에 의해 발생되는 습기(수분)가 측정렌즈에 매연과 함께 흡착된다. 매연 흡착현상이 일어나면 실제 차량에서 측정되는 매연농도보다 오히려 더 높게 측정된다.

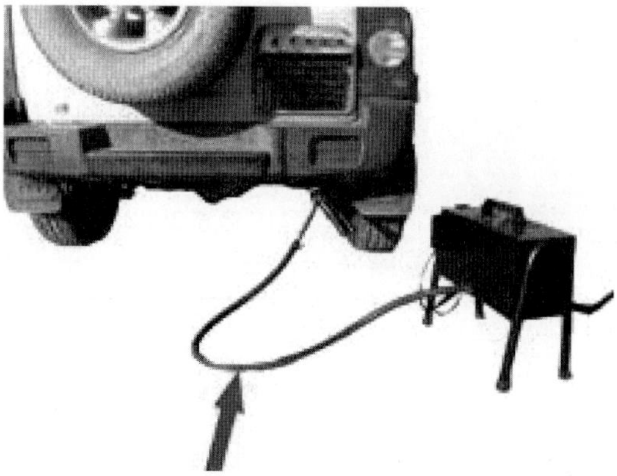

절기 수분 방지대책

1. 방법

검사 시작전 매연측정기를 차량에 연결한 후 엔진을 가속하여 충분히 예열시킨다. 검사차량의 엔진 및 매연측정기의 프로브, 호스, 매연측정기 셀(챔버) 모두 예열시킨다. 예열이 완료되면 엔진을 정지한 후 매연측정기의 렌즈를 헝겊으로 닦고 바로 검사를 진행한다.

학습정리

이 장에서는 검사기기를 활용한 검사 시 사이드슬립, 제동력, 속도계 검사기기의 점검방법과 배출가스 분석기와 매연측정기의 유지보수에 대하여 학습하였다. 자동차관리법에서 정하는 기준에 의거 자동차검사를 실시할 때 검사기기의 유지 보수할 수 있도록 하였다.

총괄평가

1. 배출가스분석기의 고장진단 메시지에 따른 조치해야 할 사항에 대하여 서술하시오.
2. 매연측정기의 고장진단 메시지에 따른 조치해야 할 사항에 대하여 서술하시오.
3. 배출가스분석기의 각종 필터의 교환주기에 대하여 서술하시오.
4. 매연측정기의 매연 흡입구 청소방법에 대하여 서술하시오.

참고자료

1. 자동차관리법, 자동차관리법 시행령, 자동차관리법 시행규칙
2. 자동차 및 자동차부품의 성능과 기준에 관한 규칙
3. 대기환경보전법, 대기환경보전법 시행규칙
4. ㈜자스텍 안전도 검사기기 시스템 사용자 운영 매뉴얼
5. 대본제작소 사이드슬립, 제동력측정기, 속도계시험기 사용매뉴얼

A-3 기기유지 관리하기(1506030604_17v3.3)

학/습/목/표

일반목표

자동차관리법 등의 자동차 검사업무를 수행함에 있어 각종 검사기기의 점검·정비·유지·보수를 통해서 정도가 유지되도록 관리할 수 있도록 기기관리 방법에 대하여 학습하여 자동차관리법에서 정하는 기준에 의거 검사기기를 활용한 검사를 실시할 수 있도록 한다.

세부목표

1. 검사기기 사용설명서에 따라 검사업무의 정확성을 기하기 위하여 검사기기의 점검·정비·유지·보수를 통해서 정밀도가 유지 되도록 관리할 수 있다.
2. 검사기기 사용설명서에 따라 각종 필터 교환방법에 대한 기기관리 방법을 숙지할 수 있다.
3. 검사기기 사용설명서에 따라 검사기기 소모품 교환 시기를 파악하여 유지·관리할 수 있다.

주요 용어

검사기기의 점검

학습활동

기본학습 01 사이드슬립, 제동력, 제동력, 속도계 검사기기의 점검

1.1 측정시간 Set-Up 모드

① 표시기 구동시간 및 디스플레이 설정모드이다.

② 해당 항목란에 키보드로 필요한 숫자를 입력하면 입력 숫치 만큼 시간변경이 된다.

③ 입력이 끝나면 [확인]을 누르면 재설정 값이 저장된다.

1.2 판정점 Set-Up 모드

자동차 관리법상의 판정 기준값 입력모드이다.

① 각 해당란에 관리법상의 값을 키보드로 입력한다.

② 입력이 완료되면 [확인]을 누른다.

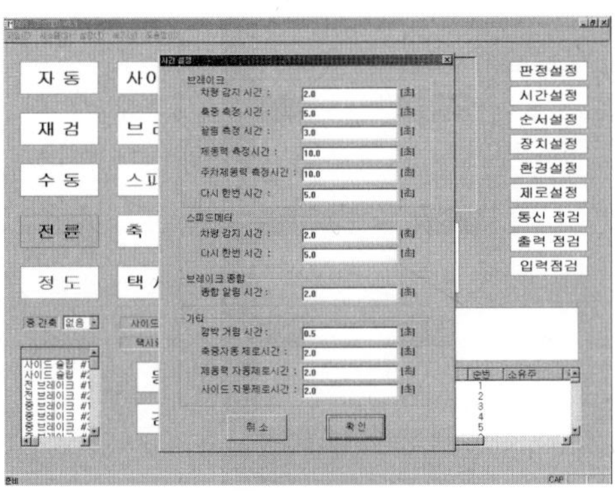

측정시간 Set-Up 모드

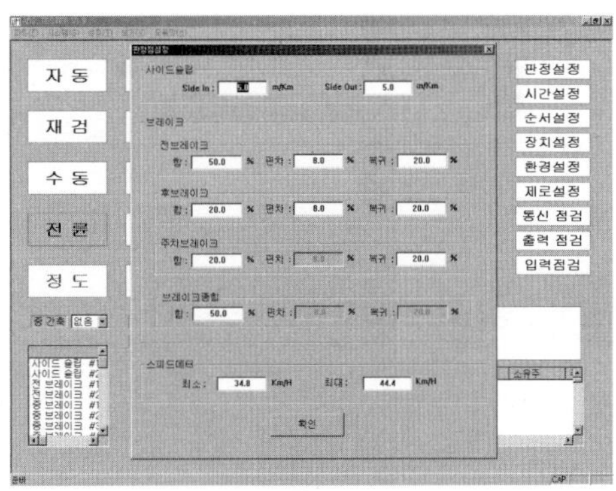

판정점 Set-Up 모드

1.3 측정순서 설정모드

장비 사용자는 사용불가

① 장비설치순서 선택

② OK 선택

1.4 다축모드

① 초기화면에서 [중간축]을 클릭한다.

② 수치로 선택하면 된다.

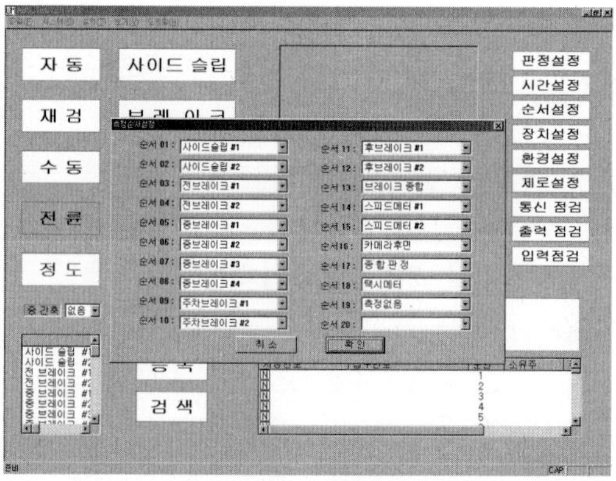

측정순서 설정모드

1.5 장치 설정모드

① 프린터 DPI 선택

② DATA DRIVE 선택

③ CAMERA RES 선택

④ 선명화 작업 선택

⑤ 자동차 등록 선택

⑥ 가로여백, 세로여백, 기호 간격 검사용지 출력 시 O/X위치 설정

위와 같이 설정 후 확인을 누른다.

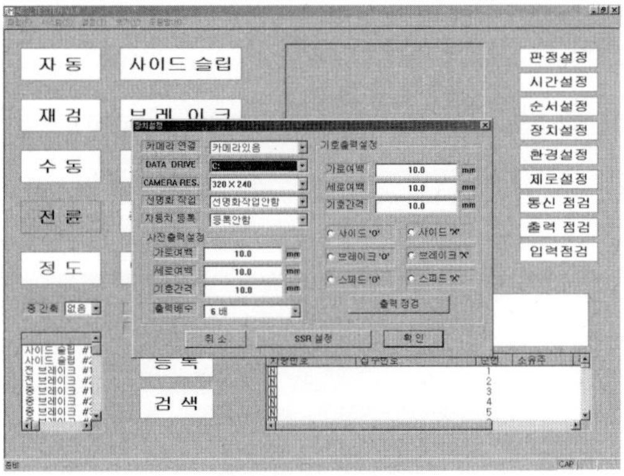

장치설정 모드

1.6 환경설정 모드

제작자 셋팅 관리 베너 사용자는 사용권한이 없다.

1.7 통신점검 모드

메인보드와 컴퓨터간의 통신상황을 볼 수 있다.

1.8 출력점검 모드

자동점검 클릭하면 순서대로 표시등에 점등한다. 모터점검, 브레이크 리프트 점검, 속도계 리프트 등이 점검된다.

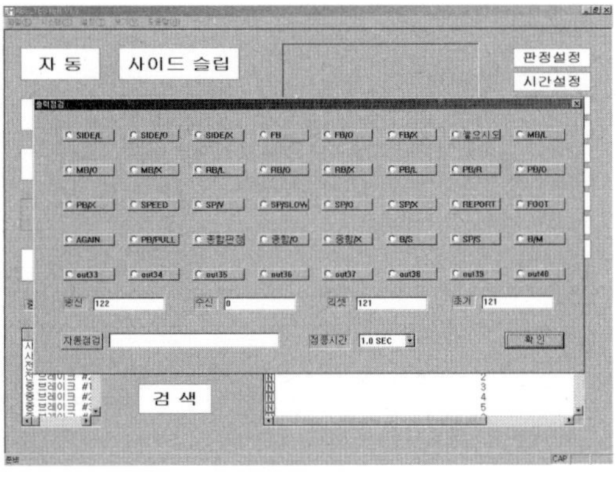

출력점검 모드

1.9 입력점검 모드

각종 센서류의 점검 및 상태를 점검할 수 있다(포토센서, 리미트, 리모콘, 표시기, 솔레노이드 밸브, 마그네트).

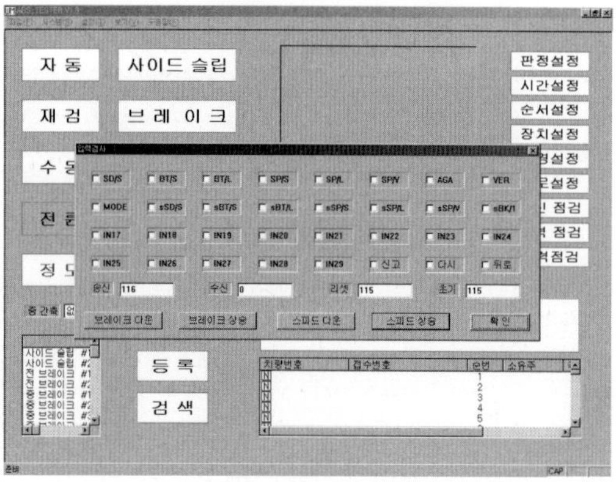

입력점검 모드

기본학습 02 배출가스 분석기의 유지보수

2.1 각종 소모품의 유지보수

* 주의사항 : 기본적으로 전원을 "OFF"한 후 보수하고, 전원을 "ON"하여 확인해야 할 필요가 있을 경우에만 전원을 "ON"하여야 한다.

1. 케이스의 분리도

① (+)드라이버를 이용하여 5개의 나사(측면 4개, 후면 1개)를 탈거한다.

② 분석기의 윗덮개 케이스를 위로 약간 들어 올린 후 뒤로 당겨 탈거한다.

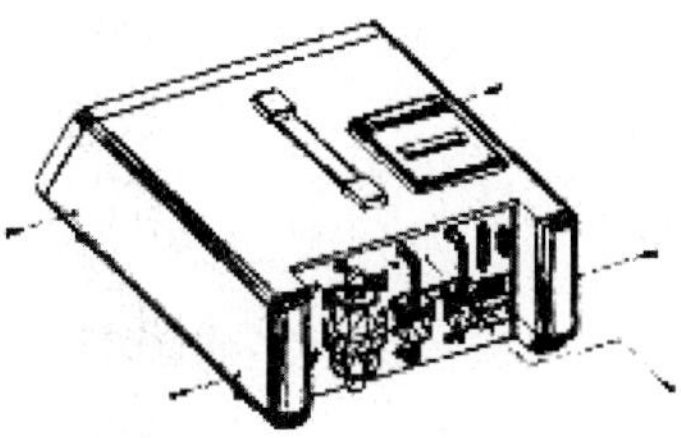

케이스의 분리도

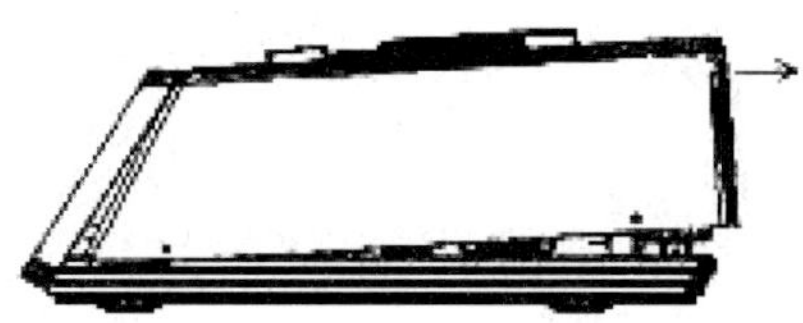

윗 덮개 케이스의 탈거

2. 프로브 필터

① 프로브 필터는 육안으로 확인하여 수분을 많이 함유하고 있거나 오염이 되어 있을 경우 교체한다.

② 교환 요령은 B를 반시계 방향으로 풀어 분리한 후에 프로브 필터를 신품으로 교환하고, 분해의 역순으로 재조립한다.

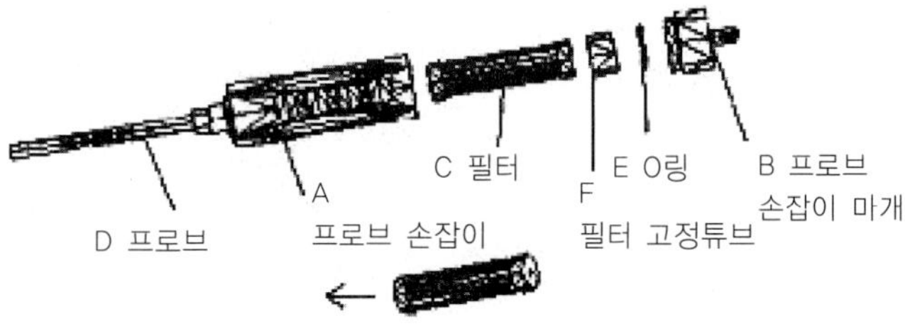

프로브 필터의 교체

3. 메인필터

① 메인필터 하우징(A)와 메인필터 하우징(B)을 시계 반대방향으로 푼다.

② 메인 1차 필터(노란색)와 메인 2차 필터(흰색)를 신품으로 교체한다.

③ 분해의 역순으로 재조립한다.

4. O_2센서

① O_2센서는 12개월을 주기로 교환하는 것을 권장하며, O_2값이 5% 이상 심하게 변할 경우 커넥터 접촉불량을 확인하고 O_2센서를 교환한다.

② 분석기 전원을 “OFF" 한다.

③ 분석기 위 케이스를 분리하고, O_2센서 커넥터를 탈거한다.

④ O_2센서를 반시계방향으로 돌려 분리한다.

⑤ 신품 O_2센서에 고무 “O”링이 부착되어 있는지 확인한 후 나사산에 맞추어 장착한다.

⑥ 장착은 분해의 역순으로 실시한다.

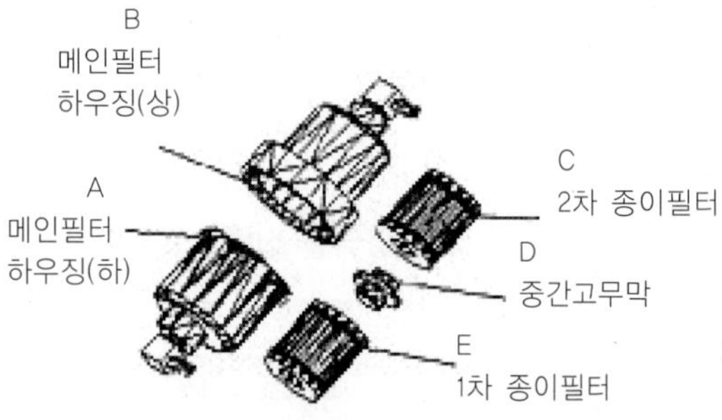

메인필터의 교체

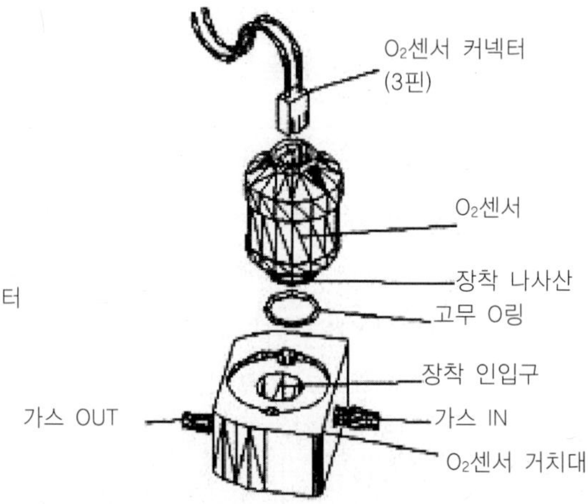

O_2센서 커넥터의 교체

5. 먼지 필터

① 육안으로 확인하여 수분을 많이 함유하고 있거나, 오염이 되어 있을 경우 교체한다.

② 필터를 B에서 떼어내고 C와 D를 탈거한다.

③ 필터를 신품으로 교환하고, 분해의 역순으로 재조립한다.

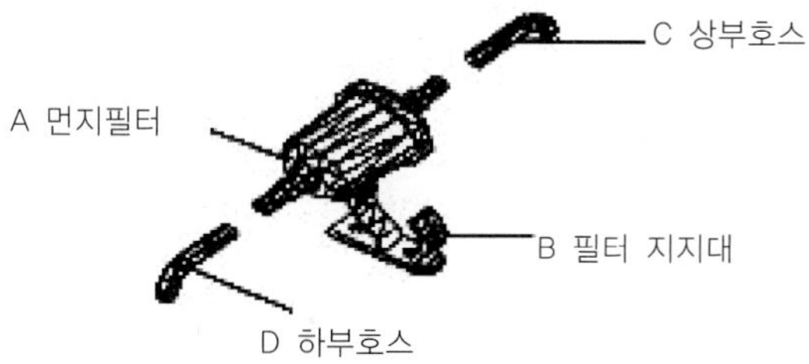

먼지필터의 교체

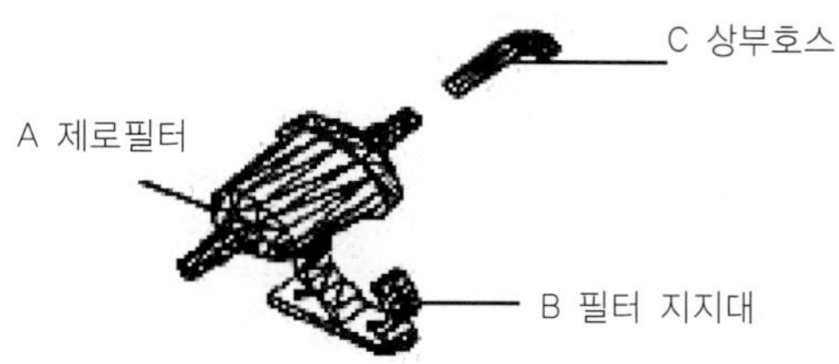

제로필터의 교체

6. 제로 필터

① 제로 필터는 6개월을 주기로 교환하는 것을 권장한다.

② 필터를 B에서 떼어내고 C를 탈거한다.

③ 필터를 신품으로 교환하고, 분해의 역순으로 재조립한다.

7. 전원 퓨즈

① 분석기의 전원이 들어오지 않을 때에 확인하여 퓨즈가 끊어졌을 경우 교환한다.

② 분석기 전원을 "OFF" 한다.

③ A부분에 (-)드라이버나 핀을 삽입하여 탈거한다.

④ 퓨즈를 교환한 후 분해의 역순으로 재조립한다.

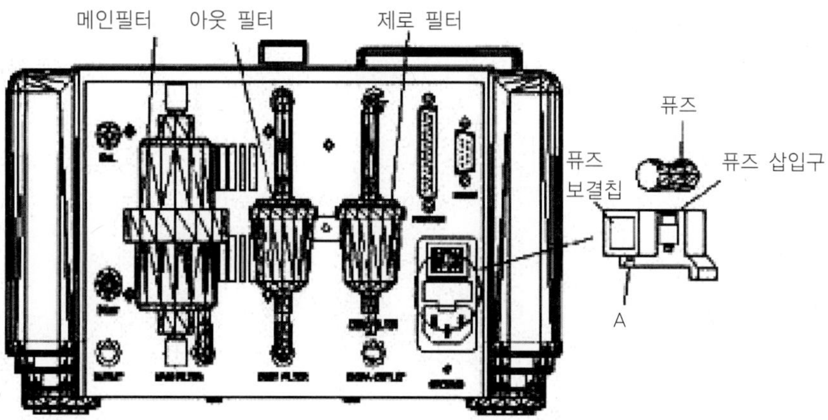

전원 퓨즈의 교체

* 주의사항 : 소모품(필터)은 교체한 후 반드시 누설검사를 실시하여 누설여부를 확인하여야 한다.

기본학습 03 매연측정기의 유지보수

3.1 유지보수

* 주의사항 : 기본적으로 전원을 "OFF"한 후 보수하고, 전원을 "ON"하여 확인해야 할 필요가 있을 경우에만 전원을 "ON"하여야 한다.

1. 렌즈의 청소

① 측정기의 정도 유지를 위하여 검사 전·후로 집광렌즈를 자주 세척하여야 한다.

② 부드러운 천으로 렌즈의 오염부위를 닦아준다.

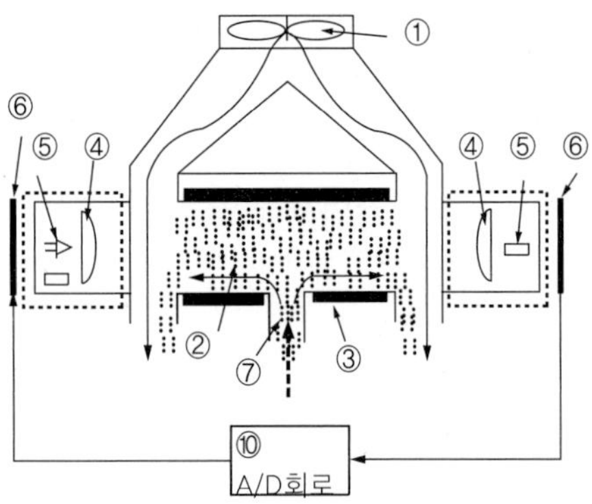

(a) 세척 부위

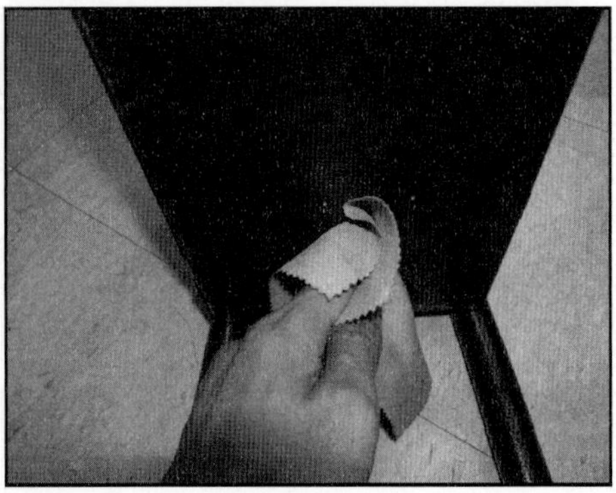

(b) 세척사진

매연측정기 집광렌즈

2. 매연 흡입구 청소

① 매연 프로브 호스를 연결하는 부위로써 검사 중 차량에서 배출되는 이물질로 인하여 가스온도센서 및 기타 센서가 오염될 수 있으므로 주기적으로 그림의 매연 흡입구를 에어건(압축공기) 등으로 청소한다.

② 흡입구 청소시 압축공기(에어 건)를 흡입구에서 약간 떨어져서 세척한다.

매연흡입구

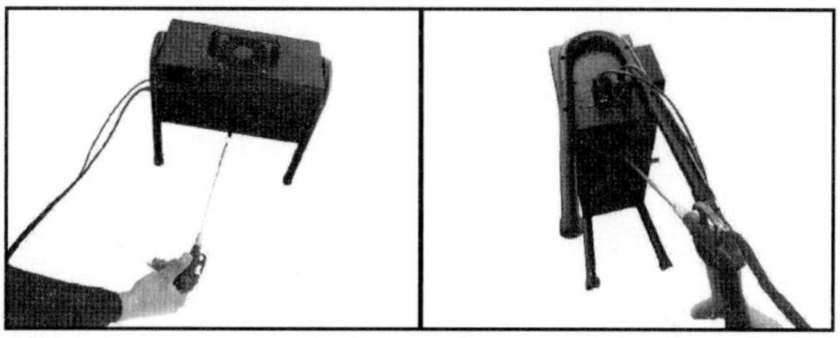

매연흡입구 청소

* 주의사항 : 특히, 흡입구에는 가스 온도센서가 설치되어 있으므로, 청소용 솔이나 에어건을 삽입하지 말고, 청소용 솔이나 에어건을 이용하여 세척 후 반드시 헝겊으로 렌즈를 닦아주어야 한다.

학습정리

이 장에서는 검사기기를 활용한 검사 시 사이드슬립, 제동력, 속도계 검사기기의 점검방법과 배출가스 분석기와 매연측정기의 유지보수에 대하여 학습하였다. 자동차관리법에서 정하는 기준에 의거 자동차검사를 실시할 때 검사기기의 유지 보수할 수 있도록 하였다.

총괄평가

1. 배출가스분석기의 고장진단 메시지에 따른 조치해야 할 사항에 대하여 서술하시오.
2. 매연측정기의 고장진단 메시지에 따른 조치해야 할 사항에 대하여 서술하시오.
3. 배출가스분석기의 각종 필터의 교환주기에 대하여 서술하시오.
4. 매연측정기의 매연 흡입구 청소방법에 대하여 서술하시오.

참고자료

1. 자동차관리법, 자동차관리법 시행령, 자동차관리법 시행규칙
2. 자동차 및 자동차부품의 성능과 기준에 관한 규칙
3. 대기환경보전법, 대기환경보전법 시행규칙
4. ㈜자스텍 안전도 검사기기 시스템 사용자 운영 매뉴얼
5. 대본제작소 사이드슬립, 제동력측정기, 속도계시험기 사용매뉴얼

CHAPTER 5

검사결과 판정

1 교재 사용안내

교재소개

본 교재는 자동차정비검사 분야에 관련된 해당법령을 숙지하고, 자동차의 검사결과에 대하여 적합여부를 판정할 수 있도록 하는 훈련 교재이다. 본 교재에서는 자동차관리법 파악하기, 검사결과 판정하기 등에 대한 내용을 포괄하고 있다.

교재구성

본 교재는 교재 사용안내, 자기진단, 학습모듈로 구성되어 있다. 교재 사용안내는 교재의 전체적인 개요와 구성을 설명하고, 학습자에게 교재의 효과적인 활용방법 및 학습방법을 안내하는 역할을 한다.

• 자기진단

학습모듈을 학습하기 전에 자동차 검사분야에 관련된 해당법령을 숙지하고, 행정지시 상황의 취지 및 자동차관련법령 적용여부를 잘 활용하는 능력에 대한 학습자의 현재 수준을 진단하고, 학습자에게 필요한 학습활동을 안내하는 역할을 한다.

• 학습모듈

A-1 자동차관리법 파악하기, A-2 검사결과 판정하기로 구성되어 있다. 구체적으로 각각의 학습모듈은 학습목표, 주요용어, 학습활동, 학습정리, 총괄평가, 참고자료로 구성되어 있다.

• 학습목표

학습목표에는 각 학습모듈의 일반목표와 세부목표가 제시되어 있으며, 주요 용어에는 각 학습모듈에 사용되는 중요한 용어가 제시되어 있다. 학습활동은 각 기본학습과 심화학습으로 구분되며, 학습의 주요한 내용이 제시되어 있으며, 학습정리에는 각 학습모듈의 주요 내용이 정리되어 제시되어 있다.

• 총괄평가

각 학습모듈의 학습을 마친 후 학습자들의 성취수준을 평가하고, 부족한 부분을 피드백 받을 수 있도록 하기 위한 체크리스트가 제시되어 있다. 마지막으로 참고자료에는 학습자들의 학습에 도움을 줄 수 있는 참고도서 및 인터넷사이트가 제시되어 있다.

활용방법

본 검사결과 판정 교재는 훈련을 수강하는 학습자를 대상으로 구성되어 있으며, 보조교재를 활용시 혹은 스스로 자동차 검사분야에 관련된 해당법령을 숙지하고, 행정지시 상황의 취지 및 자동차관련법령 적용여부를 잘 수행할 수 있는 능력을 향상시키려는 학습자에게 모두 활용될 수 있다. 이를 위해 본 교재는 집단적인 교수 상황과 개별학습에서 동시에 사용될 수 있도록 개발되었다.

이 교재를 사용하는 학습자는 우선 자기진단을 통해서 현재 자신의 수준을 진단할 필요가 있다.

• 자기진단

학습 모듈별로 구성되어 있으며, 진단결과 자신의 수준이 충분한 부분은 점검만 하고, 다음 학습활동으로 넘어가고, 자신의 수준이 부족한 부분은 진단 문항별로 제시된 관련 학습모듈 및 페이지를 참고하여 해당 학습활동을 학습한다.

• 학습평가

자신의 성취수준을 점검하기 위한 것으로 평가수준에 따라 미흡한 경우 모듈 전체를 다시 복습하고, 보통인 경우 부족한 부분을 복습해야 하며, 우수인 경우 다음 학습모듈을 학습한다.

2 진단평가서

<table>
<tr><td>담당교수</td><td></td><td>교과목명</td><td></td></tr>
<tr><td>학 번</td><td></td><td rowspan="3">능력단위명
(능력단위코드)</td><td rowspan="2">검사결과 판정
(1506030605_17v3)</td></tr>
<tr><td>이 름</td><td></td></tr>
<tr><td>평가일자</td><td></td><td></td></tr>
</table>

다음은 자동차정비 검사업무를 수행하는데 요구되는 능력수준을 스스로 알아볼 수 있는 체크리스트입니다. 본인의 평소 행동을 잘 생각해 보고, 일치하는 정도에 ✓표 해 주십시오.

<table>
<tr><th rowspan="2">영역(능력단위요소)</th><th rowspan="2">진단 문항</th><th colspan="3">자가진단</th></tr>
<tr><th>우수</th><th>보통</th><th>미흡</th></tr>
<tr><td rowspan="3">1506030605_17v3.1
자동차검사 관련법 파악하기</td><td>2.1 자동차관리법 목적에 따라 자동차검사에 관련된 해당법령을 적용할 수 있다.</td><td></td><td></td><td></td></tr>
<tr><td>2.2 자동차관리법 목적에 따라 자동차의 검사업무를 수행할 수 있다.</td><td></td><td></td><td></td></tr>
<tr><td>2.3 자동차관리법 목적에 따라 최신 개정된 자동차관련법 내용을 적용할 수 있다.</td><td></td><td></td><td></td></tr>
<tr><td rowspan="7">1506030605_17v3.5
검사결과 판정하기</td><td>5.1 자동차검사 관리시스템에 대한 구성·내용을 파악하여 검사결과를 이해할 수 있다.</td><td></td><td></td><td></td></tr>
<tr><td>5.2 자동차 검사기준 및 방법에 따라 검사기기 응용프로그램을 목적에 맞게 운용할 수 있다.</td><td></td><td></td><td></td></tr>
<tr><td>5.3 1부 검사결과와 2부 검사결과에 따라 최종 검사판정을 할 수 있다.</td><td></td><td></td><td></td></tr>
<tr><td>5.4 검사에 적합한 자동차에 대해서 검사유효기간을 산정 및 자동차검사 결과표를 발급할 수 있다.</td><td></td><td></td><td></td></tr>
<tr><td>5.5 검사에 부적합한 자동차에 대해서 재검사기간을 산정 및 부적합통지서를 발급할 수 있다.</td><td></td><td></td><td></td></tr>
<tr><td>5.6 오프라인으로 판정한 검사정보를 온라인으로 전환 후 부여된 유효기간과 검사결과가 동일한지 확인할 수 있다.</td><td></td><td></td><td></td></tr>
<tr><td>5.7 오프라인 검사 후 온라인으로 전환 후 오류발생시 해당 검사정보는 삭제하고 온라인으로 다시 자동차 검사를 실시할 수 있다.</td><td></td><td></td><td></td></tr>
</table>

진단 결과

능력단위요소	문항수	합계점수	평균점수
자동차검사 관련법 파악하기	3		
검사결과 판정하기	7		

※ 우수는 3점, 보통은 2점, 미흡은 1점으로 계산

3 학습모듈 목차

4 학습모듈

A-1 자동차검사 관련법 파악하기(1506030605_17v3.1)

학/습/목/표

일반목표

자동차 검사와 관련된 법령과 자동차의 검사업무를 정확히 이해하고, 자동차의 검사관련 법규를 습득하여 검사업무를 수행할 수 있도록 한다.

세부목표

1. 자동차관리법 목적에 따라 자동차 검사에 관련된 해당법령을 적용할 수 있다.
2. 자동차관리법 목적에 따라 자동차의 검사업무를 수행할 수 있다.
3. 자동차관리법 목적에 따라 최신 개정된 자동차관련법 내용을 적용할 수 있다.

주요 용어

자동차관리법, 자동차관리법 시행령, 자동차관리법시행규칙

학습활동

기본학습 01 자동차검사의 종류

관련근거 자동차관리법 - 제5장 자동차의 검사

제43조 [자동차검사]

① 자동차 소유자(제1호의 경우에는 신규등록 예정자를 말한다)는 해당 자동차에 대하여 다음 각 호의 구분에 따라 국토교통부령으로 정하는 바에 따라 국토교통부장관이 실시하는 검사를 받아야 한다.

1. 신규검사 : 신규등록을 하려는 경우 실시하는 검사
2. 정기검사 : 신규등록 후 일정 기간마다 정기적으로 실시하는 검사
3. 튜닝검사 : 제34조에 따라 자동차를 튜닝한 경우에 실시하는 검사
4. 임시검사 : 이 법 또는 이 법에 따른 명령이나 자동차 소유자의 신청을 받아 비정기적으로 실시하는 검사
5. 수리검사 : 전손 처리 자동차를 수리한 후 운행하려는 경우에 실시하는 검사

② 국토교통부장관은 제1항에 따라 자동차검사(이하 "자동차검사"라 한다)를 할 때에는 해당 자동차의 구조 및 장치가 국토교통부령으로 정하는 검사기준(이하 "자동차검사 기준"이라 한다)에 적합한지 여부와 차대번호 및 원동기형식이 자동차등록증에 적힌 것과 동일한지 여부를 확인하여야 하며, 자동차검사를 실시한 후 그 결과를 국토교통부령으로 정하는 바에 따라 자동차 소유자에게 통지하여야 한다. 이 경우 자동차검사기준은 사업용자동차와 비사업용 자동차를 구분하여 정하여야 한다.

③ 국토교통부장관은 제2항에 따라 검사하여 합격한 자동차에 대하여는 다음 각 호의 구분에 따른 조치를 하여야 한다.

1. 신규검사 : 신규검사증명서의 발급
2. 정기검사·튜닝검사 또는 임시검사 : 검사한 사실을 등록원부 및 자동차등록증에 기록

④ 국토교통부장관은 자동차 소유자가 천재지변이나 그 밖의 부득이한 사유로 제1항제2호 부터 제4호까지의 검사를 받을 수 없다고 인정될 때에는 국토교통부령으로 정하는 바에 따라 그 기간을 연장하거나 자동차검사를 유예할 수 있다.

⑤ 제30조제4항에 따라 자동차 자기인증의 표시가 된 자동차를 신규등록(말소등록 후 다시 신규등록을 하는 경우를 제외한다)하는 경우에는 제1항제1호에 따른 신규검사를 받은 것으로 본다.

⑥ 국토교통부장관은 제1항 제2호에 따른 정기검사(이하 "정기검사"라 한다)를 한 경우에는 검사장면 및 결과를 제69조의 전산정보처리조직에 국토교통부령으로 정하는 기간까지 기록하고 보관하여야 한다.

⑦ 누구든지 자동차검사에 사용하는 기계·기구에 설정된 자동차검사기준의 값 또는 기계·기구를 통하여 측정된 값을 조작(造作)·변경하거나 조작·변경하게 하여서는 아니 된다.

제43조의 2 [자동차 종합검사]

① 「대기환경보전법」 제63조제1항에 따른 운행차 배출가스 정밀검사 시행지역에 등록한 자동차 소유자 및 「대기관리권역의 대기환경개선에 관한 특별법」 제26조제1항에 따른 특정경유자동차 소유자는 정기검사와 「대기환경보전법」 제63조제1항에 따라 실시하는 배출가스 정밀검사(이하 "정밀검사"라 한다) 또는 「대기관리권역의 대기환경개선에 관한 특별법」 제26조제2항에 따른 특정경유자동차 배출가스 검사(이하 "특정 경유자동차 검사"라 한다)를 통합하여 국토교통부장관과 환경부장관이 공동으로 다음 각 호에 대하여 실시하는 자동차종합검사(이하 "종합검사"라 한다)를 받아야 한다. 종합검사를 받은 경우에는 정기검사, 정밀검사 및 특정 경유자동차 검사를 받은 것으로 본다.

1. 자동차의 동일성 확인 및 배출가스 관련 장치 등의 작동상태 확인을 관능검사(官能檢査 : 사람의 감각기관으로 자동차의 상태를 확인하는 검사) 및 기능검사로 하는 공통분야
2. 자동차 안전검사 분야
3. 자동차 배출가스 정밀검사 분야

② 종합검사의 검사절차, 검사대상, 검사유효기간 및 검사유예 등에 관하여 필요한 사항은 국토교통부와 환경부의 공동부령(이하 "공동부령"이라 한다)으로 정한다.

③ 종합검사 업무에 관하여는 제43조제2항·제3항·제4항·제6항·제7항, 제76조 각 호 외의 부분 단서 및 같은 조 제12호를 준용한다.

기본학습 02

자동차검사의 기준과 방법

관련근거 자동차관리법시행규칙

- 제11장 자동차의 검사 및 검사대행자의 지정 등 제1절 자동차의 검사

제73조 [자동차의 검사기준 및 방법]

법 제43조제1항의 규정에 의한 자동차의 검사는 자동차검사대행자 및 법 제45조제1항의 규정에 의한 지정정비사업자(이하 "지정정비사업자"라 한다)가 시설·장비·기술인력 및 기타 필요한 설비를 갖춘 곳(이하 "자동차검사시설"이라 한다)에서 실시하며, 검사기준 및 방법은 [별표 15]와 같다. 다만, 국토교통부장관은 자동차검사대행자로 하여금 다음 각호의 지역에 대하여 국토교통부장관이 정하는 방법에 의하여 자동차의 출장검사(이동식 검사장비에 의한 검사를 포함한다. 이하 같다)를 하게 할 수 있다.

1. 섬지역(제주도 및 육지와 연결된 섬을 제외한다)
2. 자동차검사대행자의 자동차검사시설(이하 "자동차검사소"라 한다)로부터 멀리 떨어지거나 자동차검사소가 부족하여 출장검사가 필요하다고 인정하는 지역

[별표 15] 자동차검사기준 및 방법(제73조 관련)

1. 일반기준 및 방법
   가. 자동차의 검사항목 중 제원측정은 공차(空車)상태에서 시행하며 그 외의 항목은 공차상태에서 운전자 1명이 승차하여 시행한다. 다만, 긴급자동차 등 부득이한 사유가 있는 경우 또는 적재물의 중량이 차량중량의 20% 이내인 경우에는 적차(積車)상태에서 검사를 시행할 수 있다.
   나. 자동차의 검사는 이 표에서 정하는 검사방법에 따라 검사기기·계측기·관능 또는 서류확인 등에 의하여 시행하여야 한다. 다만, 자동차의 상태 등을 고려하여 관능(觀能)·서류 등으로 식별하는 것이 적합하다고 판단되는 다음의 경우에는 검사기기 또는 계측기에 의한 검사를 생략할 수 있다.
      1) 자동차의 제원측정 시 구조 및 제원이 자동차등록증, 자기인증(제원표) 또는 튜닝승인 내용과 변동이 없는 경우
      2) 타이어 요철형 무늬의 깊이, 배기관의 열림방향, 경적음, 배기소음 및 타이어공기압이 안전기준에 적합하다고 인정되는 경우
      3) 삭제<2021.10.14>
      4) 「소방기본법」, 「계량에 관한 법률」이나 그 밖의 다른 법령의 적용을 받는 부분에 대하여 관계서류를 제시할 때 그 항목을 확인하는 경우
      5) 검사시설이 없는 지역의 출장검사인 경우

6) 특수한 구조로 검차장의 출입이나 검사기기로 측정이 곤란한 자동차인 경우
7) 전자제어장치 등의 장치가 없거나 전자장치진단기와 통신이 되지 아니하여 각종 센서를 진단할 수 없는 경우

2. 신규검사 및 정기검사

가. 비사업용 자동차

항목	검사기준	검사방법
1) 동일성 확인	자동차의 표기와 등록번호판이 자동차등록증에 기재된 차대번호·원동기형식 및 등록번호가 일치하고, 등록번호판 및 봉인의 상태가 양호할 것	자동차의 차대번호 및 원동기 형식의 표기 확인 등록번호판 및 봉인상태 확인
2) 제원측정	제원표에 기재된 제원과 동일하고, 제원이 안전기준에 적합할 것	길이·너비·높이·최저 지상고, 뒤 오버행(뒤차축 중심부터 차체후단까지의 거리) 및 중량을 계측기로 측정하고 제원허용차의 초과 여부 확인
3) 원동기	가) 시동상태에서 심한 진동 및 이상음이 없을 것	공회전 또는 무부하 급가속상태에서 진동·소음 확인
	나) 원동기의 설치상태가 확실할 것	원동기 설치상태 확인
	다) 점화·충전·시동장치의 작동에 이상이 없을 것	점화·충전·시동장치의 작동상태 확인
	라) 윤활유 계통에서 윤활유의 누출이 없고, 유량이 적정할 것	윤활유 계통의 누유 및 유량 확인
	마) 팬벨트 및 방열기 등 냉각 계통의 손상이 없고 냉각수의 누출이 없을 것	냉각계통의 손상 여부 및 냉각수의 누출 여부 확인
4) 동력 전달장치	가) 손상·변형 및 누유가 없을 것	변속기의 작동 및 누유 여부 확인 추진축 및 연결부의 손상·변형 여부 확인
	나) 클러치 페달 유격이 적정하고, 자동변속기 선택레버의 작동상태 및 현재 위치와 표시가 일치할 것	클러치 페달 유격 적정 여부, 자동변속기 선택레버의 작동상태 및 위치표시 확인
5) 주행장치	가) 차축의 외관, 휠 및 타이어의 손상·변형 및 돌출이 없고, 수나사 및 암나사가 견고하게 조여 있을 것	차축의 외관, 휠 및 타이어의 손상·변형 및 돌출 여부 확인 수나사·암나사의 조임 상태 확인
	나) 타이어 요철형 무늬의 깊이는 안전기준에 적합하여야 하며, 타이어 공기압이 적정할 것	타이어 요철형 무늬의 깊이 및 공기압을 계측기로 확인
	다) 흙받이 및 휠 하우스가 정상적으로 설치되어 있을 것	흙받이 및 휠 하우스 설치상태 확인
	라) 가변축 승강 조작장치 및 압력조절장치의 설치위치는 안전기준에 적합할 것	가변축 승강 조작장치 및 압력 조절장치의 설치위치 및 상태 확인
6) 조종장치	조종장치의 작동상태가 정상일 것	시동·가속·클러치·변속·제동·등화·경음·창닦이기·세정액분사장치 등 조종장치의 작동 확인

항목	검사기준	검사방법
7) 조향장치	가) 조향바퀴 옆미끄럼량은 1m 주행에 5mm 이내일 것	조향핸들에 힘을 가하지 아니한 상태에서 사이드슬립측정기의 답판 위를 직진할 때 조향바퀴의 옆미끄럼량을 사이드슬립측정기로 측정
	나) 조향 계통의 변형·느슨함 및 누유가 없을 것	기어박스·로드암·파워실린더·너클 등의 설치상태 및 누유 여부 확인
	다) 동력조향 작동유의 유량이 적정할 것	동력조향 작동유의 유량 확인
8) 제동장치	가) 제동력 (1) 모든 축의 제동력의 합이 공차중량의 50% 이상이고 각축의 제동력은 해당 축중의 50%(뒤축의 제동력은 해당 축중의 20%) 이상일 것 (2) 동일 차축의 좌·우 차바퀴 제동력의 차이는 해당 축중의 8% 이내일 것 (3) 주차제동력의 합은 차량 중량의 20% 이상일 것	주제동장치 및 주차제동장치의 제동력을 제동시험기로 측정
	나) 제동계통 장치의 설치상태가 견고하여야 하고, 손상 및 마멸된 부위가 없어야 하며, 오일이 누출되지 아니하고 유량이 적정할 것	제동계통 장치의 설치상태 및 오일 등의 누출 여부 및 브레이크 오일량이 적정한지 여부 확인
	다) 제동력 복원상태는 3초 이내에 해당 축중의 20% 이하로 감소될 것	주제동장치의 복원상태를 제동시험기로 측정
	라) 피견인자동차 중 안전기준에서 정하고 있는 자동차는 제동장치 분리 시 자동으로 정지가 되어야 하며, 주차브레이크 및 비상브레이크 작동상태 및 설치상태가 정상일 것	피견인자동차의 제동공기라인 분리 시 자동정지 여부, 주차 및 비상브레이크 작동 및 설치상태 등 확인
9) 완충장치	가) 균열·절손 및 오일 등의 누출이 없을 것	스프링·쇼크업소버의 손상 및 오일 등의 누출 여부 확인
	나) 부식·절손 등으로 판스프링의 변형이 없을 것	판스프링의 설치상태 확인
10) 연료장치	작동상태가 원활하고 파이프·호스의 손상·변형·부식 및 연료누출이 없을 것	가) 연료장치의 작동상태, 손상·변형·부식 및 조속기 봉인상태 확인 나) 가스를 연료로 사용하는 자동차는 가스누출감지기로 연료누출 여부 확인 및 가스 저장용기의 부식상태 확인 다) 연료의 누출 여부 확인(연료탱크의 주입구 및 가스배출구로의 자동차의 움직임에 의한 연료누출 여부 포함)
11) 전기 및 전자장치	가) 전기장치 (1) 축전지의 접속·절연 및 설치상태가 양호할 것 (2) 전기배선의 손상이 없고 설치상태가 양호할 것	가) 축전지와 연결된 전기배선 접속단자의 흔들림 여부 확인 나) 전기배선의 손상·절연 여부 및 설치상태를 육안으로 확인
	나) 고전원 전기장치 (1) 고전원전기장치의 접속·절연 및 설치상태가 양호할 것	가) 고전원 전기장치(구동축전지, 전력변환장치, 구동전동기, 충전접속구 등)의 설치상태, 전기배선 접속단자의 접속·절연상태 등을 맨눈으로 확인

항목	검사기준	검사방법
11) 전기 및 전자장치	(2) 고전원 전기배선의 손상이 없고 설치상태가 양호할 것	나) 구동축전지와 전력변환장치, 전력변환장치와 구동전동기, 전력변환장치와 충전접속구사이의 고전원 전기배선의 절연피복 손상 또는 활선 도체부의 노출여부를 맨눈으로 확인
	(3) 구동축전지는 차실과 벽 또는 보호판으로 격리되는 구조일 것	다) 구동축전지와 차실 사이가 벽 또는 보호판 등으로 격리여부 확인
	(4) 차실내부 및 차체외부에 노출되는 고전원 전기장치간 전기배선은 금속 또는 플라스틱재질의 보호기구를 설치할 것	라) 맨눈으로 확인이 가능한 고전원 전기배선 보호기구의 고정, 깨짐, 손상 여부 등을 확인
	(5) 「자동차 및 자동차부품의 성능과 기준에 관한 규칙」 별표 5 제1호가목에 따른 고전원 전기장치 활선도체부의 보호기구는 공구를 사용하지 않으면 개방·분해 및 제거되지 않는 구조일 것	마) 고전원 전기장치 활선도체부의 보호기구 체결상태 및 공구를 사용하지 않고 개방·분해 및 제거 가능 여부 확인. 다만, 차실, 벽, 보호판 등으로 격리된 경우 생략 가능
	(6) 고전원 전기장치의 외부 또는 보호기구에는 「자동차 및 자동차부품의 성능과 기준에 관한 규칙」 별표 5 제4호에 따른 경고표시가 되어 있을 것	바) 고전원 전기장치의 외부 또는 보호기구에 부착 또는 표시된 경고표시의 모양 및 식별가능성 여부를 맨눈으로 확인
	(7) 고전원 전기장치 간 전기배선(보호기구 내부에 위치하는 경우는 제외한다)의 피복은 주황색일 것	사) 육안으로 확인 가능한 구동축전지와 전력변환장치, 전력변환장치와 구동전동기, 전력변환장치와 충전접속구에 사용되는 전기배선의 색상이 주황색인지 여부 확인
	(8) 전기자동차 충전접속구의 활선도체부와 차체 사이의 절연저항은 최소 1MΩ 이상일 것	아) 절연저항시험기를 이용하여 충전접속구 각각의 활선도체부(+극 및 −극)와 차체 사이에 충전전압 이상의 시험전압을 인가하여 절연저항 측정
	(9) 구동축전지, 전력변환장치, 구동전동기, 연료전지 등 고전원전기장치의 절연상태가 양호할 것	자) 전자장치진단기로 고전원전기장치의 절연저항 관련 고장진단코드를 확인. 다만, 전자장치진단기로 진단되지 않는 경우에는 계기장치의 고장경고등 점등 여부 확인
	(10) 구동축전지, 전력변환장치, 구동전동기, 연료전지 등 고전원전기장치의 작동에 이상이 없을 것	차) 전자장치진단기로 고전원전기장치의 고장진단코드를 확인. 다만, 전자장치진단기로 진단되지 않는 경우에는 계기장치의 고장경고등 점등 여부 확인
	다) 전자장치 (1) 원동기 전자제어 장치가 정상적으로 작동할 것 (2) 바퀴잠김방지식 제동장치, 구동력제어장치, 전자식차동제한장치, 차체자세제어장치, 에어백, 순항제어장치, 차로이탈경고장치 및 비상자동제동장치 등 안전운전 보조 장치가 정상적으로 작동할 것	가) 전자장치진단기로 각종 센서의 정상 작동 여부를 확인. 다만, 차로이탈경고장치가 전자장치진단기로 진단되지 않는 경우에는 맨눈으로 설치 여부 확인
	(3) 저소음자동차의 경고음발생장치가 정상적으로 작동할 것	나) 전자장치진단기로 경고음발생장치의 고장진단코드를 확인. 다만, 전자장치진단기로 진단되지 않는 경우에는 주행상태에서 경고음 발생 여부 확인

항목	검사기준	검사방법
11) 전기 및 전자장치	(4) 후방보행자 안전장치가 정상적으로 작동할 것	다) 후방보행자 안전장치의 작동상태 확인
12) 차체 및 차대	가) 차체 및 차대의 부식·절손 등으로 차체 및 차대의 변형이 없을 것	차체 및 차대의 부식 및 부착물의 설치상태 확인
	나) 후부안전판 및 측면보호대의 손상·변형이 없을 것	후부안전판 및 측면보호대의 설치상태 확인
	다) 최대적재량의 표시가 자동차등록증에 기재되어 있는 것과 일치할 것	최대적재량(탱크로리는 최대적재량·최대적재용량 및 적재품명) 표시 확인
	라) 차체에는 예리하게 각이 지거나 돌출된 부분이 없을 것	차체의 외관 확인
	마) 어린이운송용 승합자동차의 색상 및 보호표지는 안전기준에 적합할 것	차체의 색상 및 보호표지 설치 상태 확인
13) 연결장치 및 견인장치	가) 변형 및 손상이 없을 것	커플러 및 킹핀의 변형 여부 확인
	나) 차량 총중량 0.75톤 이하 피견인자동차의 보조연결장치가 견고하게 설치되어 있을 것	보조연결장치 설치상태 확인
14) 승차장치	가) 안전기준에서 정하고 있는 좌석·승강구·조명·통로·좌석안전띠 및 비상구 등의 설치상태가 견고하고, 파손되어 있지 아니하며 좌석수의 증감이 없을 것	좌석·승강구·조명·통로·좌석안전띠 및 비상구 등의 설치상태와 비상탈출용 장비의 설치상태 확인
	나) 머리지지대가 설치되어 있을 것	승용자동차 및 경형·소형 승합자동차의 앞좌석(중간좌석 제외)에 머리지지대의 설치 여부 확인
	다) 어린이운송용 승합자동차의 승강구가 안전기준에 적합할 것	승강구 설치상태 및 규격 확인
15) 물품적재 장치	가) 적재함 바닥면의 부식으로 인한 변형이 없을 것 나) 적재량의 증가를 위한 적재함의 개조가 없을 것 다) 물품적재장치의 안전잠금장치가 견고할 것 라) 청소용 자동차등 안전기준에서 정하고 있는 차량에는 덮개가 설치되어 있어야 하고, 설치상태가 양호할 것	가) 물품의 적재장치 및 안전시설 상태 확인 (변경된 경우 계측기 등으로 측정) 나) 청소용 자동차등 안전기준에서 정하고 있는 차량의 덮개 설치여부를 확인
16) 창유리	가) 접합유리 및 안전유리로 표시된 것일 것	유리(접합·안전)규격품 사용 여부 확인
	나) 「자동차 및 자동차부품의 성능과 기준에 관한 규칙」 제94조제3항에 따른 어린이운송용 승합자동차의 모든 창유리의 가시광선 투과율 기준에 적합할 것	창유리의 가시광선 투과율을 가시광선투과율 측정기로 측정하거나 선팅 여부를 맨눈으로 확인
17) 배기가스 발산 방지 및 소음 방지장치	가) 배기소음 및 배기가스농도는 운행차 허용기준에 적합할 것	배기소음 및 배기가스농도를 측정기로 측정
	나) 배기관·소음기·촉매장치의 손상·변형·부식이 없을 것	배기관·촉매장치·소음기의 변형 및 배기계통에서의 배기가스누출 여부 확인
	다) 측정결과에 영향을 줄 수 있는 구조가 아닐 것	측정결과에 영향을 줄 수 있는 장치의 훼손 또는 조작 여부 확인

<table>
<tr><th>항목</th><th>검사기준</th><th>검사방법</th></tr>
<tr><td rowspan="7">18) 등화장치</td><td>가) 변환빔의 광도는 3000cd 이상일 것</td><td>좌·우측 전조등(변환빔)의 광도와 광도점을 전조등시험기로 측정하여 광도점의 광도 확인</td></tr>
<tr><td>나) 변환빔의 진폭은 10m 위치에서 다음 수치 이내일 것<table><tr><th>설치높이 ≤ 1.0m</th><th>설치높이 〉 1.0m</th></tr><tr><td>-0.5%~-2.5%</td><td>-1.0%~-3.0%</td></tr></table></td><td>좌·우측 전조등(변환빔)의 컷오프선 및 꼭지점의 위피를 전조등시험기로 측정하여 컷오프선의 적정여부 확인</td></tr>
<tr><td>다) 컷오프선의 꺽임점(각)이 있는 경우 꺽임점의 연장선은 우측 상향일 것</td><td>변환빔의 컷오프선, 꺽임점(각), 설치상태 및 손상여부 등 안전기준 적합 여부를 확인</td></tr>
<tr><td>라) 정위치에 견고히 부착되어 작동에 이상이 없고, 손상이 없어야 하며, 등광색이 안전기준에 적합할 것</td><td>전조등·방향지시등·번호등·제동등·후퇴등·차폭등·후미등·안개등 및 비상점멸표시등과 그 밖의 등화장치의 점등·등광색 및 설치상태 확인</td></tr>
<tr><td>마) 후부반사기 및 후부반사판의 설치상태가 안전기준에 적합할 것</td><td>후부반사기 및 후부반사판의 설치상태 확인</td></tr>
<tr><td>바) 어린이운송용 승합자동차에 설치된 표시등이 안전기준에 적합할 것</td><td>표시등 설치 및 작동상태 확인</td></tr>
<tr><td>사) 안전기준에서 정하지 아니한 등화 및 안전 기준에서 금지한 등화가 없을 것</td><td>안전기준에 위배되는 등화설치 여부 확인</td></tr>
<tr><td>19) 경음기 및 경보장치</td><td>경음기의 음색이 동일하고, 경적음·싸이렌음의 크기는 안전기준상 허용기준 범위 이내일 것</td><td>경적음이 동일한 음색인지 확인
경적음 및 싸이렌음의 크기를 소음측정기로 확인(경보장치는 신규검사로 한정함)</td></tr>
<tr><td rowspan="3">20) 시야확보 장치</td><td>가) 후사경은 좌·우 및 뒤쪽의 상황을 확인할 수 있고, 돌출거리가 안전기준에 적합할 것</td><td>후사경 설치상태 확인</td></tr>
<tr><td>나) 창닦이기 및 세정액 분사장치는 기능이 정상적일 것</td><td>창닦이기 및 세정액 분사장치의 작동 및 설치상태 확인</td></tr>
<tr><td>다) 어린이운송용 승합자동차에는 광각 실외 후사경이 설치되어 있을 것</td><td>광각 실외 후사경 설치 여부 확인</td></tr>
<tr><td rowspan="3">21) 계기장치</td><td>가) 모든 계기가 설치되어 있을 것</td><td>계기장치의 설치 여부 확인</td></tr>
<tr><td>나) 속도계의 지시오차는 정 25%, 부 10% 이내일 것</td><td>40km/h의 속도에서 자동차속도계의 지시오차를 속도계시험기로 측정</td></tr>
<tr><td>다) 최고속도 제한장치, 운행기록장치 및 주행기록계의 설치 및 작동상태가 양호할 것</td><td>최고속도 제한장치, 운행기록장치 및 주행기록계의 설치상태 및 정상작동 여부 확인</td></tr>
<tr><td>22) 소화기 및 방화장치</td><td>소화기가 설치위치에 설치되어 있을 것</td><td>소화기의 설치 여부 확인</td></tr>
<tr><td>23) 내압용기</td><td>용기 등이 관련 법령에 적합하고 견고하게 설치되어 있으며, 용기의 변형이 없고 사용연한 이내 일 것</td><td>용기 등이 「자동차관리법」에 따른 합격품인지 여부, 설치상태 및 변형·손상 여부 및 사용연한 확인</td></tr>
<tr><td>24) 기타</td><td>어린이운송용 승합자동차의 색상 및 보호표지 등 그 밖의 구조 및 장치가 안전기준 및 국토교통부장관이 정하는 기준에 적합할 것</td><td>그 밖의 구조 및 장치가 안전기준 및 국토교통부장관이 정하는 기준에 적합한지를 확인</td></tr>
</table>

가. 비사업용 자동차

(가) 비사업용 자동차와 거의 동일하나 상이한 점이 있어 법규를 참조할 것

3. 튜닝검사

가. 법 제34조에 따른 자동차 튜닝과 관련된 검사항목(튜닝승인 내용대로 변경하였는지 등)은 신규검사의 기준 및 방법에 따라 실시한다. 다만, 「자동차안전기준에 관한 규칙」 제6조 및 제8조에 따른 자동차의 중량 측정 및 최대안전경사각도의 측정은 필요한 경우만 실시한다.

나. 법 제2조제4호의2에 따른 내압용기 중 천연가스를 사용하는 내압용기로 교체하는 경우에는 국토교통부장관이 정하는 바에 따라 내압용기장착검사를 추가로 시행한다.

다. 고전원전기장치가 장착된 자동차(전기자동차, 하이브리드자동차 및 연료전지자동차를 포함한다)로 튜닝하려는 경우에는 가목에 따른 검사 외에 다음의 검사를 추기로 실시하여야 한다.

항목	검사기준	검사방법
1) 고전원전기장치의 활선도체부의 직접 접촉가능 여부 확인	차실내부 또는 수화물 공간의 활선도체부는 철사 접근방지 보호등급(IPXXD) 접근시 직접 접촉되지 말아야 하며, 그 외의 공간 및 고전압회로 차단장치는 손가락 접근방지 보호등급(IPXXB) 접근 시 직접 접촉되지 않을 것	손가락 접근방지 보호등급(IPXXB) 및 철사 접근방지 보호등급(IPXXD) 시험방법을 적용하여 통전 여부 확인. 다만, 통전 여부의 확인을 위하여 일부 부품을 개방·분해·제거가 필요한 경우는 제외
2) 고전원전기장치의 절연저항 확인	고전원전기장치의 활선도체부와 차체 사이의 절연저항은 100Ω/V(DC), 500Ω/V(AC) 이상일 것	절연저항시험기를 이용하여 고전원전기장치의 활선도체부와 차체 사이의 절연저항 측정

4. 임시검사

법 제37조에 따른 정비명령 사항과 관련된 검사항목에 대하여 신규검사의 기준 및 방법에 따라 실시한다.

5. 수리검사

가. 제2호에 따른 신규검사 및 정기검사의 검사항목, 기준 및 검사방법에 따라 실시한다.

나. 가목에 따른 검사 외에 다음의 검사를 추가로 실시하여야 한다.

항목	검사기준	검사방법
1) 자동차 하부의 연결부위 확인	자동차 하부의 연결부위에 유격, 체결상태 불량이 없고 연결부위의 장치나 부품이 변형되거나 손실되지 않을 것	연결부위의 유격, 체결상태 불량 또는 연결부위의 장치나 부품의 변형, 손실 여부 확인
2) 차축의 뒤틀림 여부 및 좌우대칭 확인	차축의 뒤틀림이 없고 좌우대칭 상태가 양호할 것	가) 자동차 앞부분과 뒷부분의 각각 4개 이상 지점의 가로, 세로 및 대각선 길이를 계측자 등으로 측정 나) 자동차의 축간거리 및 윤간거리를 계측자 등으로 측정 다) 휠얼라인먼트 측정결과와 사이드슬립 측정값의 비교(휠얼라인먼트 측정 결과를 제출받은 경우에 한정한다)
3) 각종 오일의 유량 및 오염 여부 확인	엔진오일 등 각종 오일의 유량이 적정하고 오염되지 않았을 것	엔진오일 등 각종 오일의 유량 및 오염 여부 확인(확인이 불가능한 경우에는 그러하지 아니하다)

다. 고전원전기장치가 장착된 자동차(전기자동차, 하이브리드자동차 및 연료전지자동차를 포함한다)의 경우에는 가목 및 나목에 따른 검사 외에 다음의 검사를 추가로 실시하여야 한다.

항목	검사기준	검사방법
1) 고전원전기장치의 활선도체부의 직접 접촉가능 여부 확인	차실내부 또는 수화물 공간의 활선도체부는 철사 접근방지 보호등급(IPXXD) 접근 시 직접 접촉되지 말아야 하며, 그 외의 공간 및 고전압 회로 차단장치는 손가락 접근방지 보호등급(IPXXB) 접근 시 직접 접촉되지 않을 것	손가락 접근방지 보호등급(IPXXB) 및 철사 접근방지 보호등급(IPXXD) 시험방법을 적용하여 통전 여부 확인. 다만, 통전 여부의 확인을 위하여 일부 부품을 개방·분해·제거가 필요한 경우는 제외
2) 고전원전기장치의 절연저항 확인	고전원전기장치의 활선도체부와 차체 사이의 절연저항은 100Ω/V(DC), 500Ω/V(AC) 이상일 것	절연저항시험기를 이용하여 고전원전기장치의 활선도체부와 차체 사이의 절연저항 측정

6. 정기검사 중 환경 관련 항목에 대하여는 「대기환경보전법 시행규칙」 제78조 및 제87조와 「소음·진동관리법 시행규칙」 제40조 및 제44조에 따른 기준 및 방법에 따라 실시한다.

관련근거 자동차종합검사의 시행 등에 관한 규칙

제3조 [종합검사의 기준과 방법]

종합검사의 기준과 방법은 「자동차관리법 시행규칙」 별표 15, 「대기환경보전법 시행규칙」 별표 26 및 「수도권 대기환경개선에 관한 특별법 시행규칙」 별표 7에 따른다. 이 경우 검사항목이 중복되는 법 제43조의2제1항제1호에 따른 관능검사 및 기능검사는 한번만 실시한다.

학습정리

이 장에서는 자동차 검사와 관련된 법령과 자동차의 검사업무를 정확히 이해하고, 자동차의 검사관련 법규를 습득하여 검사업무를 수행할 수 있도록 학습하였다.

총괄평가

1. 자동차검사대행자 또는 지정정비사업자는 검사결과에 대하여 적합여부를 판정하여야 하여야 한다. 다만, 정기검사를 실시한 결과 적합하지 아니한 사항이 있는 경우 해당 사항이 어떤 경우에 해당하지 아니하는 때에는 적합판정을 할 수 있는가?

참고자료

1. 자동차관리법, 자동차관리법 시행령, 자동차관리법 시행규칙
2. 대기환경보전법, 대기환경보전법 시행령, 대기환경보전법 시행규칙
3. 소음·진동관리법, 소음·진동관리법 시행령, 소음·진동관리법 시행규칙

A-2 검사결과 판정하기(1506030605_17v3.5)

자동차관리법 등의 자동차검사와 관련 법령의 체계를 이해하고 법령을 적용할 수 있는 능력을 배양하는데 있다.

학/습/목/표

일반목표

자동차관리법 및 대기환경보전법, 소음·진동관리법 등의 법령을 이해하여 자동차 검사업무를 추진함에 있어 관련 법령을 적용할 수 있는 능력을 배양하는데 있다.

세부목표

1. 자동차검사 관리시스템에 대한 구성·내용을 파악하여 검사결과를 이해할 수 있다.
2. 자동차 검사기준 및 방법에 따라 검사기기 운용프로그램을 목적에 맞게 운용할 수 있다.
3. 1부 검사결과와 2부 검사결과에 따라 최종 검사판정을 할 수 있다.
4. 검사에 적합한 자동차에 대해서 검사유효기간을 산정 및 자동차검사 결과표를 발급할 수 있다.
5. 검사에 부적합한 자동차에 대해서 재검사기간을 산정 및 부적합통지서를 발급할 수 있다.
6. 오프라인으로 판정한 검사정보를 온라인으로 전환 후 부여된 유효기간과 검사결과가 동일한지 확인할 수 있다.
7. 오프라인 검사 후 온라인으로 전환 후 오류발생시 해당 검사정보는 삭제하고 온라인으로 다시 자동차 검사를 실시할 수 있다.

주요 용어

자동차관리법, 대기환경보전법, 소음·진동관리법, 자동차의 종류

학습활동

기본학습 01 자동차의 검사 유효기간 및 신청

관련근거 자동차관리법시행규칙

- 제11장 자동차의 검사 및 검사대행자의 지정 등 제1절 자동차의 검사

제74조 [검사의 유효기간]

① 법 제43조제1항제2호에서 "일정 기간"이라 함은 별표 15의 2에서 정하는 기간을 말한다.

② 제1항의 규정에 의한 검사유효기간은 신규등록을 하는 자동차의 경우에는 신규등록일부터 기산하고, 정기검사를 받는 자동차의 경우에는 정기검사를 받은 날의 다음날부터 기산한다.

③ 제77조제2항의 규정에 의한 정기검사의 기간중에 정기검사를 받아 합격한 자동차의 검사유효기간은 제2항의 규정에 불구하고 종전 검사유효기간 만료일의 다음날부터 기산한다.

④ 검사의 유효기간을 산정함에 있어 튜닝 등으로 규모별 세부기준이 변경된 자동차의 경우에는 신규등록한 때의 규모를 기준으로 한다.

[별표 15의 2] 자동차검사의 유효기간(제74조 관련)

구분		검사유효기간
비사업용 승용자동차 및 피견인자동차		2년(신조차로서 법 제43조제5항에 따른 신규검사를 받은 것으로 보는 자동차의 최초 검사유효기간은 4년)
사업용 승용자동차		1년(신조차로서 법 제43조제5항에 따른 신규검사를 받은 것으로 보는 자동차의 최초 검사유효기간은 2년)
경형·소형의 승합 및 화물자동차		1년
사업용 대형화물자동차	차령이 2년 이하인 경우	1년
	차령이 2년 초과된 경우	6월
중형 승합자동차 및 사업용 대형화물자동차	차령이 8년 이하인 경우	1년
	차령이 8년 초과된 경우	6월
그 밖의 자동차	차령이 5년 이하인 경우	1년
	차령이 5년 초과된 경우	6월

주 : 10인 이하를 운송하기에 적합하게 제작된 자동차(제2조제1항제2호 가목 내지 다목에 해당하는 자동차를 제외한다)로서 2000년 12월 31일 이전에 등록된 승합자동차의 경우에는 승용자동차의 검사유효기간을 적용한다.

제75조 [검사유효기간의 연장 등]

① 시·도지사는 법 제43조제4항에 따라 제74조에 따른 검사유효기간을 연장하거나 유예하고자 하는 때에는 다음 각호의 구분에 의한다.

1. 전시·사변 또는 이에 준하는 비상사태로 인하여 관할지역 안에서 자동차의 검사업무를 수행할 수 없다고 판단되는 때에는 그 검사를 유예할 것. 이 경우 대상자동차·유예기간 및 대상지역등을 공고하여야 한다.
2. 자동차의 도난·사고발생의 경우나 압류된 경우 또는 장기간의 정비 기타 부득이한 사유가 인정되는 경우에는 자동차소유자의 신청에 의하여 필요하다고 인정되는 기간 동안 당해자동차의 검사유효기간을 연장하거나 그 검사를 유예할 것
3. 제73조의 규정에 의한 섬지역의 출장검사인 경우에는 자동차검사대행자의 요청에 의하여 필요하다고 인정되는 기간 동안 당해 자동차의 검사유효기간을 연장할 것
4. 법 제59조제1항제1호에 따라 신고된 매매용 자동차의 검사유효기간 만료일이 도래하는 경우에는 같은 항 제2호 또는 제3호에 따른 신고 전까지 해당 자동차의 검사유효기간을 연장할 것

② 제1항제2호에 따라 자동차검사유효기간의 연장 또는 자동차검사의 유예를 받으려는 자는 별지 제45호서식의 검사유효기간연장(검사유예)신청서에 자동차등록증과 그 사유를 증명하는 서류를 첨부하여 시·도지사에게 제출하여야 한다.

③ 자동차소유자가 검사유효기간 내에 발생한 다음 각 호의 어느 하나에 해당하는 사유로 인하여 해당 자동차를 운행하지 못하여 검사유효기간 내에 검사를 받지 못한 경우 그 사유가 종료된 날까지 검사유효기간이 연장된 것으로 본다. 이 경우 검사는 연장된 검사유효기간 만료일 후 31일 이내에 받아야 한다.

1. 법 제37조제2항 후단에 따른 운행정지명령을 받은 경우
2. 「지방세법」 제131조제1항에 따라 자동차등록번호판이 영치된 경우
3. 「여객자동차 운수사업법」 제16조제2항 또는 「화물자동차 운수사업법」 제18조제1항에 따라 휴업신고를 한 경우
4. 「여객자동차 운수사업법」 제85조제1항 또는 「화물자동차 운수사업법」 제19조제1항에 따라 사업정지 처분을 받은 경우

第76조 [신규검사의 신청]

법 제43조제1항제1호의 규정에 의한 신규검사를 받고자 하는 자는 별지 제46호서식의 신규검사 신청서에 제39조제1항제3호에 따른 자동차 제원표를 첨부하여 자동차검사대행자에게 제출하고 해당 자동차를 그 자동차의 출처를 증명하는 서류와 함께 제시하여야 한다. 다만, 이미 자기인증된 자동차와 같은 제원의 자동차인 경우에는 제원표를 첨부하지 아니할 수 있다.

第77조 [정기검사의 신청]

① 법 제43조제1항제2호에 따른 정기검사를 받으려는 자는 다음 각 호의 서류를 자동차검사대행자 또는 지정정비사업자에게 제출하고 해당 자동차를 제시하여야 한다. 다만, 자동차검사대행자 또는 지정정비사업자가 전산정보처리조직을 통하여 「자동차손해배상보장법」 제5조에 따른 보험 등(이하 이 조에서 "보험등"이라 한다)의 가입 여부를 확인할 수 있는 경우에는 제2호의 보험 등의 가입증명서를 제출한 것으로 본다.

1. 자동차등록증
2. 보험등의 가입증명서
3. 「산업안전보건법」 제36조 제3항에 따른 안전검사 합격표시(크레인, 이삿짐 운반용 리프트 및 고소작업대를 장착한 자동차에 한정한다)

② 정기검사의 기간은 검사유효기간 만료일(제75조의 규정에 의하여 검사유효기간을 연장 또는 유예한 경우에는 그 만료일을 말한다)전후 각각 31일 이내로 하며, 이 기간 내에 정기검사에서 적합판정을 받은 경우에는 검사유효기간만료일에 정기검사를 받은 것으로 본다.

③ 제2항에도 불구하고 정기검사 기간이 지난 자동차로서 소유권 변동이 발생한 자동차의 정기검사 기간은 이전등록을 한 날부터 31일 이내로 한다.<신설 2019. 4. 23.>

第77조의2 [검사기간 경과의 통지]

시·도지사는 등록된 자동차 중 제77조제2항에 따른 정기검사기간이 지난 자동차를 조사하여 그 기간이 경과한 날부터 10일 이내와 20일 이내에 각각 그 소유자에게 다음 각 호의 사항을 통지하여야 한다.

1. 정기검사기간이 지난 사실
2. 정기검사의 유예가 가능한 사유 및 그 신청방법
3. 정기검사를 받지 아니하는 경우에 부과되는 과태료의 금액 및 근거 법규

第78条 [튜닝검사의 신청]

법 제43조제1항제3호에 따른 튜닝검사를 받으려는 자는 별지 제47호서식의 자동차검사신청서에 다음 각 호의 서류를 첨부하여 자동차검사대행자에게 제출하고 해당 자동차를 제시해야 한다.

1. 자동차등록증 또는 「자동차등록규칙」 제40조제1항에 따른 말소등록사실증명서
2. 제56조제2항에 따라 발급받은 튜닝승인서
3. 별지 제33호의2서식의 튜닝 전·후의 주요 제원 대비표
4. 튜닝 전·후의 자동차외관도(외관의 변경이 있는 경우에 한한다)
5. 튜닝하려는 구조·장치의 설계도
6. 삭제 <개정 2015.10.7>

第79条 [임시검사의 신청]

법 제43조제1항제4호의 규정에 의한 임시검사를 받고자 하는 자는 별지 제47호서식의 자동차검사신청서에 다음 각호의 서류를 첨부하여 자동차검사대행자에게 제출하고 당해 자동차를 제시하여야 한다. 다만, 제63조의 규정에 의한 점검·정비 또는 원상복구의 명령을 받은 자동차가 아닌 경우에는 제2호의 서류를 첨부하지 아니할 수 있다.

1. 자동차등록증
2. 자동차점검·정비·검사 또는 원상복구명령서

관련근거 자동차종합검사의 시행 등에 관한 규칙

제8조 [종합검사의 대상과 검사 유효기간]

법 제43조의2제2항에 따른 종합검사의 대상과 유효기간(이하 "검사 유효기간"이라 한다)은 별표 1과 같다.

[별표 1] 종합검사의 대상과 유효기간(제8조 관련)

검사 대상		적용 차령	검사 유효기간
승용자동차	비사업용	차령이 4년 초과인 자동차	2년
	사업용	차령이 2년 초과인 자동차	1년
경형·소형의 승합 및 화물자동차	비사업용	차령이 3년 초과인 자동차	1년
	사업용	차령이 2년 초과인 자동차	1년
사업용 대형 화물자동차		차령이 2년 초과인 자동차	6개월
사업용 대형 승합자동차		차령이 2년 초과인 자동차	차령 8년까지는 1년, 이후부터는 6개월
중형 승합자동차	비사업용	차령이 3년 초과인 자동차	차령 8년까지는 1년, 이후부터는 6개월
	사업용	차령이 2년 초과인 자동차	차령 8년까지는 1년, 이후부터는 6개월
그 밖의 자동차	비사업용	차령이 3년 초과인 자동차	차령 5년까지는 1년, 이후부터는 6개월
	사업용	차령이 2년 초과인 자동차	차령 5년까지는 1년, 이후부터는 6개월

비고 : 1. 검사 유효기간이 6개월인 자동차의 경우 종합검사 중 법 제43조의2제1항제3호에 따른 자동차 배출가스 정밀검사 분야의 검사는 1년마다 받는다.

2. 종합검사는 「대기환경보전법」 제63조제1항 각 호에 따른 지역에 법 제5조에 따라 등록된 자동차(「수도권 대기환경 개선에 관한 특별법 시행령」 별표 1의 대기관리권역에 등록된 특정경유자동차를 포함한다)를 대상으로 한다.

3. 법 제2조제1호에 따른 피견인자동차에 대해서는 법 제43조의2제1항제3호의 자동차 배출가스 정밀검사 분야를 적용하지 아니한다.

4. "사업용 자동차"란 법 제5조에 따라 등록된 자동차 중 「여객자동차 운수사업법」 제2조제2호에 따른 여객자동차운수사업 또는 「화물자동차 운수사업법」 제2조제2호에 따른 화물자동차운수사업에 사용하는 자동차를 말한다.

5. "비사업용 자동차"란 법 제5조에 따라 등록된 자동차 중 비고란 제4호의 사업용자동차가 아닌 자동차를 말한다.

6. 차령은 「자동차관리법 시행령」 제3조에 따라 계산한다.

7. 최초로 종합검사를 받아야 하는 날은 위 표의 적용차령 후 처음으로 도래하는 정기검사 유효기간 만료일로 한다. 다만, 자동차가 정기검사를 받지 아니하여 정기검사기간이 경과된 상태에서 적용차령이 도래한 자동차가 최초로 종합검사를 받아야 하는 날은 적용차령 도래일로 한다.

8. 제7호에도 불구하고 「자동차관리법 시행규칙」 제75조에 따라 정기검사 유효기간이 연장 또는 유예된 상태에서 위 표의 적용 차령의 대상이 된 경우에는 같은 규칙 제77조제2항에 따른 정기검사기간 내에 정기검사를 받을 수 있다. 이 경우 최초로 종합검사를 받아야 하는 날은 위 표의 적용차령의 대상이 된 후 두 번째로 도래하는 정기검사 유효기간 만료일로 한다.

제9조 [검사 유효기간의 계산방법과 종합검사기간 등]

① 검사 유효기간은 다음 각 호의 방법으로 계산한다.

1. 법 제8조에 따라 신규등록을 하는 자동차 : 신규등록일부터 계산
2. 제2항에 따른 종합검사기간 내에 종합검사를 신청하여 적합 판정을 받은 자동차 : 직전 검사 유효기간 마지막 날의 다음 날부터 계산
3. 제2항에 따른 종합검사기간 전 또는 후에 종합검사를 신청하여 적합 판정을 받은 자동차 : 종합검사를 받은 날의 다음 날부터 계산
4. 재검사 결과 적합 판정을 받은 자동차 : 제7조제3항에 따라 종합검사를 받은 것으로 보는 날의 다음 날부터 계산

② 자동차 소유자가 종합검사를 받아야 하는 기간(이하 "종합검사기간"이라 한다)은 검사 유효기간의 마지막 날(제10조에 따라 검사 유효기간을 연장하거나 검사를 유예한 경우에는 그 연장 또는 유예된 기간의 마지막 날을 말한다) 전후 각각 31일 이내로 한다.

③ 소유권 변동 또는 「자동차등록령」 제2조제2호에 따른 사용본거지 변경 등의 사유로 종합검사의 대상이 된 자동차 중 「자동차관리법 시행규칙」 제77조제2항에 따른 정기검사의 기간 중에 있거나 정기검사의 기간이 지난 자동차는 변경등록을 한 날부터 62일 이내에 종합검사를 받아야 한다.

제10조 [검사 유효기간의 연장 등]

① 시·도지사는 종합검사의 대상인 자동차가 다음 각 호의 어느 하나에 해당하는 경우에는 일정 기간을 정하여 검사 유효기간을 연장하거나 검사를 유예할 수 있다. 다만, 제1호에 해당하는 경우에는 대상 자동차, 유예기간 및 대상 지역 등을 공고하여야 한다.

1. 전시·사변 또는 이에 준하는 비상사태로 인하여 관할지역에서 종합검사 업무를 수행할 수 없다고 판단되는 경우
2. 자동차를 도난당한 경우, 사고발생으로 인하여 자동차를 장기간 정비할 필요가 있는 경우, 「형사소송법」 등에 따라 자동차가 압수되어 운행할 수 없는 경우, 면허취소 등으로 인하여 자동차를 운행할 수 없는 경우 및 그밖에 부득이한 사유로 자동차를 운행할 수 없다고 인정되는 경우
3. 자동차 소유자가 폐차를 하려는 경우

② 제1항제2호 및 제3호에 따라 검사 유효기간의 연장 또는 검사의 유예를 받으려는 자는 별지 제3호서식의 종합검사 유효기간 연장 등 신청서에 다음 각 호의 서류를 첨부하여 관할 시·도지사에게 제출(「전자정부법」 제2조제7호에 따른 정보통신망을 이용한 제출을 포함한다)

하여야 한다.

1. 자동차등록증(제1항제2호의 경우만 해당한다)
2. 자동차의 도난, 사고, 압류, 등록번호판 영치 등 부득이한 사유가 있는 경우 연장 또는 유예 사유를 증명하는 다음 각 목의 서류 중 해당 서류
   가. 경찰관서에서 발급하는 도난신고확인서
   나. 시장·군수·구청장, 경찰서장, 소방서장, 보험사 등이 발행한 사고사실증명서류
   다. 정비업체에서 발행한 정비예정증명서
   라. 행정처분서
   마. 시장·군수·구청장(읍·면·동·이장을 포함한다)이 확인한 별지 제4호서식의 섬 지역 장기체류 확인서
   바. 병원입원 또는 해외출장 등 그 밖의 부득이한 사유가 있는 경우에는 그 사유를 객관적으로 증명할 수 있는 서류
3. 「자동차관리법 시행규칙」 제143조의 폐차인수증명서(제1항제3호의 경우에만 제출한다)

③ 시·도지사는 제2항에 따른 신청을 검토한 결과 그 사유가 이유 있다고 인정되는 경우에는 별지 제5호서식의 종합검사 유효기간 연장 등 허가서를 신청인에게 발급하여야 한다.

기본학습 02 자동차 검사결과 적합 판정

관련근거 자동차관리법시행규칙

- 제11장 자동차의 검사 및 검사대행자의 지정 등 제1절 자동차의 검사

제80조 [검사의 실시등]

① 제76조부터 제79조까지 및 제79조의2에 따른 검사신청을 받은 자동차검사대행자 또는 지정정비사업자는 제73조에 따라 검사를 실시(법 제43조제1항제2호에 따른 정기검사의 경우에는 「자동차손해배상 보장법」 제42조에 따라 해당 자동차가 같은 법 제5조에 따른 보험 등에 가입되어 있는 경우에만 검사를 하여야 한다)하고, 법 제43조제2항 및 법 제45조제6항에 따라 확인한 검사결과를 별지 제48호서식의 자동차검사표에 기록하고 이를 작성일부터 2년간 보관하여야 한다. 다만, 그 결과를 자동차검사 전산정보처리조직에 입력하는 경우에는 그러하지 아니하다.

② 자동차검사대행자 또는 지정정비사업자는 제1항에 따른 검사결과에 대하여 적합여부를 판정해야 한다. 이 경우, 정기검사 또는 수리검사를 실시한 결과 적합하지 아니한 사항이 있는 경우에는 해당 사항이 다음 각 호(제20호부터 제22호까지의 사항은 수리검사의 경우에만 해당한다)의 어느 하나에 해당하지 않으면 적합판정을 하고 해당 자동차소유자에게 이의 시정을 권고할 수 있다.

1. 동일성 확인
   가. 자동차의 차대번호 및 원동기형식이 등록원부와 다른 경우(자형의 위조·변조 및 식별할 수 없을 정도의 훼손을 포함한다)
   나. 등록번호가 등록원부와 다르거나 등록번호판이 망실된 경우, 등록번호판 또는 봉인의 문자나 문양이 식별할 수 없을 정도로 훼손된 경우(적법한 등록번호판이 아닌 경우를 포함한다)
   다. 영 제8조제1항에 따른 구조의 제원허용오차 초과 또는 안전기준 부적합
2. 주행장치
   가. 차축 및 휠의 휨 또는 균열
   나. 타이어의 손상 및 요철무늬의 깊이가 허용기준을 초과하여 마모
   다. 휠 및 타이어의 돌출
3. 조향장치의 용접, 갈라지거나 금이 가고 파손되는 등의 심한 변형·누유 및 안전기준에 위배되는 유격

4. 제동장치중 제동시험기에 의한 검사결과 허용기준 초과 및 제동계통의 손상 및 누유
5. 연료장치중 조속기 봉인탈락 및 연료의 누출
6. 전기·전자장치
   가. 엔진정지 또는 화재발생의 우려가 있는 결함
   나. 차로이탈경고장치 및 비상자동제동장치의 미설치 또는 설치상태의 불량
   다. 「환경친화적 자동차의 개발 및 보급 촉진에 관한 법률」 제2조제3호, 제5호 및 제6호에 따른 전기자동차, 하이브리드자동차 및 수소전기자동차의 경고음발생장치 미설치 또는 작동상태의 불량
   라. 「자동차 및 자동차부품의 성능과 기준에 관한 규칙」 제2조제52호에 따른 고전원전기장치의 절연상태 또는 작동상태의 불량
7. 차체 및 차대
   가. 차체 및 차대의 심한 부식, 심한 변형 또는 절손
   나. 후부안전판 및 측면보호대의 심한 손상·훼손 또는 미설치(설치상태가 안전기준에 적합하지 않은 경우를 포함한다)
   다. 안전기준에 위배되는 차체의 외형 또는 부착물
8. 견인차 및 피견인차의 연결장치의 변형 또는 손상
9. 물품적재장치 중 「위험물 안전관리법」에 따른 위험물, 「화학물질관리법」에 따른 유해화학물 및 「폐기물관리법」에 따른 폐기물 등 운반차량의 적재장치 부식·변형
10. 창유리의 규격품 미사용, 일부 탈락·구멍 등 심한 훼손
11. 「대기환경보전법」 제62조 및 「소음·진동관리법」 제37조제1항에 따른 운행차정기검사의 허용기준 위배
12. 등화장치
    가. 전조등·방향지시등·번호등·후미등 및 제동등의 점등상태 불량 또는 등색과 설치상태의 기준 부적합, 택시표시등의 자동점등상태 불량
    나. 전조등의 전조등시험기에 의한 검사결과 기준미달
    다. 안전기준에 위배되는 등화설치
13. 계기장치중 운행기록장치·속도제한장치의 미설치(설치상태의 불량을 포함한다) 및 속도계시험기에 의한 검사결과 허용기준 초과
14. 법 제34조에 따른 승인을 받지 아니하고 튜닝한 자동차의 구조·장치
15. 좌석안전띠가 없는 경우나 좌석안전띠의 심한 손상
16. 삭제<2021.10.14>

17. 「자동차 및 자동차부품의 성능과 기준에 관한 규칙」 제53조의4에 따른 어린이 하차확인 장치의 미설치(설치상태의 불량을 포함한다) 및 안전기준 위배

18. 「자동차 및 자동차부품의 성능과 기준에 관한 규칙」 제94조제3항에 따른 어린이운송용 승합자동차의 모든 창유리 또는 창의 가시광선 투과율 미달

19. 완충장치 중 판스프링의 심한 변형 또는 절손

20. 조향바퀴의 옆 미끄러짐량 측정결과 허용기준 초과

21. 자동차 하부의 연결부위의 유격(裕隔), 체결상태 불량 또는 연결부위의 장치나 부품의 변형, 손실

22. 차체 또는 차대의 수평투영면적의 2분의 1을 초과하여 차체 또는 차대를 교체한 경우(차체의 경우 별지 제25호서식의 자동차 제원표상의 길이와 너비를 기준으로 측정한다)

③ 자동차검사대행자 또는 지정정비사업자는 제2항의 규정에 의하여 검사결과를 판정한 자동차 중 부적합판정을 한 자동차에 대하여는 별지 제49호서식의 검사부적합 통지서 또는 별지 제48호의3서식의 자동차 기능 종합 진단서에 그 사유 등을 기재하여 신청인에게 발급하여야 하며, 적합판정(시정권고사항을 포함한다)을 한 자동차에 대하여는 다음 각호의 구분에 따른 조치를 하여야 한다.

1. 신규검사 : 별지 제50호서식의 신규검사증명서의 발급

2. 정기검사 : 자동차등록증에 검사유효기간 기재

3. 튜닝검사 : 자동차등록증에 튜닝사항 및 튜닝작업 정비업체 기재, 별지 제50호의2서식의 튜닝검사증명서 발급

4. 임시검사 : 자동차등록증에 검사적합여부를 기재

4의 2. 수리검사 : 자동차등록증에 전손 처리 사유, 주행거리 및 검사연월일 기재, 별지 제50호의3서식의 자동차 수리검사 증명서의 발급

5. 시정권고사항이 있는 자동차 : 별지 제49호서식의 시정권고통지서의 발급

④ 자동차검사대행자 또는 지정정비사업자는 제3항의 조치를 한 때에는 그 사실을 지체없이 시·도지사에게 보고하여야 한다. 다만, 그 결과를 자동차검사 전산정보처리조직에 입력하는 경우에는 그러하지 아니하다.

⑤ 삭제 <개정 2005. 2. 5.>

⑥ 자동차검사대행자 또는 지정정비사업자는 크레인, 이삿짐 운반용 리프트 및 고소작업대를 장착한 자동차가 「산업안전보건법」 제93조에 따른 안전검사를 받지 아니한 경우에는 그 사실을 확인한 날부터 1주일 이내에 고용노동부장관에게 통지해야 한다. 다만, 자동차검사 전산정보처리조직에 입력하는 경우에는 그러하지 아니하다.

[별지 제48호 서식] 〈개정 2003.1.2〉 [유효기간 : 2012.2.18]

자동차검사표

① 검사구분			② 접수번호	
③ 자동차등록번호			④ 차대번호	
소유자	⑤ 성명		⑥ 주행거리	
	⑦ 주소			

⑧ 차명		⑨ 연식		⑩ 원동기형식	
⑪ 차종		⑫ 용도		⑬ 연료	
⑭ 제원관리번호					특기사항

제원		㉒ 윤거 cm		㉘ 변속기	전단	㉞ 관청코드
차체	⑮ 길이 cm	㉓ 〈삭제〉			후단	㉟ 지시일자
	⑯ 너비 cm	㉔ 전축	전 kg	㉙ 정원명 kg		㊱ 지시번호
	⑰ 높이 cm		중 kg	㉚ 적재량 kg		㊲ 내용
실내	⑱ 길이 cm	㉕ 후축	전 kg	㉛ 차량중량 kg		
	⑲ 너비 cm		후 kg	㉜ 총중량 kg		
	⑳ 높이 cm	㉖ 배기량 cc ㉗ 정격출력 ps		㉝ 구변일자 구변내용		
㉑ 축간거리 cm						제원수정 개항목

㊳ 최초 등록일		㊴ 유효기간 만료일		㊵ 유효기간	~

㊶ 1부 검사원	1회	재검사	㊷ 2부 검사원	1회	재검사	㊸ 판정 책임	검사일[ ]합·불·시정권고	재검일[ ]합·불·시정권고

1부 검사항목							
	㊹ 동일성확인		○52 전기장치		○60 경보장치		○73 시정권고 내용
	㊺ 원동기		○53 차체·차대		○61 시야확보		
	㊻ 동력전달		○54 연결장치		○62 계기장치		
	㊼ 주행장치		○55 승차장치		○63 〈삭제〉		
	㊽ 조향장치		○56 적재장치		○64 조속기		○74 부적합한 내용
	㊾ 제동장치		○57 창유리		○65 촉매		
	㊿ 완충장치		○58 배기장치		○65 기타		
	○51 연료장치		○59 등화장치				

2부	○67 사이드스립	○68 배출가스		○69 제동력	○70 전조등	○71 속도계	○72 소음	
		CO %					경적	
		HC ppm						
		λ					배기	
		매연 %						

33331-01511일
96.10.4 승인

180mm×280mm
(보존용지(1종) 90g/m^2)

[별지 제49호 서식]

<table>
<tr><td colspan="2">제 호</td><td>☐검사부적합
☐시정권고</td><td>통지서</td></tr>
<tr><td>성 명(명칭)</td><td></td><td>검사접수번호</td><td></td></tr>
<tr><td>자동차등록번호</td><td></td><td>재검사기간</td><td></td></tr>
<tr><td colspan="4">부적합내용</td></tr>
<tr><td colspan="4"></td></tr>
<tr><td colspan="4">시정권고내용</td></tr>
<tr><td colspan="4"></td></tr>
<tr><td colspan="4">주 : 시정권고 내용에 대하여는 자동차소유주가 수리(정비)등의 조치를 한 후 운행하시기 바랍니다.</td></tr>
<tr><td colspan="4">「자동차관리법 시행규칙」 제80조제3항의 규정에 의하여 위와 같이 통지합니다.

년 월 일

자동차검사대행자(지정정비사업자) ㉿</td></tr>
<tr><td colspan="4">※ 재검사에 관한 안내
1. 재검사대상인 경우에는 수리·정비를 완료한 후 이 통지서를 제시하고 자동차재검사를 받으시기 바랍니다.
2. 재검사대상인 자동차는 검사를 받은 검사소(지정정비사업자)에서 검사를 받아야 합니다.</td></tr>
</table>

33331-04611일
98.3.13 승인

210mm×297mm
(일반용지 60g/m^2)

제80조의2 [자동차기능종합진단 등]

① 제77조제2항에 따라 정기검사를 한 때에는 별지 제48호서식의 자동차검사표 또는 별지 제48호의2서식의 자동차정기검사 결과표를 작성하여 1부를 검사신청인에게 발급하고, 1부를 제80조제1항에 따라 보관하여야 한다. 이 경우 제80조제3항의 검사부적합통지서의 발급은 자동차정기검사 결과표의 발급으로 갈음한다.

② 자동차검사대행자 및 지정정비사업자는 법 제43조제1항제2호에 따라 정기검사를 시행함에 있어서 정기검사항목과 중요부품에 대한 진단결과를 전산처리하는 경우에는 제1항에 따른 자동차검사표 또는 자동차정기검사결과표에 갈음하여 별지 제48호의3서식의 자동차기능종합진단서를 자동차소유자에게 발급할 수 있다.

제80조의3 [검사장면의 영상관리]

① 자동차검사대행자 및 지정정비사업자는 법 제43조제1항제2호에 따른 정기검사를 실시하는 경우에는 정기검사의 실시장면을 촬영하고 촬영된 검사장면을 2년간 보존하여야 한다. 다만, 촬영된 검사장면을 자동차검사 전산정보처리조직에 입력하는 경우에는 그러하지 아니하다.

② 자동차검사대행자 및 지정정비사업자는 제1항에 따라 정기검사의 실시장면을 촬영하는 경우에는 등록번호판이 포함된 자동차의 앞면 및 뒷면 전체를 촬영해야 한다. 이 경우 앞면은 검사진로로 진입할 때에, 뒷면은 검사진로로부터 진출할 때에 각각 촬영해야 한다.

③ 자동차검사대행자 및 지정정비사업자는 제1항 단서에 따라 촬영된 검사장면을 자동차검사 전산정보처리조직에 입력하는 경우 등록번호판의 등록번호가 식별될 수 있도록 선명한 화질의 검사장면을 전송해야 한다.

제81조 [재검사]

① 법 제43조의 규정에 의한 검사결과 제80조의 규정에 의하여 부적합판정을 받은 자동차의 소유자가 재검사를 받고자 하는 경우(재검사기간 내에 법 제13조에 따라 말소등록한 경우는 제외한다)에는 다음 각호의 구분에 따른 기간(이하 "재검사기간"이라 한다)내에 해당 자동차를 검사한 자동차검사대행자 또는 지정정비사업자에게 제80조제3항에 따른 검사부적합 통지서 또는 자동차기능종합진단서와 자동차를 제시하여야 한다.

1. 신규검사·튜닝검사 및 임시검사 : 검사부적합 통지서 또는 자동차 기능 종합 진단서를 발급받은 날부터 10일 이내
2. 정기검사 : 제77조제2항의 규정에 의한 검사기간 만료 후 10일 이내. 다만, 다음 각 목의 어느 하나에 해당하는 경우에는 자동차검사부적합통지서를 발급받은 날부터 10일 이내

가. 검사기간 시작 전이나 경과 후에 정기검사를 신청한 경우

나. 다음의 어느 하나에 해당하는 사유로 부적합 판정을 받은 경우

1) 최고속도제한장치의 미설치, 무단 해체·해제 및 미작동

2) 「대기환경보전법」 제62조에 따른 운행차정기검사의 허용기준 위배

3. 수리검사 : 검사부적합 통지서 또는 자동차 기능 종합진단서를 발급받은 날부터 30일 이내

② 제1항의 규정에 의한 재검사의 신청을 받은 자동차 검사대행자 또는 지정 정비사업자는 부적합한 항목에 대하여 다시 검사를 실시하여야 한다.

③ 제1항의 규정에 의한 재검사 기간 내에 적합 판정을 받은 경우에는 제80조제3항의 규정에 의하여 자동차검사 부적합 통지서 또는 자동차 기능 종합진단서를 발급받은 날에 검사를 받은 것으로 본다.

[별지 제48호의2서식] 접수번호 :

자동차 정기검사 결과표

① 자동차등록번호		② 성명(상호)		③ 생년월일	
④ 차명		⑤ 차종(용도)		⑥ 제작연식	
⑦ 연료종류		⑧ 누적주행거리		⑨ 최초등록일	

검 사 결 과					
⑩ 종합판정		관능 · 기능검사		기계 · 기구검사	
⑪ 다음 검사주기	~	⑫ 재검사기간	~		

⑬ 세부 검사내용							
1부(관능 및 기능검사)	2부(기계 · 기구검사)						
〈부적합 내용〉	검사항목	기준값				측정값	판정
	⑭ 사이드슬립	1m 주행에 5mm 이내					
	⑮ 배출가스	휘발유 · 가스			일산화탄소(CO) : %		
					탄화수소(HC) : ppm		
					공기과잉률(λ) :		
		경 유			매 연 : %		
〈시정권고 내용〉	⑯ 제동력	앞축		전	앞축무게(kg)의 50% 이상	%(측정값 : kg)	
				후	앞축무게(kg)의 50% 이상	%(측정값 : kg)	
		뒤축		전	뒤축무게(kg)의 20% 이상	%(측정값 : kg)	
				중	뒤축무게(kg)의 20% 이상	%(측정값 : kg)	
				후	뒤축무게(kg)의 20% 이상	%(측정값 : kg)	
		전체브레이크			전체무게(kg)의 50% 이상	%(측정값 : kg)	
		주차브레이크			전체무게(kg)의 20% 이상	%(측정값 : kg)	
		좌 · 우 차이(편차)	앞축	전	앞축무게(kg)의 8% 이하	%(: kg)	
				후	앞축무게(kg)의 8% 이하	%(: kg)	
			뒤축	전	뒤축무게(kg)의 8% 이하	%(: kg)	
				중	뒤축무게(kg)의 8% 이하	%(: kg)	
				후	뒤축무게(kg)의 8% 이하	%(: kg)	
특기사항 :	⑰ 전조등	광 도			12,000(15,000)~112,500cd		
		진 폭			좌 : 상10/하30/좌15/우30cm이내		
					우 : 상10/하30/좌30/우30cm이내		
	⑱ 속도계	32~44.4km/h(정25%, 부10%)					
	⑲ 소 음	경 적					
		배 기					

⑳ 검사자	검사책임자	관능 · 기능검사	기계 · 기구검사

「자동차관리법」 제43조제2항, 제44조제1항, 제45조제1항 및 같은 법 시행규칙에 따라 위와 같이 발급합니다.

년 월 일

검사대행자(지정정비사업자) 인

※ 재검사에 관한 안내

1. 재검사대상인 경우에는 정비를 완료한 후 이 통지서를 제시하고 재검사를 받으시기 바랍니다.
2. 재검사대상인 자동차는 검사를 받은 검사소(지정정비사업자)에서 검사를 받아야 합니다.

210mm × 297mm
(보존용지(2종) 70g/m^2)

관련근거 자동차종합검사의 시행 등에 관한 규칙

제5조 [종합검사의 실시]

① 제4조에 따라 종합검사의 신청을 받은 종합검사대행자 또는 종합검사지정정비사업자는 「자동차손해배상보장법」 제42조에 따라 해당 자동차가 같은 법 제5조에 따른 보험 등에 가입되어 있는 경우에만 검사를 하여야 한다.

② 종합검사대행자 또는 종합검사지정정비사업자가 종합검사를 할 때에는 제14조의 기준에 적합한 시설·장비·인력 및 그 밖의 필요한 설비를 갖춘 곳(이하 "종합검사시설"이라 한다)에서 제3조의 기준과 방법에 따라 실시하여야 한다. 다만, 해당 자동차가 종합검사대행자의 종합검사시설로부터 멀리 떨어져 있거나 종합검사시설이 부족하여 출장검사가 필요하다고 인정되는 경우 종합검사대행자는 자동차의 출장검사를 할 수 있다.

③ 종합검사대행자 또는 종합검사지정정비사업자는 제2항에 따라 종합검사를 할 때 제3조에 따른 기준에 적합한지를 확인하여 적합 또는 부적합 판정을 하여야 한다. 다만, 판정을 받은 사항이 법 제43조의2제1항제1호·제3호 및 「자동차관리법 시행규칙」 제80조제2항 제1호부터 제14호까지의 규정에 해당하는 사항이 아닌 경우에는 적합 판정을 한 후 부적합한 사항의 시정을 권고할 수 있다.

④ 종합검사대행자 또는 종합검사지정정비사업자는 제2항 및 제3항에 따라 검사를 하였을 때에는 그 결과를 별지 제1호서식의 자동차종합검사 결과표에 기록하고, 이를 2부 작성하여 1부는 검사신청인에게 발급하고, 1부는 작성일부터 2년간 보관하여야 한다. 다만, 그 결과를 제20조에 따른 자동차검사 전산정보처리조직에 기록하는 경우에는 별도로 보관하지 아니한다.

⑤ 종합검사대행자 또는 종합검사지정정비사업자는 제2항 및 제3항에 따라 검사를 하였을 때에는 기준 적합 여부, 검사일 및 검사기관 등에 관하여 지체 없이 특별시장·광역시장·도지사 또는 특별자치도지사(이하 "시·도지사"라 한다)에게 보고하여야 한다. 다만, 검사 결과를 제20조에 따른 자동차검사 전산정보처리조직에 기록한 경우에는 그러하지 아니하다.

⑥ 종합검사 검사장면의 영상(映像) 관리에 관하여는 「자동차관리법 시행규칙」 제80조의3을 준용한다. 이 경우 "전산장비"는 제20조에 따른 "자동차검사 전산정보처리조직"으로 본다.

⑦ 그 밖에 검사 결과의 처리 등 종합검사의 실시에 필요한 사항은 국토교통부장관이 환경부장관과 협의하여 고시한다.

제6조 [자동차기능 종합진단 등]

① 종합검사대행자 또는 종합검사지정정비사업자는 종합검사를 할 때 검사신청인에게 종합검사 결과에 관한 상세한 정보를 제공하기 위하여 검사항목과 중요부품에 대하여 진단을 할 수 있다. 이 경우 제5조제4항에 따른 자동차종합검사 결과표에 갈음하여 별지 제2호서식의 자동차기능 종합진단서를 발급할 수 있다.

② 종합검사대행자 또는 종합검사지정정비사업자는 제1항에 따라 자동차기능 종합진단을 하려면 종합검사시설 중 다음 각 호의 기계·기구가 제20조에 따른 자동차검사 전산정보처리조직과 실시간으로 통신이 가능하고 그 측정 결과 등이 실시간으로 자동 입력될 수 있도록 하여야 한다.

1. 사이드슬립 측정기
2. 제동 시험기
3. 속도계 시험기
4. 전조등 시험기
5. 전자장치 진단기
6. 차대동력계(車臺動力計) 등 배출가스 검사장비
7. 검사장면 촬영용 카메라

제7조 [재검사]

① 제5조제3항 본문에 따라 종합검사 실시 결과 부적합 판정을 받은 자동차의 소유자가 재검사를 받으려는 경우에는 다음 각 호의 구분에 따른 기간(이하 "재검사기간"이라 한다) 내에 종합검사대행자 또는 종합검사 지정정비사업자에게 자동차등록증과 제5조제4항 또는 제6조제1항에 따라 발급받은 자동차종합검사 결과표 또는 자동차기능 종합진단서를 제출하고 해당 자동차를 제시하여야 한다.

1. 제9조제2항에 따른 종합검사기간 내에 종합검사를 신청한 경우 : 부적합 판정을 받은 날부터 종합검사기간 만료 후 10일 이내
2. 제9조제2항에 따른 종합검사기간 전 또는 후에 종합검사를 신청한 경우 : 부적합 판정을 받은 날의 다음 날부터 10일 이내
3. 제9조 제2항에 따른 종합검사기간 내에 종합검사를 신청하였으나 최고속도제한장치의 미설치, 무단 해체·해제 및 미작동으로 부적합 판정을 받은 경우 : 부적합 판정을 받은 날부터 10일 이내

② 제1항에 따라 재검사의 신청을 받은 종합검사대행자 또는 종합검사 지정정비사업자는 제3조의 기준 및 방법 등에 따라 재검사를 하고 적합 여부를 판정하여야 한다.

③ 제1항에 따른 재검사기간 내에 적합 판정을 받은 자동차는 제5조제4항에 따른 자동차종합검사 결과표 또는 제6조제1항에 따른 자동차기능 종합진단서를 받은 날에 종합검사를 받은 것으로 본다.

④ 종합검사 결과 부적합 판정을 받은 자동차의 소유자가 재검사기간 내에 재검사를 신청하지 않은 경우(제1항에 따른 재검사기간 내에 법 제13조에 따라 말소등록한 경우는 제외한다) 또는 재검사기간 내에 재검사를 신청하였으나 그 기간 내에 적합 판정을 받지 못한 경우에는 종합검사를 받지 않은 것으로 본다.

⑤ 종합검사 결과 부적합 판정을 받은 자동차가 「수도권 대기환경 개선에 관한 특별법」 제25조제5항에 따라 특정경유자동차의 배출허용기준에 맞는지에 대한 검사가 면제되는 경우 자동차 배출가스 정밀검사 분야에 대해서는 재검사기간 내에 적합 판정을 받은 것으로 본다.

[별지 제2호 서식] (제1쪽)

자동차기능 종합진단서

검사일자 : 년 월 일

자동차등록번호		소유자명		차 명	
차 대 번 호		원동기형식		최초등록일	
다음 종합검사일		재검사기간		주행거리	km

※ 다음 검사는 위의 검사일 기준 전·후 31일 이내에 받으시면 됩니다.

<table>
<tr><th colspan="6">진단항목</th><th>안전진단기준(검사기준)</th><th>진단결과</th><th>진단의견</th></tr>
<tr><td rowspan="2">조향
계통</td><td rowspan="2"></td><td colspan="4">앞바퀴 정렬</td><td>옆 방향 미끄러짐양
(1m 주행에 5mm 이내)</td><td></td><td></td></tr>
<tr><td colspan="4">조향계통 설치상태 등</td><td>변형· 느슨함· 누유여부
파워스티어링 오일양</td><td></td><td></td></tr>
<tr><td rowspan="3">주행
계통</td><td rowspan="3"></td><td colspan="4">차축·타이어·휠</td><td>외관의 손상· 변형· 돌출여부
타이어 상태</td><td></td><td></td></tr>
<tr><td colspan="4">변속기 추진축 등</td><td>변속기 오일 오염도
추진축·등속조인트(손상·변형)
클러치 유격상태</td><td></td><td></td></tr>
<tr><td colspan="5">뒷바퀴 정렬(옆 방향 미끄러짐)</td><td></td><td></td></tr>
<tr><td rowspan="14">제동
계통
(브레
이크
시스
템)</td><td rowspan="14"></td><td rowspan="12">제
동
력</td><td colspan="2" rowspan="2">앞축</td><td>전</td><td>앞축무게(kg)의 50% 이상</td><td rowspan="2">%(측정값 : kg)</td><td rowspan="12"></td></tr>
<tr><td>후</td><td>앞축무게(kg)의 50% 이상</td></tr>
<tr><td colspan="2" rowspan="3">뒤축</td><td>전</td><td>뒤축무게(kg)의 20% 이상</td><td rowspan="3">%(측정값 : kg)</td></tr>
<tr><td>중</td><td>뒤축무게(kg)의 20% 이상</td></tr>
<tr><td>후</td><td>뒤축무게(kg)의 20% 이상</td></tr>
<tr><td colspan="3">전체브레이크</td><td>전체무게(kg)의 50% 이상</td><td>%(측정값 : kg)</td></tr>
<tr><td colspan="3">주차브레이크</td><td>전체무게(kg)의 20% 이상</td><td>%(측정값 : kg)</td></tr>
<tr><td rowspan="5">좌 · 우
차이
(편차)</td><td rowspan="2">앞축</td><td>전</td><td>앞축무게(kg)의 8% 이하</td><td>%(: kg)</td></tr>
<tr><td>후</td><td>앞축무게(kg)의 8% 이하</td><td>%(: kg)</td></tr>
<tr><td rowspan="3">뒤축</td><td>전</td><td>뒤축무게(kg)의 8% 이하</td><td>%(: kg)</td></tr>
<tr><td>중</td><td>뒤축무게(kg)의 8% 이하</td><td>%(: kg)</td></tr>
<tr><td>후</td><td>뒤축무게(kg)의 8% 이하</td><td>%(: kg)</td></tr>
<tr><td colspan="4" rowspan="2">제동계통
설치상태 등</td><td>견고한 설치·손상·오일누출
배력장치의 작동 상태</td><td></td><td></td></tr>
<tr><td>디스크· 패드 상태</td><td></td><td></td></tr>
<tr><td rowspan="4">등화
장치</td><td rowspan="4"></td><td rowspan="3">전
조
등</td><td>밝기</td><td colspan="2">좌/우</td><td>12,000(15,000)~112,500cd</td><td>좌측밝기 : cd
우측밝기 : cd</td><td></td></tr>
<tr><td rowspan="2">비추는
방향</td><td colspan="2">좌</td><td>상10/하30/좌15/우30cm이내</td><td>상 cm, 하 cm
좌 cm, 우 cm</td><td></td></tr>
<tr><td colspan="2">우</td><td>상10/하30/좌30/우30cm이내</td><td>상 cm, 하 cm
좌 cm, 우 cm</td><td></td></tr>
<tr><td colspan="4">그 밖의 등화</td><td>설치위치, 등광색 등</td><td></td><td></td></tr>
<tr><td rowspan="10">배출
가스</td><td rowspan="10"></td><td colspan="4" rowspan="5">휘발유, LPG</td><td>검사방법</td><td></td><td></td></tr>
<tr><td>일산화탄소(CO)</td><td></td><td></td></tr>
<tr><td>탄화수소(HC)</td><td></td><td></td></tr>
<tr><td>질소산화물(NOx)</td><td></td><td></td></tr>
<tr><td>공기과잉률(λ)</td><td></td><td></td></tr>
<tr><td colspan="4" rowspan="4">경유</td><td>검사 방법</td><td></td><td></td></tr>
<tr><td>매연</td><td></td><td></td></tr>
<tr><td>최대출력</td><td></td><td></td></tr>
<tr><td>엔진회전수</td><td></td><td></td></tr>
<tr><td colspan="4">배기, 소음 발산방지장치</td><td>배기관· 소음기·촉매장치의
손상, 변형 등이 없을 것</td><td></td><td></td></tr>
<tr><td rowspan="2">계기
계통</td><td rowspan="2"></td><td colspan="4">속도계</td><td>40km/h일 때(32~44.4km/h)</td><td></td><td></td></tr>
<tr><td colspan="4">계기장치</td><td>운행기록계· 최고속제한장치
설치 및 작동 여부</td><td></td><td></td></tr>
</table>

210mm×297mm(보존용지(2종) 70g/m²)

(제2쪽)

<table>
<tr><th colspan="2">진단항목</th><th colspan="2">고장코드</th></tr>
<tr><td rowspan="3">자기
진단
센서
점검</td><td rowspan="3"></td><td colspan="2"></td></tr>
<tr><th colspan="2">진단의견</th></tr>
<tr><td colspan="2"></td></tr>
<tr><th colspan="2">검사항목</th><th colspan="2">결과 및 의견</th></tr>
<tr><td rowspan="6">관능
(육안)
검사</td><td>엔진오일 오염도/벨트상태
원동기 이상음 /시동장치/ 방열기</td><td></td><td rowspan="6"></td></tr>
<tr><td>동일성/차대 및 차체/물품적재장치</td><td></td></tr>
<tr><td>(승차/조종/완충/방화)장치</td><td></td></tr>
<tr><td>경음기/(연결 및 견인/전기)장치</td><td></td></tr>
<tr><td>연료장치/내압용기/시야확보/창유리</td><td></td></tr>
<tr><td>기타장치</td><td></td></tr>
<tr><td>서비스
제공</td><td colspan="3"></td></tr>
<tr><td>종합
진단
결과</td><td colspan="3"></td></tr>
<tr><td colspan="2">검사기관명</td><td colspan="2">검사책임자 : (서명/ 인)</td></tr>
<tr><td colspan="4">※ 본 진단서는 고객님의 차량 관리를 위한 진단결과입니다.</td></tr>
</table>

210mm × 297mm(보존용지(2종) 70g/m^2)

학습정리

이 장에서는 자동차검사 작업에 필요한 자동차와 관련된 법령의 체계, 자동차관리법의 총칙, 자동차관리법에서 언급되는 주요 용어에 대한 정의 그리고 자동차종류 등에 대하여 학습하였다.

총괄평가

1. 자동차와 관련된 법령의 체계에 대해서 서술하시오.
2. 승용자동차에서 경형, 소형, 중형, 대형의 구분에 대하여 서술하시오.
3. 승용자동차와 승합자동차의 차이점에 대해서 서술하시오.
4. 자동차관리법에서 자동차를 크게 5가지로 구분하였다. 5가지를 서술하시오.

보충학습

1. 자동차 관련 주요 법령 이해

자동차검사와 관련된 자동차관리법 및 대기환경보전법, 소음·진동관리법 등과 이에 하위 법령인 대통령령, 부령, 고시(부령) 등의 관계를 아래 표에 나타내고 있다.

법령	대통령령	부령	고시(부령)
자동차 관리법	• 자동차관리법 시행령 • 자동차등록령	• 자동차관리법시행규칙 • 자동차 및 자동차부품의 성능과 기준에 관한 규칙 • 자동차종합검사의 시행 등에 관한 규칙 • 자동차관리의 특례에 관한 규칙 • 자동차등록규칙	• 자동차검사 시행요령 등에 관한 규정 • 자동차 구조장치 변경에 관한 규정 • 자동차 등록번호판 등의 기준에 관한 고시 • 자동차 및 자동차부품의 성능과 기준 시행세칙 • 자동차 및 자동차부품의 인증 및 조사 등에 관한 규정 • 자동차 차대번호 등의 운영에 관한 규정 • 자동차 튜닝부품 인증제 운영에 관한 규정 • 자동 관리전산정보처리조직의 운영에 관한 규정 • 자동차 안전도평가시험 등에 관한 규정 • 자동차용 내압용기 안전에 관한 규정 • 자동차 제작결함심사평가위원회운영 규정
대기환경 보전법	대기환경보전법시행령	대기환경보전법시행규칙	• 제작자동차 인증방법 및 절차에 관한규정 • 제작자동차 시험검사 및 절차에 관한규정 • 자동차 배출가스결함 확인검사용 자동차선정 등에 관한 규정 • 운행차 배출가스검사시행요령등에 관한규정 • 운행차 수시점검방법과 확인검사대행자등록에 관한 규정
소음·진동 관리법	소음·진동관리법 시행령	소음·진동관리법시행규칙	• 제작자동차 배출허용기준·소음허용기준의 검사방법 및 절차에 관한규정 • 운행차 수시점검방법과 확인검사대행자 등록에 관한 규정
수도권 대기 환경개선에 관한 특별법	수도권 대기환경개선에 관한 특별법시행령	수도권 대기환경개선에 관한 특별법시행규칙	• 자동차 배출가스 등급고시

2. 자동차 관리법 및 시행규칙 총칙

• 자동차관리법

제1조 [목적]

이 법은 자동차의 등록, 안전기준, 자기인증, 제작결함 시정, 점검, 정비, 검사 및 자동차관리사업 등에 관한 사항을 정하여 자동차를 효율적으로 관리하고 자동차의 성능 및 안전을 확보함으로써 공공의 복리를 증진함을 목적으로 한다.

제2조 [정의]

이 법에서 사용하는 용어의 뜻은 다음과 같다.

1. "자동차"란 원동기에 의하여 육상에서 이동할 목적으로 제작한 용구 또는 이에 견인되어 육상을 이동할 목적으로 제작한 용구(이하 "피견인자동차"라 한다)를 말한다. 다만, 대통령령으로 정하는 것은 제외한다.

1의2. "원동기"란 자동차의 구동을 주목적으로 하는 내연기관이나 전동기 등 동력발생장치를 말한다.

1의3. "자율주행자동차"란 운전자 또는 승객의 조작 없이 자동차 스스로 운행이 가능한 자동차를 말한다.

1의4. "미완성자동차"란 차대 등 국토교통부령으로 정하는 최소한의 구조·장치를 갖춘 자동차로서 용법에 따라 사용이 가능하도록 추가적인 제작·조립 공정이 필요한 자동차를 말한다.

1의5. "단계 제작자동차"란 미완성자동차를 이용하여 제2호에 따른 운행(용법에 따라 사용이 가능하도록 하는 것을 말한다)이 가능하도록 단계별로 제작된 자동차를 말한다.

2. "운행"이란 사람 또는 화물의 운송 여부에 관계없이 자동차를 그 용법(用法)에 따라 사용하는 것을 말한다.

3. "자동차사용자"란 자동차 소유자 또는 자동차 소유자로부터 자동차의 운행 등에 관한 사항을 위탁받은 자를 말한다.

4. "형식"이란 자동차의 구조와 장치에 관한 형상, 규격 및 성능 등을 말한다.

4의2. "내압용기"란 「고압가스 안전관리법」 제3조제2호에 따른 용기로서 고압가스를 연료로 사용하기 위하여 자동차에 장착하거나 장착할 목적으로 제작된 용기(용기밸브와 용기안전장치를 포함한다)를 말한다.

5. "폐차"란 자동차를 해체하여 국토교통부령으로 정하는 자동차의 장치를 그 성능을 유지할 수 없도록 압축·파쇄(破碎) 또는 절단하거나 자동차를 해체하지 아니하고 바로 압축·파쇄하는 것을 말한다.

6. "자동차관리사업"이란 자동차매매업·자동차정비업 및 자동차해체재활용업을 말한다.

7. "자동차매매업"이란 자동차[신조차(新造車)와 이륜자동차는 제외한다]의 매매 또는 매매 알선 및 그 등록 신청의 대행을 업(業)으로 하는 것을 말한다.

8. "자동차정비업"이란 자동차(이륜자동차는 제외한다)의 점검작업, 정비작업 또는 튜닝작업을 업으로 하는 것을 말한다. 다만, 국토교통부령으로 정하는 작업은 제외한다.

9. "자동차해체재활용업"이란 폐차 요청된 자동차(이륜자동차는 제외한다)의 인수(引受), 재사용 가능한 부품의 회수, 폐차 및 그 말소등록신청의 대행을 업으로 하는 것을 말한다.

10. “사고기록장치”란 자동차의 충돌 등 국토교통부령으로 정하는 사고 전후 일정한 시간 동안 자동차의 운행정보를 저장하고 저장된 정보를 확인할 수 있는 장치 또는 기능을 말한다.
11. “자동차의 튜닝”이란 자동차의 구조·장치의 일부를 변경하거나 자동차에 부착물을 추가하는 것을 말한다.
12. “표준정비시간”이란 자동차정비사업자 단체가 정하여 공개하고 사용하는 정비작업별 평균 정비시간을 말한다.
13. “전손(全損) 처리 자동차”란 피보험자동차가 완전히 파손, 멸실 또는 오손되어 수리할 수 없는 상태이거나 피보험자동차에 생긴 손해액과 보험회사가 부담하기로 한 비용의 합산액이 보험가액 이상인 자동차로서 「보험업법」 제2조에 따른 보험회사(이하 “보험회사”라 한다)가 다음 각 목으로 분류 처리한 경우를 말한다.
    가. 도난 또는 분실 자동차로 분류한 경우
    나. 수리가 가능한 자동차로 분류한 경우
    다. 수리가 불가능하여 폐차하기로 분류한 경우
14. “자동차경매”란 제60조에 따라 경매장을 개설하여 자동차(신조차와 이륜자동차는 제외한다)를 경매(競賣)의 방식(「전자문서 및 전자거래 기본법」 제2조제5호에 따른 전자거래를 통한 경매를 포함한다)으로 처리하는 것을 말한다.

제3조 [자동차의 종류]

① 자동차는 다음 각 호와 같이 구분한다.
  1. 승용자동차 : 10인 이하를 운송하기에 적합하게 제작된 자동차
  2. 승합자동차 : 11인 이상을 운송하기에 적합하게 제작된 자동차. 다만, 다음 각 목의 어느 하나에 해당하는 자동차는 승차인원에 관계없이 이를 승합자동차로 본다.
    가. 내부의 특수한 설비로 인하여 승차인원이 10인 이하로 된 자동차
    나. 국토교통부령으로 정하는 경형자동차로서 승차인원이 10인 이하인 전방조종자동차
    다. 삭제〈2019.8.27〉
  3. 화물자동차 : 화물을 운송하기에 적합한 화물적재공간을 갖추고, 화물적재공간의 총적재화물의 무게가 운전자를 제외한 승객이 승차공간에 모두 탑승했을 때의 승객의 무게보다 많은 자동차
  4. 특수자동차 : 다른 자동차를 견인하거나 구난작업 또는 특수한 작업을 수행하기에 적합하게 제작된 자동차로서 승용자동차·승합자동차 또는 화물자동차가 아닌 자동차
  5. 이륜자동차 : 총배기량 또는 정격출력의 크기와 관계없이 1인 또는 2인의 사람을 운송하기에 적합하게 제작된 이륜의 자동차 및 그와 유사한 구조로 되어 있는 자동차

② 제1항에 따른 구분의 세부기준은 자동차의 크기·구조, 원동기의 종류, 총배기량 또는 정격출력 등에 따라 국토교통부령으로 정한다.

③ 제1항에 따른 자동차의 종류는 국토교통부령으로 정하는 바에 따라 세분할 수 있다.

• 자동차관리법시행규칙

제2조 [자동차의 종별 구분]

제3조제2항 및 제3항에 따른 자동차의 종류는 그 규모별 세부기준 및 유형별 세부기준에 따라 [별표 1]과 같이 구분한다.

[별표 1] 자동차의 종류(제2조 관련)

1. 규모별 세부기준

종류	경형		소형	중형
	초소형	일반형		
승용자동차	배기량이 250cc(전기자동차의 경우 최고정격출력이 15kW트) 이하이고, 길이 3.6m·너비 1.5m·높이 2.0m 이하인 것	배기량이 1,000 cc 미만이고, 길이 3.6m·너비 1.6m·높이 2.0 m 이하인 것	배기량이 1,600 cc 미만이고, 길이 4.7m·너비 1.7m·높이 2.0 m 이하인 것	배기량이 1,600cc 이상 2,000cc 미만이거나, 길이·너비·높이 중 어느 하나라도 소형을 초과하는 것
승합자동차	배기량이 1,000cc 미만이고, 길이 3.6m·너비 1.6m·높이 2.0m 이하인 것		승차정원이 15인 이하이고, 길이 4.7m·너비 1.7m·높이 2.0 m 이하인 것	승차정원이 16인 이상 35인 이하이거나, 길이·너비·높이 중 어느 하나라도 소형을 초과하고, 길이가 9m 미만인 것
화물자동차	배기량이 250cc(전기자동차의 경우 최고정격출력이 15 kW) 이하이고, 길이 3.6m·너비 1.5 m·높이 2.0m 이하인 것	배기량이 1,000 cc 미만이고, 길이 3.6m·너비 1.6m·높이 2.0 m 이하인 것	최대 적재량이 1톤 이하이고, 총중량이 3.5톤 이하인 것	최대적재량이 1톤 초과 5톤 미만이거나, 총중량이 3.5톤 초과 10톤 미만인 것
특수자동차	배기량이 1,000cc 미만이고, 길이 3.6m·너비 1.6m·높이 2.0m 이하인 것		총중량이 3.5톤 이하인 것	총중량이 3.5톤 초과 10톤 미만인 것
이륜자동차	배기량이 50cc 미만(최고 정격출력 4kW 이하)인 것		배기량이 100cc 이하(최고 정격출력 11kW 이하)인 것	배기량이 100cc 초과 260cc 이하(최고정격출력 11kW 초과 15kW 이하)인 것

2. 유형별 세부기준

종류	유형별	세부기준
승용자동차	일반형	2개 내지 4개의 문이 있고, 전후 2열 또는 3열의 좌석을 구비한 유선형인 것
	승용겸화물형	차실안에 화물을 적재하도록 장치된 것
	다목적형	후레임형이거나 4륜구동장치 또는 차동제한장치를 갖추는 등 험로운행이 용이한 구조로 설계된 자동차로서 일반형 및 승용겸화물형이 아닌 것
	기타형	위 어느 형에도 속하지 아니하는 승용자동차인 것
승합자동차	일반형	주목적이 여객운송용인 것
	특수형	특정한 용도(장의·헌혈·구급·보도·캠핑 등)를 가진 것
화물자동차	일반형	보통의 화물운송용인 것
	덤프형	적재함을 원동기의 힘으로 기울여 적재물을 중력에 의하여 쉽게 미끄러뜨리는 구조의 화물운송용인 것
	밴형	지붕구조의 덮개가 있는 화물운송용인 것
	특수용도형	특정한 용도를 위하여 특수한 구조로 하거나, 기구를 장치한 것으로서 위 어느 형에도 속하지 아니하는 화물운송용인 것

종류	유형별	세부기준
특수자동차	견인형	피견인차의 견인을 전용으로 하는 구조인 것
	구난형	고장·사고 등으로 운행이 곤란한 자동차를 구난·견인 할 수 있는 구조인 것
	특수작업형	위 어느 형에도 속하지 아니하는 특수작업용인 것
이륜자동차	일반형	자전거로부터 진화한 구조로서 사람 또는 소량의 화물을 운송하기 위한 것
	특수형	경주·오락 또는 운전을 즐기기 위한 경쾌한 구조인 것
	기타형	3륜 이상인 것으로서 최대적재량이 100kg이하인 것

※ 비고

1. 위 표 제1호 및 제2호에 따른 화물자동차 및 이륜자동차의 범위는 다음 각 목의 기준에 따른다.
   가. 화물자동차 : 화물을 운송하기 적합하게 바닥 면적이 최소 $2m^2$ 이상(소형·경형화물자동차로서 이동용 음식판매 용도인 경우에는 $0.5m^2$ 이상, 그 밖에 특수용도형의 경형화물자동차는 $1m^2$ 이상을 말한다)인 화물적재공간을 갖춘 자동차로서 다음 각 호의 1에 해당하는 자동차
      1) 승차공간과 화물적재공간이 분리되어 있는 자동차로서 화물적재공간의 윗부분이 개방된 구조의 자동차, 유류·가스 등을 운반하기 위한 적재함을 설치한 자동차 및 화물을 싣고 내리는 문을 갖춘 적재함이 설치된 자동차(구조·장치의 변경을 통하여 화물적재공간에 덮개가 설치된 자동차를 포함한다)
      2) 승차공간과 화물적재공간이 동일 차실 내에 있으면서 화물의 이동을 방지하기 위해 격벽을 설치한 자동차로서 화물적재공간의 바닥 면적이 승차공간의 바닥면적(운전석이 있는 열의 바닥면적을 포함한다)보다 넓은 자동차
      3) 화물을 운송하는 기능을 갖추고 자체적하 기타 작업을 수행할 수 있는 설비를 함께 갖춘 자동차
   나. 법 제3조제1항제5호에서 "그와 유사한 구조로 되어 있는 자동차"란 승용자동차에 해당하지 않는 자동차로서 다음의 어느 하나에 해당하는 자동차를 말한다.
      1) 이륜인 자동차에 측차를 붙인 자동차
      2) 내연기관을 이용한 동력발생장치를 사용하고, 조향장치의 조작방식, 동력전달방식 또는 냉각방식 등이 이륜자동차와 유사한 구조로 되어 있는 삼륜 또는 사륜의 자동차
      3) 전동기를 이용한 동력발생장치를 사용하는 삼륜 또는 사륜의 자동차
2. 위 표 제1호에 따른 규모별 세부기준에 대하여는 다음 각 목의 기준을 적용한다.
   가. 사용연료의 종류가 전기인 자동차의 경우에는 복수기준 중 길이·너비·높이에 따라 규모를 구분하고, 「환경친화적자동차의 개발 및 보급촉진에 관한 법률」 제2조제5호에 따른 하이브리드자동차는 복수기준 중 배기량과 길이·너비·높이에 따라 규모를 구분한다.
   나. 복수의 기준중 하나가 작은 규모에 해당되고 다른 하나가 큰 규모에 해당되면 큰 규모로 구분한다.
   다. 이륜자동차의 최고 정격출력(maximum continuous rated power)은 구동전동기의 최대의 부하(負荷, load)상태에서 측정된 출력을 말한다.

3. 자동차의 종류

자동차종류를 자동차관리법과 대기환경보전법 그리고 소음·진동 관리법에서 다르게 구분하고 있다.

자동차관리법			소음·진동관리법		대기환경보전법	
구분	규모별	유형별	2006년 1월 1일 이후 제작자동차		2009년 1월 1일 이후 제작자동차	
승용자동차	경형 (초소형, 일반형)	일반형	경자동차		경자동차	
	소형	승용겸화물형				
	중형	다목적형				
	대형	기타형				
승합자동차	경형	일반형	승용자동차	소형	승용자동차	소형
	소형			중형		중형
	중형	특수형		중대형		대형
	대형			대형		초대형

<table>
<tr><th colspan="3">자동차관리법</th><th colspan="2">소음·진동관리법</th><th colspan="2">대기환경보전법</th></tr>
<tr><th>구분</th><th>규모별</th><th>유형별</th><th colspan="2">2006년 1월 1일 이후
제작자동차</th><th colspan="2">2009년 1월 1일 이후
제작자동차</th></tr>
<tr><td rowspan="8">화물자동차
특수자동차</td><td>경형</td><td>일반형</td><td rowspan="4">화물자동차</td><td rowspan="2">소형</td><td rowspan="4">화물자동차</td><td>소형</td></tr>
<tr><td>소형</td><td>덤프형</td><td>중형</td></tr>
<tr><td>중형</td><td>밴형</td><td>중형</td><td>대형</td></tr>
<tr><td>대형</td><td>특수용도형</td><td>대형</td><td>초대형</td></tr>
<tr><td>경형</td><td rowspan="2">견인형</td><td colspan="2" rowspan="4">이륜자동차</td><td colspan="2" rowspan="4">이륜자동차</td></tr>
<tr><td>소형</td></tr>
<tr><td>중형</td><td>구난형</td></tr>
<tr><td>대형</td><td>특수작업형</td></tr>
<tr><td rowspan="4">이륜자동차</td><td>경형</td><td rowspan="2">일반형</td><td colspan="2" rowspan="4"></td><td colspan="2" rowspan="4"></td></tr>
<tr><td>소형</td></tr>
<tr><td>중형</td><td>특수형</td></tr>
<tr><td>대형</td><td>기타형</td></tr>
<tr><td colspan="3">자동차관리법 및 자동차관리법시행규칙 [별표 1]</td><td colspan="2">소음·진동 관리법시행규칙
[별표 3]</td><td colspan="2">대기환경보전법시행규칙
[별표 5]</td></tr>
</table>

참고자료

1. 자동차관리법, 자동차관리법 시행령, 자동차관리법 시행규칙
2. 대기환경보전법, 대기환경보전법 시행령, 대기환경보전법 시행규칙
3. 소음·진동관리법, 소음·진동관리법 시행령, 소음·진동관리법 시행규칙

자동차정비검사 모듈교재	
분류번호	1506030606_17v3

CHAPTER 6

배출가스 검사

1 교재 사용안내

교재소개

본 교재는 자동차정비검사 분야로 자동차를 도로운행과 유사한 조건으로 검사하기 위하여 차대동력계 또는 무부하 검사방법으로 배출가스를 측정할 수 있는 작업을 하기 위한 훈련교재이다. 본 교재에서는 배출가스검사 준비하기, 배출가스검사 실시하기, 기기안전 유지하기에 대한 내용을 포괄하고 있다.

교재구성

본 교재는 교재 사용안내, 자기진단, 학습모듈로 구성되어 있다. 교재 사용안내는 교재의 전체적인 개요와 구성을 설명하고, 학습자에게 교재의 효과적인 활용방법 및 학습방법을 안내하는 역할을 한다.

• 자기진단

학습모듈을 학습하기 전에 자동차를 도로운행과 유사한 조건으로 검사하기 위하여 차대동력계상으로 배출가스를 측정할 수 있는 능력에 대한 학습자의 현재 수준을 진단하고, 학습자에게 필요한 학습활동을 안내하는 역할을 한다.

• 학습모듈

A-1 배출가스검사 준비하기, A-2 무부하 배출가스 검사하기로 구성되어 있다. 구체적으로 각각의 학습모듈은 학습목표, 주요용어, 학습활동, 학습정리, 총괄평가, 참고자료로 구성되어 있다.

• 학습목표

각 학습모듈의 일반목표와 세부목표가 제시되어 있으며, 주요 용어에는 각 학습모듈에 사용되는 중요한 용어가 제시되어 있다. 학습활동은 각 기본학습과 심화학습으로 구분되며, 학습의 주요한 내용이 제시되어 있으며, 학습정리에는 각 학습모듈의 주요 내용이 정리되어 제시되어 있다.

• 총괄평가

각 학습모듈의 학습을 마친 후 학습자들의 성취수준을 평가하고, 부족한 부분을 피드백 받을 수 있도록 하기 위한 체크리스트가 제시되어 있다. 마지막으로 참고자료에는 학습자들의 학습에 도움을 줄 수 있는 참고도서 및 인터넷사이트가 제시되어 있다.

활용방법

본 배출가스검사 교재는 훈련을 수강하는 학습자를 대상으로 구성되어 있으며, 보조교재를 활용 시 혹은 스스로 자동차를 도로운행과 유사한 조건으로 검사하기 위하여 차대동력계상으로 배출가스를 측정할 수 있는 능력을 향상시키려는 학습자에게 모두 활용될 수 있다. 이를 위해 본 교재는 집단적인 교수 상황과 개별학습에서 동시에 사용될 수 있도록 개발되었다. 이 교재를 사용하는 학습자는 우선 자기진단을 통해서 현재 자신의 수준을 진단할 필요가 있다.

• 자기진단

학습 모듈별로 구성되어 있으며, 진단결과 자신의 수준이 충분한 부분은 점검만 하고, 다음 학습활동으로 넘어가고, 자신의 수준이 부족한 부분은 진단 문항별로 제시된 관련 학습모듈 및 페이지를 참고하여 해당 학습활동을 학습하여야 한다.

• 학습평가

자신의 성취수준을 점검하기 위한 것으로 평가수준에 따라 미흡한 경우 모듈 전체를 다시 복습하고, 보통인 경우 부족한 부분을 복습해야 하며, 우수인 경우 다음 학습모듈을 학습하여야 한다.

2 진단평가서

<table>
<tr><td>담당교수</td><td></td><td>교과목명</td><td></td></tr>
<tr><td>학 번</td><td></td><td rowspan="3">능력단위명
(능력단위코드)</td><td rowspan="2">배출가스검사
(1506030606_17v3)</td></tr>
<tr><td>이 름</td><td></td></tr>
<tr><td>평가일자</td><td></td><td></td></tr>
</table>

다음은 자동차정비 검사업무를 수행하는데 요구되는 능력수준을 스스로 알아볼 수 있는 체크리스트입니다. 본인의 평소 행동을 잘 생각해 보고, 일치하는 정도에 ✓표 해 주십시오.

<table>
<tr><th rowspan="2">영역(능력단위요소)</th><th rowspan="2">진단 문항</th><th colspan="3">자가진단</th></tr>
<tr><th>우수</th><th>보통</th><th>미흡</th></tr>
<tr><td rowspan="8">1506030606_17v3.1
배출가스 검사
준비하기</td><td>1.1 자동차검사 종류에 따라 운행차 배출가스 검사방법을 적용할 수 있다.</td><td></td><td></td><td></td></tr>
<tr><td>1.2 운행차 배출가스 검사방법에 따라 차대동력계·부속장치의 작동상태를 확인할 수 있다.</td><td></td><td></td><td></td></tr>
<tr><td>1.3 운행차 배출가스 검사방법에 따라 배출가스분석기의 작동상태를 확인할 수 있다.</td><td></td><td></td><td></td></tr>
<tr><td>1.4 운행차 배출가스 검사방법에 따라 광투과식 매연측정기의 작동상태를 확인할 수 있다.</td><td></td><td></td><td></td></tr>
<tr><td>1.5 운행차 배출가스 검사방법에 따라 대상자동차를 차대동력계 위에 배출가스 검사 측정위치에 준비할 수 있다.</td><td></td><td></td><td></td></tr>
<tr><td>1.6 운행차 배출가스 검사방법에 따라 검사진행 전 확인사항으로 변속 레버위치를 확인할 수 있다.</td><td></td><td></td><td></td></tr>
<tr><td>1.7 운행차 배출가스 검사방법에 따라 주차브레이크, 배기브레이크 등의 상태를 확인할 수 있다.</td><td></td><td></td><td></td></tr>
<tr><td>1.8 운행차 배출가스 검사방법에 따라 주차브레이크나 고임목 등을 이용하여 자동차를 고정할 수 있다.</td><td></td><td></td><td></td></tr>
</table>

영역(능력단위요소)	진단 문항	자가진단		
		우수	보통	미흡
1506030606_17v3.2 무부하 배출가스 검사하기	2.1 운행차 배출가스 검사방법에 따라 저속고속공회전모드(TSI), 무부하정지가동모드에서 측정대상 자동차의 운행차 배출허용기준을 적용할 수 있다.			
	2.2 운행차 배출가스 검사방법에 따라 무부하급가속모드에서 측정대상 자동차의 엔진정격회전수, 운행차 배출허용기준을 적용할 수 있다.			
	2.3 운행차 배출가스 검사방법에 따라 자동차에 엔진회전속도계를 설치할 수 있다.			
	2.4 운행차 배출가스 검사방법에 따라 각 모드별 검사모드의 구성요건에 맞게 무부하 배출가스 검사를 실시할 수 있다.			
	2.5 운행차 배출가스 검사방법에 따라 무부하 배출가스 검사모드 수행 중 엔진의 과열, 이상소음 발생 등 무부하검사 실시에 부적절 하다고 판단되는 경우 검사를 종료할 수 있다.			

진단 결과

능력단위요소	문항수	합계점수	평균점수
배출가스검사 준비하기	8		
무부하 배출가스 검사하기	5		

※ 우수는 3점, 보통은 2점, 미흡은 1점으로 계산

3 학습모듈 목차

A-1 배출가스검사 준비하기

A-2 무부하 배출가스 검사하기

4 학습모듈

운행차 배출가스검사와 관련된 법규를 이해하고, 운행차 배출가스 정밀검사 시행요령에 의거 운행차 배출검사방법을 숙지할 뿐만 아니라 검사방법에 따라 차대동력계 및 배기가스 측정기 및 매연측정기의 작동상태를 확인할 수 있고 무부하 및 부하배출가스 검사모드에 따라 배출허용 기준값을 적용할 수 있어야 한다.

A-1 배출가스검사 준비하기(1506030606_17v3.1)

학/습/목/표

일반목표

자동차관리법 등의 운행차 배출가스검사와 관련된 법규를 이해하고, 운행차 배출가스 정밀검사 시행요령에 의거 운행차 배출검사방법을 숙지할 뿐 만 아니라 검사방법에 따라 차대동력계 및 배기가스 측정기 및 매연측정기의 작동상태를 확인할 수 있고 무부하 및 부하배출가스 검사모드에 따라 배출허용 기준값을 적용할 수 있도록 한다.

세부목표

1. 자동차검사 종류에 따라 운행차 배출가스 검사방법을 적용할 수 있다.
2. 운행차 배출가스 검사방법에 따라 차대동력계 · 부속장치의 작동상태를 확인할 수 있다.
3. 운행차 배출가스 검사방법에 따라 배출가스분석기의 작동상태를 확인할 수 있다.
4. 운행차 배출가스 검사방법에 따라 광투과식 매연측정기의 작동상태를 확인할 수 있다.
5. 운행차 배출가스 검사방법에 따라 대상자동차를 차대동력계 위에 배출가스 검사 측정위치에 준비할 수 있다.
6. 운행차 배출가스 검사방법에 따라 검사진행 전 확인사항으로 변속 레버위치를 확인할 수 있다.
7. 운행차 배출가스 검사방법에 따라 주차브레이크, 배기브레이크 등의 상태를 확인할 수 있다.
8. 운행차 배출가스 검사방법에 따라 주차브레이크나 고임목 등을 이용하여 자동차를 고정 할 수 있다.

주요 용어

정밀검사, 차대동력계, ASM2525모드, Lug Down 3모드

학습활동

기본학습 01 운행차의 배출가스 검사 관련 법규

1.1 정기검사 및 종합검사실시에 대한 관련 법규

관련근거 자동차관리법

제43조 [자동차검사]

① 자동차 소유자(제1호의 경우에는 신규등록 예정자를 말한다)는 해당 자동차에 대하여 다음 각 호의 구분에 따라 국토교통부령으로 정하는 바에 따라 국토교통부장관이 실시하는 검사를 받아야 한다.

1. 신규검사 : 신규등록을 하려는 경우 실시하는 검사
2. 정기검사 : 신규등록 후 일정기간마다 정기적으로 실시하는 검사
3. 튜닝검사 : 제34조에 따라 자동차를 튜닝한 경우에 실시하는 검사
4. 임시검사 : 이 법 또는 이 법에 따른 명령이나 자동차 소유자의 신청을 받아 비정기적으로 실시하는 검사
5. 수리검사 : 전손처리 자동차를 수리한 후 운행하려는 경우에 실시하는 검사

제43조의2 [자동차종합검사]

① 「대기환경보전법」 제63조제1항에 따른 운행차 배출가스 정밀검사 시행지역에 등록한 자동차 소유자 및 「대기관리권역의 대기환경개선에 관한 특별법」 제26조제1항에 따른 특정경유자동차 소유자는 정기검사와 「대기환경보전법」 제63조제1항에 따라 실시하는 배출가스 정밀검사(이하 "정밀검사"라 한다) 또는 「대기관리권역의 대기환경개선에 관한 특별법」 제26조제2항에 따른 특정경유자동차 배출가스 검사(이하 "특정 경유자동차 검사"라 한다)를 통합하여 국토교통부장관과 환경부장관이 공동으로 다음 각 호에 대하여 실시하는 자동차종합검사(이하 "종합검사"라 한다)를 받아야 한다. 종합검사를 받은 경우에는 정기검사, 정밀검사 및 특정 경유자동차 검사를 받은 것으로 본다.

1. 자동차의 동일성 확인 및 배출가스 관련 장치 등의 작동 상태 확인을 관능검사(관능검사, 사람의 감각기관으로 자동차의 상태를 확인하는 검사) 및 기능검사로 하는 공통 분야
2. 자동차 안전검사 분야
3. 자동차 배출가스 정밀검사 분야

② 종합검사의 검사 절차, 검사 대상, 검사 유효기간 및 검사 유예 등에 관하여 필요한 사항은 국토교통부와 환경부의 공동부령(이하 "공동부령"이라 한다)으로 정한다.

③ 종합검사 업무에 관하여는 제43조제2항·제3항·제4항·제6항, 제7항, 제76조 각 호 외의 부분 단서 및 같은 조 제12호를 준용한다.

관련근거 자동차관리법 시행규칙

제73조 [자동차의 검사기준 및 방법]

법 제43조제1항의 규정에 의한 자동차의 검사는 자동차검사대행자 및 법 제45조제1항의 규정에 의한 지정정비사업자(이하 "지정정비사업자"라 한다)가 시설·장비·기술인력 및 기타 필요한 설비를 갖춘 곳(이하 "자동차검사시설"이라 한다)에서 실시하며, 검사기준 및 방법은 별표 15와 같다. 다만, 국토교통부장관은 자동차검사대행자로 하여금 다음 각호의 지역에 대하여 국토교통부장관이 정하는 방법에 의하여 자동차의 출장검사(이동식 검사장비에 의한 검사를 포함한다. 이하 같다)를 하게 할 수 있다.

1. 섬지역(제주도 및 육지와 연결된 섬을 제외한다)
2. 자동차검사대행자의 자동차검사시설(이하 "자동차검사소"라 한다)로부터 멀리 떨어지거나 자동차검사소가 부족하여 출장검사가 필요하다고 인정하는 지역

[별표15] 자동차 검사기준 및 방법(자동차관리법 시행규칙 제73조 관련)

2. 신규검사 및 정기검사

가. 비사업용 자동차

17) 배기가스 발산방지 및 소음방지장치	가) 배기소음 및 배기가스농도는 운행차 허용기준에 적합할 것	배기소음 및 배기가스농도를 측정기로 측정
	나) 배기관·소음기·촉매장치의 손상·변형·부식이 없을 것	배기관·촉매장치·소음기의 변형 및 배기계통에서의 배기가스누출 여부 확인
	다) 측정결과에 영향을 줄 수 있는 구조가 아닐 것	측정결과에 영향을 줄 수 있는 장치의 훼손 또는 조작 여부 확인

나. 사업용자동차

17) 배기가스 발산방지 및 소음방지장치	가) 배기소음 및 배기가스농도는 운행차 허용기준에 적합할 것	배기소음 및 배기가스농도를 측정기로 측정
	나) 배기관·소음기·촉매장치의 손상·변형·부식이 없을 것	배기관·촉매장치·소음기의 변형 및 배기계통에서의 배기가스누출 여부 확인
	다) 측정결과에 영향을 줄 수 있는 구조가 아닐 것	측정결과에 영향을 줄 수 있는 장치의 훼손 또는 조작 여부 확인

관련근거 대기환경보전법

제63조 [운행차의 배출가스 정밀검사]

① 다음 각 호의 지역 중 어느 하나에 해당하는 지역에 등록(「자동차관리법」 제5조와 「건설기계관리법」 제3조에 따른 등록을 말한다)된 자동차의 소유자는 관할 시·도지사가 그 시·도의 조례로 정하는 바에 따라 실시하는 운행차 배출가스 정밀검사(이하 "정밀검사"라 한다)를 받아야 한다.

1. 대기관리권역
2. 인구 50만명 이상의 도시지역 중 대통령령으로 정하는 지역

② 제1항에도 불구하고 다음 각 호의 어느 하나에 해당하는 자동차는 정밀검사를 면제한다.

1. 저공해자동차 중 환경부령으로 정하는 자동차
2. 「대기관리권역의 대기환경개선에 관한 특별법」 제26조제2항에 따라 검사를 받은 특정경유자동차
3. 「대기관리권역의 대기환경개선에 관한 특별법」 제26조제3항에 따른 조치를 한 날부터 3년 이내인 특정경유자동차

③ 정밀검사에 관하여는 「자동차관리법」 제43조의2에 따른다.

④ 정밀검사 결과(관능 및 기능검사는 제외한다) 2회 이상 부적합 판정을 받은 자동차의 소유자는 제68조제1항에 따라 등록한 전문정비사업자에게 정비·점검을 받은 후 전문정비사업자가 발급한 정비·점검 결과표를 「자동차관리법」 제44조의2 또는 제45조의2에 따라 지정을 받은 종합검사대행자 또는 종합검사지정정비사업자에게 제출하고 재검사를 받아야 한다.

⑤ 정밀검사의 기준 및 방법, 검사항목 등 필요한 사항은 환경부령으로 정한다.

⑥ 제1항 각 호에 따른 지역을 관할하는 시·도지사는 자동차 소유자가 「자동차관리법」 제8조·제11조·제12조에 따라 신규·변경·이전 등록을 신청하는 경우에는 정밀검사 대상임을 알 수 있도록 자동차등록증에 검사주기 등을 기재하여야 한다.

관련근거 수도권 대기환경개선에 관한 특별법

제25조 [특정경유자동차의 관리]

① 환경부장관은 제8조제2항제1호에 따른 대기환경개선목표를 달성하기 위하여 필요하다고 인정하면 대기관리권역에 등록된 경유자동차(엔진배기량 등이 환경부령으로 정하는 기준에 해당하는 경유자동차는 제외한다) 중 「대기환경보전법」 제46조에 따른 배출가스 보증기간이 지난 자동차(이하 "특정 경유자동차"라 한다)에 대하여 같은 법 제57조에 따른 운행차 배출허

용기준보다 강화된 배출허용기준을 환경부령으로 정할 수 있다. 이 경우 환경부장관은 관계 중앙행정기관의 장과 협의하여야 한다.

② 특정경유자동차의 소유자는 그 자동차에서 배출되는 배출가스가 제1항에 따른 특정경유자동차의 배출허용기준에 맞는지에 대하여 「자동차관리법」 제43조의2에 따라 검사를 받아야 한다.

consultation

자동차 종합검사 지역

(1) 대기환경규제지역

대상지역	시·군·구	시행일자
서울특별시	전지역 '02.5.20	'02.05.20
부산광역시	전지역(기장군 제외)	'05.07.01
대구광역시	전지역(달성군 제외)	'04.07.01
인천광역시	전지역(옹진군, 강화군은 제외)	'03.03.01
경기도	경기도 고양시, 과천시, 광명시, 구리시, 군포시, 의왕시, 부천시, 성남시, 수원시, 시흥시, 안산시, 안양시, 남양주시, 의정부시, 하남시, 용인시	'03.04.01
대전광역시	전지역	'06.07.01
광주광역시	전지역	'06.07.15
경상남도	김해시(진영읍, 장유·주촌·진례·한림·생림·상동·대동면 제외), 하동군(하동화력발전소부지에 한함)	'08.01.01
전라남도	광양, 순천, 여수시(읍·면 제외)	미정

(2) 인구 50만 이상 도시 중 대통령령이 정하는 지역(특정경유자동차 제외)

대상지역	시·군·구	시행일자
광역시	울산광역시	'06.11.18
기타도시	용인시	'06.05.03
	천안시, 포항시, 창원시, 전주시	'08.01.01
	청주시	'08.02.01

(3) 특정 경유자동차 종합검사 시행지역-수도권(서울, 인천, 경기 24개시)

• 대기관리권역

대상지역	시·군·구	시행일자
서울특별시	전지역	'06.01.01
인천광역시	전지역(옹진군 제외, 영흥면 포함)	
경기도	전지역(광주, 안성, 포천시 및 군 제외)	

1.2 배출허용기준

관련근거 대기환경보전법

제57조 [운행차 배출허용기준]

자동차(제2조제13호가목에 따른 자동차 중 이륜자동차를 포함한다. 다만, 전기이륜자동차 등 환경부령으로 정하는 이륜자동차는 그러하지 아니하다)의 소유자는 그 자동차에서 배출되는 배출가스가 환경부령으로 정하는 운행차 배출가스허용기준(이하 "운행차 배출허용기준"이라 한다)에 맞게 운행하거나 운행하게 하여야 한다.

관련근거 대기환경보전법 시행령

제54조 [운행차 배출가스 정밀검사의 시행지역]

법 제63조제1항제2호에서 "대통령령으로 정하는 지역"이란 다음 각 호의 지역을 말한다.

1. 광주광역시, 대전광역시, 울산광역시 및 용인시
2. 김해시, 용인시, 전주시, 창원시, 청주시, 포항시 및 화성시

관련근거 대기환경보전법 시행규칙

제78조 [운행차 배출허용기준]

법 제57조에 따른 배출가스 종류별 운행차 배출허용기준은 별표 21과 같다.

[별표 21] 운행차 배출허용기준(제78조 관련)

1. 일반기준
   가. 자동차의 차종 구분은 「자동차관리법」 제3조제1항 및 같은 법 시행규칙 제2조에 따른다.
   나. "차량중량"이란 「자동차관리법 시행규칙」 제39조제2항 및 제80조제4항에 따라 전산정보처리조직에 기록된 해당 자동차의 차량중량을 말한다.
   다. 휘발유와 가스를 같이 사용하는 자동차의 배출가스 측정 및 배출허용기준은 가스의 기준을 적용한다.
   라. 알코올만 사용하는 자동차는 탄화수소 기준을 적용하지 아니한다.
   마. 휘발유사용 자동차는 휘발유·알코올 및 가스(천연가스를 포함한다)를 섞어서 사용하는 자동차를 포함하며, 경유사용 자동차는 경유와 가스를 섞어서 사용하거나 같이 사용하는 자동차를 포함한다.

바. 건설기계 중 덤프트럭, 콘크리트믹서트럭, 콘크리트펌프트럭에 대한 배출허용기준은 화물자동차기준을 적용한다.

사. 시내버스는 「여객자동차 운수사업법 시행령」 제3조제1호가목·나목 및 다목에 따른 시내버스운송사업·농어촌버스운송사업 및 마을버스운송사업에 사용되는 자동차를 말한다.

아. 제3호에 따른 운행차 정밀검사의 배출허용기준 중 배출가스 정밀검사를 무부하정지가동 검사방법(휘발유·알코올 또는 가스사용 자동차) 및 무부하급가속검사방법(경유사용 자동차)로 측정하는 경우의 배출허용기준은 제2호의 운행차 수시점검 및 정기검사의 배출허용기준을 적용한다.

자. 희박연소(Lean Burn)방식을 적용하는 자동차는 공기과잉률 기준을 적용하지 아니한다.

차. 1993년 이후에 제작된 자동차 중 과급기(Turbo charger)나 중간냉각기(Intercooler)를 부착한 경유사용 자동차의 배출허용기준은 무부하급가속 검사방법의 매연 항목에 대한 배출허용기준에 5%를 더한 농도를 적용한다.

카. 수입자동차는 최초등록일자를 제작일자로 본다.

타. 원격측정기에 의한 수시점검 결과 배출허용기준을 초과한 차량(휘발유·가스사용 자동차)에 대한 정비·점검 및 확인검사 시 배출허용기준은 제3호의 정밀검사 기준(휘발유·가스사용 자동차)을 적용한다.

2. 운행차 수시점검 및 정기검사의 배출허용기준(무부하 검사방법을 말하며, 원격측정기 검사방법에 의한 운행차 수시점검은 제외한다)

가. 휘발유(알코올 포함)사용 자동차 또는 가스사용 자동차

<table>
<tr><th colspan="2">차종</th><th>제작일자</th><th>일산화탄소</th><th>탄화수소</th><th>공기과잉률</th></tr>
<tr><td colspan="2" rowspan="4">경자동차</td><td>1997년 12월 31일 이전</td><td>4.5% 이하</td><td>1,200ppm 이하</td><td rowspan="8">1±0.1 이내.
다만, 기화기식 연료공급장치 부착자동차는 1±0.15 이내, 촉매 미부착 자동차는 1±0.20 이내</td></tr>
<tr><td>1998년 1월 1일부터
2000년 12월 31일까지</td><td>2.5% 이하</td><td>400ppm 이하</td></tr>
<tr><td>2001년 1월 1일부터
2003년 12월 31일까지</td><td>1.2% 이하</td><td>220ppm 이하</td></tr>
<tr><td>2004년1 월 1일 이후</td><td>1.0% 이하</td><td>150ppm 이하</td></tr>
<tr><td colspan="2" rowspan="4">승용
자동차</td><td>1987년 12월 31일 이전</td><td>4.5% 이하</td><td>1,200ppm 이하</td></tr>
<tr><td>1988년 1월 1일부터
2000년 12월 31일까지</td><td>1.2% 이하</td><td>220ppm 이하
(휘발유·알콜사용자동차)
400ppm 이하
(가스사용자동차)</td></tr>
<tr><td>2001년 1월 1일부터
2005년 12월 31일까지</td><td>1.2% 이하</td><td>220ppm 이하</td></tr>
<tr><td>2006년 1월 1일 이후</td><td>1.0% 이하</td><td>120ppm 이하</td></tr>
<tr><td rowspan="5">승합·
화물·
특수
자동차</td><td rowspan="3">소형</td><td>1989년 12월 31일 이전</td><td>4.5% 이하</td><td>1,200ppm 이하</td><td rowspan="5">±0.1 이내.
다만, 기화기식 연료공급장치 부착자동차는 1± 0.15 이내, 촉매 미부착 자동차는 1±0.20 이내</td></tr>
<tr><td>1990년 1월 1일부터
2003년 12월 31일까지</td><td>2.5% 이하</td><td>400ppm 이하</td></tr>
<tr><td>2004년 1월 1일 이후</td><td>1.2% 이하</td><td>220ppm 이하</td></tr>
<tr><td rowspan="2">중형·
대형</td><td>2003년 12월 31일 이전</td><td>4.5% 이하</td><td>1,200ppm 이하</td></tr>
<tr><td>2004년 1월 1일 이후</td><td>2.5% 이하</td><td>400ppm 이하</td></tr>
</table>

차종		제작일자	일산화탄소	탄화수소	공기과잉률
이륜자동차	소형·중형	2018년 1월 1일 이후	3.0% 이하	1,000ppm 이하	
	대형	1999년 12월 31일 이전	5.0% 이하	2,000ppm 이하	
		2000년 1월 1일부터 2006년 12월 31일까지	3.5% 이하	1,500ppm 이하	
		2007년 1월 1일 이후 2008년 12월 31일 이전	3.0% 이하	1,200ppm 이하	
		2009년 1월 1일 이후	3.0% 이하	1,000ppm 이하	

비고 : 1. 위 표 중 이륜자동차는 휘발유에 엔진오일을 섞어서 사용하는 이륜자동차를 포함한다.

2. 위 표 중 이륜자동차에 대하여 제작일자 확인이 어려운 경우 제작사에서 인정하는 제작일자를 적용하거나 차대 등에 표기되어 모델연도의 1월 1일을 적용한다.

나. 경유사용 자동차

차종		제작일자		매연
경자동차 및 승용자동차		1995년 12월 31일 이전		60% 이하
		1996년 1월 1일부터 2000년 12월 31일까지		55% 이하
		2001년 1월 1일부터 2003년 12월 31일까지		45% 이하
		2004년 1월 1일부터 2007년 12월 31일까지		40% 이하
		2008년 1월 1일부터 2016년 8월 31일까지		20% 이하
		2016년 9월 1일 이후		10% 이하
승합·화물·특수자동차	소형	1995년 12월 31일까지		60% 이하
		1996년 1월 1일부터 2000년 12월 31일까지		55% 이하
		2001년 1월 1일부터 2003년 12월 31일까지		45% 이하
		2004년 1월 1일부터 2007년 12월 31일까지		40% 이하
		2008년 1월 1일부터 2016년 8월 31일까지		20% 이하
		2016년 9월 1일 이후		10% 이하
	중형	1992년 12월 31일 이전		60% 이하
		1993년 1월 1일부터 1995년 12월 31일까지		55% 이하
		1996년 1월 1일부터 1997년 12월 31일까지		45% 이하
		1998년 1월 1일부터 2000년 12월 31일까지	시내버스	40% 이하
			시내버스 외	45% 이하
		2001년 1월 1일부터 2004년 9월 30일까지		45% 이하
		2004년 10월 1일부터 2007년 12월 31일까지		40% 이하
		2008년 1월 1일부터 2016년 8월 31일가지		20% 이하
		2016년 9월 1일부터		10% 이하
승합·화물·특수자동차	대형	1992년 12월 31일 이전		60% 이하
		1993년 1월 1일부터 1995년 12월 31일까지		55% 이하
		1996년 1월 1일부터 1997년 12월 31일까지		45% 이하
		1998년 1월 1일부터 2000년 12월 31일까지	시내버스	40% 이하
			시내버스 외	45% 이하
		2001년 1월 1일부터 2004년 9월 30일까지		45% 이하
		2004년 10월 1일부터 2007년 12월 31일까지		40% 이하
		2008년 1월 1일 이후		20% 이하

2의2. 원격측정기 검사방법에 의한 운행차 수시점검의 배출허용기준[휘발유(알코올 포함) 사용 자동차 또는 가스사용 자동차만 해당한다]

배출허용기준은 대기환경보전법 시행규칙 [별표 21]을 참조할 것

3. 운행차 정밀검사의 배출허용기준(부하검사방법)

가. 휘발유(알코올 포함)사용 자동차 또는 가스사용 자동차

1) 경자동차

차종 / 검사항목 / 제작일자	휘발유사용 경자동차			가스사용 경자동차		
	일산화탄소	탄화수소	질소산화물	일산화탄소	탄화수소	질소산화물
1997년 12월 31일 이전	4.20% 이하	1,090ppm 이하	2,110ppm 이하	5.46% 이하	1,410ppm 이하	2,530ppm 이하
1998년 1월 1일부터 2000년 12월 31일까지	2.40% 이하	390ppm 이하	1,800ppm 이하	3.12% 이하	500ppm 이하	2,160ppm 이하
2001년 1월 1일부터 2003년 12월 31일까지	1.20% 이하	210ppm 이하	1,640ppm 이하	1.56% 이하	270ppm 이하	1,960ppm 이하
2004년 1월 1일부터 2005년 12월 31일까지 (가스차 : 2007년 12월 31일까지)	1.00% 이하	180ppm 이하	1,240ppm 이하	1.30% 이하	230ppm 이하	1,490ppm 이하
2006년 1월 1일 이후 (가스차 : 2008년 1월 1일이후)	1.00% 이하	180ppm 이하	1,240ppm 이하	1.30% 이하	180ppm 이하	1,490ppm 이하

2) 승용차

제작일자	차량중량 (kg)	휘발유사용 승용차					
		적용기간 및 배출허용기준					
		2014년 12월 31일까지			2015년 1월 1일부터		
		일산화탄소	탄화수소	질소산화물	일산화탄소	탄화수소	질소산화물
1988년 1월 1일 부터 1997년 12월 31일 까지	1,000 미만	1.83% 이하	280ppm 이하	1,990ppm 이하	1.83% 이하	210ppm 이하	1,800ppm 이하
	1,000~1,200 미만	1.47% 이하	230ppm 이하	1,590ppm 이하	1.47% 이하	170ppm 이하	1,440ppm 이하
	1,200~1,400 미만	1.21% 이하	190ppm 이하	1,310ppm 이하	1.21% 이하	140ppm 이하	1,190ppm 이하
	1,400~1,600 미만	1.08% 이하	170ppm 이하	1,160ppm 이하	1.08% 이하	130ppm 이하	1,050ppm 이하
	1,600~1,800 미만	0.94% 이하	150ppm 이하	1,010ppm 이하	0.94% 이하	120ppm 이하	920ppm 이하
	1,800~2,000 미만	0.87% 이하	140ppm 이하	930ppm 이하	0.87% 이하	110ppm 이하	840ppm 이하
	2,000 이상	0.79% 이하	120ppm 이하	840ppm 이하	0.79% 이하	100ppm 이하	760ppm 이하
1998년 1월 1일 부터 2000년 12월 31일 까지	1,000 미만	1.22% 이하	220ppm 이하	1,550ppm 이하	1.00% 이하	180ppm 이하	1,400ppm 이하
	1,000~1,200 미만	0.99% 이하	180ppm 이하	1,240ppm 이하	0.81% 이하	150ppm 이하	1,120ppm 이하
	1,200~1,400 미만	0.82% 이하	150ppm 이하	1,030ppm 이하	0.67% 이하	120ppm 이하	930ppm 이하
	1,400~1,600 미만	0.73% 이하	130ppm 이하	910ppm 이하	0.60% 이하	110ppm 이하	820ppm 이하
	1,600~1,800 미만	0.65% 이하	120ppm 이하	800ppm 이하	0.53% 이하	100ppm 이하	720ppm 이하
	1,800~2,000 미만	0.60% 이하	110ppm 이하	730ppm 이하	0.49% 이하	90ppm 이하	660ppm 이하
	2,000 이상	0.55% 이하	100ppm 이하	660ppm 이하	0.45% 이하	80ppm 이하	600ppm 이하

제작일자	차량중량 (kg)	휘발유사용 승용차					
		적용기간 및 배출허용기준					
		2014년 12월 31일까지			2015년 1월 1일부터		
		일산화탄소	탄화수소	질소산화물	일산화탄소	탄화수소	질소산화물
2001년 1월 1일 부터 2005년 12월 31일 까지 (가스차 : 2001년 1월 1일 부터 2003년 12월 31일 까지)	1,000 미만	0.77% 이하	140ppm 이하	1,550ppm 이하	0.77% 이하	140ppm 이하	1,100ppm 이하
	1,000~1,200 미만	0.62% 이하	110ppm 이하	1,240ppm 이하	0.62% 이하	110ppm 이하	870ppm 이하
	1,200~1,400 미만	0.52% 이하	100ppm 이하	1,030ppm 이하	0.52% 이하	100ppm 이하	720ppm 이하
	1,400~1,600 미만	0.46% 이하	90ppm 이하	910ppm 이하	0.46% 이하	90ppm 이하	630ppm 이하
	1,600~1,800 미만	0.41% 이하	80ppm 이하	800ppm 이하	0.41% 이하	80ppm 이하	550ppm 이하
	1,800~2,000 미만	0.38% 이하	70ppm 이하	730ppm 이하	0.38% 이하	70ppm 이하	500ppm 이하
	2,000 이상	0.35% 이하	60ppm 이하	660ppm 이하	0.35% 이하	60ppm 이하	450ppm 이하
2006년 1월 1일 이후 (가스차 : 2004년 1월 1일 부터 2007년 12월 31일 까지)	1,000 미만	0.77% 이하	140ppm 이하	1,030ppm 이하	0.77% 이하	59ppm 이하	1,080ppm 이하
	1,000~1,200 미만	0.62% 이하	110ppm 이하	850ppm 이하	0.62% 이하	49ppm 이하	850ppm 이하
	1,200~1,400 미만	0.52% 이하	100ppm 이하	730ppm 이하	0.52% 이하	42ppm 이하	690ppm 이하
	1,400~1,600 미만	0.46% 이하	90ppm 이하	660ppm 이하	0.46% 이하	37ppm 이하	610ppm 이하
	1,600~1,800 미만	0.41% 이하	80ppm 이하	600ppm 이하	0.41% 이하	33ppm 이하	530ppm 이하
	1,800~2,000 미만	0.38% 이하	70ppm 이하	530ppm 이하	0.38% 이하	30ppm 이하	490ppm 이하
	2,000 이상	0.35% 이하	60ppm 이하	490ppm 이하	0.35% 이하	30ppm 이하	440ppm 이하
2006년 1월 1일 이후 (가스차 : 2008년 1월 1일 이후)	1,000 미만	0.77% 이하	140ppm 이하	1,030ppm 이하	0.77% 이하	59ppm 이하	1,080ppm 이하
	1,000~1,200 미만	0.62% 이하	110ppm 이하	850ppm 이하	0.62% 이하	49ppm 이하	830ppm 이하
	1,200~1,400 미만	0.52% 이하	100ppm 이하	730ppm 이하	0.52% 이하	42ppm 이하	690ppm 이하
	1,400~1,600 미만	0.46% 이하	90ppm 이하	660ppm 이하	0.46% 이하	37ppm 이하	610ppm 이하
	1,600~1,800 미만	0.41% 이하	80ppm 이하	600ppm 이하	0.41% 이하	33ppm 이하	530ppm 이하
	1,800~2,000 미만	0.38% 이하	70ppm 이하	530ppm 이하	0.38% 이하	30ppm 이하	490ppm 이하
	2,000 이상	0.35% 이하	60ppm 이하	490ppm 이하	0.35% 이하	30ppm 이하	440ppm 이하

제작일자	차량중량 (kg)	가스사용 승용차					
		적용기간 및 배출허용기준					
		2014년 12월 31일까지			2015년 1월 1일부터		
		일산화탄소	탄화수소	질소산화물	일산화탄소	탄화수소	질소산화물
1988년 1월 1일 부터 1997년 12월 31일 까지	1,000 미만	2.38% 이하	370ppm 이하	2,39ppm 이하	2.38% 이하	273ppm 이하	2,160ppm 이하
	1,000~1,200 미만	1.91% 이하	300ppm 이하	1,910ppm 이하	1.91% 이하	221ppm 이하	1,728ppm 이하
	1,200~1,400 미만	1.57% 이하	250ppm 이하	1,580ppm 이하	1.57% 이하	182ppm 이하	1,428ppm 이하
	1,400~1,600 미만	1.40% 이하	220ppm 이하	1,400ppm 이하	1.40% 이하	169ppm 이하	1,260ppm 이하
	1,600~1,800 미만	1.22% 이하	190ppm 이하	1,220ppm 이하	1.22% 이하	156ppm 이하	1,104ppm 이하
	1,800~2,000 미만	1.13% 이하	180ppm 이하	1,120ppm 이하	1.13% 이하	143ppm 이하	1,008ppm 이하
	2,000 이상	1.03% 이하	160ppm 이하	1,010ppm 이하	1.03% 이하	130ppm 이하	912ppm 이하

제작일자	차량중량 (kg)	가스사용 승용차					
		적용기간 및 배출허용기준					
		2014년 12월 31일까지			2015년 1월 1일부터		
		일산화탄소	탄화수소	질소산화물	일산화탄소	탄화수소	질소산화물
1998년 1월 1일 부터 2000년 12월 31일 까지	1,000 미만	1.59% 이하	280ppm 이하	1,860ppm 이하	1.30% 이하	234ppm 이하	1,680ppm 이하
	1,000~1,200 미만	1.29% 이하	230ppm 이하	1,490ppm 이하	1.05% 이하	195ppm 이하	1,344ppm 이하
	1,200~1,400 미만	1.07% 이하	190ppm 이하	1,230ppm 이하	0.87% 이하	156ppm 이하	1,116ppm 이하
	1,400~1,600 미만	0.95% 이하	170ppm 이하	1,090ppm 이하	0.78% 이하	143ppm 이하	984ppm 이하
	1,600~1,800 미만	0.85% 이하	150ppm 이하	960ppm 이하	0.69% 이하	130ppm 이하	864ppm 이하
	1,800~2,000 미만	0.78% 이하	140ppm 이하	880ppm 이하	0.64% 이하	117ppm 이하	792ppm 이하
	2,000 이상	0.72% 이하	130ppm 이하	790ppm 이하	0.59% 이하	104ppm 이하	720ppm 이하
2001년 1월 1일 부터 2005년 12월 31일 까지 (가스차 : 2001년 1월 1일 부터 2003년 12월 31일 까지)	1,000 미만	1.00% 이하	180ppm 이하	1,860ppm 이하	1.00% 이하	180ppm 이하	1,320ppm 이하
	1,000~1,200 미만	0.81% 이하	140ppm 이하	1,490ppm 이하	0.81% 이하	140ppm 이하	1,040ppm 이하
	1,200~1,400 미만	0.68% 이하	130ppm 이하	1,230ppm 이하	0.68% 이하	120ppm 이하	860ppm 이하
	1,400~1,600 미만	0.60% 이하	120ppm 이하	1,090ppm 이하	0.60% 이하	110ppm 이하	730ppm 이하
	1,600~1,800 미만	0.53% 이하	104ppm 이하	960ppm 이하	0.53% 이하	100ppm 이하	640ppm 이하
	1,800~2,000 미만	0.49% 이하	90ppm 이하	880ppm 이하	0.49% 이하	90ppm 이하	580ppm 이하
	2,000 이상	0.46% 이하	80ppm 이하	790ppm 이하	0.46% 이하	80ppm 이하	530ppm 이하
2006년 1월 1일 이후 (가스차 : 2004년 1월 1일 부터 2007년 12월 31일 까지)	1,000 미만	1.00% 이하	180ppm 이하	1,240ppm 이하	1.00% 이하	180ppm 이하	1,240ppm 이하
	1,000~1,200 미만	0.81% 이하	140ppm 이하	1,020ppm 이하	0.81% 이하	140ppm 이하	1,000ppm 이하
	1,200~1,400 미만	0.68% 이하	130ppm 이하	880ppm 이하	0.68% 이하	130ppm 이하	830ppm 이하
	1,400~1,600 미만	0.60% 이하	120ppm 이하	790ppm 이하	0.60% 이하	120ppm 이하	730ppm 이하
	1,600~1,800 미만	0.53% 이하	100ppm 이하	720ppm 이하	0.53% 이하	100ppm 이하	640ppm 이하
	1,800~2,000 미만	0.49% 이하	90ppm 이하	640ppm 이하	0.49% 이하	90ppm 이하	590ppm 이하
	2,000 이상	0.46% 이하	80ppm 이하	590ppm 이하	0.46% 이하	80ppm 이하	530ppm 이하
2006년 1월 1일 이후 (가스차 : 2008년 1월 1일 이후)	1,000 미만	1.00% 이하	180ppm 이하	1,240ppm 이하	1.00% 이하	59ppm 이하	1,240ppm 이하
	1,000~1,200 미만	0.81% 이하	140ppm 이하	1,020ppm 이하	0.81% 이하	49ppm 이하	1,000ppm 이하
	1,200~1,400 미만	0.68% 이하	130ppm 이하	880ppm 이하	0.68% 이하	42ppm 이하	830ppm 이하
	1,400~1,600 미만	0.60% 이하	120ppm 이하	790ppm 이하	0.60% 이하	37ppm 이하	730ppm 이하
	1,600~1,800 미만	0.53% 이하	100ppm 이하	720ppm 이하	0.53% 이하	33ppm 이하	640ppm 이하
	1,800~2,000 미만	0.49% 이하	90ppm 이하	640ppm 이하	0.49% 이하	30ppm 이하	590ppm 이하
	2,000 이상	0.46% 이하	80ppm 이하	590ppm 이하	0.46% 이하	30ppm 이하	530ppm 이하

3) 소형 승합·화물·특수자동차

제작일자	차량중량 (kg)	휘발유사용 승합·화물·특수자동차					
		적용기간 및 배출허용기준					
		2014년 12월 31일까지			2015년 1월 1일부터		
		일산화탄소	탄화수소	질소산화물	일산화탄소	탄화수소	질소산화물
1988년 1월 1일 부터 1997년 12월 31일 까지	1,500 미만	2.91% 이하	230ppm 이하	1,470ppm 이하	2.20% 이하	200ppm 이하	1,260ppm 이하
	1,500~1,750 미만	2.60% 이하	210ppm 이하	1,320ppm 이하	1.96% 이하	180ppm 이하	1,120ppm 이하
	1,750~2,000 미만	2.22% 이하	180ppm 이하	1,130ppm 이하	1.68% 이하	150ppm 이하	960ppm 이하
	2,000~2,250 미만	2.01% 이하	160ppm 이하	1,020ppm 이하	1.52% 이하	140ppm 이하	860ppm 이하
	2,250~2,500 미만	1.82% 이하	150ppm 이하	920ppm 이하	1.39% 이하	130ppm 이하	780ppm 이하
	2,500~ 2,750 미만	1.62% 이하	130ppm 이하	810ppm 이하	1.24% 이하	120ppm 이하	690ppm 이하
	2,750~3,000 미만	1.49% 이하	120ppm 이하	740ppm 이하	1.14% 이하	110ppm 이하	630ppm 이하
	3,000 이상	1.37% 이하	110ppm 이하	690ppm 이하	1.05% 이하	100ppm 이하	580ppm 이하
1998년 1월 1일 부터 2000년 12월 31일 까지	1,500 미만	2.19% 이하	190ppm 이하	1,210ppm 이하	1.84% 이하	180ppm 이하	1,120ppm 이하
	1,500~1,750 미만	1.96% 이하	170ppm 이하	1,080ppm 이하	1.64% 이하	160ppm 이하	1000ppm 이하
	1,750~2,000 미만	1.68% 이하	150ppm 이하	930ppm 이하	1.41% 이하	140ppm 이하	860ppm 이하
	2,000~2,250 미만	1.52% 이하	140ppm 이하	840ppm 이하	1.28% 이하	130ppm 이하	770ppm 이하
	2,250~2,500 미만	1.38% 이하	130ppm 이하	760ppm 이하	1.17% 이하	120ppm 이하	700ppm 이하
	2,500~2,750 미만	1.24% 이하	120ppm 이하	670ppm 이하	1.05% 이하	110ppm 이하	620ppm 이하
	2,750~3,000 미만	1.13% 이하	110ppm 이하	620ppm 이하	0.96% 이하	100ppm 이하	570ppm 이하
	3,000 이상	1.05% 이하	100ppm 이하	570ppm 이하	0.89% 이하	90ppm 이하	520ppm 이하
2001년 1월 1일 부터 2003년 12월 31일 까지	1,500 미만	0.76% 이하	140ppm 이하	1,210ppm 이하	0.48% 이하	100ppm 이하	660ppm 이하
	1,500~1,750 미만	0.69% 이하	120ppm 이하	1,080ppm 이하	0.43% 이하	90ppm 이하	590ppm 이하
	1,750~2,000 미만	0.60% 이하	110ppm 이하	930ppm 이하	0.49% 이하	90ppm 이하	630ppm 이하
	2,000~2,250 미만	0.55% 이하	100ppm 이하	840ppm 이하	0.45% 이하	80ppm 이하	570ppm 이하
	2,250~2,500 미만	0.51% 이하	90ppm 이하	760ppm 이하	0.42% 이하	80ppm 이하	510ppm 이하
	2,500~2,750 미만	0.46 이하	80ppm 이하	670ppm 이하	0.38% 이하	70ppm 이하	460ppm 이하
	2,750~3,000 미만	0.43% 이하	80ppm 이하	620ppm 이하	0.35% 이하	70ppm 이하	420ppm 이하
	3,000 이상	0.41% 이하	70ppm 이하	570ppm 이하	0.34% 이하	60ppm 이하	380ppm 이하
2004년 1월 1일 이후	1,500 미만	0.76% 이하	140ppm 이하	950ppm 이하	0.48% 이하	100ppm 이하	660ppm 이하
	1,500~1,750 미만	0.69% 이하	120ppm 이하	850ppm 이하	0.43% 이하	90ppm 이하	590ppm 이하
	1,750~2,000 미만	0.60% 이하	110ppm 이하	730ppm 이하	0.49% 이하	90ppm 이하	630ppm 이하
	2,000~2,250 미만	0.55% 이하	100ppm 이하	660ppm 이하	0.45% 이하	80ppm 이하	560ppm 이하
	2,250~2,500 미만	0.51% 이하	90ppm 이하	600ppm 이하	0.42% 이하	80ppm 이하	510ppm 이하
	2,500~2,750 미만	0.46% 이하	80ppm 이하	530ppm 이하	0.38% 이하	70ppm 이하	460ppm 이하
	2,750~3,000 미만	0.43% 이하	80ppm 이하	490ppm 이하	0.35% 이하	70ppm 이하	420ppm 이하
	3,000 이상	0.41% 이하	70ppm 이하	460ppm 이하	0.34% 이하	60ppm 이하	380ppm 이하

제작일자	차량중량 (kg)	가스사용 승합·화물·특수자동차					
		적용기간 및 배출허용기준					
		2014년 12월 31일까지			2015년 1월 1일부터		
		일산화탄소	탄화수소	질소산화물	일산화탄소	탄화수소	질소산화물
1988년 1월 1일 부터 1997년 12월 31일 까지	1,500 미만	3.78% 이하	300ppm 이하	1,770ppm 이하	2.86% 이하	260ppm 이하	1,510ppm 이하
	1,500~1,750 미만	3.38% 이하	270ppm 이하	1,580ppm 이하	2.55% 이하	240ppm 이하	1,350ppm 이하
	1,750~2,000 미만	2.89% 이하	230ppm 이하	1,350ppm 이하	2.18% 이하	200ppm 이하	1,150ppm 이하
	2,000~2,250 미만	2.61% 이하	210ppm 이하	1,220ppm 이하	1.98% 이하	180ppm 이하	1,030ppm 이하
	2,250~2,500 미만	2.37% 이하	190ppm 이하	1,100ppm 이하	1.81% 이하	170ppm 이하	940ppm 이하
	2,500~ 2,750 미만	2.11% 이하	170ppm 이하	970ppm 이하	1.61% 이하	160ppm 이하	830ppm 이하
	2,750~3,000 미만	1.94% 이하	160ppm 이하	890ppm 이하	1.48% 이하	140ppm 이하	750ppm 이하
	3,000 이상	1.78% 이하	150ppm 이하	830ppm 이하	1.37% 이하	130ppm 이하	700ppm 이하
1998년 1월 1일 부터 2000년 12월 31일 까지	1,500 미만	2.85% 이하	250ppm 이하	1,450ppm 이하	2.39% 이하	240ppm 이하	1,350ppm 이하
	1,500~1,750 미만	2.55% 이하	230ppm 이하	1,300ppm 이하	2.13% 이하	210ppm 이하	1,200ppm 이하
	1,750~2,000 미만	2.18% 이하	200ppm 이하	1,120ppm 이하	1.83% 이하	180ppm 이하	1,030ppm 이하
	2,000~2,250 미만	1.98% 이하	180ppm 이하	1,010ppm 이하	1.66% 이하	170ppm 이하	920ppm 이하
	2,250~2,500 미만	1.79% 이하	160ppm 이하	910ppm 이하	1.52% 이하	160ppm 이하	840ppm 이하
	2,500~2,750 미만	1.61% 이하	150ppm 이하	810ppm 이하	1.37% 이하	140ppm 이하	740ppm 이하
	2,750~3,000 미만	1.47% 이하	140ppm 이하	740ppm 이하	1.25% 이하	130ppm 이하	680ppm 이하
	3,000 이상	1.37% 이하	130ppm 이하	690ppm 이하	1.16% 이하	120ppm 이하	630ppm 이하
2001년 1월 1일 부터 2003년 12월 31일 까지	1,500 미만	0.99% 이하	180ppm 이하	1,450ppm 이하	0.62% 이하	130ppm 이하	790ppm 이하
	1,500~1,750 미만	0.90% 이하	160ppm 이하	1,300ppm 이하	0.56% 이하	120ppm 이하	700ppm 이하
	1,750~2,000 미만	0.78% 이하	140ppm 이하	1,120ppm 이하	0.64% 이하	120ppm 이하	750ppm 이하
	2,000~2,250 미만	0.72% 이하	130ppm 이하	1,010ppm 이하	0.59% 이하	110ppm 이하	680ppm 이하
	2,250~2,500 미만	0.66% 이하	120ppm 이하	920ppm 이하	0.55% 이하	100ppm 이하	620ppm 이하
	2,500~2,750 미만	0.60% 이하	110ppm 이하	810ppm 이하	0.49% 이하	90ppm 이하	550ppm 이하
	2,750~3,000 미만	0.56% 이하	100ppm 이하	740ppm 이하	0.46% 이하	90ppm 이하	500ppm 이하
	3,000 이상	0.53% 이하	90ppm 이하	690ppm 이하	0.44% 이하	80ppm 이하	460ppm 이하
2004년 1월 1일 이후	1,500 미만	0.99% 이하	180ppm 이하	1,140ppm 이하	0.62% 이하	130ppm 이하	790ppm 이하
	1,500~1,750 미만	0.90% 이하	160ppm 이하	1,020ppm 이하	0.56% 이하	120ppm 이하	700ppm 이하
	1,750~2,000 미만	0.78% 이하	140ppm 이하	880ppm 이하	0.64% 이하	120ppm 이하	750ppm 이하
	2,000~2,250 미만	0.72% 이하	130ppm 이하	790ppm 이하	0.59% 이하	110ppm 이하	680ppm 이하
	2,250~2,500 미만	0.66% 이하	120ppm 이하	720ppm 이하	0.55% 이하	100ppm 이하	620ppm 이하
	2,500~2,750 미만	0.60% 이하	110ppm 이하	640ppm 이하	0.49% 이하	90ppm 이하	550ppm 이하
	2,750~3,000 미만	0.56% 이하	100ppm 이하	590ppm 이하	0.46% 이하	90ppm 이하	500ppm 이하
	3,000 이상	0.53% 이하	90ppm 이하	550ppm 이하	0.44% 이하	80ppm 이하	460ppm 이하

4) 중·대형 승합·화물·특수자동차

제작일자	차량중량(kg)	휘발유사용 승합·화물·특수자동차			가스사용 승합·화물·특수자동차		
		일산화탄소	탄화수소	질소산화물	일산화탄소	탄화수소	질소산화물
1988년 1월 1일부터 2000년 12월 31일까지	1,750 미만	2.51% 이하	200ppm 이하	1,950ppm 이하	3.26% 이하	260ppm 이하	2,340ppm 이하
	1,750~2,000 미만	2.22% 이하	180ppm 이하	1,720ppm 이하	2.89% 이하	230ppm 이하	2,070ppm 이하
	2,000~2,250 미만	2.01% 이하	160ppm 이하	1,550ppm 이하	2.61% 이하	210ppm 이하	1,860ppm 이하
	2,250~2,500 미만	1.82% 이하	150ppm 이하	1,400ppm 이하	2.37% 이하	190ppm 이하	1,680ppm 이하
	2,500~2,750 미만	1.62% 이하	130ppm 이하	1,230ppm 이하	2.11% 이하	170ppm 이하	1,480ppm 이하
	2,750~3,000 미만	1.49% 이하	120ppm 이하	1,120ppm 이하	1.94% 이하	160ppm 이하	1,340ppm 이하
	3,000~3,250 미만	1.37% 이하	110ppm 이하	1,040ppm 이하	1.78% 이하	150ppm 이하	1,250ppm 이하
	3,250 이상	1.36% 이하	110ppm 이하	1,040ppm 이하	1.77% 이하	150 ppm 이하	1,240ppm 이하
2001년 1월 1일부터 2003년 12월 31일까지	1,750 미만	1.89% 이하	170ppm 이하	1,720ppm 이하	2.46% 이하	220ppm 이하	2,070ppm 이하
	1,750~2,000 미만	1.68% 이하	150ppm 이하	1,530ppm 이하	2.18% 이하	200ppm 이하	1,830ppm 이하
	2,000~2,250 미만	1.52% 이하	140ppm 이하	1,370ppm 이하	1.98% 이하	180ppm 이하	1,640ppm 이하
	2,250~2,500 미만	1.38% 이하	130ppm 이하	1,240ppm 이하	1.79% 이하	160ppm 이하	1,480ppm 이하
	2,500~2,750 미만	1.24% 이하	110ppm 이하	1,090ppm 이하	1.61% 이하	150ppm 이하	1,310ppm 이하
	2,750~3,000 미만	1.13% 이하	100ppm 이하	990ppm 이하	1.47% 이하	140ppm 이하	1,190ppm 이하
	3,000~3,250 미만	1.05% 이하	100ppm 이하	920ppm 이하	1.37% 이하	130ppm 이하	1,110ppm 이하
	3,250 이상	1.04% 이하	100ppm 이하	920ppm 이하	1.35% 이하	130ppm 이하	1,110ppm 이하
2004년 1월 1일 이후	1,750 미만	1.89% 이하	170ppm 이하	1,500ppm 이하	2.46% 이하	220ppm 이하	1,800ppm 이하
	1,750~2,000 미만	1.68% 이하	150ppm 이하	1,330ppm 이하	2.18% 이하	200ppm 이하	1,590ppm 이하
	2,000~2,250 미만	1.52% 이하	140ppm 이하	1,190ppm 이하	1.98% 이하	180ppm 이하	1,430ppm 이하
	2,250~2,500 미만	1.38% 이하	130ppm 이하	1,080ppm 이하	1.79% 이하	160ppm 이하	1,290ppm 이하
	2,500~2,750 미만	1.24% 이하	110ppm 이하	950ppm 이하	1.61% 이하	150ppm 이하	1,140ppm 이하
	2,750~3,000 미만	1.13% 이하	100ppm 이하	870ppm 이하	1.47% 이하	140ppm 이하	1,040ppm 이하
	3,000~3,250 미만	1.05% 이하	100ppm 이하	810ppm 이하	1.37% 이하	130ppm 이하	970ppm 이하
	3,250 이상	1.04% 이하	100ppm 이하	810ppm 이하	1.35% 이하	130ppm 이하	970ppm 이하

나. 경유사용 자동차

차종 / 검사항목 / 제작일자	매연		질소산화물
	2011년 12월 31일까지	2012년 1월 1일 이후	2018년 1월 1일 이후
1992년 12월 31일 이전	50% 이하	45% 이하	-
1993년 1월 1일부터 1995년 12월 31일까지	45% 이하	40% 이하	-
1996년 1월 1일부터 2000년 12월 31일까지	40% 이하	35% 이하	-
2001년 1월 1일부터 2007년 12월 31일까지	30% 이하	25% 이하	-
2008년 1월 1일부터 2016년 8월 31일까지	20% 이하	15% 이하	-
2016년 9월 1일 1일부터 2017년 12월 31일까지	-	8% 이하	-
2018년 1월 1일 이후	-	8% 이하	2,000ppm 이하

비고 : 1. 경유사용 자동차에 대한 검사방법은 한국형 경유147(KD147모드) 검사방법을 적용한다. 다만, 특수한 구조 등으로 한국형 경유147(KD147모드) 검사방법을 적용할 수 없는 자동차인 경우에는 다음의 엔진회전수 제어방식(Lug-Down3모드)을 적용하여 검사한다. 이 경우 자동차검사 전산정보처리조직에 그 사유를 기록하여야 한다.

구분	제작일자	매연		
		1모드	2모드	3모드
가) 차량총중량 5.5톤 이하 자동차	1995년 12월 31일 이전	70% 이하		
	1996년 1월 1일부터 2000년 12월 31일까지	60% 이하		
	2001년 1월 1일부터 2007년 12월 31일까지	50% 이하		
	2008년 1월 1일 이후	20% 이하		
나) 차량총중량 5.5톤 초과 자동차	1995년 12월 31일 이전	50% 이하		
	1996년 1월 1일부터 2000년 12월 31일까지	45% 이하		
	2001년 1월 1일부터 2007년 12월 31일까지	30% 이하		
	2008년 1월 1일 이후	15% 이하		

2. 질소산화물 배출허용기준은 법 제63조제1항제1호 및 제2호에 따른 운행차 배출가스 정밀검사 대상 지역 중 서울특별시, 인천광역시 또는 경기도에 등록된 경유사용 자동차에 대해서만 적용한다.
3. 2018년 1월 1일 이후 제작된 경유사용 자동차로서 별표 17 제2호아목 비고 제7호가목·나목 및 같은 비고 제9호가목·나목에 해당하지 않는 경우에는 위 표에도 불구하고 질소산화물 배출허용기준을 3,000ppm 이하로 한다.

4. 구조변경 및 임시검사자동차

영 제54조에 따른 정밀검사 시행지역에 등록된 자동차 중「자동차관리법 시행규칙」제78조에 따라 구조변경검사(원동기·연료장치 및 배기가스 발산방지장치에 대한 구조변경검사를 말한다)를 신청하는 자동차 또는「여객자동차 운수사업법 시행령 별표 2에 따라「자동차관리법」제43조제1항 제4호에 따른 임시검사를 신청하는 자동차에 대한 운행차 배출허용기준은 제3호의 운행차 정밀검사의 배출허용기준에 따른다.

2.1 운행차 배출가스 정기검사 방법 및 기준

관련근거 대기환경보전법 시행규칙

제87조 [운행차의 배출가스 정기검사방법 등]

① 법 제62조제6항에 따른 운행차 배출가스 정기검사 및 이륜자동차 정기검사의 대상항목, 방법 및 기준은 [별표 22]와 같다.

② 법 제62조제6항에 따른 검사기관(같은 조 제1항에 따른 운행차 배출가스 정기검사기관으로 한정한다)은 「자동차관리법」 제44조제1항에 따라 지정된 검사대행자 또는 「자동차관리법」 제45조제1항에 따라 지정된 지정정비사업자 중 [별표 23]에서 정한 검사장비 및 기술능력을 갖춘 자(이하 "운행차 정기검사대행자"라 한다)로 한다.

③ 운행차정기검사대행자가 제1항에 따라 검사를 한 경우에는 그 결과를 기록하여야 한다.

④ 법 제62조제6항에 따른 이륜자동차정기검사의 대상, 주기 및 유효기간은 [별표 23의 2]와 같다.

[별표 22] 정기검사의 방법 및 기준(제87조제1항 관련)

1. 자동차(이륜자동차 제외)

검사항목	검사기준	검사방법
1. 검사 전 확인	검사대상자동차가 아래의 조건에 적합할 것 가. 검사를 위한 장비 조작 및 검사요건에 적합할 것	1) 배기관에 시료채취관이 충분히 삽입될 수 있는 구조인지 확인 2) 경유차의 경우 가속페달을 최대로 밟았을 때 원동기의 회전속도가 최대출력 시의 회전속도를 초과하여야 함
	나. 배출가스 관련 부품이 빠져나가 훼손되어 있지 않을 것	정화용 촉매, 선택적 환원 촉매장치(SCR), 매연여과장치 및 그 밖에 육안검사가 가능한 부품의 장착상태를 확인
	다. 배출가스 관련 장치의 봉인이 훼손되어 있지 않을 것	조속기 등 배출가스 관련 장치의 봉인 훼손 여부를 확인
	라. 배출가스가 최종배출구 이전에서 유출되지 않을 것	배출가스가 배출가스 정화장치로 유입이전 또는 최종배기구 이전에서 유출되는지 여부를 확인
2. 배출가스 검사대상 자동차의 상태	검사대상자동차가 아래의 조건에 적합한지를 확인할 것 가. 원동기가 충분히 예열되어있을 것	1) 수냉식 기관의 경우 계기판 온도가 40℃ 이상 또는 계기판 눈금이 1/4 이상이어야 하며, 원동기가 과열되었을 경우에는 원동기실 덮개를 열고 5분 이상 지난 후 정상상태가 되었을 때 측정 2) 온도계가 없거나 고장인 자동차는 원동기를 시동하여 5분이 지난 후 측정
	나. 변속기는 중립의 위치에 있을 것	변속기의 기어는 중립(자동변속기는 N)위치에 두고 클러치를 밟지 않은 상태(연결된 상태)인지를 확인
	다. 냉방장치 등 부속장치는 가동을 정지할 것	냉·난방장치, 서리 제거기 등 배출가스에 영향을 미치는 부속장치의 작동여부를 확인

검사항목	검사기준	검사방법
3. 배출가스 및 공기 과잉률 검사	일산화탄소, 탄화수소, 공기과잉률의 측정결과가 저속공회전 검사모드 및 고속공회전 검사모드 모두 운행차 배출가스 정기검사의 배출허용기준에 각각 적합하여야 한다.	1) 저속공회전 검사모드(Low Speed Idle Mode) 가) 측정대상자동차의 상태가 정상으로 확인되면 원동기가 가동되어 공회전(500~1,000rpm) 되어 있으며, 가속페달을 밟지 않은 상태에서 시료채취관을 배기관 내에 30cm 이상 삽입한다. 나) 측정기 지시가 안정된 후 일산화탄소는 소수점 둘째자리 이하는 버리고 0.1% 단위로, 탄화수소는 소수점 첫째자리 이하는 버리고 1ppm단위로, 공기과잉률(λ)은 소수점 둘째자리에서 0.01단위로 최종측정치를 읽는다. 다만, 측정치가 불안정할 경우에는 5초간의 평균치로 읽는다. 2) 고속공회전 검사모드(High Speed Idle Mode) 가) 저속공회전모드에서 배출가스 및 공기과잉률 검사가 끝나면, 즉시 정지가동상태에서 원동기의 회전수를 2,500±300rpm으로 가속하여 유지 시킨다(승용차 및 차량총중량 3.5톤 미만의 소형자동차에 한정하여 적용한다). 나) 측정기 지시가 안정된 후 일산화탄소는 소수점 둘째자리 이하는 버리고 0.1% 단위로, 탄화수소는 소수점 첫째자리 이하는 버리고 1ppm단위로, 공기과잉률(λ)은 소수점 둘째자리에서 0.01단위로 최종측정치를 읽는다. 다만, 측정치가 불안정할 경우에는 5초간의 평균치로 읽는다.
4. 매연	광투과식 분석방법(부분유량 채취방식만 해당한다)을 채택한 매연측정기를 사용하여 매연을 측정한 경우 측정한 매연의 농도가 운행차정기검사의 광투과식 매연 배출허용기준에 적합할 것	1) 측정대상자동차의 원동기를 중립인 상태(정지가동상태)에서 급가속하여 최고 회전속도 도달 후 2초간 공회전시키고 정지가동(Idle) 상태로 5~6초간 둔다. 이와 같은 과정을 3회 반복 실시한다. 2) 측정기의 시료채취관을 배기관의 벽면으로부터 5mm 이상 떨어지도록 설치하고 5cm 정도의 깊이로 삽입한다. 3) 가속페달에 발을 올려놓고 원동기의 최고회전속도에 도달할 때까지 급속히 밟으면서 시료를 채취한다. 이때 가속페달을 밟을 때부터 놓을 때까지 걸리는 시간은 4초 이내로 한다. 4) 위 3)의 방법으로 3회 연속 측정한 매연농도를 산술 평균하여 소수점 이하는 버린 값을 최종측정치로 한다. 다만, 3회 연속 측정한 매연농도의 최대치와 최소치의 차가 5%를 초과하거나 최종측정치가 배출허용기준에 맞지 아니한 경우에는 순차적으로 1회씩 더 측정하여 최대 5회까지 측정하면서 매회 측정시마다 마지막 3회의 측정치를 산출하여 마지막 3회의 최대치와 최소치의 차가 5% 이내이고 측정치의 산술평균 값도 배출허용기준 이내이면 측정을 마치고 이를 최종측정치로 한다. 5) 위 4)의 단서에 따른 방법으로 5회까지 반복 측정하여도 최대치와 최소치의 차가 5%를 초과하거나 배출허용기준에 맞지 아니한 경우에는 마지막 3회(3회, 4회, 5회)의 측정치를 산술평균한 값을 최종측정치로 한다.

비고 : 1. 특수용도로 사용하기 위하여 특수장치 또는 엔진성능 제어장치 등을 부착하여 엔진 최고회전수 등을 제한하는 자동차인 경우에는 해당 자동차의 측정 엔진 최고회전수를 엔진 정격회전수로 수정·적용하여 배출가스검사를 시행할 수 있다.

2. 배출가스 및 공기과잉률 검사에서 검사대상 자동차의 엔진회전수가 저속공회전 검사모드 또는 고속공회전 검사모드 범위를 어느 하나라도 벗어나면 검사모드는 즉시 중지하여야 한다.

3. 하이브리드자동차의 경우 엔진 구동이 되지 않거나 공회전수가 검사범위를 벗어나 무부하(공회전) 검사가 불가능한 경우에는 무부하(공회전) 검사를 면제한다.

4. 위 표에서 정한 운행차 배출가스 정기검사의 방법 및 기준 외의 사항에 대해서는 제83조제2항에 따라 환경부장관이 정하는 운행차 배출가스측정방법에 관한 고시를 준용한다.

2.2 운행차 배출가스 정밀검사 방법 및 기준

관련근거 대기환경보전법 시행규칙

제97조 [정밀검사의 검사방법 등]

법 제63조제5항에 따른 정밀검사의 방법·기준 및 검사대상 항목은 [별표 26]과 같다.

[별표 26] 운행차의 정밀검사 방법·기준 및 검사대상 항목(제97조 관련)

1. 일반기준

가. 운행차의 정밀검사는 부하검사방법을 적용하여 검사를 하여야 한다. 다만, 다음의 어느 하나에 해당하는 자동차는 무부하검사방법을 적용할 수 있다.

1) 상시 4륜구동 자동차

2) 2행정 원동기 장착자동차

3) 1987년 12월 31일 이전에 제작된 휘발유·가스·알코올사용 자동차

4) 소방용 자동차(지휘차, 순찰차 및 구급차를 포함한다)

5) 그 밖에 특수한 구조의 자동차로서 검차장의 출입이나 차대동력계에서 배출가스검사가 곤란한 자동차

나. 배출가스검사는 관능 및 기능검사를 먼저 한 후 시행하여야 하며, 측정대상자동차의 상태가 제2호에 따른 기준에 적합하지 아니하거나 차대동력계상에서 검사 중에 자동차의 결함 발생 또는 엔진출력 부족 등으로 검사모드가 구현되지 아니하여 배출가스검사를 계속할 수 없다고 판단되는 경우에는 검사를 즉시 중단하고 부적합 처리하여 측정대상자동차를 적합하게 정비하도록 한 후 배출가스 검사를 실시하여야 한다.

다. 차대동력계상에서 자동차의 운전은 검사기술인력이 직접 수행하여야 한다.

라. 특수용도로 사용하기 위하여 특수장치 또는 엔진성능제어장치 등을 부착하여 엔진 최고회전수 등을 제한하는 자동차인 경우에는 해당 자동차의 측정 엔진 최고회전수를 엔진 정격회전수로 수정·적용하여 배출가스검사를 시행할 수 있다.

마. 휘발유와 가스를 같이 사용하는 자동차는 연료를 가스로 전환한 상태에서 배출가스검사를 실시하여야 한다.

바. 이 표에서 정한 운행차의 정밀검사방법 및 기준 외의 사항에 대해서는 환경부장관이 정하여 고시한다.

2. 관능 및 기능검사

검사항목	검사기준	검사방법
가. 배출가스검사 전 자동차의 상태 확인	1) 검사를 위한 장비조작 및 검사요건에 적합할 것	배기관에 시료채취관이 충분히 삽입될 수 있는 구조인지 확인
	2) 부속장치는 작동을 금지할 것	에어컨, 히터, 서리제거장치 등 배출가스에 영향을 미치는 모든 부속장치의 작동 여부를 확인
	3) 배출가스 관련 부품이 빠져나가 훼손되어 있지 아니할 것	정화용 촉매, 매연여과장치 및 그 밖에 관능검사가 가능한 부품의 장착상태를 확인
	4) 배출가스 관련 장치의 봉인이 훼손되어 있지 아니할 것	조속기 등 배출가스 관련장치의 봉인훼손 여부를 확인
	5) 배출가스가 최종 배출구 이전에서 유출되지 아니할 것	배출가스가 배출가스 정화장치로 유입 이전 또는 최종 배기구 이전에서 유출되는지를 확인
	6) 배출가스 부품 및 장치가 임의로 변경되어 있지 아니할 것	배출가스 부품 및 장치의 임의변경 여부를 확인
	7) 엔진오일, 냉각수, 연료 등이 누설되지 아니할 것	엔진오일 양과 상태의 적정 여부 및 오일, 냉각수, 연료의 누설 여부 확인
	8) 엔진, 변속기 등에 기계적인 결함이 없을 것	냉각팬, 엔진, 변속기, 브레이크, 배기장치 등이 안전상 위험과 검사결과에 영향을 미칠 우려가 없는지 확인
나. 배출가스 관련 부품 및 장치의 작동상태 확인	1) 연료증발가스 방지장치가 정상적으로 작동할 것	가) 증기저장 캐니스터의 연결호스가 제대로 연결되어 있는지 확인 나) 크랭크케이스 저장연결부가 제대로 연결되어 있는지 확인 다) 연료호스 등이 제대로 연결되어 있는지 확인 라) 연료계통 솔레노이드밸브가 제대로 작동되는지 확인
	2) 배출가스 전환장치가 정상적으로 작동할 것	가) 정화용 촉매 및 선택적 환원 촉매장치(SCR) 등의 정상부착 여부 확인 나) 정화용 촉매, 및 선택적 환원 촉매장치(SCR), 보호판, 방열판 등의 훼손 여부 확인 다) 2016년 9월 1일 이후 제작된 자동차는 엔진전자제어장치에 전자 진단장치를 연결하여 매연여과장치 관련 부품(압력센서, 온도센서, 입자상물질 센서 등)의 정상작동 여부를 검사
	3) 배출가스 재순환장치가 정상적으로 작동할 것	가) 재순환밸브의 부착 여부 확인 나) 재순환밸브의 수정 또는 파손 여부를 확인 다) 진공밸브 등 부속장치의 유무, 우회로 설치여부 및 변경여부를 확인 라) 진공호스 및 라인 설치 여부, 호스 폐쇄 여부 확인
	4) 엔진의 가속상태가 원활하게 작동할 것	가) 엔진회전수를 최대 회전수까지 서서히 가속시켰을 때 원활하게 가속되는지와 엔진에서 이상음이 발생하는지를 확인 나) 최대로 가속하였을 때 엔진의 회전속도가 최대출력 시의 회전속도를 초과하는지 확인
	5) 흡기량센서, 산소센서, 흡기온도센서, 수온센서, 스로틀 포지션센서 등이 제 위치에 부착되어 있어야 하고 정상적으로 작동할 것	가) 엔진 전자제어장치에 전자진단장치를 연결하여 센서기능의 정상작동 여부를 검사 나) 엔진 공회전속도가 정상(500～1,000rpm 이내)인지를 확인
	6) 그 밖에 배출가스 부품 및 장치가 정상적으로 작동할 것	그 밖에 배출가스 부품 및 장치가 정상적으로 작동되는지 확인

3. 배출가스검사

가. 부하검사방법의 적용

사용연료	부하검사방법	적용차종
휘발유·알코올·가스	정속모드(ASM2525모드 : 저속공회전 검사모드를 포함한다)	모든 자동차
경유	한국형 경유 147(KD147모드) 검사방법	1) 승용자동차 2) 중형 이하 승합·화물·특수자동차
	엔진회전수 제어방식(Lug-Down3모드)	1) 대형 승합·화물·특수자동차 2) 중형 화물·특수자동차 중 일반형에서 특수용도형으로 구조를 변경한 자동차

비고 : 1. 자동차종류는 「자동차관리법 시행규칙」 별표 1의 기준을 적용한다.
2. 경유사용 자동차 중 특수한 구조 등으로 한국형 경유147(KD147모드) 검사방법을 적용할 수 없는 자동차는 엔진회전수 제어방식(Lug-Down3모드)을 적용하여 검사할 수 있다. 이 경우 자동차검사 전산정보처리조직에 그 사유를 기록하여야 한다.
3. 하이브리드자동차의 경우 엔진구동이 되지 않거나 공회전수가 검사 범위를 벗어나 무부하(공회전) 검사가 불가능한 경우에는 무부하(공회전) 검사를 면제한다.

나. 부하검사방법

검사항목	검사기준	검사방법
1) 배출가스 검사 (일산화탄소, 탄화수소, 질소산화물)	배출가스 측정결과가 저속공회전 검사모드에서는 운행차 정기검사의 배출허용기준에, 정속모드(ASM2525모드)에서는 운행차 정밀검사의 배출허용기준에 각각 맞을 것	(1) 예열모드 측정대상 자동차의 상태가 정상으로 확인되면 차대동력계상에서 25%의 도로부하에서 40km/h의 속도로 주행하고 있는 상태[40km/h의 속도에 적합한 변속기어(자동변속기는 드라이브위치)를 선택한다]하여 40초 동안 예열한다. (2) 저속공회전 검사모드(Low Speed Idle Mode) (가) 예열모드가 끝나면 공회전(500~1,000rpm)상태에서 시료채취관을 배기관 내에 30cm 이상 삽입한다. (나) 측정기 지시가 안정된 후 일산화탄소는 소수점 둘째자리 이하는 버리고 0.1% 단위로, 탄화수소는 소수점 첫째자리 이하는 버리고 1ppm단위로, 공기과잉률(λ)은 소수점 둘째자리에서 0.01단위로 최종측정치를 읽는다. (3) 정속모드(ASM2525모드) (가) 저속공회전 검사모드가 끝나면 즉시 차대동력계에서 25%의 도로부하로 40km/h의 속도로 주행하고 있는 상태[40km/h의 속도에 적합한 변속기어(자동변속기는 드라이브위치)를 선택한다]에서 검사모드 시작 25초 경과 이후 모드가 안정된 구간에서 10초 동안의 일산화탄소, 탄화수소, 질소산화물 등을 측정하여 그 산술평균값을 최종측정치로 한다. (나) 일산화탄소는 소수점 둘째자리 이하는 버리고 0.1%단위로, 탄화수소와 질소산화물은 소수점 첫째자리 이하는 버리고 1ppm단위로 최종측정치를 읽고 기록한다. (다) 차대동력계에서의 배출가스 시험중량은 차량중량에 136kg을 더한 수치로 한다.

검사항목	검사기준	검사방법
2) 매연(Lug -Down 3모드는 엔진정격 회전수 및 엔진최대 출력검사를 포함한다)	가) 해당 부하검사방법에 따라 광투과식 분석방법(부분유량 채취방식만 해당한다)을 채택한 매연측정기를 사용하여 측정한 매연농도가 부하검사방법에 따른 운행차 정밀검사의 배출허용기준에 각각 맞아야 한다.	(1) 한국형 경유147(KD147모드) 검사방법 (가) 측정대상 자동차의 상태가 정상으로 확인되면 차대동력계에서 엔진정격출력의 40% 부하에서 50±6.2 km/h의 차량속도로 40초간 주행하면서 예열한 다음 환경부장관이 정한 주행주기와 도로부하마력에 따라 총 147초 동안 0km/h(엔진 공회전 상태)에서 최고 83.5km/h까지 적정한 변속기어를 선택하면서 주행한다. (나) 매연측정값은 최고측정치를 중심으로 매 1초 동안 전후 0.25초마다 측정된 5개의 1초 동안 산술평균값(A)을 측정값으로 한다. 다만, 1초 동안 산술평균값이 매연 허용기준을 초과할 경우에는 다음과 같이 매연측정값을 산출한다. ① 매연 배출허용기준이 30% 이상인 경우 : 최고측정치의 3초 전과 3초 후의 7초 동안의 산술평균값을 구하여 7초 동안의 산술평균값(B)이 20%를 초과하면 1초 동안 산술평균값(A)을 측정값으로 하고, 20% 이하이면 7초 동안의 산술평균값(B)을 측정값으로 한다. ② 매연 배출허용기준이 25% 이하인 경우 : 최고측정치의 3초 전과 3초 후의 7초 동안의 산술평균값을 구하여 7초 동안의 산술평균값(B)이 10%를 초과하면 1초 동안의 산술평균값(A)을 측정값으로 하고, 10% 이하이면 7초 동안의 산술평균값(B)을 측정값으로 한다. ③ 산술평균값(A, B)이 매연 배출허용기준 이하이면 적합으로 판정한다. (다) 질소산화물 측정값은 검사모드를 시작하면서 매 7초 동안 측정한 결과를 산술평균하여 최고값을 최종측정치로 한다. 최종측정치가 질소산화물 배출허용기준이하이면 적합으로 판정한다. (라) 매연농도는 소수점 이하는 버리고 1% 단위로 산출하고, 질소산화물 농도는 소수점 이하는 버리고 1ppm 단위로 산출한다.
	나) 엔진회전수 제어방식(Lug-Down 3모드)는 부하검사방법 1모드에서 엔진 정격회전수, 엔진 정격최대출력의 측정결과가 엔진 정격회전수의 ±5% 이내이고, 이때 측정한 엔진 최대출력이 엔진 정격출력의 50% 이상이어야 한다. 이 경우 엔진 최대출력의 검사기준 값은 엔진 정격출력의 50%로 산출한 값에서 소수점 이하는 버리고, 1ps 단위로 산출한 값으로 한다.	(1) 엔진회전수 제어방식(Lug-Down 3모드) (가) 측정대상 자동차의 상태가 정상으로 확인되면 차대동력계에서 엔진 정격출력의 40% 부하에서 50±6.2km/h의 차량속도로 40초간 주행하면서 예열한다. (나) 자동차의 예열이 끝나면 즉시 차대동력계에서 가속페달을 최대로 밟은 상태에서 자동차 속도가 가능한 70km/h에 근접하도록 하되 100 km/h를 초과하지 아니하는 변속기어를 선정(자동변속기는 오버드라이브를 사용하여서는 아니 된다)하여 부하검사방법에 따라 검사모드를 시작한다. 다만, 최고 속도제한장치가 부착된 화물자동차의 경우에는 엔진 정격회전수에서 차속이 85km/h를 초과하지 않는 변속기어를 선정하여 검사모드를 시작한다. (다) 검사모드는 가속페달을 최대로 밟은 상태에서 최대출력의 엔진 정격회전수에서 1모드, 엔진 정격회전수의 90%에서 2모드, 엔진 정격회전수의 80%에서 3모드로 형성하여 각 검사모드에서 모드시작 5초 경과 이후 모드가 안정되면 엔진회전수, 최대출력 및 매연측정을 시작하여 10초 동안 측정한 결과를 산술평균한 값을 최종측정치로 한다. (라) 엔진회전수 및 최대출력은 소수점 첫째자리에서 반올림하여 각각 10rpm, 1ps단위로, 매연농도는 소수점 이하는 버리고 1%단위로 산출한 값을 최종측정치로 한다.

다. 무부하검사방법 : 배출가스 정밀검사의 무부하검사방법은 [별표 22]의 운행차 정기검사의 방법 및 기준을 따르되, 경유사용 자동차는 광투과식 검사모드를 적용한다.

2.3 운행차 배출가스검사 시행요령

관련근거 운행차 배출가스검사 시행요령 등에 관한 규정[시행 2016.12.12.]

제1조 [목적]

이 규정은 「대기환경보전법」 제54조, 제62조부터 제69조의2까지, 「대기환경보전법시행규칙」 제87조부터 제105조, 「자동차종합검사의 시행 등에 관한 규칙」 제14조부터 제22조, 「소음·진동관리법」 제37조 및 「소음·진동관리법시행규칙」 제44조에 따른 운행차 배출가스 정기검사 및 정밀검사업무 등에 필요한 사항을 정함을 목적으로 한다.

제2조 [용어의 정의]

이 규정에서 사용하는 용어의 정의는 다음과 같다.

1. "부하검사"라 함은 자동차를 도로운행과 유사한 조건에서 검사하기 위하여 차대동력계상에서 도로주행 상태와 유사한 조건을 재현하여 배출가스를 측정하는 검사를 말한다.
2. "자동차소유자 등"이라 함은 자동차소유자 또는 자동차소유자로부터 자동차의 검사 등에 관한 사항을 위탁받은 자를 말한다.
3. "관능검사"라 함은 자동차의 동일성여부, 배출가스관련 장치 및 부품의 이상여부를 기술인력의 시각, 청각, 후각 등의 관능에 의하여 확인하는 것을 말한다.
4. "기능검사"라 함은 자동차의 배출가스관련 장치 및 부품의 정상 작동여부를 검사용 기계·기구 등을 이용하여 확인하는 것을 말한다.
5. "검사장비"라 함은 환경측정기기의 형식 승인·정도검사 등에 관한 고시 [별표 1]의 차대동력계 및 부속기기(소형운행차용, 대형운행차용)와 차대동력계 배출가스 측정장치 및 그 부속기기(4륜차용) 및 매연 측정기 및 그 부속기기(부분유량 채취방식 광투과식 매연측정기) 등을 말한다.
6. "저속공회전 검사모드"란 「대기환경보전법 시행규칙」 별표 22 제1호 검사항목란 3)과 별표 26 제3호나목 중 검사항목란 1)에서 정하는 검사방법으로서 가속페달을 밟지 않고 엔진을 가동하여 엔진 공회전상태(750±250rpm)에서 배출가스를 측정하는 것을 말한다.
7. "고속공회전 검사모드"란 「대기환경보전법 시행규칙」 별표 22 제1호 검사항목란 3)에서 정하는 검사방법으로서 엔진 공회전 상태에서 가속페달을 밟아 엔진의 회전수를 2500±300rpm으

로 가속하여 일정하게 유지한 상태에서 배출가스를 측정하는 것을 말한다.

8. “정속모드(ASM2525모드)”란 「대기환경보전법 시행규칙」별표 26 제3호나목 중 검사항목란 1)에서 정하는 검사방법으로서 휘발유·가스·알콜사용 자동차를 차대동력계에서 측정대상자동차의 도로부하마력의 25%에 해당하는 부하마력을 설정하고 40km/h의 속도로 주행하면서 배출가스를 측정하는 것을 말한다.
9. “한국형 경유 147(KD147모드)”란 「대기환경보전법 시행규칙」별표 26 제3호나목중 검사항목 2) 검사방법란 (1)에서 정하는 검사방법으로서 경유자동차를 차대동력계에서 차량의 기준중량에 따라 도로 부하마력을 설정한 다음 주행 주기에 따라 147초 동안 최고 83.5km/h까지 가속, 정속, 감속하면서 매연농도를 측정하는 것을 말하며, “K”는 Korea, “D"는 Diesel, “147”은 주행주기에 의한 검사시간을 말한다.
10. “엔진회전수 제어방식(Lug Down 3모드)”이란 「대기환경보전법 시행규칙」별표 26 제3호나목 중 검사항목란 2) 검사방법란 (2)에서 정하는 검사방법으로서 경유사용자동차를 차대동력계에서 가속페달을 최대로 밟은 상태로 주행하면서 엔진 정격회전수에서 1모드, 엔진 정격회전수의 90%에서 2모드, 엔진정격회전수의 80%에서 3모드로 각각 구성하여 엔진출력, 엔진회전수, 매연농도를 측정하는 것을 말한다.
11. “전산정보처리조직”이라 함은 정밀검사 업무수행을 위하여 자료의 입력·출력·연산·제어·기억의 기능을 가지고 프로그램에 의하여 자료를 수학적·논리적으로 처리하는 하드웨어와 이를 운용하는 소프트웨어를 말한다. 다만, 검사장비의 하드웨어 및 소프트웨어, 제9호의 규정에 의한 주제어장치는 전산정보처리조직에서 제외한다.
12. “주제어장치"라 함은 동일한 검사장비를 사용하는 검사진로의 배출가스 검사모드와 검사장비를 총괄 제어하는 하드웨어 및 소프트웨어를 말한다.
13. “이용기관”이라 함은 대기환경보전법에 의한 운행차 배출가스 정밀검사 업무의 수행을 위하여 전산정보처리조직의 주전산기에 단말기를 연결하여 자료를 입·출력하는 기관을 말한다.
14. “전문정비사업자”라 함은 법 제68조 및 「대기환경보전법 시행규칙」 제103조에 따른 전문정비사업자 정비대상 차량의 정비를 위하여 「대기환경보전법」 제68조제1항에 따라 특별자치시장·특별자치도지사 또는 시장·군수·구청장이 지정한 자동차정비업자를 말한다.
15. “자율점검”이라 함은 「대기환경보전법」에 따라 전문정비업자가 배출가스 검사 및 전문정비에 필요한 시설·장비를 스스로 점검하여 그 결과를 지도·점검업무를 관할하는 자치단체의 장에게 보고하는 행위를 말한다.

제3조 [적용범위]

「대기환경보전법」 제54조, 제62조부터 제69조의2까지, 「대기환경보전법시행규칙」 제87조부터 제105조, 「자동차종합검사의 시행 등에 관한 규칙」 제14조부터 제22조, 「소음·진동관리법」 제37조 및 「소음·진동관리법시행규칙」 제44조에 따른 운행차 정기검사 및 정밀검사업무의 시행에 관하여 이 규정에서 정하지 아니한 사항에 대해서는 대기환경보전법령 중 운행차 배출가스 검사에 관한 규정, 소음·진동규제법령 중 소음검사에 관한 규정에 따른다.

제5조 [운행차 및 소음검사 등]

① 「대기환경보전법 시행규칙」 별표 22 비고란 제4호 중 "운행차 정기검사의 방법 및 기준 외의 사항"과 별표 26 제1호 일반기준 바목 중 "운행차 정기검사의 방법 및 기준 외의 사항"이란 별표 1과 같다.

② 「소음·진동관리법 시행규칙」 제41조제2항 및 제44조제1항에 따른 소음 검사방법은 별표 2와 같다.

③ 검사기관은 부하검사방법으로 배출가스검사를 실시할 때에는 자동차소유자 등에게 안전한 장소에서 대기하도록 조치하여야 한다.

④ 검사기관은 배출가스검사를 시행하기 위하여 검사진로에 자동차를 진입시킨 경우에는 주요장치의 고장 등 부득이한 사유로 검사를 진행할 수 없는 경우를 제외하고는 검사진로에서 이탈 없이 순차적으로 1회에 전 검사항목에 대하여 검사를 실시하여야 한다.

⑤ 종합검사대행자 및 종합검사지정정비사업자는 자동차소유자 등이 법 제62조제1항 단서에 따라 배출가스 정기검사가 면제되는 자동차에 대하여 정기검사를 신청하는 경우에는 정기검사 수수료 중 배출가스검사 부분에 해당하는 검사수수료를 면제하여야 한다.

[별표 1] 운행차 배출가스 검사방법(제5조 관련)

1. 검사장비 준비

가. 차대동력계

(1) 차대동력계는 형식승인된 기기로서 최근 1년 이내에 정도검사를 필한 것이어야 한다.

(2) 차대동력계는 작동요령에 따라 충분히 예열시킨 다음 코스트다운 점검을 실시하여야 한다.

(3) 코스트다운 점검에서 부적합된 경우에는 차대동력계 자체손실마력을 측정하여 교정한 후 코스트다운 점검을 다시 실시하여야 한다.

(4) 코스트다운 점검은 당일 검사업무개시 전에 실시하여야 하며, 최소한 1일 1회 이상 실시하여야 한다.

(5) 엔진냉각용 송풍장치, 동력흡수장치용 냉각장치 및 기타 주변장치의 작동상태를 점검한다.

나. 배출가스분석기

(1) 분석기는 형식승인된 기기로서 최근 1년 이내에 정도검사를 필한 것이어야 하며, 안정된 전원에 연결하여 충분히 예열하여 안정화시킨 후 분석기 사용설명서에 따라 조작한다.

(2) 배출가스 측정과정에서 외부공기가 새어 들어오지 아니 하도록 시료채취관 등의 파손 및 누설여부를 확인하여야 한다.

(3) 일산화탄소, 탄화수소, 이산화탄소, 산소 및 질소산화물분석기의 영점 및 스팬(Span)을 조정한다.

(가) 분석기를 충분히 예열시킨 후 영점을 맞춘다. 다만, 산소측정기의 영점조정은 대기 산소농도인 20.80~21%로 한다.

(나) 표준가스를 표준가스 주입구를 통하여 지시값이 안정될 때까지 주입시킨다.

(다) 표준가스 교정값(O_2, CO, CO_2 및 NO는 표준가스 농도, HC는 프로판 농도에 분석기에 표시된 노말헥산계수를 곱한 값)에 지시값을 맞춘다.

(라) 스팬조정 후 흡입펌프를 작동시켜 주입된 표준가스를 배출한 후 영점을 나타내는지를 확인한다.

(마) 측정하고자 하는 자동차에 맞게 HCV(수소비율) 및 OCV(산소비율)값이 정확히 입력되어 있는가를 확인한다.

<휘발유자동차> HCV : 1.85, OCV : 0.000

<가스자동차> HCV : 2.50, OCV : 0.000으로 한다.

(바) 스팬조정은 1개월에 1회 이상 실시하여야 하며, 1주일 이상 계속 사용하지 아니 하였다가 사용하고자 하는 경우에도 스팬을 조정하여야 한다.

다. 매연측정기

(1) 측정기는 형식승인된 기기로서 최근 1년 이내에 정도검사를 필한 것이어야 하며, 안정된 전원에 연결하여 충분히 예열하여 안정화시킨 후 측정기 사용설명서에 따라 조작한다.

(2) 측정기의 영점을 조정한다. 다만, 영점조정 시 자동차 엔진이 정지된 상태에서 시행하여야 하며, 매연농도가 5% 이상으로 측정된 경우에는 영점조정 되지 않아야 한다.

(3) 채취부 및 연결호스 내에 매연이 축적되어 있는지 확인하고 매연이 축적되어 있는 경우에는 이를 제거하여야 한다.

(4) 교정용 매연 표준필터를 이용하여 스팬(Span)을 확인한다.

(가) 교정용 매연 표준필터를 광원과 수광부 사이에 삽입하여 지시값이 안정될 때까지 기다린다.

(나) 교정용 매연 표준필터 농도와 측정된 농도의 차이가 규정 값 이내인지 확인한다.

(다) 스팬확인은 당일 검사업무개시 전에 실시하여야 하며, 최소한 1일 1회 이상 실시하여야 한다.

(5) 매연포집시설 등 외부로부터 매연농도 측정값에 영향을 미치지 않아야 한다.

2. 휘발유·알코올·가스 사용자동차 검사방법

가. 저속 및 고속공회전 검사모드 : 무부하정지가동 검사모드(무부하검사방법)

- 적용범위, 측정원리, 측정대상 자동차의 상태, 측정절차는 실습지시서에 따른다.

나. 정속모드(ASM2525모드 : 부하검사방법) 및 저속공회전 검사모드

- 적용범위, 측정원리, 측정대상 자동차의 상태, 측정절차는 실습지시서에 따른다.

3. 경유사용자동차 검사방법

가. 광투과식 무부하급가속 검사모드(무부하검사방법)

- 적용범위, 측정원리, 측정대상 자동차의 상태, 측정절차는 실습지시서에 따른다.

나. 여지반사식 무부하급가속 검사모드(무부하검사방법)

(1) 적용범위

이 측정방법은 차대동력계상에서 부하검사방법에 의하여 배출가스 검사가 불가능한 경유사용자동차의 매연농도 측정에 적용한다. 다만, 「대기환경보전법 시행규칙」 제87조제1항 별표 22에 따라 2010년 12월 31일까지만 적용한다.

(2) 측정원리

무부하정지가동(아이들링)상태에서 엔진을 급가속하여 배출되는 매연의 농도를 부분유량채취방식의 여지반사식 분석방법을 채택한 측정기를 사용하여 측정한다.

(3) 측정대상 자동차의 상태

(가) 수동변속기 자동차는 변속기어를 중립에 놓고, 자동변속기 자동차는 중립(N) 또는 주차(P)위치에 놓는다.

(나) 측정하는 동안에 자동차가 이탈되는 것을 방지하기 위해 자동차를 고정시키거나 주차브레이크를 작동시킨다.

(다) 배출가스 측정값에 영향을 주거나 측정에 장애를 줄 수 있는 자동차의 에어컨, 서리제거장치 등 부속장치를 작동하여서는 아니 된다.

(다) 여지반사식 매연측정기의 시료채취관은 배기관의 중앙에 오도록 하고, 20cm 정도의 깊이로 삽입한다.

(라) 경유사용자동차는 무부하정지가동(아이들링)상태에서 가속페달을 서서히 밟아 엔진회전수 증가에 따라 엔진 또는 자동차의 이상소음 유무를 확인하고 엔진 등의 손상이 우려되는 경우에는 즉시 가속을 멈추고 검사를 중지하여야 한다.

(4) 예비무부하급가속

(가) 엔진을 정상작동상태로 하고 배기관내에 축적되어 있는 매연을 배출시키기 위하여 측정대상자동차의 엔진을 변속기가 중립인 상태(정지가동상태)에서 가속페달을 최대로 밟은 상태로 급가속하여 엔진 최고회전수에 도달하게 한 후 2초간 유지시키고 정지가동상태로 복귀시킨 다음 5~6초간 둔다. 이와 같은 과정을 3회 이상 반복 실시한다. 이는 원동기를 정상상태로 할뿐 만 아니라 배기관 내에 축적되어 있는 매연을 배출하기 위함이다.

(나) 매연여지는 공회전 후 5~6초간 정지가동 시 매연여지 자동이송장치에 의해 측정기의

시료채취구에 삽입되어야 하며, 이때 규정된 매연여지가 측정기의 시료채취구에 올바르게 삽입되었는지 확인한다.

(5) 매연측정

(가) 가속페달에 발을 올려놓고 원동기의 최고회전속도에 도달할 때까지 급속히 밟으면서 동시에 시료채취펌프를 작동시킨다. 이때 가속페달은 밟을 때부터 놓을 때까지의 소요시간은 4초 이내로 하고 이 시간 내에 시료를 채취하여야 한다.

(나) 매연채취가 끝난 다음 시료채취구에서 여지를 계측부로 이송하여 측정기에 의해 여지의 매연농도를 자동으로 측정하고 시료채취관은 압축공기로 청소한다.

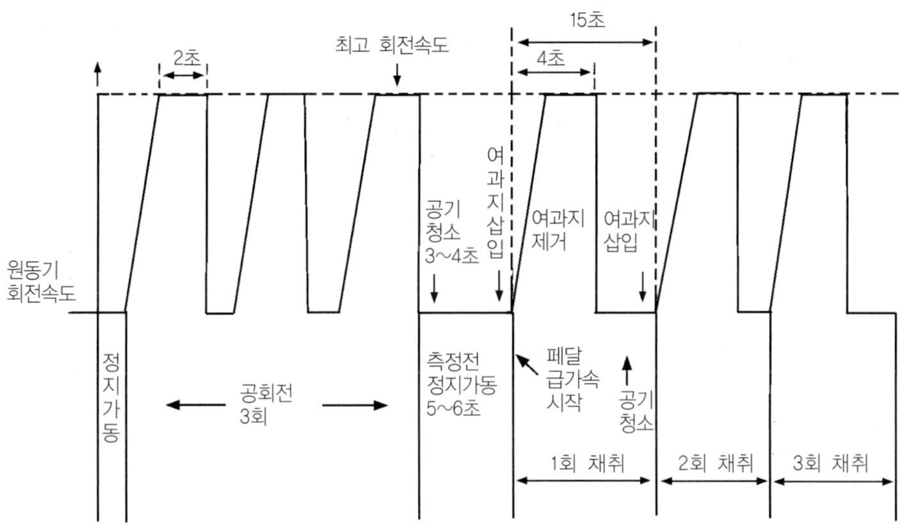

정지가동상태인 운행차의 매연측정방법

(다) 원동기의 급가속시부터 시료채취관의 압축공기 청소까지에 소요되는 시간은 15초 정도로 한다.

(라) 이상의 방법으로 매연농도를 3회 연속 측정한다.

(6) 검사결과의 판정

(가) 3회 연속 측정한 매연농도를 산술평균하여 소수점이하는 절사한 값을 최종측정치로 한다.

(나) 이때 3회 측정한 매연농도의 최대치와 최소치의 차가 5%를 초과하는 때에는 2회를 다시 측정하여 총 5회중 최대치와 최소치를 제외한 나머지 3회의 측정치를 산술평균한 값을 최종측정치로 한다.

다. 엔진회전수 제어방식 : Lug Down 3모드(부하검사방법)

- 적용범위, 측정원리, 측정대상 자동차의 상태, 측정절차는 실습지시서에 따른다.

라. 한국형 경유 147 : KD147모드(부하검사방법)

- 적용범위, 측정원리, 측정대상 자동차의 상태, 측정절차는 실습지시서에 따른다.

4. 기타 검사방법 적용에 관한 사항은 환경부장관이 판단하는 바에 따른다.

5. 장비의 구성

가. 검사장비의 전산시스템은 다음과 같이 구성되어야 한다.

(1) 검사장비는 주제어장치에 의하여 제어되어야 하며, 주제어장치는 다음의 검사방법을 각각 독립된 프로그램에 의하여 자동 및 수동으로 제어할 수 있도록 구성되어야 한다.

(가) 휘발유·가스·알콜사용 자동차의 정속모드(ASM2525모드)

(나) 휘발유·가스·알콜사용 자동차의 저속 및 고속공회전 검사모드

(다) 경유자동차의 한국형 경유 147(KD147모드)

(라) 경유사용 자동차의 엔진회전수 제어방식 Lug Down 3모드

(마) 경유사용 자동차의 무부하급가속검사모드

(2) 검사장비는 주제어장치와 실시간 양방향 또는 단방향 통신이 가능하여야 하며, 검사방법별 검사모드 설정 및 검사결과의 입·출력이 가능하고, 검사장비의 정도관리가 자동으로 수행되어야 하며, 그 결과가 주전산기로 송신·저장되는 구조이어야 한다.

(3) 관능 및 기능검사시스템과 배출가스검사시스템은 별도의 입·출력기를 구비하여 검사결과의 입·출력 및 자료의 검색 등이 독립적으로 운영되도록 구성되어야 한다.

나. 검사장비는 다음의 구조·성능을 갖추어야 한다.

(1) 차대동력계

(가) 주제어장치는 다음의 구조·성능을 갖추어야 한다.

1) 검사장비를 제어할 수 있어야 하며, 저속공회전 검사모드 및 정속모드(ASM2525모드), 저속 및 고속공회전 검사모드, 한국형 경유 147(KD147모드), 엔진회전수 제어방식 Lug Down 3모드, 무부하급가속검사모드의 검사방법을 독립적으로 수행하기에 적합한 구조와 성능을 갖추어야 한다.

2) 검사장비와는 항상 온라인 상태를 유지하여야 하며, 화면에는 검사장비의 측정값 등을 연속적으로 표시하여야 한다.

3) 주제어장치에는 운전자용 보조화면을 설치하여야 하며, 이 화면에는 검사진행시간 및 상태, 자동차의 속도, 부하마력(Lug Down 3모드 제외) 등을 나타내어야 한다.

4) 차대동력계의 부하마력은 전산정보처리조직에 의하여 설정되어야 하며(제원 등이 누락된 경우에는 그러하지 아니하다), 실시간에 설정된 마력과 측정마력을 동시에 나타내야 한다. 이 경우 측정마력은 차대동력계에서 실제 측정된 마력과 표준상태로 보정한 마력으로 나타내야 하며, 표준상태로 보정한 마력을 최종 측정마력으로 한다.

5) 차대동력계로부터 자동차의 속도, 흡수마력, 엔진회전수를 실시간으로 전송받을 수 있어야 하며, 전송받은 자료에 의하여 차대동력계 부하를 폐회로 시스템(feedback system)으로 제어할 수 있어야 한다.

6) 검사가 진행 중일 때에는 검사자동차의 등록번호·엔진회전수·자동차속도·검사모드 진행시간 등 검사모드 진행상황을 화면에 나타내어야 한다. 다만, 예측판정이 가능한 배출가스 및 매연농도는 제외하며, 엔진회전수 제어방식 Lug Down 3모드는 엔진출력 및 엔진토크까지 제외한다.

7) 검사도중 다음의 어느 하나에 해당하는 경우가 발생한 때에는 검사가 자동으로 중지되도록 제어하여야 한다.

가) 주제어장치와 배출가스분석기 또는 매연측정기와 1초 이상 연속적으로 통신이 단절된 경우

나) 엔진이 정지된 경우

(나) 엔진회전속도계는 모든 자동차에 대한 엔진회전수를 측정할 수 있거나 엔진의 점화방식에 따라 각각 엔진회전수 검출에 적합한 구조와 성능을 갖추어야 하며, 측정센서의 설치가 용이하여야 한다.

(다) 엔진냉각용 송풍기는 다음의 구조·성능을 갖추어야 한다.

1) 송풍용량은 1.5~2.5m^3/sec로써, 일정한 속도 또는 차속비례형으로 송풍할 수 있어야 하며, 송풍방향을 조절할 수 있어야 한다.

2) 송풍기 회전체로부터 인체를 보호할 수 있는 덮개 등의 안전장치와 송풍기를 고정할 수 있는 장치가 설치되어야 한다.

(라) 차대동력계에는 다음의 안전장치를 갖추어야 한다.

1) 차대동력계 롤러의 좌·우 측면에는 구동바퀴 이탈방지용 안전장치를 설치하되, 자동차의 주행저항을 증가시키는 구조이어서는 아니된다.

2) 자동차를 롤러에 안전하게 진입 및 진출시킬 수 있는 롤러 고정용 제동장치를 설치하여야 한다.

3) 자동차를 견고하게 고정할 수 있는 고정쇠 및 체인 등의 체결장치를 설치하여야 하며, 이 체결장치는 차량의 진입과 진출에 방해가 되지 아니하도록 설치되어야 한다.

(2) 배출가스분석기

(가) ASM2525모드에서는 일산화탄소, 탄화수소, 질소산화물이 동시에 측정·계산되어야 하고, 저속 및 고속공회전 검사모드에서는 일산화탄소, 탄화수소, 공기과잉률이 동시에 측정·계산되어야 한다.

(나) 최소한 1초당 1회 이상 배출가스를 측정하여야 하며, 주제어장치의 프로토콜에 적합한 전송장치를 갖추어야 한다.

(다) 배출가스 분석장치에는 정상작동온도 범위를 유지하기 위한 보온장치가 있어야 하며, 배출가스를 최소한 5분 동안 연속적으로 측정할 수 있어야 한다.

(라) 채취관에는 -10℃의 온도에서도 채취 성능이 저하되지 않는 장치를 설치하여야 한다.

(마) 검사 중 시료채취관이 자동차 배기관으로부터 이탈되었을 경우를 대비하여 배출가스분석기로 유입되는 가스의 상관관계를 확인하여 주제어장치로 신호를 보내는 기능이 있어야 하며, 주제어장치는 배출가스분석기로부터 시료채취관 이탈신호가 있는 경우에는 검사모드를 즉시 중지하여야 한다.

(3) 광투과식 매연측정기

(가) 부분유량 채취방식(partial flow principle)이어야하고, 농도단위(%)로 측정되어야 한다.

(나) 주제어장치의 프로토콜에 적합한 전송장치를 갖추어야 한다.

(다) 채취부는 배기관의 벽면으로부터 5mm 이상 이격시킬 수 있는 구조이어야 한다.

(라) 검사 중 시료채취관이 자동차 배기관으로부터 이탈되지 않도록 하여야 하며 시료채취관이 배기관으로부터 이탈된 때에는 주제어장치를 통해 검사모드가 중지되도록 하여야 한다.

기본학습 03 실습지시서 및 실습보고서

실습지시서

<table>
<tr><td>학과</td><td>과</td><td>학기</td><td colspan="2">20 학년도 학기</td></tr>
<tr><td>교과목명</td><td>자동차정비검사</td><td>시간</td><td colspan="2">20 년 월 일(~교시)</td></tr>
<tr><td>실험·실습명</td><td colspan="4">배출가스검사 장비 준비하기</td></tr>
<tr><td>실습목표</td><td colspan="4">1. 자동차검사 종류에 따라 운행차 배출가스 검사방법을 적용할 수 있다.
2. 운행차 배출가스 검사방법에 따라 차대동력계·부속장치의 작동상태를 확인할 수 있다.
3. 운행차 배출가스 검사방법에 따라 배출가스분석기의 작동상태를 확인할 수 있다.
4. 운행차 배출가스 검사방법에 따라 광투과식 매연측정기의 작동상태를 확인할 수 있다.
5. 운행차 배출가스 검사방법에 따라 대상자동차를 차대동력계 위에 배출가스 검사 측정위치에 준비할 수 있다.
6. 운행차 배출가스 검사방법에 따라 검사진행 전 확인사항으로 변속 레버위치를 확인할 수 있다.
7. 운행차 배출가스 검사방법에 따라 주차브레이크, 배기브레이크 등의 상태를 확인할 수 있다.
8. 운행차 배출가스 검사방법에 따라 주차브레이크나 고임목 등을 이용하여 자동차를 고정할 수 있다.</td></tr>
<tr><td rowspan="5">사용재료
(공구/기구 등)</td><td>품명(재료명)</td><td>규격</td><td>수량</td><td>비고</td></tr>
<tr><td>배출가스 측정기</td><td></td><td>1</td><td></td></tr>
<tr><td>매연측정기</td><td></td><td>1</td><td></td></tr>
<tr><td>엔진회전수 측정기</td><td></td><td>1</td><td></td></tr>
<tr><td>차량동력계</td><td></td><td>1</td><td></td></tr>
<tr><td>실험·실습순서
및 관련지식</td><td colspan="4">1. 운행차 배출가스검사를 위한 검사 장비의 준비사항을 숙지한다.
가. 차대동력계
(1) 차대동력계는 형식승인된 기기로서 최근 1년 이내에 정도검사를 필한 것이어야 한다.
(2) 차대동력계는 작동요령에 따라 충분히 예열시킨 다음 코스트다운 점검을 실시한다.
(3) 코스트다운 점검에서 부적합된 경우에는 차대동력계 자체손실마력을 측정하여 교정한 후 코스트다운 점검을 다시 실시한다.
(4) 코스트다운 점검은 당일 검사업무개시 전에 실시하여야 하며, 최소한 1일 1회 이상 실시한다.
(5) 엔진냉각용 송풍장치, 동력흡수장치용 냉각장치 및 기타 주변장치의 작동상태를 점검한다.</td></tr>
</table>

실험·실습순서 및 관련지식

나. 배출가스분석기

(1) 분석기는 형식승인된 기기로서 최근 1년 이내에 정도검사를 필한 것이어야 하며, 안정된 전원에 연결하여 충분히 예열하여 안정화시킨 후 분석기 사용설명서에 따라 조작한다.

(2) 배출가스 측정과정에서 외부공기가 새어 들어오지 아니 하도록 시료채취관 등의 파손 및 누설여부를 확인한다.

(3) 일산화탄소, 탄화수소, 이산화탄소, 산소 및 질소산화물 분석기의 영점 및 스팬(Span)을 조정한다.

(가) 분석기를 충분히 예열시킨 후 영점을 맞춘다. 다만, 산소측정기의 영점조정은 대기 산소농도인 20.80~21%로 한다.

(나) 표준가스를 표준가스 주입구를 통하여 지시값이 안정될 때까지 주입시킨다.

(다) 표준가스 교정값(O_2, CO, CO_2 및 NO는 표준가스 농도, HC는 프로판 농도에 분석기에 표시된 노말헥산계수를 곱한 값)에 지시값을 맞춘다.

(라) 스팬조정 후 흡입펌프를 작동시켜 주입된 표준가스를 배출한 후 영점을 나타내는지를 확인한다.

(마) 측정하고자 하는 자동차에 맞게 HCV(수소비율) 및 OCV(산소비율)값이 정확히 입력되어 있는가를 확인한다.
〈휘발유자동차〉 HCV : 1.85, OCV : 0.000
〈가스자동차〉 HCV : 2.50, OCV : 0.000으로 한다.

(바) 스팬조정은 1개월에 1회 이상 실시하여야 하며, 1주일 이상 계속 사용하지 아니 하였다가 사용하고자 하는 경우에도 스팬을 조정한다.

다. 매연측정기

(1) 측정기는 형식승인된 기기로서 최근 1년 이내에 정도검사를 필한 것이어야 하며, 안정된 전원에 연결하여 충분히 예열하여 안정화시킨 후 측정기 사용설명서에 따라 조작한다.

(2) 측정기의 영점을 조정한다. 다만, 영점조정 시 자동차 엔진이 정지된 상태에서 시행하여야 하며, 매연농도가 5% 이상으로 측정된 경우에는 영점 조정되지 않아야 한다.

(3) 채취부 및 연결호스 내에 매연이 축적되어 있는지 확인하고 매연이 축적되어 있는 경우에는 이를 제거한다.

(4) 교정용 매연표준필터를 이용하여 스팬(Span)을 확인한다.

(가) 교정용 매연표준필터를 광원과 수광부 사이에 삽입하여 지시값이 안정될 때까지 기다린다.

(나) 교정용 매연표준필터 농도와 측정된 농도의 차이가 규정 값 이내인지 확인한다.

(다) 스팬확인은 당일 검사업무개시 전에 실시하여야 하며, 최소한 1일 1회 이상 실시한다.

(5) 매연포집시설 등 외부로부터 매연농도 측정값에 영향을 미치지 않아야 한다.

실습보고서

실험제목	배출가스검사 장비 준비하기		
실험일자		반 및 실험조	
학번		성명	

■ 과제 내용

배출가스검사를 위한 장비 준비하기는 어떻게 하여야 하는가 ?

1. 차대동력계

2. 배출가스 분석기

3. 매연측정기

※용지 부족시 별도 용지 사용가능

실습지시서

<table>
<tr><td>학과</td><td>과</td><td>학기</td><td colspan="2">20 학년도 학기</td></tr>
<tr><td>교과목명</td><td>자동차정비검사</td><td>시간</td><td colspan="2">20 년 월 일(~교시)</td></tr>
<tr><td>실험·실습명</td><td colspan="4">운행차 정밀검사시 관능 및 기능검사하기</td></tr>
<tr><td>실습목표</td><td colspan="4">1. 운행차 배출가스 정밀검사 시행요령 등에 관한 규정에 따라 운행차 배출가스 검사방법을 숙지할 수 있다.
2. 운행차 배출가스검사방법에 따라 차대동력계·부속장치의 작동상태를 확인할 수 있다.
3. 운행차 배출가스검사방법에 따라 배출가스측정기의 작동상태를 확인할 수 있다.
4. 운행차 배출가스검사방법에 따라 광투과식 매연측정기의 작동상태를 확인할 수 있다.
5. 부하·무부하검사방법에 따라 대상자동차를 차대동력계 위에 준비할 수 있다.</td></tr>
<tr><td rowspan="5">사용재료
(공구/기구 등)</td><td>품명(재료명)</td><td>규격</td><td>수량</td><td>비고</td></tr>
<tr><td>배출가스 측정기</td><td></td><td>1</td><td></td></tr>
<tr><td>매연측정기</td><td></td><td>1</td><td></td></tr>
<tr><td>엔진회전수 측정기</td><td></td><td>1</td><td></td></tr>
<tr><td>차량동력계</td><td></td><td>1</td><td></td></tr>
<tr><td rowspan="10">실험·실습순서
및 관련지식</td><td colspan="4">1. 운행차 정밀검사시 관능 및 기능검사의 방법 및 기준에 대하여 숙지한다.</td></tr>
<tr><td>검사항목</td><td>검사기준</td><td colspan="2">검사방법</td></tr>
<tr><td rowspan="8">가. 배출가스 검사 전 자동차의 상태 확인</td><td>1) 검사를 위한 장비조작 및 검사요건에 적합할 것</td><td colspan="2">배기관에 시료채취관이 충분히 삽입될 수 있는 구조인지 확인</td></tr>
<tr><td>2) 부속장치는 작동을 금지할 것</td><td colspan="2">에어컨, 히터, 서리제거장치 등 배출가스에 영향을 미치는 모든 부속장치의 작동 여부를 확인</td></tr>
<tr><td>3) 배출가스 관련 부품이 빠져나가 훼손되어 있지 아니할 것</td><td colspan="2">정화용촉매, 매연여과장치 및 그 밖에 관능검사가 가능한 부품의 장착상태를 확인</td></tr>
<tr><td>4) 배출가스 관련 장치의 봉인이 훼손되어 있지 아니할 것</td><td colspan="2">조속기 등 배출가스 관련장치의 봉인훼손 여부를 확인</td></tr>
<tr><td>5) 배출가스가 최종 배출구 이전에서 유출되지 아니할 것</td><td colspan="2">배출가스가 배출가스 정화장치로 유입 이전 또는 최종 배기구 이전에서 유출되는지를 확인</td></tr>
<tr><td>6) 배출가스 부품 및 장치가 임의로 변경되어 있지 아니할 것</td><td colspan="2">배출가스 부품 및 장치의 임의변경 여부를 확인</td></tr>
<tr><td>7) 엔진오일, 냉각수, 연료 등이 누설되지 아니할 것</td><td colspan="2">엔진오일 양과 상태의 적정 여부 및 오일, 냉각수, 연료의 누설 여부 확인</td></tr>
<tr><td>8) 엔진, 변속기 등에 기계적인 결함이 없을 것</td><td colspan="2">냉각팬, 엔진, 변속기, 브레이크, 배기장치 등이 안전상 위험과 검사결과에 영향을 미칠 우려가 없는지 확인</td></tr>
</table>

실험·실습순서 및 관련지식	검사항목	검사기준	검사방법
	나. 배출가스 관련 부품 및 장치의 작동상태 확인	1) 연료증발가스 방지장치가 정상적으로 작동할 것	가) 증기저장 캐니스터의 연결호스가 제대로 연결되어 있는지 확인 나) 크랭크케이스 저장연결부가 제대로 연결되어 있는지 확인 다) 연료호스 등이 제대로 연결되어 있는지 확인 라) 연료계통 솔레노이드 밸브가 제대로 작동되는지 확인
		2) 배출가스 전환장치가 정상적으로 작동할 것	가) 정화용 촉매의 정상부착 여부 확인 나) 정화용 촉매, 보호판, 방열판 등의 훼손 여부 확인
		3) 배출가스 재순환장치가 정상적으로 작동할 것	가) 재순환 밸브의 부착여부 확인 나) 재순환 밸브의 수정 또는 파손여부를 확인 다) 진공밸브 등 부속장치의 유무, 우회로 설치여부 및 변경여부를 확인 라) 진공호스 및 라인 설치여부, 호스 폐쇄 여부 확인
		4) 엔진의 가속상태가 원활하게 작동할 것	가) 엔진회전수를 최대회전수까지 서서히 가속시켰을 때 원활하게 가속되는지와 엔진에서 이상음이 발생하는지를 확인 나) 최대로 가속하였을 때 엔진의 회전속도가 최대출력 시의 회전속도를 초과하는지 확인
		5) 흡기량센서, 산소센서, 흡기온도센서, 수온센서, 스로틀포지션센서 등이 제 위치에 부착되어 있어야 하고 정상적으로 작동할 것	가) 엔진 전자제어장치에 전자 진단장치를 연결하여 센서기능의 정상작동 여부를 검사 나) 엔진 공회전속도가 정상(500~1,000 rpm 이내)인지를 확인
		6) 그 밖에 배출가스 부품 및 장치가 정상적으로 작동할 것	그 밖에 배출가스 부품 및 장치가 정상적으로 작동되는지 확인

실습보고서

실험제목	운행차 정밀검사시 관능 및 기능검사하기		
실험일자		반 및 실험조	
학번		성명	

■ 과제 내용

운행차 정밀검사시 관능 및 기능검사에 대한 방법 및 기준에 대하여 설명하라.

※용지 부족시 별도 용지 사용가능

학습정리

이 장에서는 자동차관리법 등의 운행차 배출가스검사와 관련된 법규를 이해하고, 운행차 배출가스 정밀검사 시행요령에 의거 운행차 배출검사방법을 숙지할 뿐만 아니라 검사방법에 따라 차대동력계 및 배기가스 측정기 및 매연측정기의 작동상태를 확인할 수 있고 무부하 및 부하배출가스 검사모드에 따라 배출허용 기준값을 적용할 수 있도록 한다.

총괄평가

1. 운행차 배출가스 시행요령에서 차대 동력계의 준비사항에 대하여 설명하시오.
2. 운행차 배출가스 시행요령에서 배기가스 측정기의 준비사항에 대하여 설명하시오.
3. 운행차 배출가스 시행요령에서 매연측정기의 준비사항에 대하여 설명하시오.

보충학습

1. 배기가스 중의 유해성분

가솔린엔진은 큰 출력을 발생하는 대신에 가솔린을 연소한 결과 생기는 유독한 물질을 배출가스 중에 포함하고 있기 때문에 대기오염의 주범으로 주목받고 있다. 가솔린엔진의 배출가스 중에서 유해성분의 주된 것으로는 여러 종류가 있지만 그 중에서도 특히 유해성분으로 인체에 끼치는 것은 다음과 같다.

- 일산화탄소(CO)

  일산화탄소는 엔진에 공기의 공급이 불충분하여 불완전 연소할 때 발생하는 무색무취의 가스이다. 가솔린엔진을 1이라고 하면 LP가스엔진은 1/2, 디젤엔진은 1/100의 방출량이며 특히 가솔린엔진의 아이들링 시에 농도가 높다.

  인체에 대한 영향은 혈액중의 헤모글로빈과 결합하여 산소의 운반작용을 방해하며 60ppm 이상의 장소에 있으면 자각증상이 나타나고 500ppm을 초과하면 두통과 구토 등의 중독증상을 호소하며 5,000ppm에 달하면 사망하게 된다.

- 탄화수소(HC)

  탄화수소는 엔진에서 연소되지 않은 연료가 분해하여 발생하는 가스로 그 성분은 대단히 많은데 메탄, 프로판 및 핵산 등 100종류 이상을 함유하고 있다. 탄화수소가 단독으로 인체에 영향을 미치는 것은 상당히 노후한 경우(500~600PPM 이상)에 한 하지만 이산화질소와의 혼합물은 대기 중에서 강한 태양광선에 의해 오존 등의 과산화물을 만들어 눈의 점막을 자격한다.

- 질소산화물(NOx)

  가솔린이 고온에서 연소될 때 공기 중의 질소가 산화해서 생기며 NO2로서 배출된다. HC와 마찬가지로 진하지 않으면 인체에 그다지 영향은 없지만 HC와 일체로 된 상태에서 대기 중에 떠다니고 있을 때에 강한 햇빛을 받으면 광학적 반응을 일으켜서 광화학 스모그를 발생시킨다고 한다. 또한 질소산화물은 갈색의 불쾌한 냄새가 나는 가스로 인체에 대한 영향은 눈을 자극시키고 호흡기에 급성 천식성의 증상을 일으킨다.

- 기타

  기타 유해한 성분으로는 납화합물, 알데히드, 아황산가스 등이 있다.

2. 공기과잉률(λ)

공기과잉률은 연소에 필요한 이론공기량(이론 공연비)에 대한 실제 공기량(실제 공연비)의 비율을 말하며 이에 대한 측정은 연소이론을 응용하여 크게 탄소평형법과 산소 평형법으로 나눈다. 우리나라는 기본적으로 산소평형법의 측정기를 지향하고 있다.

- 탄소 평형법

  배기가스 중 CO, HC, CO_2를 측정하여 산출하는 방법으로 사용조건상 일반적인 검사보다는 제작, 시험용으로 사용되는 것으로 알려져 있다.

- 산소 평형법

  배기가스 중 CO, HC, CO_2 및 O_2를 측정하여 산출하는 방법으로 유렵에서 사용하는 것으로 알려져 있다.

3. 자동차의 매연

자동차의 배출가스 중에 가시물질, 즉 매연을 색에 의한 감각으로 분류하면 다음의 3가지로 대별된다.

- 흑연

  열연이라고도 하며 연소실내의 국부적 과농 혼합기에 의해 생성된 탄소입자의 부유물이다.

- 백연

  냉연이라고도 하며 냉간운전 또는 엔진실화에 의해 생긴 미연입자의 연기 및 수증기의 냉각으로 발생하는 연기이다.

- 청연

  워밍업 운전시 배기관 출구보다 약간 떨어진 곳에서 볼 수 있는 점성을 가진 액상물질로 소량의 산소를 함유한 탄화수소의 혼합물이다.

  위에서 말한 3가지 색의 연기 가운데 디젤자동차에서는 전부하운전시에 발생하는 흑연이 특징이다.

참고자료

1. 자동차관리법, 자동차관리법 시행령, 자동차관리법 시행규칙
2. 대기환경보전법, 대기환경보전법 시행령, 대기환경보전법 시행규칙
3. 운행차 배출가스 검사 시행요령 등에 관한 규정
4. 수도권 대기환경개선에 관한 특별법
5. 자동차종합검사의 시행 등에 관한 규칙
6. 운행차 수시점검방법과 확인검사대행자 등록에 관한 규정

A-2 무부하 배출가스 검사하기(1506030606_17v3.2)

차대동력계 및 배기가스 측정기 및 매연측정기의 교정을 실시한 후 운행차의 정기 및 정밀검사방법·기준에 의거하여 무부하 배출가스 검사를 실시할 수 있어야 한다.

학/습/목/표

일반목표

자동차관리법 및 대기환경보전법 등의 자동차 검사업무와 배출가스를 측정하는 검사 방법 및 판정기준에 대하여 학습하고, 운행차 정기검사 및 정밀검사를 실시하기 위해 무부하 및 부하 배출가스검사를 배출가스 검사기기를 활용하여 정기 및 정밀검사를 할 수 있는 능력을 배양하고 또한 결과를 판정할 수 있도록 한다.

세부목표

1. 운행차 배출가스 검사방법에 따라 저속고속공회전모드(TSI), 무부하정지가동모드에서 측정대상 자동차의 운행차 배출허용기준을 적용할 수 있다.
2. 운행차 배출가스 검사방법에 따라 무부하급가속모드에서 측정대상 자동차의 엔진정격회전수, 운행차 배출허용기준을 적용할 수 있다.
3. 운행차 배출가스 검사방법에 따라 자동차에 엔진회전속도계를 설치할 수 있다.
4. 운행차 배출가스 검사방법에 따라 각 모드별 검사모드의 구성요건에 맞게 무부하 배출가스 검사를 실시할 수 있다.
5. 운행차 배출가스 검사방법에 따라 무부하 배출가스 검사모드 수행 중 엔진의 과열, 이상소음 발생 등 무부하검사 실시에 부적절 하다고 판단되는 경우 검사를 종료할 수 있다.

주요 용어

배출가스, 배출가스 검사모드, ASM2525모드, KD147모드, Lug Down 3모드

학습활동

기본학습 01 무부하 배출검사

1.1 휘발유·알코올·가스사용 자동차의 무부하 배출가스검사 방법

실습지시서를 따른다.

1.2 경유자동차의 무부하 매연검사 방법

실습지시서를 따른다.

기본학습 02 실습지시서 및 실습보고서(무부하검사)

2.1 휘발유·알코올·가스사용 자동차의 무부하 배출가스검사

실습지시서

<table>
<tr><th>학과</th><td>과</td><th>학기</th><td>20 학년도 학기</td></tr>
<tr><th>교과목명</th><td>자동차정비검사</td><th>시간</th><td>20 년 월 일(~교시)</td></tr>
<tr><th>실험·실습명</th><td colspan="3">휘발유·알코올·가스사용 자동차의 무부하 배출가스검사
- 저속 및 고속공회전 검사모드(무부하검사방법)</td></tr>
<tr><th>실습목표</th><td colspan="3">(1) 운행차 배출가스 검사방법에 따라 저속고속 공회전모드(TSI), 무부하정지가동모드에서 측정대상 자동차의 운행차 배출허용기준을 적용할 수 있다.
(2) 운행차 배출가스 검사방법에 따라 무부하급가속모드에서 측정대상 자동차의 엔진정격회전수, 운행차 배출허용기준을 적용할 수 있다.
(3) 운행차 배출가스 검사방법에 따라 자동차에 엔진회전속도계를 설치할 수 있다.
(4) 운행차 배출가스 검사방법에 따라 각 모드별 검사모드의 구성요건에 맞게 무부하 배출가스 검사를 실시할 수 있다.
(5) 운행차 배출가스 검사방법에 따라 무부하 배출가스 검사모드 수행 중 엔진의 과열, 이상소음 발생 등 무부하검사 실시에 부적절 하다고 판단되는 경우 검사를 종료할 수 있다.</td></tr>
<tr><th rowspan="5">사용재료
(공구/기구 등)</th><th>품명(재료명)</th><th>규격</th><th>수량</th><th>비고</th></tr>
<tr><td>자동차</td><td></td><td>1</td><td></td></tr>
<tr><td>차대동력계</td><td></td><td>1</td><td></td></tr>
<tr><td>배출가스분석기</td><td></td><td>1</td><td></td></tr>
<tr><td>엔진회전수측정기</td><td></td><td>1</td><td></td></tr>
<tr><th>실험·실습순서
및 관련지식</th><td colspan="4">• 관련근거
운행차 배출가스 검사 시행요령 등에 관한 규정
- [별표1] 운행차 배출가스 검사방법(제5조 관련)

• 대상자동차
휘발유·알코올·가스 사용자동차 검사

• 검사기준
일산화탄소, 탄화수소, 공기과잉률의 측정결과가 저속공회전 검사모드 및 고속공회전 검사모드 모두 운행차정기검사의 배출허용기준에 각각 적합하여야 한다.

• 측정
저속 및 고속공회전 검사모드 화면을 아래 그림에 나타내고 있다. 검사가 진행되는 동안 장비의 이상 유무 및 통신단절 상태를 확인하며 차량의 엔진회전수(rpm) 및 배출가스 측정값, 규제값 및 배출가스 분석기의 상태가 표시된다.
모드가 완료되면 검사결과가 자동으로 저장되며 초기화면으로 전환된다.</td></tr>
</table>

실험·실습순서 및 관련지식

(1) 적용범위

이 측정방법은 차대동력계상에서 부하검사방법에 의하여 배출가스검사가 불가능한 휘발유·가스·알콜사용 자동차의 일산화탄소, 탄화수소 및 공기과잉률을 측정하는데 적용한다. 다만, 고속공회전 검사모드는 승용자동차와 차량총중량 3.5톤 미만의 소형자동차에 한하여 적용한다.

(2) 측정원리

저속 및 고속공회전 검사모드 시 배출되는 일산화탄소, 탄화수소 및 이산화탄소의 농도는 비분산적외선(NDIR)방법, 산소의 농도는 자기식 또는 전기화학식을 채택한 분석기를 사용하며, 공기과잉률은 일산화탄소, 탄화수소, 이산화탄소 및 산소 등을 측정하여 계산하는 분석기를 사용하여 측정한다.

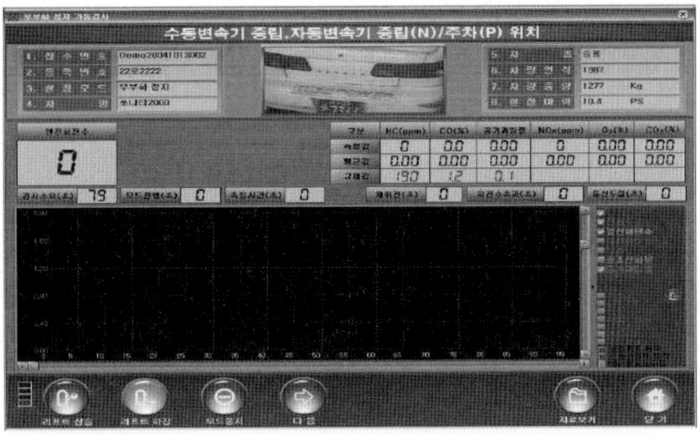

저속 및 고속 공회전 검사모드(무부하정지 가동검사모드)

(3) 측정대상 자동차의 상태

(가) 수동변속기 자동차는 변속기어를 중립에 놓고, 자동변속기 자동차는 중립(N) 또는 주차(P)위치에 놓는다.

(나) 측정하는 동안에 자동차가 이탈되는 것을 방지하기 위해 자동차를 고정시키거나 주차브레이크를 작동시킨다.

(다) 배출가스 측정값에 영향을 주거나 측정에 장애를 줄 수 있는 자동차의 에어컨, 서리제거장치 등 부속장치를 작동하여서는 아니 된다.

(라) 엔진 회전속도계를 설치한다. 다만, 엔진 회전속도계에 의해 엔진회전수 측정이 어려운 경우 자동차의 엔진회전수 지시계로 대신할 수 있으며, 이 경우 전산정보처리조직에 그 사유를 입력한다.

(마) 자동차 배기관에 배출가스분석기의 시료채취관을 30cm 이상 삽입한다.

(바) 배기관이 2개 이상일 때에는 임의로 배기관 1개를 선정하여 측정을 한 후 측정치를 산출한다. 다만, 자동차용 원동기 배기관과 냉·난방용 원동기 배기관이 별도로 있을 경우에는 자동차용 원동기 배기관에서만 측정한다.

실험·실습순서 및 관련지식

(4) 측정준비

(가) 워밍업 및 대기

• 워밍업

① 전원스위치를 [on]하면, 10초간 초기화 진행을 행한다.
② 현재 설정되어 있는 날짜 및 시간이 약 5초간 표시된다.
③ 시간 표시 후, 자체 진단을 실시하며, 진단순서는 표시창 확인, 통신, 내부 센서, 메모리 순으로 자체 점검을 실시한다.
④ 실시된 항목이 정상이면, [pass] 메시지를 표시하게 된다.
⑤ 자체 진단이 끝나면 표시창의 화면에 카운트 값이 주위의 온도나 기구의 사용상태에 따라 약 120-480에서 1씩 감소하며 워밍업을 실시한다.
⑥ 워밍업 작업 끝나기 1분 전에 펌프가 가동되어 맑은 공기로 장비 내부를 세척하게 된다.
⑦ ⑥까지의 과정을 수행하는 동안 프로브의 끝부분은 반드시 깨끗한 공기가 있는 곳에 놓아 주어야 한다.
⑧ 워밍업이 끝나면 자동으로 1회 영점조정을 실시합니다. 카운트값이 20에서 1씩 감소하여 약 20초간 영점조정을 실시하게 된다.

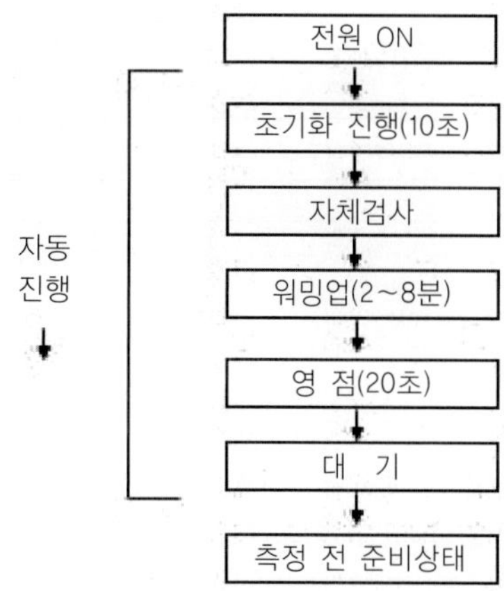

• 대기

① 워밍업이 완료되면 rdy mode(ready mode)로 표시되며 대기상태를 나타내게 됩니다.

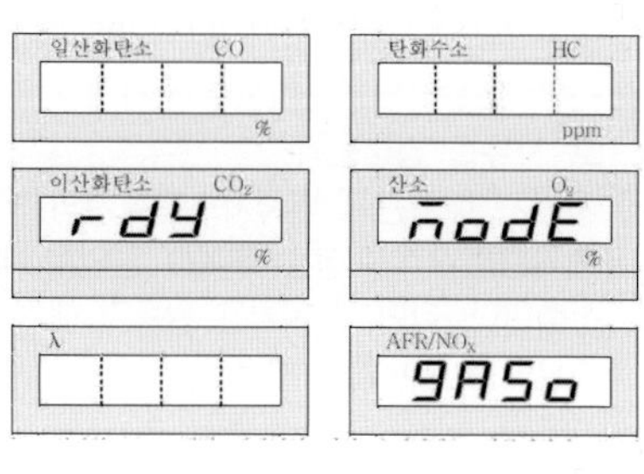

실험·실습순서 및 관련지식

② 본 장비는 절전형 프로그램이 내장되어 있어 측정상태로 작동되다가 10분이 지나면 자동으로 펌프가 off되어 대기상태로 유지되어진다. 절전모드 기능이 동작하였을 때 표시창은 safe mode로 표시되어진다.

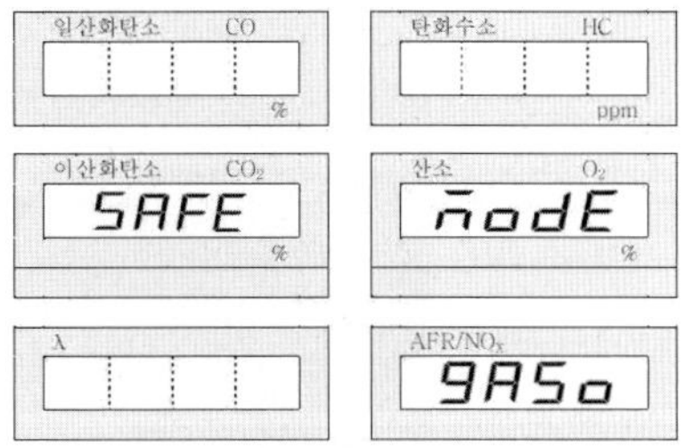

주의사항 : safe mode가 동작되면 가스측정 불가하게 된다. 이 때 취소 버튼을 누르면 해제가 된다.

(나) 배출가스 검사모드(저속 및 고속공회전) 준비

1) 메인 메뉴 우측 상단의'교정'에 체크를 반드시 해제한 후 배출가스 버튼을 클릭하여 메인 배출가스 메인화면으로 이동한다.

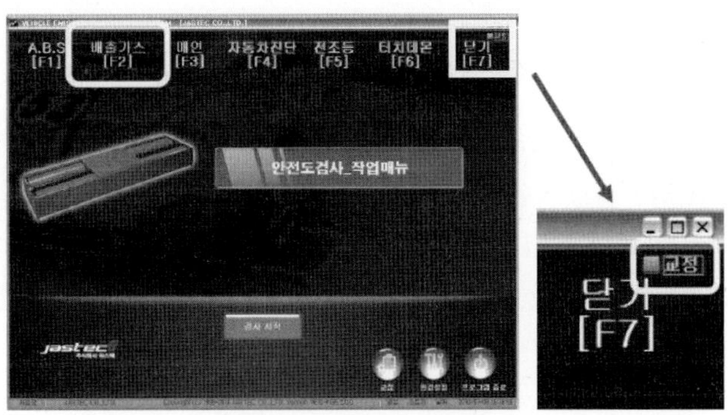

배출가스검사 초기 진입화면

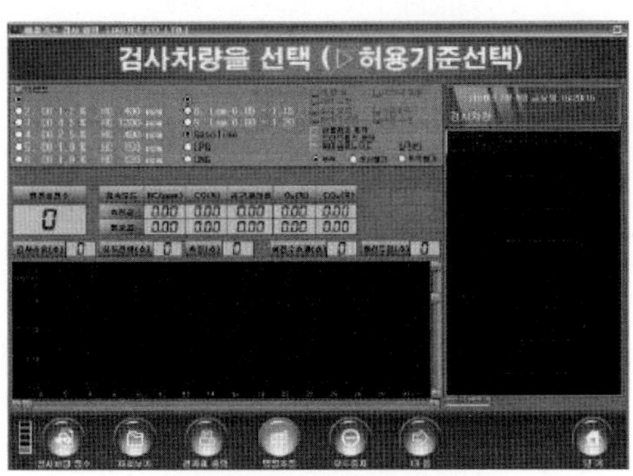

배출가스검사 메인화면

실험·실습순서 및 관련지식	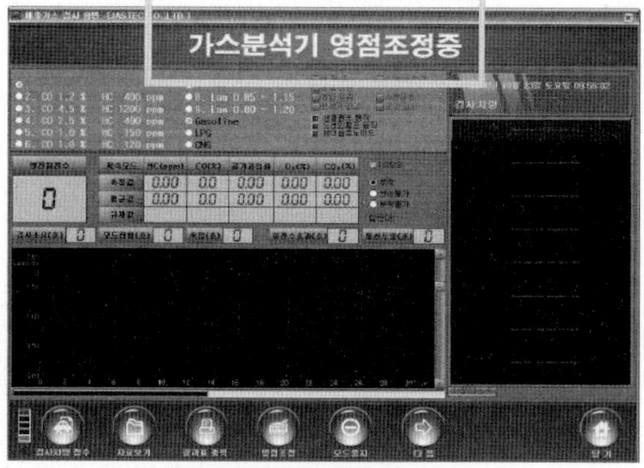 가스분석기 영점조정 화면 2) 검사 차량 접수 및 제원 수기 입력을 한다. 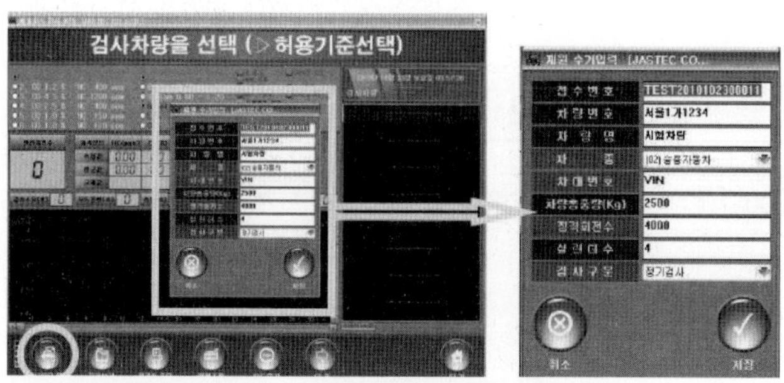 검사차량 접수 및 제원 수기 입력화면 3) 차량 선택 및 검사시작 ① 검사를 진행하기 위해서는 먼저 검사차량 접수 버튼을 클릭하여 검사대상 차량을 접수한다. 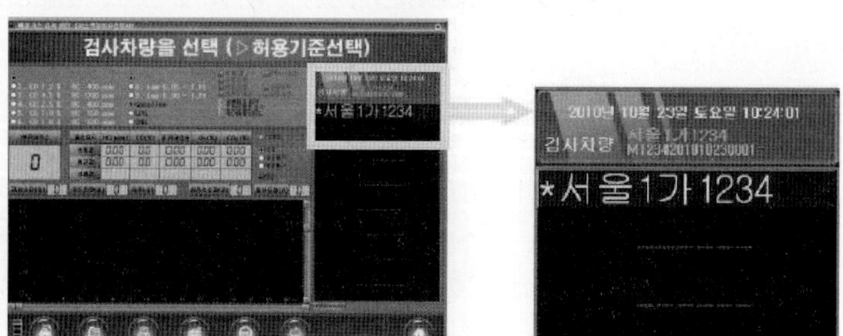 검사차량 접수완료 화면

실험·실습순서 및 관련지식

② 검사 대상 차량의 차량번호, 차량명, 차량총중량, 정격회전수, 실린더 수를 입력한 후 저장 버튼을 클릭한다.

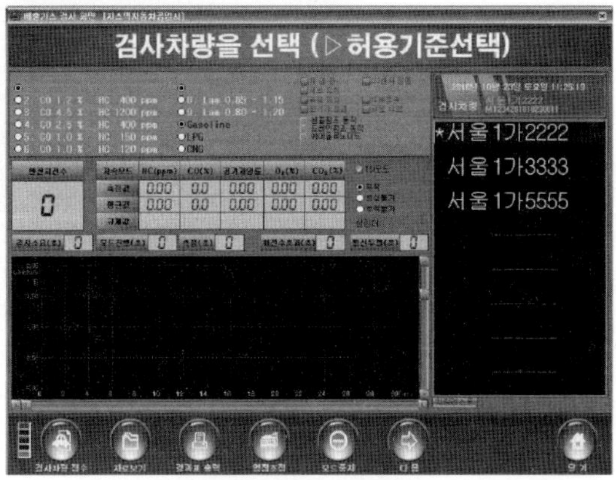

검사차량 접수화면

- 경차(승용, 승합, 화물) 및 차량총중량 3.5톤 이상 차량은 저속공회전 모드로 검사한다. 접수화면의 [차종] 또는 [차량총중량] 제원을 입력하고 저장하면 자동으로 저속공회전 모드로 진행되게 된다.
- 엔진 회전수 측정기를 부착하고 검사를 진행한다. 다만, 엔진 특성상 측정이 불가한 경우는 [센싱불가]를 선택하여 검사한다.

③ 검사차량의 접수가 완료되면 배출가스 허용기준치와 연료를 선택한다.

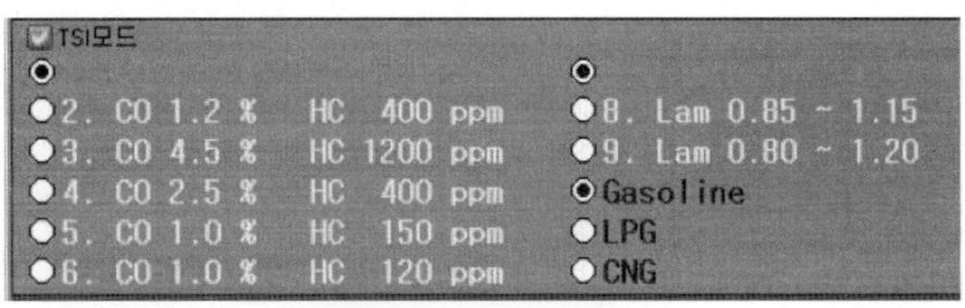

허용기준치 및 연료선택

④ 차량상태 및 제원에 따라 엔진회전수 측정상태는 센싱불가 및 부착불가로 선택할 수 있다.

⑤ 다음 버튼을 클릭하여 아래에서 지시하는 ③ 및 ④와 같이 검사를 진행한다.

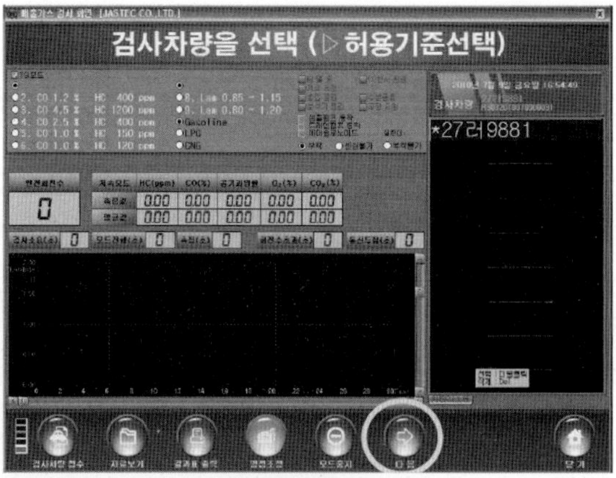

검사 진행화면

⑥ 측정이 완료되면 허용기준치 대비 배출가스 측정치에 대한 적부 여부를 메시지와 함께 검사가 종료된다.

⑦ 검사완료 후 자료보기 버튼을 클릭하면 검사가 완료된 차량의 자료를 확인할 수 있다. 결과표 출력버튼을 클릭하면 결과표를 출력할 수 있다.

실험·실습순서 및 관련지식

(5) 측정절차

(가) 저속공회전 검사모드(Low Speed Idle Mode)

1) 무부하정지가동(아이들링)시의 엔진회전수가 500~1,000rpm 이내로 안정되고 나서 5초 후부터 검사모드가 시작되어 10초 동안 배출되는 일산화탄소, 탄화수소 및 공기과잉률을 측정하여 각각 산술평균한 값을 최종 측정값으로 한다.

2) 무부하정지가동(아이들링)시의 엔진회전수가 500~1,000rpm을 연속 2초 또는 검사모드 전체 구간에서 5초 이상 벗어나면 검사모드는 다시 시작되어야 하며, 이러한 경우가 2회 이상 발생하면 검사모드는 중지되어야 한다.

엔진회전수 검사(저속공회전)

실험·실습순서 및 관련지식

가스측정(저속공회전)

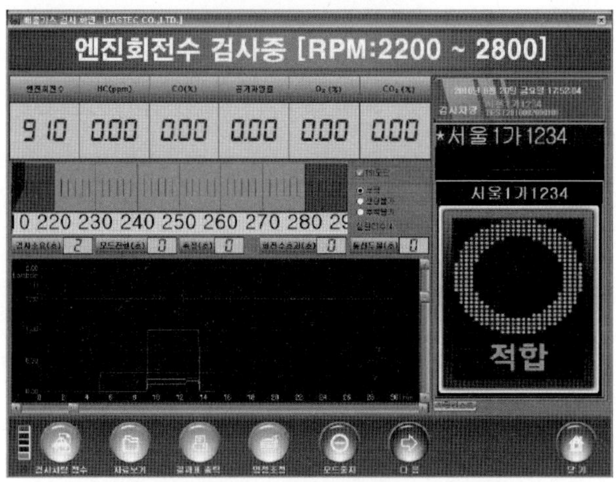

저속공회전 검사완료(고속공회전 진입)

(나) 고속공회전 검사모드(High Speed Idle Mode)

1) 저속공회전 검사모드에서 배출가스 및 공기과잉률 검사가 끝나면, 즉시 정지가동상태에서 가속페달을 가속하여 엔진회전수를 2,500±300rpm으로 유지한다.
2) 엔진회전수가 2,500±300rpm 이내로 안정되고 나서 5초 후부터 검사모드가 시작되어 10초 동안 배출되는 일산화탄소, 탄화수소 및 공기과잉률을 측정하여 각각 산술평균한 값을 최종 측정값으로 한다.
3) 엔진회전수가 2,500±300rpm을 연속 2초 또는 검사모드 전체 구간에서 5초 이상 벗어나면 검사모드는 다시 시작되어야 하며, 이러한 경우가 2회 이상 발생하면 검사모드는 중지되어야 한다.

실험·실습순서 및 관련지식

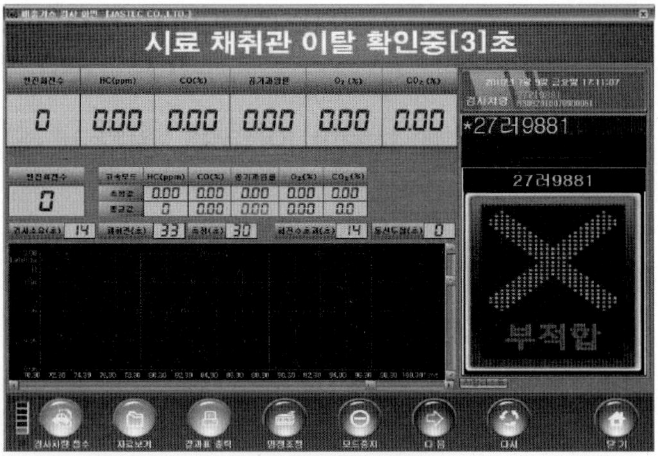

시료채취관 이탈 확인

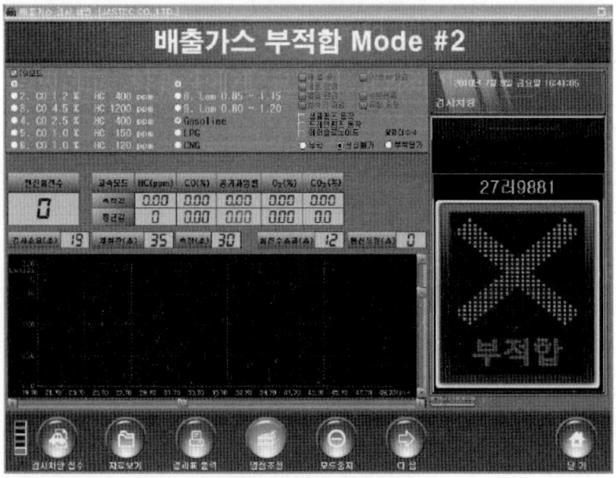

검사모드 완료 화면

(6) 검사결과의 판정

(가) 저속 공회전 검사모드 시작 후 10초 동안의 각 배출가스 검사항목의 측정값이 운행차 배출허용기준 이내인 경우에는 적합으로 판정하고 검사모드는 종료되어야 한다.

(나) 다만, 운행차 배출허용기준을 초과한 경우에는 매 1초 증가할 때마다 10초 동안 측정된 값을 산술평균하여 적합여부를 판정한다.

(다) 저속 공회전 검사모드의 최대시간은 60초로하며 이 시간을 초과하면 검사모드는 종료한다.

(라) 저속 공회전 검사모드가 최대시간인 60초까지 측정하여도 각 배출가스 검사항목의 측정값이 운행차 배출허용기준을 초과하는 경우에는 부적합으로 판정하고, 마지막 10초 동안의 측정값을 각각 산술평균하여 최종 측정값으로 한다.

(마) 고속 공회전 검사모드의 검사결과 판정은 (가)부터 (라)까지 준용하고, 고속 공회전 검사모드의 최대시간은 30초로 한다.

(바) 검사모드는 저속 공회전 검사모드, 고속 공회전 검사모드 순으로 한 번에 모든 검사모드를 진행한다.

안전 및 유의사항

(1) 배출가스검사는 관능 및 기능검사를 먼저 한 후 시행한다.
(2) 운행차의 정밀검사는 부하검사방법을 적용하여 검사를 하여야 한다. 다만, 다음의 어느 하나에 해당하는 자동차는 무부하검사방법을 적용할 수 있다.
  1) 상시 4륜구동 자동차
  2) 2행정 원동기 장착자동차
  3) 1987년 12월 31일 이전에 제작된 휘발유·가스·알코올사용 자동차
  4) 소방용 자동차(지휘차, 순찰차 및 구급차를 포함한다)
  5) 그 밖에 특수한 구조의 자동차로서 검차장의 출입이나 차대동력계에서 배출가스 검사가 곤란한 자동차
(3) 검사 중 장비 이상이나 안전상의 문제가 발생한 경우에는 모드중지 버튼을 누르면 검사모드를 중지된다.

평가내용

세부 평가 내용	배점
(1) 자동차관리법 등의 자동차의 검사업무를 숙지할 수 있다.	50
(2) 부하검사를 할 수 없는 휘발유 자동차의 무부하 배출가스 측정을 하고 판정할 수 있다.	50
합 계	100

과 제

(1) 실습보고서 작성 제출

<table>
<tr><td rowspan="3">자동차</td><td colspan="2">등록번호</td><td colspan="2"></td><td>차대번호</td><td></td><td>제원관리번호</td><td></td></tr>
<tr><td colspan="2">소유자 성명</td><td colspan="2"></td><td>차명</td><td></td><td>차종(용도)</td><td></td></tr>
<tr><td colspan="2">연식</td><td colspan="2"></td><td>연료</td><td></td><td>주행거리</td><td></td></tr>
<tr><td rowspan="3">제원</td><td rowspan="3">차체</td><td>길이</td><td>cm</td><td rowspan="3">원동기</td><td>형식</td><td></td><td>차량중량</td><td>kgf</td></tr>
<tr><td>너비</td><td>cm</td><td>배기량</td><td>cc</td><td>총중량</td><td>kgf</td></tr>
<tr><td>높이</td><td>cm</td><td>정격출력
/회전수</td><td></td><td>승차정원</td><td>명</td></tr>
<tr><td colspan="3">최초등록일</td><td colspan="3"></td><td>유효기간만료일</td><td colspan="2"></td></tr>
</table>

<table>
<tr><td rowspan="2">측정 항목
(무부하검사)</td><td colspan="3">측정(또는 점검)</td><td colspan="2">판정 및 정비(또는 조치)사항</td></tr>
<tr><td>허용기준</td><td>측정값</td><td>판 정</td><td>종합판정
(□에 "✔"표)</td><td>정비 및
조치할 사항</td></tr>
<tr><td>일산화탄소(CO)</td><td></td><td></td><td></td><td rowspan="3">□ 양호
□ 불량</td><td rowspan="3"></td></tr>
<tr><td>탄화수소(HC)</td><td></td><td></td><td></td></tr>
<tr><td>공기과잉률(λ)</td><td></td><td></td><td></td></tr>
<tr><td>검사유효기간</td><td colspan="5"></td></tr>
</table>

⚙ 실습보고서

<table>
<tr><td>실험제목</td><td colspan="3">휘발유·알코올·가스사용 자동차의 무부하 배출가스검사
- 저속 및 고속공회전 검사모드(무부하검사방법)</td></tr>
<tr><td>실험일자</td><td></td><td>반 및 실험조</td><td></td></tr>
<tr><td>학번</td><td></td><td>성명</td><td></td></tr>
</table>

■ 과제 내용

주어진 자동차에서 저속 및 고속 공회전 검사모드에서 배출가스를 측정하여 기록표에 기록하시오.

1. 실습결과

(1) 실험조건

(2) 실험결과

<table>
<tr><td rowspan="3">자동차</td><td colspan="2">등록번호</td><td colspan="2"></td><td>차대번호</td><td colspan="2"></td><td>제원관리번호</td><td></td></tr>
<tr><td colspan="2">소유자 성명</td><td colspan="2"></td><td>차명</td><td colspan="2"></td><td>차종(용도)</td><td></td></tr>
<tr><td colspan="2">연식</td><td colspan="2"></td><td>연료</td><td colspan="2"></td><td>주행거리</td><td></td></tr>
<tr><td rowspan="3">제원</td><td rowspan="3">차체</td><td>길이</td><td>cm</td><td rowspan="3">원동기</td><td>형식</td><td colspan="2"></td><td>차량중량</td><td>kgf</td></tr>
<tr><td>너비</td><td>cm</td><td>배기량</td><td colspan="2">cc</td><td>총중량</td><td>kgf</td></tr>
<tr><td>높이</td><td>cm</td><td>정격출력/
회전수</td><td colspan="2"></td><td>승차정원</td><td>명</td></tr>
<tr><td colspan="3">최초등록일</td><td colspan="4"></td><td>유효기간만료일</td><td colspan="2"></td></tr>
<tr><td colspan="3" rowspan="2">측정 항목
(무부하검사)</td><td colspan="4">측정(또는 점검)</td><td colspan="3">판정 및 정비(또는 조치)사항</td></tr>
<tr><td>허용기준</td><td colspan="2">측정값</td><td>판 정</td><td colspan="2">종합판정
(□에 "✔"표)</td><td>정비 및
조치할 사항</td></tr>
<tr><td colspan="3">일산화탄소(CO)</td><td></td><td colspan="2"></td><td></td><td colspan="2" rowspan="3">□ 양호
□ 불량</td><td rowspan="3"></td></tr>
<tr><td colspan="3">탄화수소(HC)</td><td></td><td colspan="2"></td><td></td></tr>
<tr><td colspan="3">공기과잉률(λ)</td><td></td><td colspan="2"></td><td></td></tr>
<tr><td colspan="3">검사유효기간</td><td colspan="7"></td></tr>
</table>

2.2 경유자동차의 무부하 매연검사

실습지시서

<table>
<tr><td>학과</td><td colspan="2">과</td><td>학기</td><td colspan="2">20 학년도 학기</td></tr>
<tr><td>교과목명</td><td colspan="2">자동차정비검사</td><td>시간</td><td colspan="2">20 년 월 일(~교시)</td></tr>
<tr><td>실험·실습명</td><td colspan="5">경유 자동차의 무부하 매연 검사
- 광투과식 무부하급가속검사모드(무부하검사방법)</td></tr>
<tr><td>실습목표</td><td colspan="5">(1) 자동차관리법 등의 자동차의 검사업무를 숙지할 수 있다.
(2) 부하검사를 할 수 없는 휘발유 자동차의 무부하 배출가스 측정을 하고 판정할 수 있다.</td></tr>
<tr><td rowspan="5">사용재료
(공구/기구 등)</td><td>품명(재료명)</td><td colspan="2">규격</td><td>수량</td><td>비고</td></tr>
<tr><td>자동차</td><td colspan="2"></td><td>1</td><td></td></tr>
<tr><td>차대동력계</td><td colspan="2"></td><td>1</td><td></td></tr>
<tr><td>광투과식 매연측정기</td><td colspan="2"></td><td>1</td><td></td></tr>
<tr><td>엔진회전수측정기</td><td colspan="2"></td><td>1</td><td></td></tr>
<tr><td>실험·실습순서
및 관련지식</td><td colspan="5">• 관련근거
운행차 배출가스검사 시행요령 등에 관한 규정
- [별표1] 운행차 배출가스 검사방법(제5조 관련)

• 대상자동차
경유사용 자동차

• 검사기준
광투과식 분석방법(부분유량 채취방식만 해당한다)을 채택한 매연측정기를 사용하여 매연을 측정한 경우 측정한 매연의 농도가 운행차정기검사의 광투과식 매연 배출허용기준에 적합할 것

• 측정
측정에서 나타나는 그림은 운행차 배출가스 무부하 급가속 검사모드 화면으로서 해당 차종 및 입력조건에 따라 본 검사 화면으로 자동으로 진행하게 되어 있다. 모드 화면에는 엔진회전수, 모드진행시간, 검사 소요시간, 매연농도, 최대 엔진회전수, 측정기 상태 등이 표시되어진다. 모드가 완료되면 검사결과가 자동으로 저장되며 초기 화면으로 전환됩니다.

(1) 적용범위
이 측정방법은 차대동력계상에서 부하검사방법에 의하여 배출가스 검사가 불가능한 경유사용자동차의 매연농도 측정에 적용한다.</td></tr>
</table>

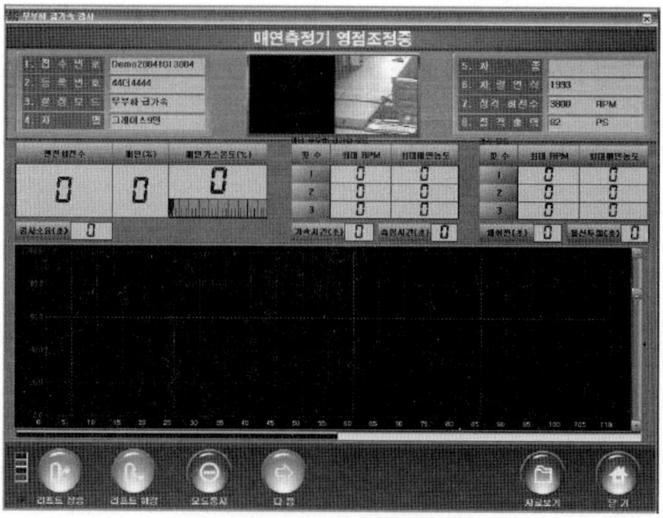

무부하 급가속 검사모드

실험·실습순서 및 관련지식

(2) 측정원리

무부하정지가동(아이들링)상태에서 엔진을 급가속하여 배출되는 매연의 농도를 부분유량채취방식의 광투과식 분석방법을 채택한 측정기를 사용하여 측정한다.

(3) 측정대상 자동차의 상태

(가) 수동변속기 자동차는 변속기어를 중립에 놓고, 자동변속기 자동차는 중립(N) 또는 주차(P)위치에 놓는다.

(나) 측정하는 동안에 자동차가 이탈되는 것을 방지하기 위해 자동차를 고정시키거나 주차브레이크를 작동시킨다.

(다) 배출가스 측정값에 영향을 주거나 측정에 장애를 줄 수 있는 자동차의 에어컨, 서리제거장치 등 부속장치를 작동하여서는 아니 된다.

(다) 엔진 회전속도계를 설치한다.

(라) 광투과식 매연측정기의 시료채취관은 배기관의 벽면으로부터 5mm 이상 떨어지도록 설치하고, 5cm 정도의 깊이로 삽입한다.

(마) 경유사용자동차는 무부하정지가동(아이들링)상태에서 가속페달을 서서히 밟아 엔진 회전수 증가에 따라 엔진 또는 자동차의 이상소음 유무를 확인하고 엔진 등의 손상이 우려되는 경우에는 즉시 가속을 멈추고 검사를 중지한다.

(4) 측정절차 - 예비무부하급가속

(가) 엔진을 정상작동상태로 하고 배기관내에 축적되어 있는 매연을 배출시키기 위하여 측정대상자동차의 엔진을 변속기가 중립인 상태(정지가동상태)에서 가속페달을 최대로 밟은 상태로 급가속하여 엔진 최고회전수에 도달하게 한 후 2초간 유지시키고 정지가동상태로 복귀시킨 다음 5~6초간 둔다. 이와 같은 과정을 3회 이상 반복 실시한다.

(나) 이때 엔진 최고회전수를 검출하여야 하며, 엔진 최고회전수가 측정대상자동차의 엔진 정격회전수 미만으로 검출되거나 가속페달을 밟을 때부터 4초 이내에 엔진 최고회전수에 도달하지 못하는 경우에는 부적합으로 판정한다.

실험·실습순서 및 관련지식

(5) 매연측정

(가) 예비무부하급가속과정을 수행한 후에도 엔진은 적당히 예열되어 있어야 한다. 예열이 충분하지 아니한 경우에는 엔진을 충분히 예열시킨 후 매연농도를 측정한다.

(나) 가속페달에 발을 올려놓고 예비무부하급가속과정에서 검출된 엔진의 최고회전수에 도달할 때까지 급속히 밟는다. 이때 가속페달을 밟을 때부터 놓을 때까지의 소요시간은 4초 이내로 하고 이 시간 내에 매연농도를 측정한다. 측정된 매연농도 값은 최대 0.5초 단위로 산술평균하고 이중 최대값을 측정값으로 한다.

(다) 매연 검사하기(무부하 급가속 검사)

1) 메인 메뉴 우측 상단의 ‘교정’에 체크를 반드시 해제한 후 [매연] 버튼을 클릭한다.

2) [매연] 버튼을 클릭하면 검사모드 화면이 나타난다.

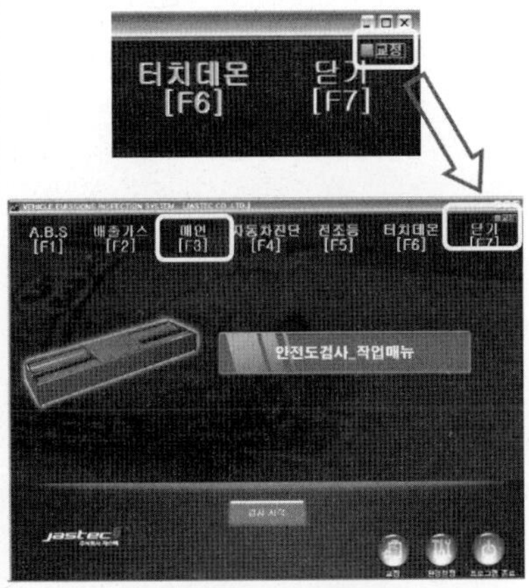

매연검사 초기화면

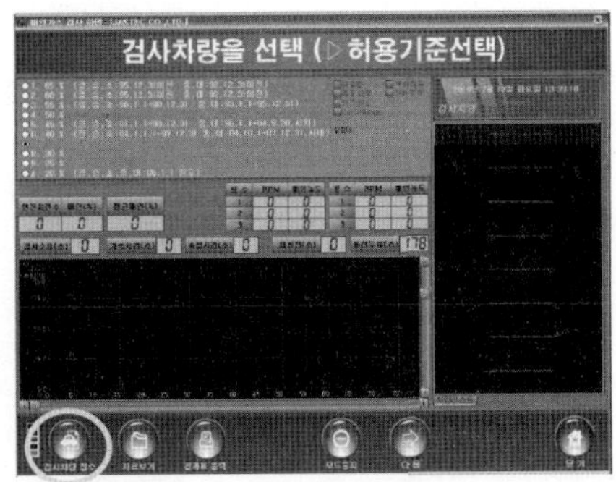

매연검사 화면

3) 차량 선택 및 검사시작

① 검사를 진행하기 위해서는 먼저 검사차량 접수버튼을 클릭하여 검사대상 차량을 접수한다.

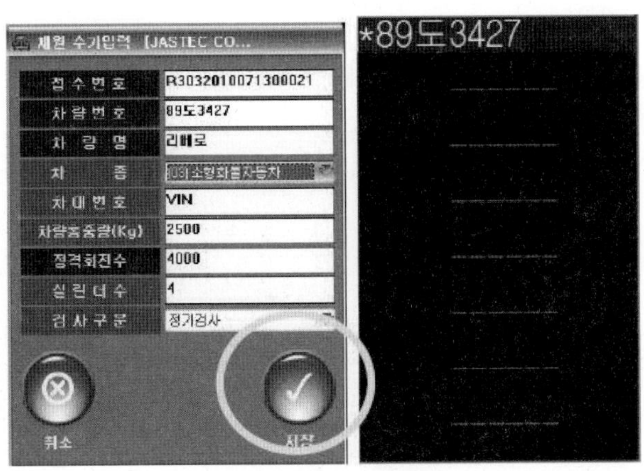

검사 차량 접수화면

실험·실습순서 및 관련지식

② 검사 대상 차량의 차량번호, 차량명, 차량총중량, 정격회전수, 실린더 수를 입력한 후 저장 버튼을 클릭한다. 엔진 정격회전수 및 실린더 수는 정확하게 입력한다.
③ 검사차량의 접수가 완료되면 [매연 허용기준치]를 선택한다.

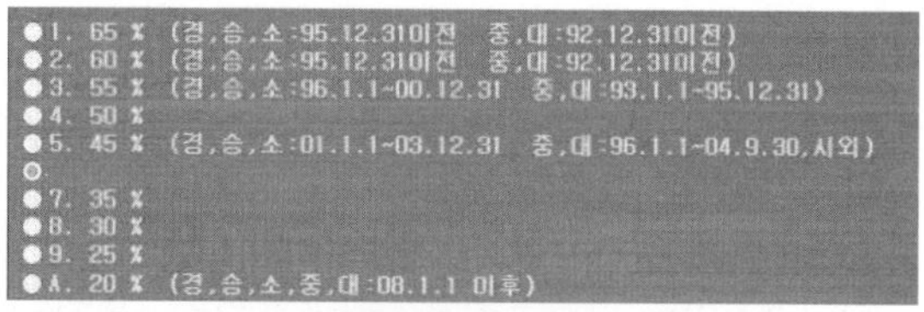

허용기준치 선택

④ 다음 버튼을 클릭하여 검사를 진행한다.

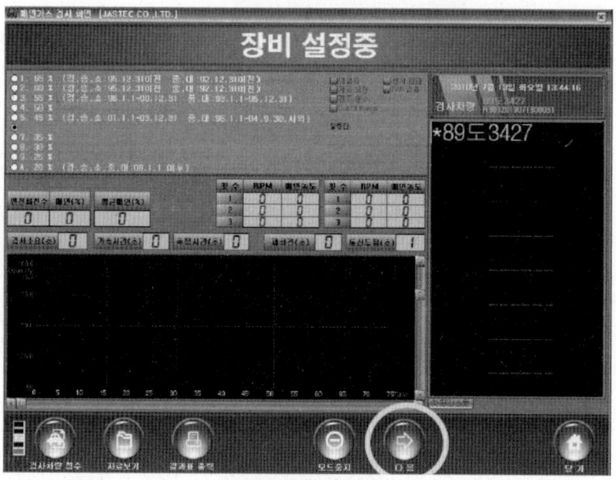

장비설정 화면

⑤ 검사가 시작되면 화면의 메시지에 따라 검사를 진행한다.
⑥ 검사가 시작되면 매연측정기 영점조정을 자동 실행한다.
⑦ 엔진회전속도계 부착 메시지가 나타나면 부착한다.

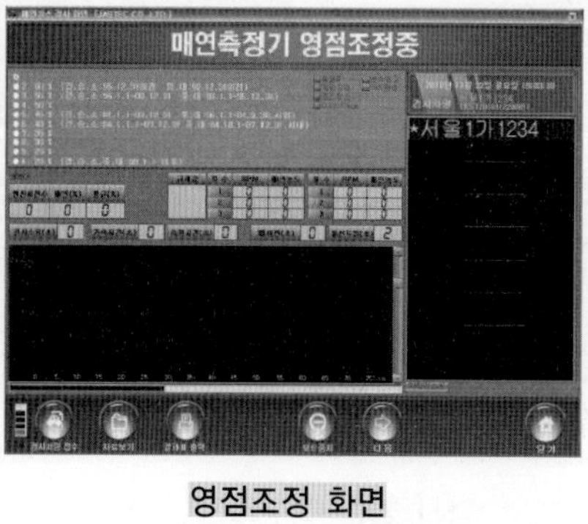

영점조정 화면

엔전 회전 속도계 부착화면

주의사항 : 분석기 영점조정 실행중에는 프로브를 배기관에 삽입해서는 안 된다.

실험·실습순서 및 관련지식

⑧ 엔진회전수 측정기의 초기화 진행중 메시지가 나타난다.

⑨ 가속페달을 엔진 정격회전수까지 밟는다. 이때 [가속페달을 놓으시오]라는 메시지가 나올 때까지 계속 유지한다.

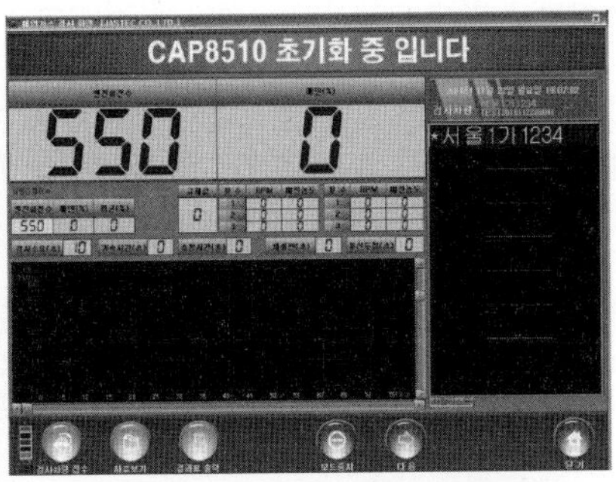

엔진회전수 측정기 초기화 화면

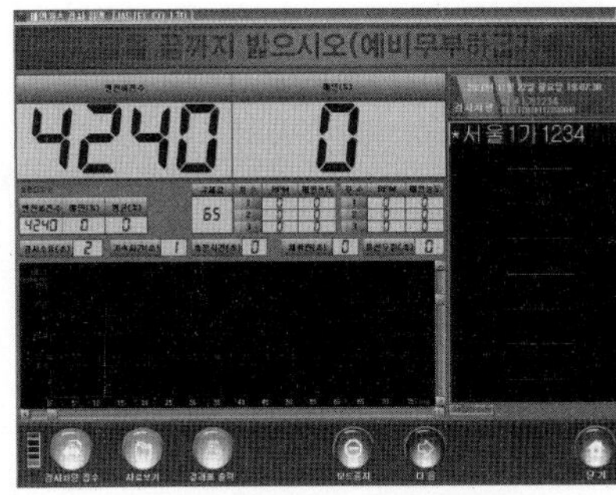

무부하 급가속 측정화면

주의사항 : 엔진회전수 측정기가 초기화 중일 때는 가속페달을 밟지 않는다.

⑩ [가속페달을 놓으시오]라는 메시지가 나오면 가속페달에서 발을 뗀다. 같은 방법으로 예비모드 3회, 검사모드 3회를 진행한다.

⑪ 검사모드가 완료되면 적합 및 부적합 판정과 함께 검사가 종료된다.

무부하 급가속 측정화면

검사모드 완료화면

(6) 검사결과의 판정

(가) 위 (4)의 (나)방법으로 3회 연속 측정한 매연농도를 산술평균하여 소수점 이하는 버린 값을 최종 측정값으로 한다. 이때 3회 측정한 매연농도의 최대값과 최소값의 차이가 5%를 초과하거나 최종 측정값이 운행차 배출허용기준에 부적합한 경우에는 순차적으로 1회씩 더 측정하여 최대 10회까지 측정하면서 매회 측정시마다 마지막 3회의 측정치를 산출하여 마지막 3회의 최대값과 최소값의 차이가 5% 이내이고, 측정값의 산술평균값도 운행차 배출허용기준 이내이면 측정을 종료하고 이를 최종 측정값으로 한다.

(나) 만약, 위 (가)의 방법으로 10회까지 반복 측정하여도 최대값과 최소값의 차이가 5%를 초과하거나 마지막 3회(8회, 9회, 10회) 측정값의 산술평균값이 운행차배출허용기준을 초과하면 측정을 종료하고 이를 최종 측정값으로 한다.

(다) 위 (가), (나)의 방법에 의하여 측정한 매연농도의 최종 측정값이 운행차배출허용기준 이내이면 적합, 초과하면 부적합으로 판정한다.

안전 및 유의사항

(1) 기본적으로 전원을 끄고 유지보수를 하고 전원을 켜고 확인해야 할 필요가 있을 경우에만 전원을 켜야 한다.
(2) 렌즈청소는 측정기의 정도 유지를 위하여 검사 전, 후로 집광렌즈를 자주 세척해야 한다. 부드러운 천으로 렌즈의 오염 부위를 닦아 준다.
(3) 매연 흡입구 청소는 매연 프로브 호스를 연결하는 부위로써 검사 중 차량에서 배출되는 이물질로 인하여 가스온도센서 및 기타센서가 오염될 수 있으므로 주기적으로 청소를 해 준다.
(4) 흡입구 청소시 압축공기(에어건)을 흡입구에서 약간 떨어져서 세척한다.
(5) 흡입구에는 가스 온도센서가 설치되어 있으므로 청소용 솔이나 에어건을 삽입해서는 안 된다. 청소용 솔이나 에어건을 사용하여 세척 한 후 반드시 헝겊으로 렌즈를 닦아 준다.
(6) 배출가스검사는 관능 및 기능검사를 먼저 한 후 시행한다.
(7) 주의사항은 검사 준비 시 매연측정기 프로브를 차량에 장착 후 시작을 하면 영점 교정이 안될 수도 있으니 검사 시작 전에는 매연측정기 프로브를 반드시 차량으로부터 제거한다.

평가내용

세부 평가 내용	배점
(1) 자동차관리법 등의 자동차의 검사업무를 숙지할 수 있다.	50
(2) 부하검사를 할 수 없는 경유 자동차의 무부하 매연측정을 하고 판정할 수 있다.	50
합 계	100

과 제

(1) 실습보고서 작성 제출

<table>
<tr><td rowspan="3">자동차</td><td colspan="2">등록번호</td><td colspan="2"></td><td>차대번호</td><td></td><td>제원관리번호</td><td></td></tr>
<tr><td colspan="2">소유자 성명</td><td colspan="2"></td><td>차명</td><td></td><td>차종(용도)</td><td></td></tr>
<tr><td colspan="2">연식</td><td colspan="2"></td><td>연료</td><td></td><td>주행거리</td><td></td></tr>
<tr><td rowspan="3">제원</td><td rowspan="3">차체</td><td>길이</td><td>cm</td><td rowspan="3">원동기</td><td>형식</td><td></td><td>차량중량</td><td>kgf</td></tr>
<tr><td>너비</td><td>cm</td><td>배기량</td><td>cc</td><td>총중량</td><td>kgf</td></tr>
<tr><td>높이</td><td>cm</td><td>정격출력
/회전수</td><td></td><td>승차정원</td><td>명</td></tr>
<tr><td colspan="3">최초등록일</td><td colspan="3"></td><td>유효기간만료일</td><td colspan="2"></td></tr>
<tr><td colspan="3" rowspan="2">측정 항목
(무부하검사)</td><td colspan="4">측정(또는 점검)</td><td colspan="2">판정 및 정비(또는 조치)사항</td></tr>
<tr><td>허용기준</td><td colspan="2">측정값</td><td>판 정</td><td>종합판정
(□에 “✔”표)</td><td>정비 및
조치할 사항</td></tr>
<tr><td colspan="3">매연</td><td></td><td colspan="2"></td><td></td><td>☐ 양호
☐ 불량</td><td></td></tr>
<tr><td colspan="3">검사유효기간</td><td colspan="6"></td></tr>
</table>

실습보고서

<table>
<tr><td>실험제목</td><td colspan="3">경유 자동차의 무부하 매연검사
- 광투과식 무부하급가속 검사모드(무부하검사방법)</td></tr>
<tr><td>실험일자</td><td></td><td>반 및 실험조</td><td></td></tr>
<tr><td>학번</td><td></td><td>성명</td><td></td></tr>
</table>

■ 과제 내용

주어진 자동차에서 무부하급가속 검사모드에서 매연을 측정하여 기록표에 기록하시오.

1. 실습결과

(1) 실험조건

(2) 실험결과

<table>
<tr><td rowspan="3">자동차</td><td colspan="2">등록번호</td><td colspan="2"></td><td>차대번호</td><td></td><td>제원관리번호</td><td></td></tr>
<tr><td colspan="2">소유자 성명</td><td colspan="2"></td><td>차명</td><td></td><td>차종(용도)</td><td></td></tr>
<tr><td colspan="2">연식</td><td colspan="2"></td><td>연료</td><td></td><td>주행거리</td><td></td></tr>
<tr><td rowspan="3">제원</td><td rowspan="3">차체</td><td>길이</td><td>cm</td><td rowspan="3">원동기</td><td>형식</td><td></td><td>차량중량</td><td>kgf</td></tr>
<tr><td>너비</td><td>cm</td><td>배기량</td><td>cc</td><td>총중량</td><td>kgf</td></tr>
<tr><td>높이</td><td>cm</td><td>정격출력/
회전수</td><td></td><td>승차정원</td><td>명</td></tr>
<tr><td colspan="3">최초등록일</td><td colspan="3"></td><td>유효기간만료일</td><td colspan="2"></td></tr>
</table>

<table>
<tr><td rowspan="2">측정 항목
(무부하검사)</td><td colspan="3">측정(또는 점검)</td><td colspan="2">판정 및 정비(또는 조치)사항</td></tr>
<tr><td>허용기준</td><td>측정값</td><td>판 정</td><td>종합판정
(□에 “✔”표)</td><td>정비 및
조치할 사항</td></tr>
<tr><td>매연</td><td></td><td></td><td></td><td>□ 양호
□ 불량</td><td></td></tr>
<tr><td>검사유효기간</td><td colspan="5"></td></tr>
</table>

학습정리

자동차관리법 및 대기환경보전법 등의 자동차 검사업무와 배출가스를 측정하는 검사 방법 및 판정기준에 대하여 학습하고, 운행차 정기검사 및 정밀검사를 실시하기 위해 무부하 및 부하 배출가스검사를 배출가스 검사기기를 활용하여 정기 및 정밀검사를 할 수 있는 능력을 배양하고 또한 결과를 판정할 수 있도록 한다.

총괄평가

1. 운행차 배출가스 검사방법에 따라 저속고속공회전모드(TSI), 무부하정지가동모드에서 측정대상 자동차의 운행차 배출허용기준을 적용할 수 있다.
2. 운행차 배출가스 검사방법에 따라 무부하급가속모드에서 측정대상 자동차의 엔진정격회전수, 운행차 배출허용기준을 적용할 수 있다.
3. 운행차 배출가스 검사방법에 따라 자동차에 엔진회전속도계를 설치할 수 있다.
4. 운행차 배출가스 검사방법에 따라 각 모드별 검사모드의 구성요건에 맞게 무부하 배출가스 검사를 실시할 수 있다.
5. 운행차 배출가스 검사방법에 따라 무부하 배출가스 검사모드 수행 중 엔진의 과열, 이상소음 발생 등 무부하검사 실시에 부적절 하다고 판단되는 경우 검사를 종료할 수 있다.

참고자료

1. 자동차관리법, 자동차관리법 시행령, 자동차관리법 시행규칙
2. 대기환경보전법, 대기환경보전법 시행령, 대기환경보전법 시행규칙
3. 운행차 배출가스검사 시행요령 등에 관한규정
4. ㈜자스텍 운행차 정밀검사시스템 사용자운영 매뉴얼